全国技工院校计算机类专业任务驱动型教材（中/高级技能层级）

中文版 AutoCAD 2018 基础与实训

人力资源社会保障部教材办公室　组织编写

中国劳动社会保障出版社

简介

本书主要内容包括 AutoCAD 2018 入门、平面图形绘制基础、绘制二维平面图形、文字与尺寸标注、图块及其属性、综合实训和绘制三维实体图形等。

本书由王雪主编，王希波任副主编，张伟、张会桥、胡怀勇、王亚琼、邵士峰参加编写。

图书在版编目(CIP)数据

中文版 AutoCAD 2018 基础与实训/人力资源社会保障部教材办公室组织编写. --北京：中国劳动社会保障出版社，2019

全国技工院校计算机类专业任务驱动型教材. 中/高级技能层级

ISBN 978 - 7 - 5167 - 3990 - 7

Ⅰ. ①中… Ⅱ. ①人… Ⅲ. ①AutoCAD 软件-技工学校-教材 Ⅳ. ①TP391.72

中国版本图书馆 CIP 数据核字(2019)第 141281 号

中国劳动社会保障出版社出版发行

(北京市惠新东街 1 号 邮政编码：100029)

*

北京市艺辉印刷有限公司印刷装订 新华书店经销

787 毫米×1092 毫米 16 开本 21.25 印张 414 千字

2019 年 8 月第 1 版 2024 年11月第 9 次印刷

定价：39.00 元

营销中心电话：400-606-6496

出版社网址：http://www.class.com.cn

http://jg.class.com.cn

前 言

为了更好地满足技工院校计算机类专业的教学要求，适应计算机行业的发展现状，我们根据人力资源社会保障部颁发的《技工院校计算机类通用专业课教学大纲（2015）》《技工院校计算机应用与维修专业教学计划和教学大纲（2015）》《技工院校计算机网络应用专业教学计划和教学大纲（2015）》中对相关课程教学内容的要求，对 2008 年出版的计算机专业任务驱动型教材进行了修订，开发了《中文版 Word 2010 基础与实训》《中文版 Excel 2010 基础与实训》《中文版 PowerPoint 2010 基础与实训》《中文版 Access 2010 基础与实训》《中文版 Office 2010 基础与实训》《中文版 AutoCAD 2018 基础与实训》六种教材。

本次教材修订工作的重点主要有以下几个方面：

第一，在教材定位方面，坚持以能力为本位，重视实践能力的培养，突出职业技术教育特色。根据计算机专业毕业生所从事职业的实际需要，合理确定学生应具备的知识结构与能力结构，对教材内容的深度、难度做了调整。同时，进一步加强实践性教学内容，以满足社会对技能型人才的需要。

第二，在教材内容方面，根据计算机行业的发展，合理更新并拓展教材内容。一方面根据当前主流的计算机软件版本进行编写；另一方面，又不仅仅局限于某一计算机软件版本的具体功能，而是更注重计算机使用能力的拓展，使学生能够触类旁通，提升计算机使用的综合能力。

第三，在编写模式方面，采用任务驱动的编写理念，将软件功能分解到若干具体的工作任务中进行描述。每个任务按照学习目标、任务分析、相关知识、实践操作、巩固练习的思路进行编写，让学生在完成一项具体任务的过程中，不仅能掌握相关计算机软件功能，还能掌握该软件功能的具体应用环境，从而提高学生的岗位适应能力。

第四，在表现形式方面，结合计算机类专业教材的特点，强调图文并茂，部分教材采用四色印刷，增强了教材内容的表现效果，提高了教材的可读性。

第五，在教学服务方面，为方便教师教学和学生学习，配套提供了制作素材、电子课件、教案示例等教学资源，可通过技工教育网（http://jg. class. com. cn）下载使用。除此之外，还借助二维码技术，针对教材中的重点、难点内容，开发制作了操作演示微视频，可使用移动设备扫描书中二维码在线观看。

本次教材的改版工作得到了山西、江苏、山东、湖南、广东等省人力资源社会保障厅及有关学校的大力支持，在此我们表示诚挚的谢意。

人力资源社会保障部教材办公室

2018 年 12 月

目　录

项目一　AutoCAD 2018 入门

项目二　平面图形绘制基础

项目三　绘制二维平面图形

项目四　文字与尺寸标注

项目五　图块及其属性

项目六　综 合 实 训

项目七　绘制三维实体图形

项目一　AutoCAD 2018 入门

任务 1　初识 AutoCAD 2018 工作界面

学习目标

1. 熟悉 AutoCAD 2018 工作界面的组成。
2. 掌握设置基本绘图环境的方法。

任务分析

手工绘图是指设计者借助铅笔、丁字尺、三角板等工具在图纸上绘制图形，其效率很低，而且绘制出的图形质量也不高。而计算机绘图是在计算机上用绘图软件绘制图形，通过调用软件上的绘图命令和辅助工具可以快速精确地绘制出所需图形，其灵活性、方便性比手工绘图好得多。例如，绘制图 1—1 所示的吊钩，如利用手工绘图需要进行大量的定位计算，绘制大量的定位辅助线，耗费大量的时间。而利用计算机绘图，则只需启动相应命令绘制即可。

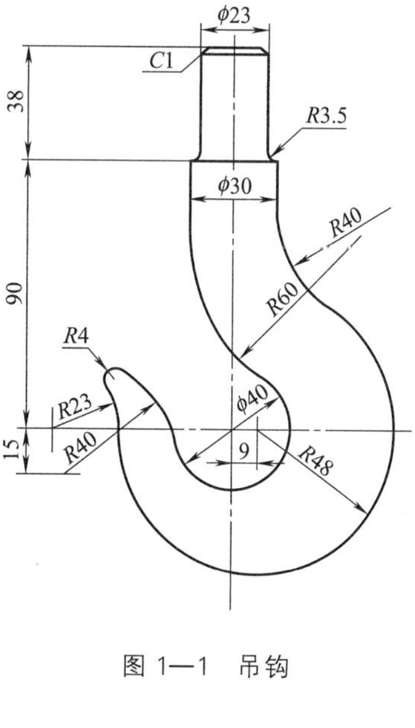

图 1—1　吊钩

AutoCAD 2018 是 Autodesk 公司最新推出的计算机辅助设计软件，它具有良好的工作界面和灵活、高效、快捷的绘图环境，已广泛应用于机械、电工电子、土木建筑、装饰装潢、城市规划、园林、服装鞋帽、航空航天、轻工化工等诸多领域。本任务将通过设置绘图环境来介绍 AutoCAD 2018 的基本操作方法。

相关知识

1. AutoCAD 2018“草图与注释”工作界面

为满足用户的使用需求，AutoCAD 2018 提供了“草图与注释”“三维基础”“三维建模”三种工作空间。“草图与注释”工作空间用于绘制二维图形，它也是 AutoCAD 2018 默认启动的工作空间；“三维基础”和“三维建模”工作空间用于绘制三维实体。

AutoCAD 2018 的“草图与注释”工作界面主要由标题栏、菜单栏、功能区、绘图区、命令窗口、状态栏、导航栏等组成，如图 1—2 所示。

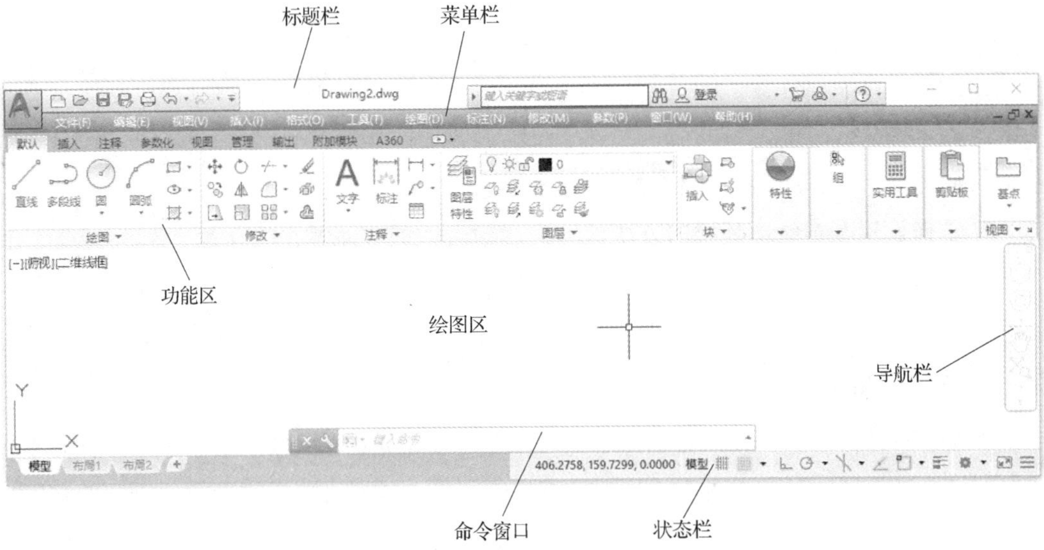

图 1—2　“草图与注释”工作界面

（1）标题栏

标题栏位于 AutoCAD 操作界面的顶部。如图 1—3 所示，标题栏主要包括菜单浏览器、快速访问工具栏、程序名称、文件名和窗口控制按钮等内容。

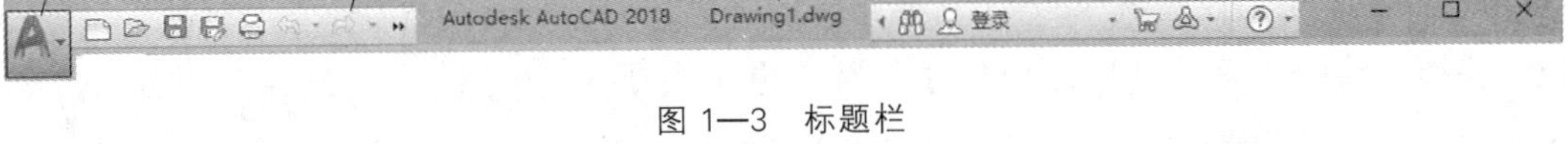

图 1—3　标题栏

快速访问工具栏中有 AutoCAD 的几个最常用的命令，包括“新建”“打开”“保存”“另存为”“打印”“放弃”以及“重做”等命令。

当用户需要撤销或恢复已执行过的操作步骤时，可以使用“放弃”和“重做”命令。

其中，“放弃”命令用于撤销所执行的操作，“重做”命令用于恢复所撤销的操作。

窗口控制按钮位于标题栏最右端，主要有“最小化”“恢复窗口大小/最大化”“关闭”按钮，分别用于控制 AutoCAD 窗口的大小和关闭。

（2）菜单栏

菜单栏位于标题栏的下侧，如图 1—4 所示。AutoCAD 的常用制图工具和管理编辑工具等都分门别类地排列在这些主菜单中，用户可以非常方便地启动各主菜单中的相关菜单项，进行必要的图形绘制和编辑工作。具体操作方法是：在主菜单项上单击鼠标左键（简称单击左键或单击），展开此主菜单，然后将光标移至需要启动的命令选项上，再次单击即可。

图 1—4　菜单栏

AutoCAD 共为用户提供了“文件”“编辑”“视图”“插入”“格式”“工具”“绘图”“标注”“修改”“参数”“窗口”“帮助”12 个主菜单。

默认设置下，菜单栏是隐藏的。单击快速访问工具栏右侧的下拉按钮，在弹出的下拉菜单（图 1—5）中单击“显示菜单栏”，即可在屏幕上显示菜单栏；再次单击，则隐藏菜单栏。

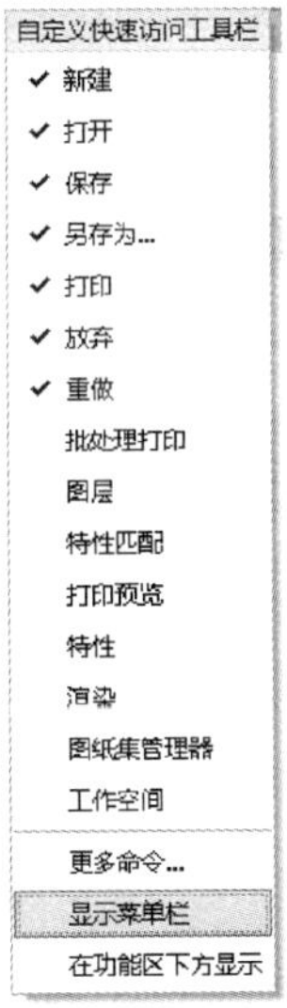

图 1—5　下拉菜单

（3）功能区

AutoCAD 2018 的功能区位于标题栏下方，主要包括“默认”“插入”“注释”“参数化”“视图”“管理”“输出”等几部分，其中最常用的是“默认”功能区。

单击“默认”标签，即可进入“默认”功能区，它包括“绘图”“修改”“注释”“图层”“块”“特性”“组”“实用工具”“剪贴板”和“视图”10 个功能面板，如图 1—6 所示。

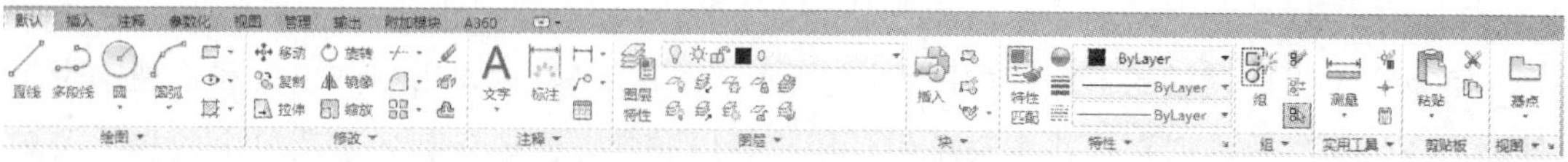

图 1—6 “默认”功能区

（4）绘图区

绘图区位于工作界面的正中央，即被功能区和命令行所包围的整个区域，此区域是用户的工作区域，图形的设计与修改工作就是在此区域内进行的。默认状态下，绘图区是一个无限大的电子屏幕，无论尺寸多大或多小的图形，都可以在绘图区中绘制和灵活显示。

当移动鼠标时，绘图区会出现一个随鼠标移动的十字符号，此符号为十字光标，它由十字线和小方框叠加而成。当执行绘图命令时十字光标会变为拾取点光标，如图 1—7 所示。

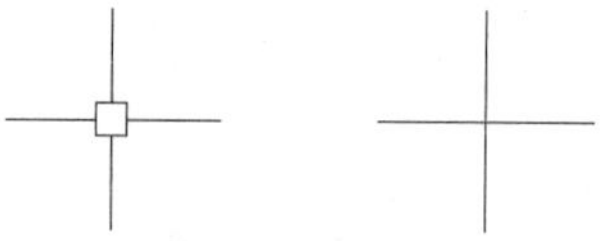

a) b)

图 1—7 光标

a）十字光标 b）拾取点光标

（5）命令窗口

命令窗口位于绘图区的下侧，它是用户与 AutoCAD 软件进行数据交流的平台，主要功能就是提示和显示用户当前的操作步骤，如图 1—8 所示。

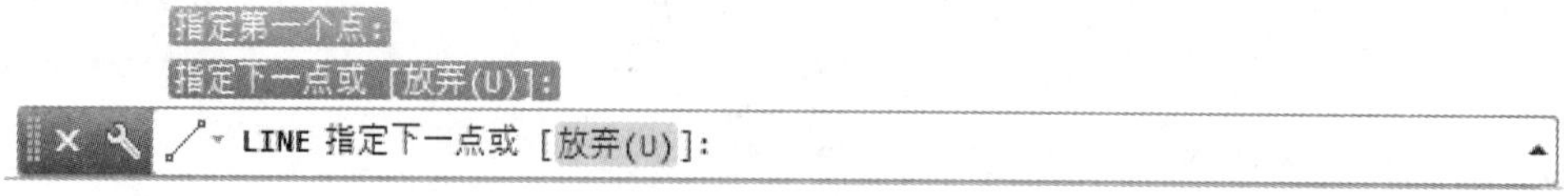

图 1—8 命令窗口

（6）状态栏

状态栏位于屏幕的最下方，包括当前光标的坐标和辅助工具栏，如图 1—9 所示。辅助工具栏的按钮主要提供一些辅助绘图功能，包括栅格、捕捉模式、动态输入、正交模式、极轴追踪、等轴测草图、对象捕捉追踪、二维对象捕捉、线宽、切换工作空间、全屏显示等开关按钮。单击它们可在启用与不启用之间进行切换。

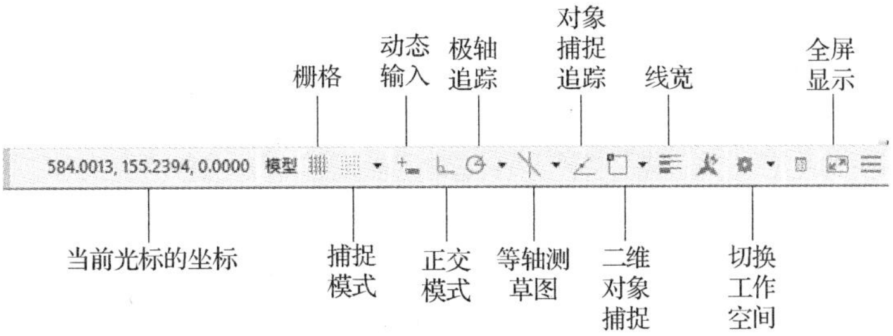

图 1—9　状态栏

（7）导航栏

导航栏位于屏幕的右侧，包括平移、缩放等工具。

2. 绘图环境

AutoCAD 2018 的绘图环境与系统配置直接相关，通过设置系统配置可以改变窗口中各组成部分的显示状态。一般情况下，用户绘图环境的设置主要是绘图区域背景颜色、曲线分辨度以及光标大小的设置。其中曲线分辨度是指圆弧或圆的平滑度，设置的值越大，圆弧显示就越平滑光顺。具体绘图环境的设置方法见本项目实训 1。

实践操作

实训 1

实训要求：

针对本任务所介绍的知识点，熟练掌握 AutoCAD 2018 的基本操作。

实训任务：

在系统默认情况下，绘图区域的背景颜色为黑色，圆弧或圆的平滑度为“1000”，光标的大小为“5”。为了使图形显示更加清晰、准确和绘图便利，现设置绘图区域背景颜色为白色，圆弧或圆的平滑度为“10000”，光标大小为 10。

1. 启动 AutoCAD 2018

双击桌面上的 AutoCAD 2018 快捷图标，启动 AutoCAD 2018 应用程序，启动后的界面如图 1—10 所示。

2. 新建图形文件

（1）单击快速访问工具栏中的“新建”按钮（图 1—11），弹出“选择样板”对话框，如图 1—12 所示。

操作演示

图 1—10　AutoCAD 2018 启动界面

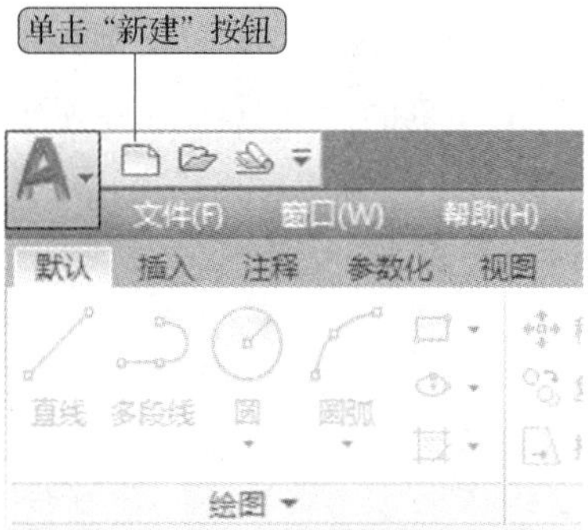

图 1—11　新建图形文件

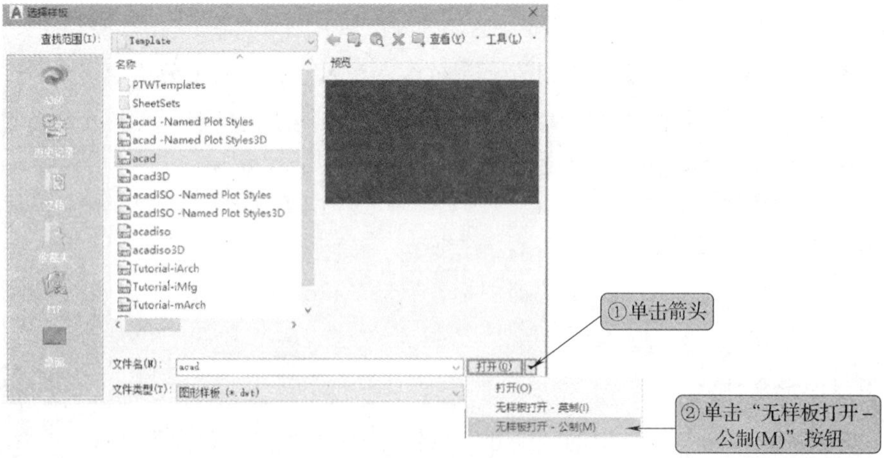

图 1—12　“选择样板”对话框

（2）单击“打开（O）”按钮右侧的箭头，再单击“无样板打开-公制（M）”按钮，即可新建一个 AutoCAD 2018 的图形文件，系统自动命名为“Drawing1. dwg”。工作界面如图 1—13 所示。

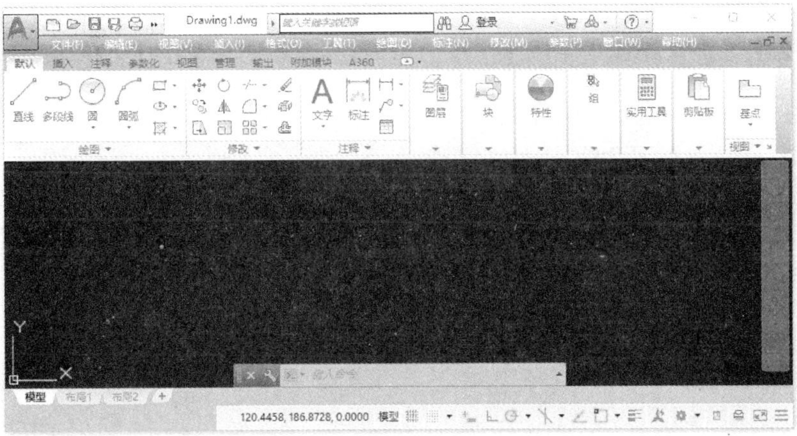

图 1—13　工作界面

3. 启动“选项”命令

单击菜单栏中的“工具”→“选项”（图 1—14），系统弹出“选项”对话框，如图 1—15 所示。

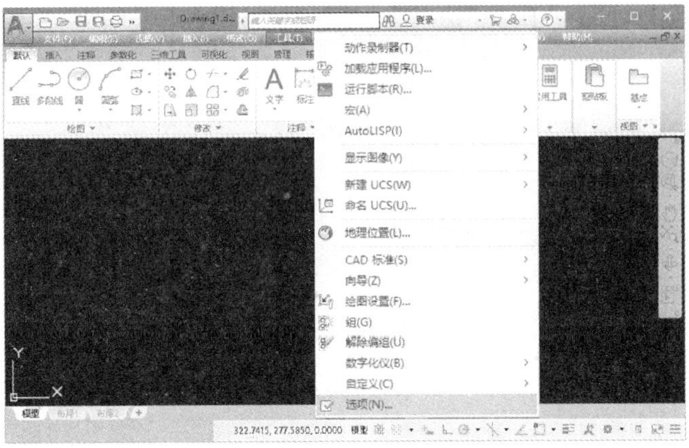

图 1—14　启动“选项”命令

提示

在 AutoCAD 2018 中，启动某项命令的方法往往有多种。如在绘图区内单击鼠标右键（简称单击右键），在弹出的右键快捷菜单（图 1—16）中单击“选项”，同样可以弹出“选项”对话框。

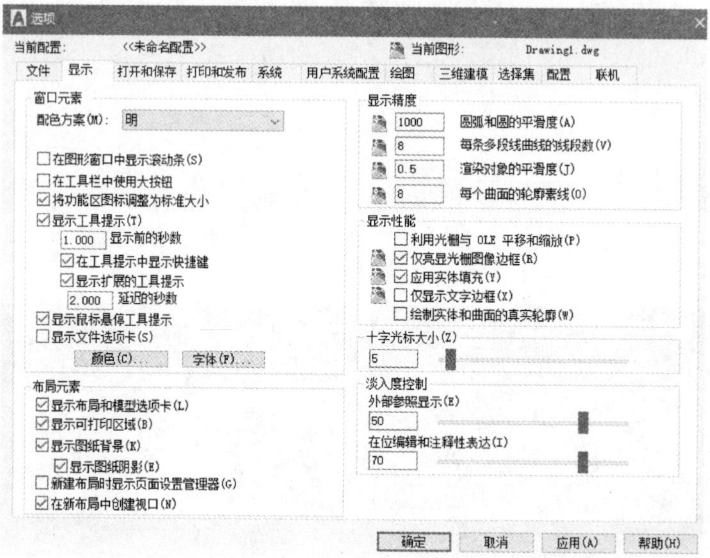

图 1—15 “选项”对话框

AutoCAD 为用户提供了右键快捷菜单，在不同状态下单击鼠标右键可弹出不同的快捷菜单，用户只需要单击菜单中的命令选项，即可快速执行相应的命令。

根据操作过程不同，右键快捷菜单分为三种。

◇ 默认模式菜单：在没有命令执行的前提下或没有对象被选择的情况下，单击右键显示的快捷菜单。

◇ 编辑模式菜单：在有一个或多个对象被选择的情况下单击右键出现的快捷菜单。

◇ 模式菜单：在某个命令执行过程中单击右键弹出的快捷菜单。

图 1—16 右键快捷菜单

4. 设置绘图区背景颜色

(1) 单击“选项”对话框上的“显示”选项卡，切换到“显示”设置界面，然后单击该界面上的“颜色（C）...”按钮 颜色(C)... ，系统弹出“图形窗口颜色”对话框，如图 1—17 所示。

(2) 在“图形窗口颜色”对话框的“颜色（C）”下拉列表中选择“白”选项，如图 1—17 所示。

(3) 单击对话框上的“应用并关闭（A）”按钮，系统返回“选项”对话框，绘图区域背景颜色设置完毕。

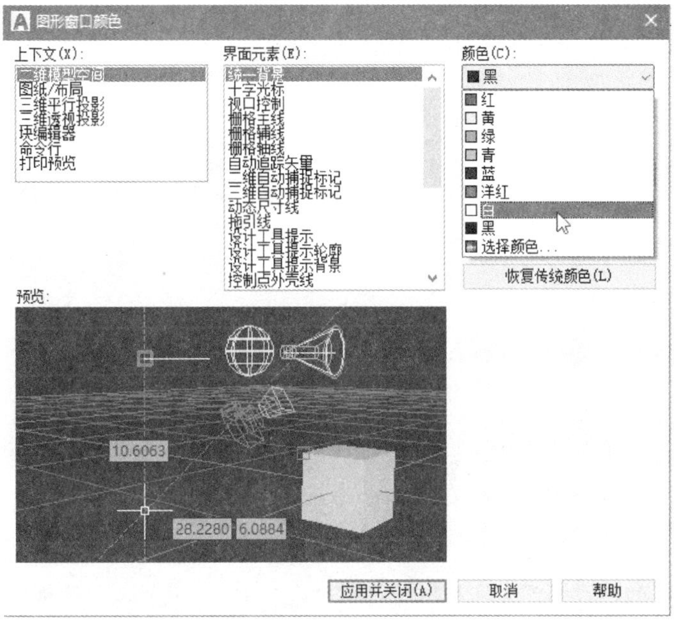

图 1—17　设置背景颜色

5. 设置曲线分辨度与光标大小

将“显示”选项卡上“显示精度”栏中的“圆弧和圆的平滑度（A）”文本框中的值改为“10000”，将“十字光标大小（Z）”文本框中的值改为“10”，如图 1—18 所示。

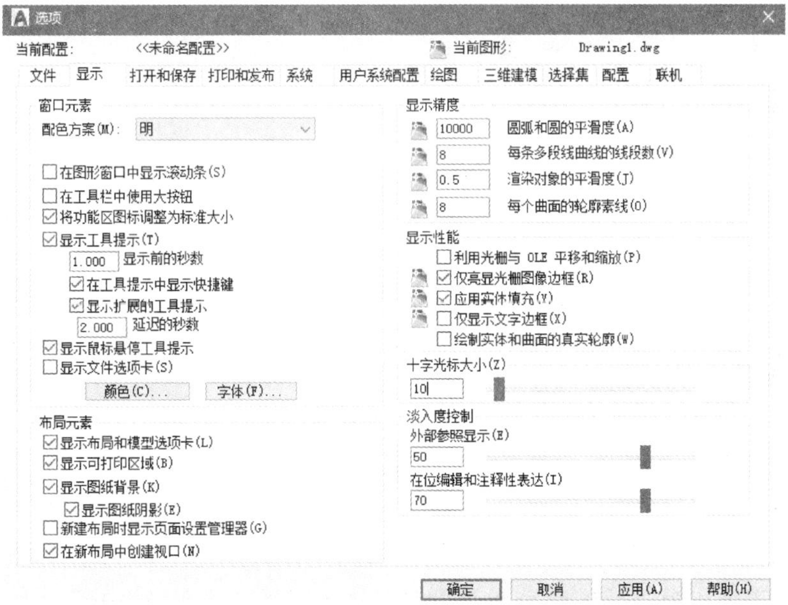

图 1—18　设置曲线分辨度与光标大小

6. 完成设置

单击“确定”按钮，完成绘图环境的设置。

提示

在上述操作中，还可以通过设置“选项”对话框中的“文件”“显示”“打开和保存”“系统”等选项卡下面的选项，来改变整个 AutoCAD 2018 的系统设置。

巩固练习

1. 启动 AutoCAD 2018，进入其主界面，打开菜单栏的“文件”“编辑”“视图”“插入”“格式”“工具”“绘图”“标注”“修改”“参数”“窗口”“帮助”等主菜单，了解各菜单中的内容。

2. 单击功能区的“默认”“插入”“注释”“参数化”“视图”“管理”“输出”等标签，了解各功能区的内容。

3. 按照自己的喜好和习惯设置基本绘图环境。

任务2 文件操作

学习目标

1. 掌握新建与存储文件的方法。

2. 掌握打开与关闭文件的方法。

任务分析

手工绘图时，设计者首先需要通过估算图形的大小来选择相应幅面的图纸，绘制完毕后，将图纸折叠起来，存放在档案袋中。而计算机绘图是通过文件操作来管理图形文件。

图形文件操作一般包括新建文件、打开文件、保存文件和关闭文件。为方便用户对文件进行管理，AutoCAD 2018 中提供了相应的新建、打开、保存和关闭文件的操作命令。本任务将通过新建一个“无样板-公制”空白文件和打开一个已有的图形文件两个实例来介绍 AutoCAD 中文件操作的方法。

相关知识

1. “新建”命令

“新建”命令用于创建一个新的图形文件。在 AutoCAD 2018 中启动“新建”命令的方法主要有以下几种。

◇ 单击快速访问工具栏中的“新建”按钮（图 1—19）。

◇ 选择菜单栏“文件”→“新建”命令（图 1—19）。

◇ 单击程序窗口左上角的“菜单浏览器”按钮，在弹出的菜单中选择“新建”命令（图 1—20）。

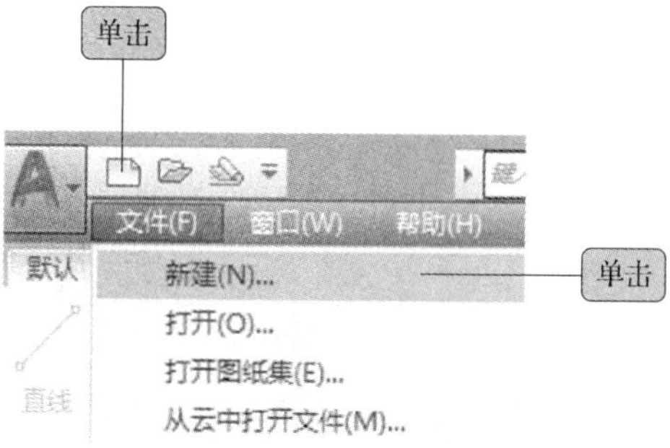

图 1—19 新建图形文件（一）

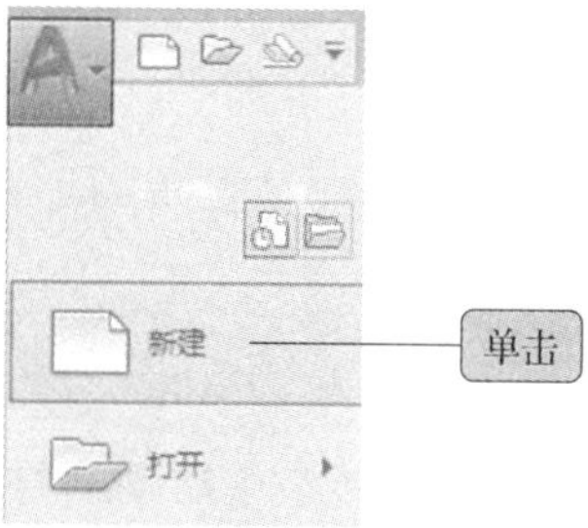

图 1—20 新建图形文件（二）

在 AutoCAD 2018 中启动“新建”命令后，系统会弹出“选择样板”对话框，如图 1—21 所示。在此对话框中，用户可以选择样板文件或基于公制、英制测量系统创建新图形。

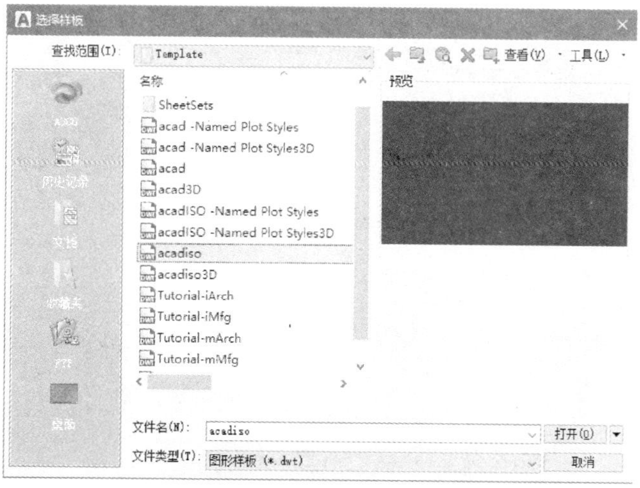

图 1—21 “选择样板”对话框

在新建一个图形文件时，为使图纸统一，往往需要使用一个样板文件，样板文件中通常包含与绘图相关的一些通用设置，如线型、文字样式等。利用它创建新图形可以大大提高设计效率并且有利于产品设计标准化。

AutoCAD中提供了大量的标准样板文件（图1—21），分别对应不同的制图标准。在所有样板文件中，“acadiso”（即“无样板-公制”）样板是在机械、建筑等绘图时最常用的图形样板，它是基于公制测量系统（单位为mm）的样板，系统会使用内部默认值控制图形中的文字、标注以及线型等。

2. “打开”命令

“打开”命令用于打开一个已有的图形文件。在AutoCAD 2018中启动“打开”命令的方法主要有以下几种。

◇ 单击快速访问工具栏中的“打开”按钮。

◇ 选择菜单栏“文件”→“打开”命令。

◇ 单击程序窗口左上角的“菜单浏览器”按钮，在弹出的菜单中选择“打开”命令。

◇ 在命令行输入“OPEN”并按下回车键。

在AutoCAD 2018中启动“打开”命令后，系统会弹出“选择文件”对话框（图1—22）。该对话框和Office中相应对话框的样式及操作方式是类似的。在此对话框中，用户可以打开对话框顶部的“查找范围（I）”下拉列表，查找需要打开文件的路径，然后打开文件。

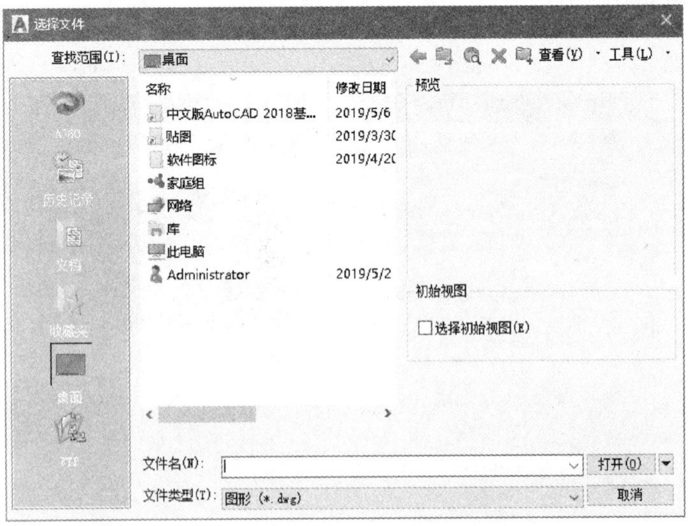

图1—22 “选择文件”对话框

“选择文件”对话框的左边有文件位置列表，也可以利用它们确定要打开文件的位置并打开指定的文件。默认情况下，打开的图形文件的类型为“＊.dwg”。

3. “保存”命令

“保存”命令用于将图形文件存入磁盘以方便以后查看或使用。在 AutoCAD 2018 中，启动“保存”命令的方法主要有以下几种。

◇ 单击快速访问工具栏中的“保存”按钮。

◇ 选择菜单栏“文件”→“保存”命令。

◇ 单击“菜单浏览器”按钮，在弹出的菜单中选择“保存”命令。

◇ 在命令行输入“QSAVE”并按下回车键。

在 AutoCAD 2018 中启动“保存”命令后，系统通常会将当前图形文件以原文件名存入磁盘，不会给用户任何提示。如果当前图形文件名是缺省名且是第一次存储文件，则系统会弹出“图形另存为”对话框，如图 1—23 所示。用户可以在“保存于（I）”下拉列表中设定文件的存储位置，在“文件名（N）”文本框中输入文件名。

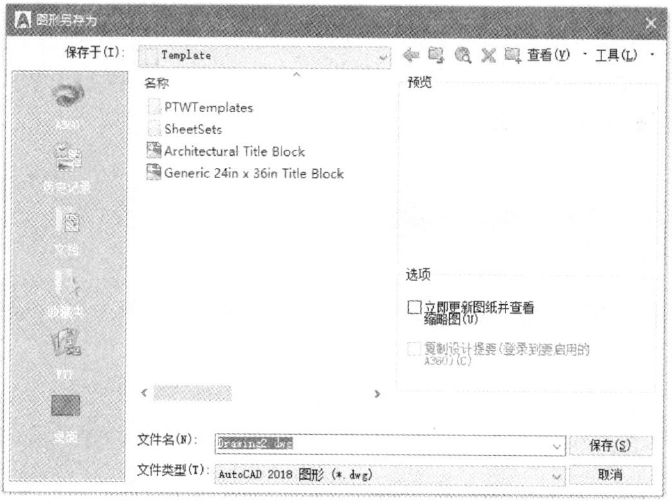

图 1—23 “图形另存为”对话框

此外，AutoCAD 2018 还提供了另外一种保存文件的命令，即“另存为”命令。启动“另存为”命令的方法主要有以下几种。

◇ 单击快速访问工具栏中的“另存为”按钮。

◇ 选择菜单栏“文件”→“另存为”命令。

◇ 单击“菜单浏览器”按钮，在弹出的菜单中选择“另存为”命令。

◇ 在命令行输入“SAVEAS”并按下回车键。

“另存为”命令主要用于将当前文件以新的文件名保存。

4. “关闭”命令

绘图结束并已将文件保存后，需要关闭文件并退出 AutoCAD 2018。其操作方法主要有以下几种。

◇ 单击程序窗口右上角的“关闭”按钮 。

◇ 按下键盘上的 Alt+F4 组合键。

◇ 选择菜单栏“文件”→“关闭”命令。

◇ 单击“菜单浏览器”按钮 ，在弹出的菜单中选择“关闭”命令。

如用户没有提前将绘制的图形进行保存，在执行“关闭”命令时，AutoCAD 2018 将弹出如图 1—24 所示的提示对话框。如单击“是(Y)”按钮，系统将弹出“图形另存为”对话框，用于对图形进行命名保存；如单击“否(N)”按钮，系统将放弃存盘，退出 AutoCAD 2018 程序；如单击“取消”按钮，系统将取消“关闭”命令，返回到 AutoCAD 2018 的工作界面。

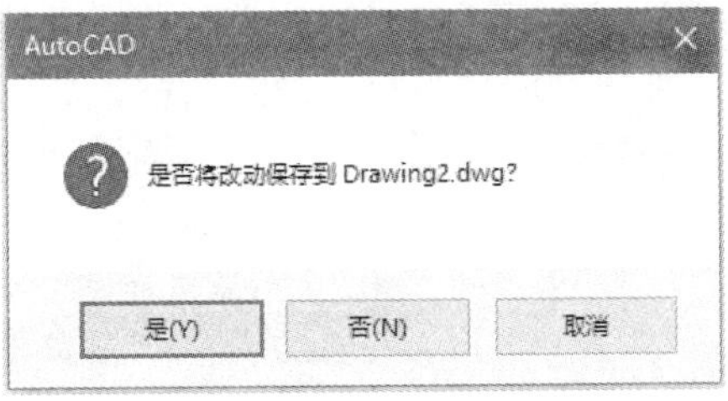

图 1—24　提示对话框

实践操作

实训 2

实训要求：

针对本任务所介绍的知识点，熟练掌握 AutoCAD 2018 文件的新建和保存操作。

实训任务：

新建一个基于“acadiso.dwt”样板的空白文件并保存到指定路径下。

1. 新建图形文件

(1) 选择菜单栏“文件”→“新建”命令，系统弹出“选择样板”对话框。

(2) 在“选择样板”对话框的图形样板列表中选择“acadiso.dwt”样板，如图 1—25 所示。

操作演示

(3) 单击“选择样板”对话框上的“打开（O）”按钮，即可新建一个“无样板-公制”空白文件，如图 1—26 所示，此时便可在绘图区进行绘图了。

图 1—25　选择“acadiso. dwt”样板

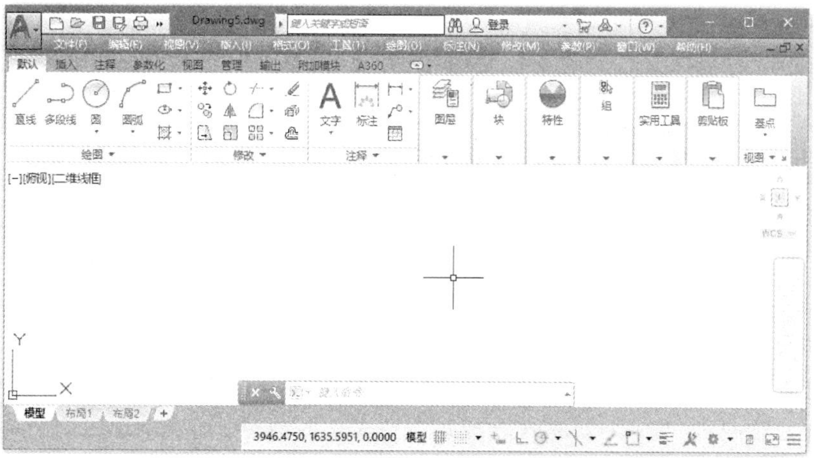

图 1—26　“无样板-公制”空白文件

2. 保存文件

(1) 选择菜单栏“文件”→“保存”命令，系统弹出“图形另存为”对话框，如图1—27 所示。

(2) 将新建的图形文件名改为“练习 1. dwg”，单击“图形另存为”对话框左下角的“桌面”按钮。

(3) 单击对话框上的“保存 (S)”按钮，即可将当前文件保存到桌面上。

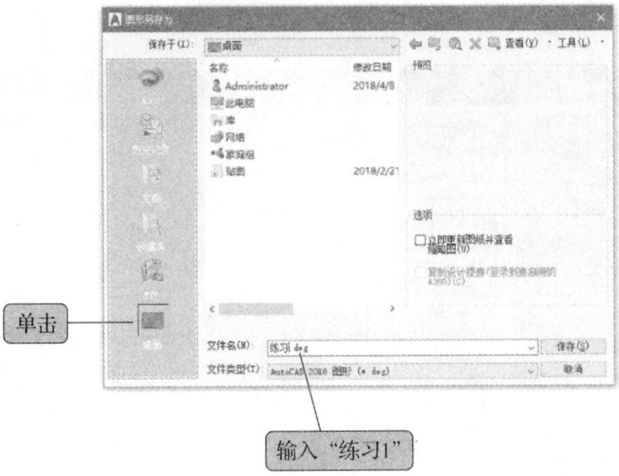

图 1—27 保存名为"练习 1. dwg"的文件

实训 3

实训要求：

针对本任务所介绍的知识点，熟练掌握 AutoCAD 2018 文件的打开和另存为操作。

实训任务：

打开图形文件"实训 3. dwg"，利用"另存为"命令修改其文件名并保存到其他路径下。

※源文件：AutoCAD 源文件 \ 项目一 \ 任务 2 \ 实训 3. dwg

1. 打开文件

(1) 选择菜单栏"文件"→"打开"命令，系统弹出"选择文件"对话框。

(2) 在对话框的"查找范围（I）"下拉列表中找到"AutoCAD 源文件 \ 项目一 \ 任务 2"图形文件夹，在对话框"名称"栏的列表中选中文件"实训 3. dwg"，如图 1—28 所示。

(3) 单击对话框上的"打开（O）"按钮，即可打开该文件，如图 1—29 所示。

操作演示

2. 用"另存为"命令修改文件名

(1) 在计算机 E 盘上新建一个"AutoCAD 实训"文件夹。

(2) 在 AutoCAD 2018 中选择菜单栏"文件"→"另存为"命令，系统弹出"图形另存为"对话框。

(3) 将对话框上"文件名（N）"文本框内的文件名"实训 3. dwg"改为"练习 2. dwg"，并将保存路径改为"E：\AutoCAD 实训"，如图 1—30 所示。

图 1—28　打开名为“实训 3. dwg”的文件

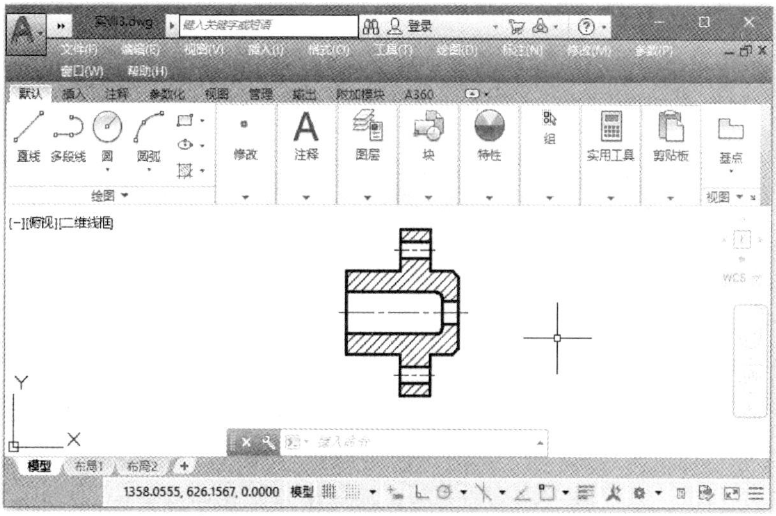

图 1—29　打开的“实训 3. dwg”文件

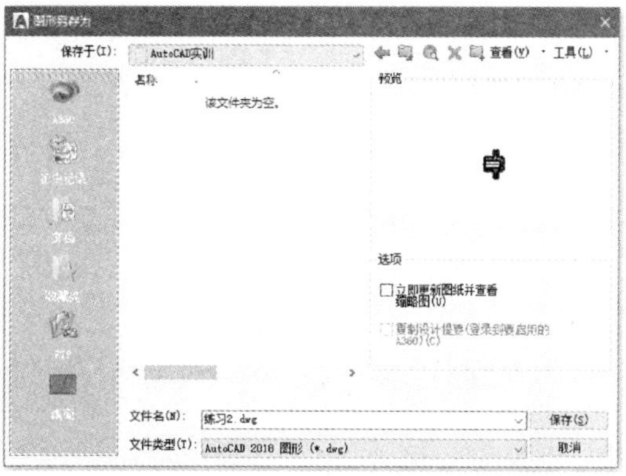

图 1—30　另存上述图形文件

（4）单击对话框上的“保存（S）”按钮，即可将图形文件另存到所指定的位置。

巩固练习

打开实训 3 中的文件“练习 2. dwg”，将文件保存在桌面上，文件名修改为“轴套 . dwg”。

任务 3　视窗操作与选择对象

学习目标

1. 掌握 AutoCAD 视窗操作的方法。
2. 掌握选择对象的方法。

任务分析

在 AutoCAD 中绘制的图形都是矢量图形，进行缩小、放大以及旋转等操作都不会失真。因此，在 AutoCAD 中进行视窗的缩放、平移等操作不会影响图形的质量。

在实际绘图过程中，常需要调整当前图形对象在屏幕上显示的大小和位置（不是改变对象的实际尺寸和位置）。在进行图形编辑时，则需要选择对象以方便后续操作。针对上述要求，AutoCAD 2018 提供了较为全面的视窗操作命令和选择对象的方法。本任务将通过对打开的图形文件进行视窗变换和选择对象来介绍 AutoCAD 2018 中视窗操作和选择对象的方法。

相关知识

1. 视窗操作命令

为了便于用户全方位浏览图形，AutoCAD 2018 提供了“实时缩放”“实时平移”“窗口缩放”“范围缩放”“动态缩放”等视窗操作命令，这些命令只是使对象显示的大小发生变化，而对象的实际尺寸并不发生变化。

（1）“缩放”命令

1）“缩放”命令的调用方法

启动“缩放”命令的方法主要有以下几种。

◇单击绘图区右侧导航栏的“缩放”按钮的下拉箭头（图 1—31），在弹出的菜单中选择缩放命令选项。

◇选择菜单栏“视图”→“缩放”命令中的缩放命令选项，如图 1—32 所示。

◇在命令行中输入“ZOOM”，按下回车键（图 1—33），然后选择相应的选项。

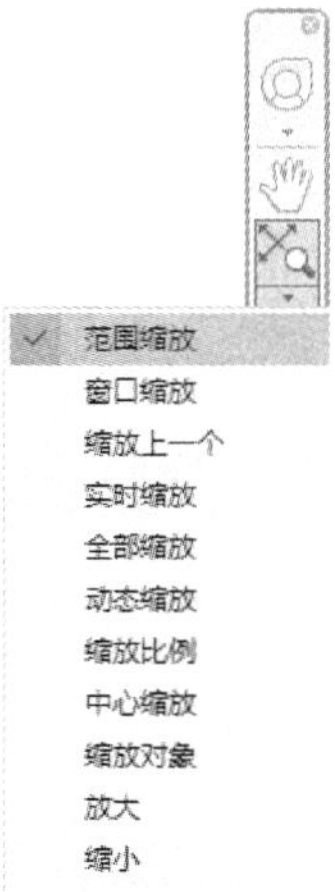

图 1—31　导航栏中的“缩放”按钮及“缩放”命令

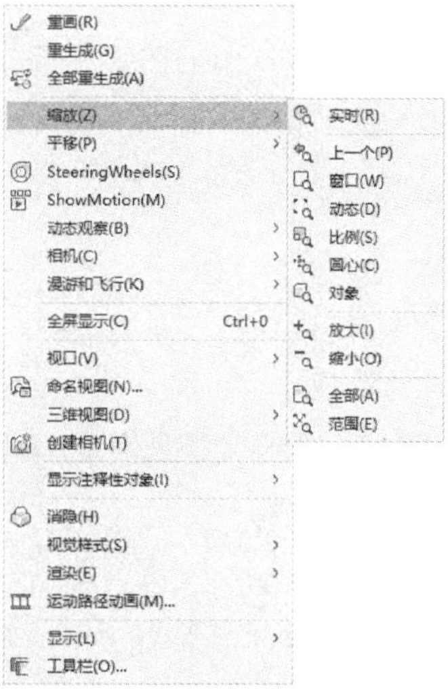

图 1—32　“缩放”命令下拉菜单

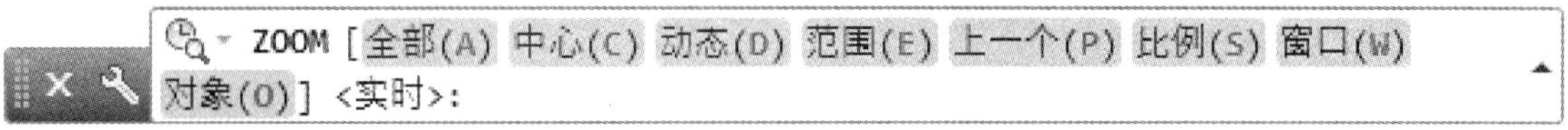

图 1—33　“ZOOM”命令

提示　在 AutoCAD 2018 中，系统在执行命令时，在命令窗口中会显示操作提示，用户既可以输入相应的命令，也可以单击提示中的按钮。例如，在命令行中“〈实时〉”表示默认“实时缩放”，按下回车键执行“实时缩放”命令；单击“范围（E）”则执行“范围缩放”命令，执行该命令后，文件的所有对象全部显示在屏幕中。

2）常用“缩放”命令的含义

◇“实时缩放”命令：执行该命令后，屏幕上将出现一个放大镜形状的光标，此时便进入实时缩放状态，按住鼠标左键向下拖动鼠标，则视图缩小显示；按住鼠标左键向上拖动鼠标，则视图放大显示。

◇“窗口缩放”命令：是指在需要缩放显示的区域内拉出一个矩形框，将位于框内的图形放大显示在视窗内。

◇“范围缩放”命令：是指将所有的图形全部显示在屏幕上，并最大限度地充满整个屏幕。

（2）“平移”命令

“平移”命令中较常用的命令为“实时平移”命令，该命令用于将当前视口中的图形按照指定的位置实时地移动。

启动“实时平移”命令的方法主要有以下几种。

◇ 选择菜单栏“视图”→“平移”→“实时”命令，如图1—34所示。

◇ 单击导航栏的“平移”按钮。

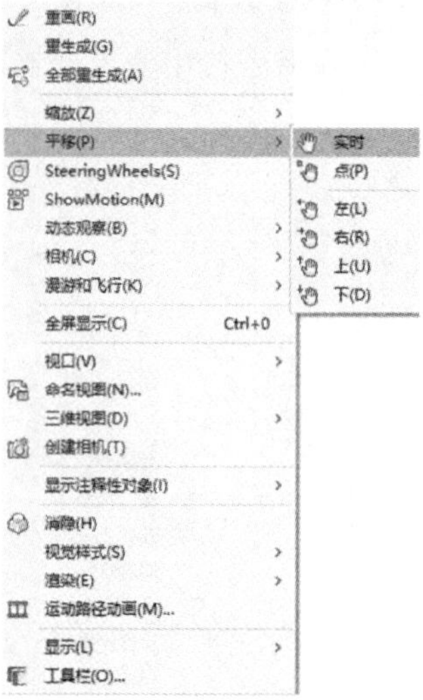

图1—34 “平移”命令下拉菜单

2. 对象选择

AutoCAD 2018支持三种选择对象的方式，即点选择、窗口选择和窗交选择。

（1）点选择

点选择是最基本、最简单的一种选择方式，此方式一次只能选择一个对象。将光标移到所选的对象上单击，即可选中该对象，被选中对象的图线变宽并呈现深蓝色且会显示出若干个小方框，如图1—35所示。

图1—35 点选择对象

（2）窗口选择

窗口选择一次可以选择多个对象，方法是：从左向右拉出一个矩形选择框，选择框以实线显示，内部以浅蓝色填充，如图1—36所示。此选择方法能把完全位于矩形选择框内的对象选中，如图1—37所示。

图1—36 窗口选择

图 1—37　窗口选择结果

（3）窗交选择

窗交选择一次也可以选择多个对象，方法是：从右向左拉出一个矩形选择框，选择框以点线显示，内部以浅绿色填充，如图 1—38 所示。此选择方法能把所有与选择框相交和完全位于框内的对象都选中，如图 1—39 所示。

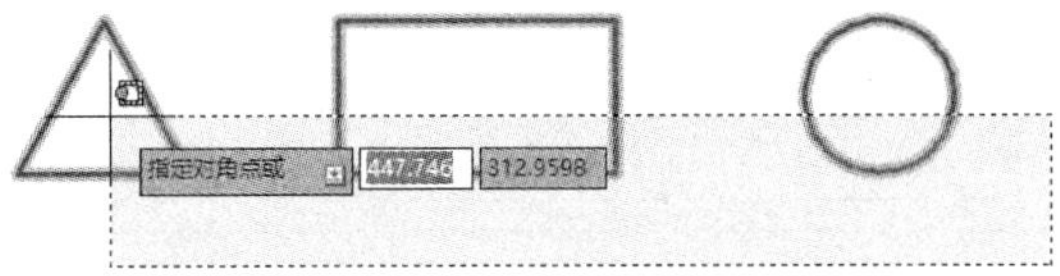

图 1—38　窗交选择

图 1—39　窗交选择结果

实践操作

实训 4

实训要求：

通过本实例熟练掌握 AutoCAD 2018 视窗的缩放、平移等基本操作。

实训任务：

对一打开的图形文件进行窗口缩放、范围缩放、实时缩放和平移操作来浏览视图。

※源文件：AutoCAD 源文件 \ 项目一 \ 任务 3 \ 实训 4. dwg

1. 打开文件

启动 AutoCAD 2018，打开图形文件“AutoCAD 源文件 \ 项目一 \ 任务 3 \ 实训 4. dwg”，如图 1—40 所示。

操作演示

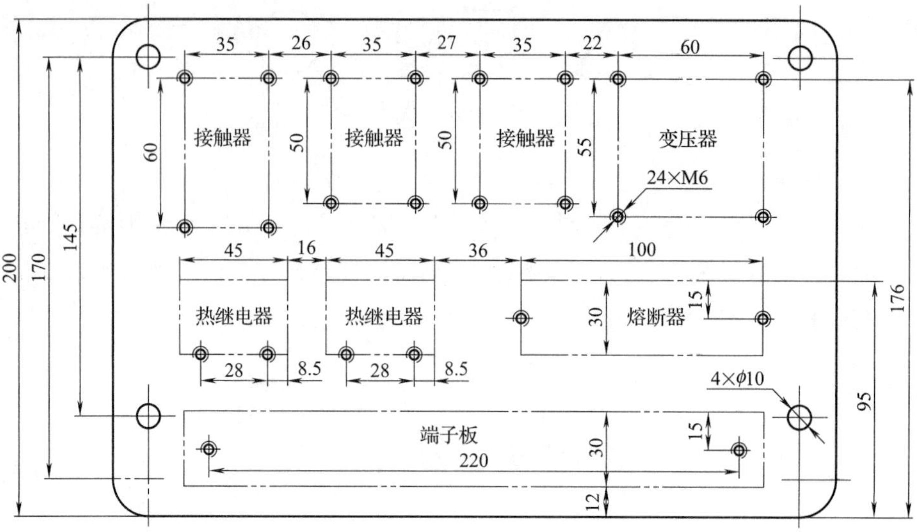

图 1—40　打开“实训 4. dwg”文件

2. 窗口缩放图形

单击绘图区右侧导航栏中“缩放”按钮的下拉箭头，在弹出的菜单中选择“窗口缩放”命令。在绘图区内拉出一个包含熔断器安装位置的矩形框（图 1—41），则在绘图区放大显示该矩形区域内的图形，如图 1—42 所示。

3. 范围缩放图形

执行“范围缩放”命令，将图形在绘图窗口中最大化显示，如图 1—43 所示。

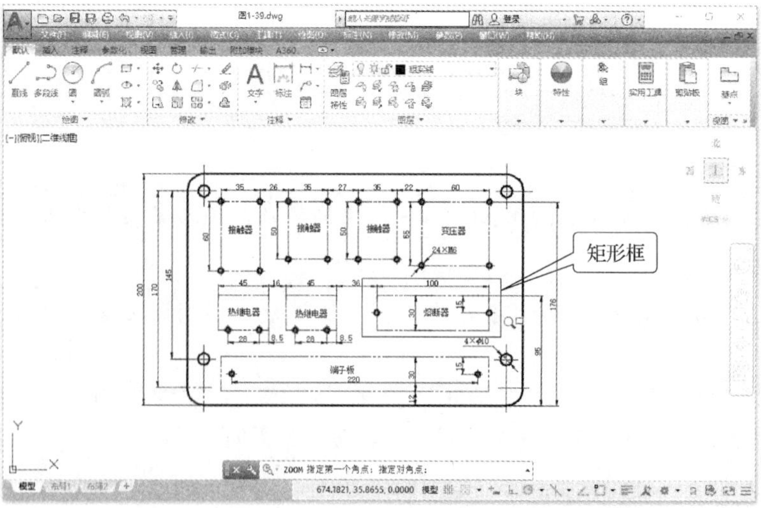

图 1—41　选择放大区域

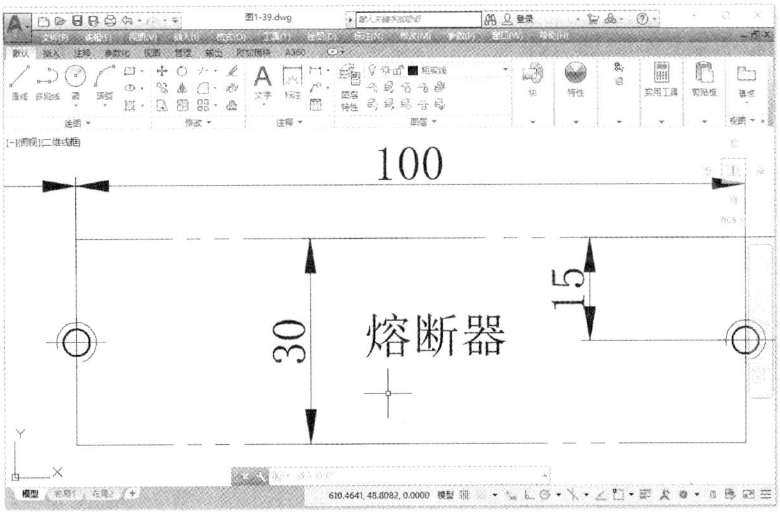

图 1—42　窗口缩放结果

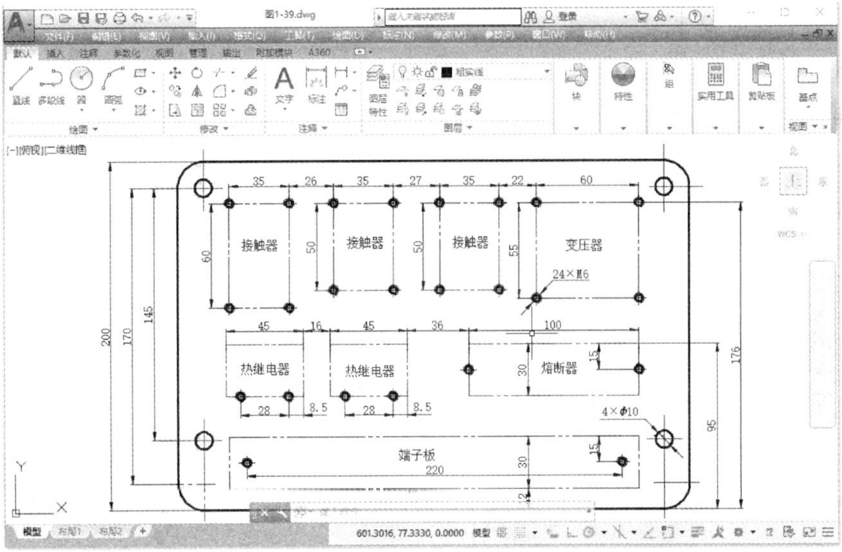

图 1—43　范围缩放结果

4. **实时缩放图形**

(1) 执行“实时缩放”命令，在窗口的中心位置（大约即可）按住鼠标左键不放向下移动光标则缩小视图，如图 1—44a 所示；向上移动光标则放大视图，如图 1—44b 所示。

(2) 按下 Esc 键结束“实时缩放”命令。

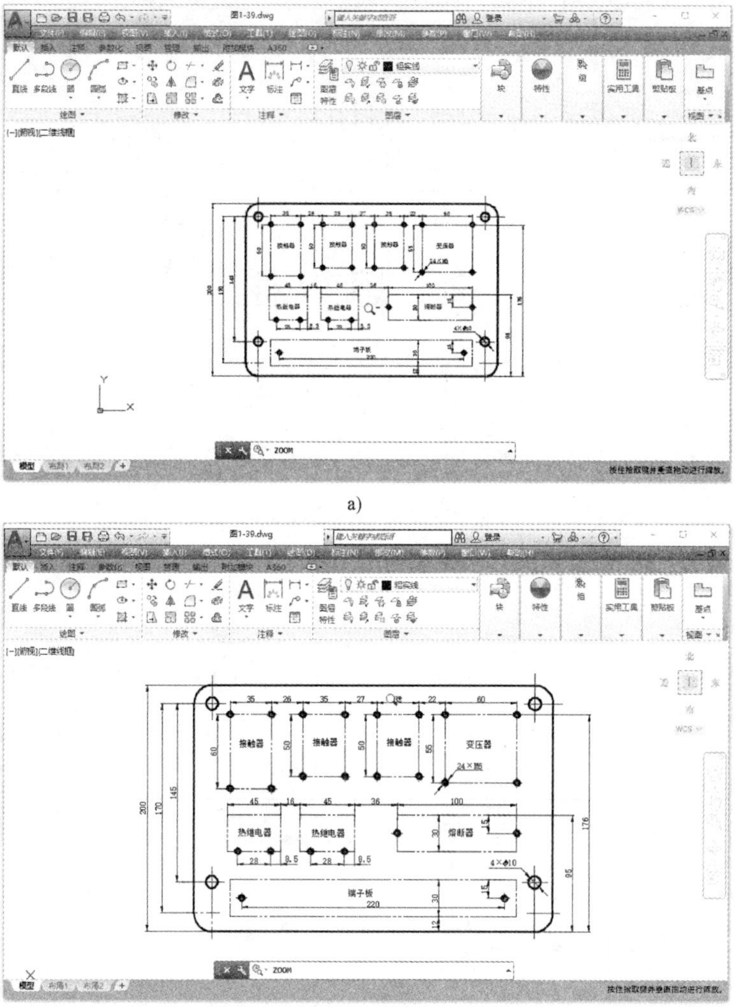
a)

b)

图 1—44 实时缩放结果

a）实时缩小 b）实时放大

提示 AutoCAD 在执行任何命令的过程中，按下 Esc 键即可立即终止命令。

5. 平移图形

（1）单击导航栏上的“平移”按钮，启动“实时平移”命令，按住鼠标左键不放，从窗口顶部向下拖动图形到适当位置，如图 1—45 所示。

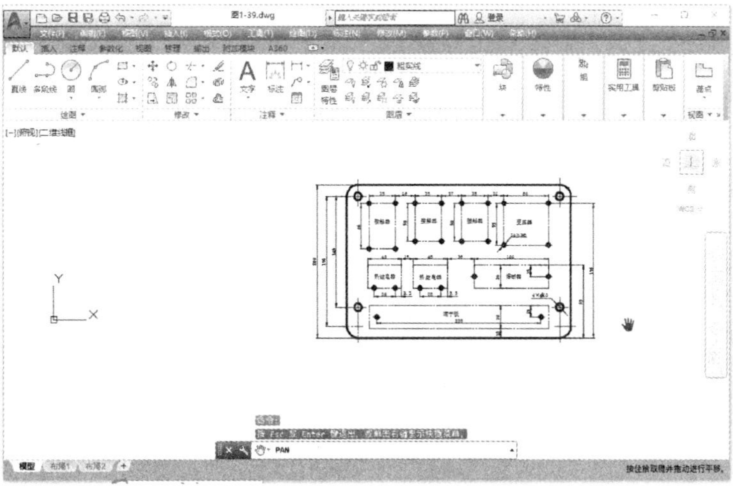

a)

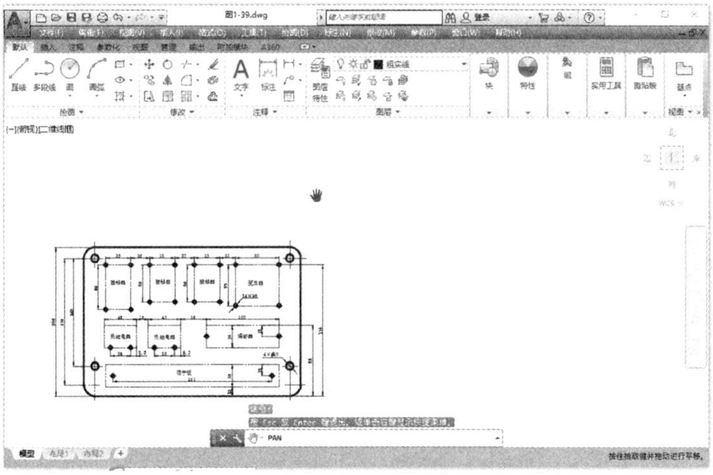

b)

图 1—45　实时平移

a）平移前　b）平移后

（2）按下 Esc 键结束“实时平移”命令。

提示

1）直接利用鼠标也可以对图形进行放大、缩小和平移操作，向上滑动鼠标滚轮，图形放大；向下滑动鼠标滚轮，图形缩小；按下鼠标滚轮不放拖动鼠标可以实时平移图形。利用鼠标进行视窗操作是非常便利的，在实际绘图过程中最为常用。

2）在没有命令执行的前提下或没有对象被选择的情况下，按下鼠标右键，弹出快捷菜单（图 1—46），选择“平移（A）”或“缩放（Z）”命令选项，也可以对图形进行平移或缩放。

图 1—46 “平移”或“缩放”快捷菜单

实训 5

实训要求：

通过本实例熟练掌握 AutoCAD 2018 选择对象的基本操作。

实训任务：

对一打开的图形文件分别进行点选择、窗口选择和窗交选择操作。

※源文件：AutoCAD 源文件 \ 项目一 \ 任务 3 \ 实训 5. dwg

1. 打开图形文件

启动 AutoCAD 2018，打开图形文件“AutoCAD 源文件 \ 项目一 \ 任务 3 \ 实训 5. dwg”，如图 1—47 所示。

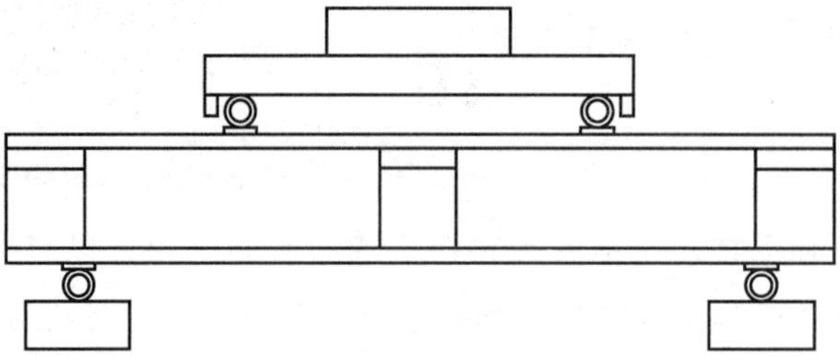

操作演示

图 1—47 打开“实训 5. dwg”文件

2. 点选择对象

（1）将光标移到图形最上边的水平线附近，此时水平线变粗显示，如图 1—48 所示。

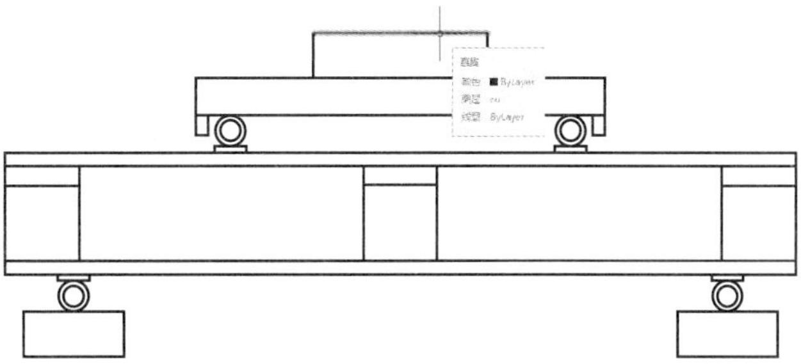

图 1—48　移动光标到水平线

（2）用鼠标左键单击该水平线（点选择方式），该水平线即被选中，图线变宽并呈现深蓝色状态，同时显示图线的夹点，如图 1—49 所示。

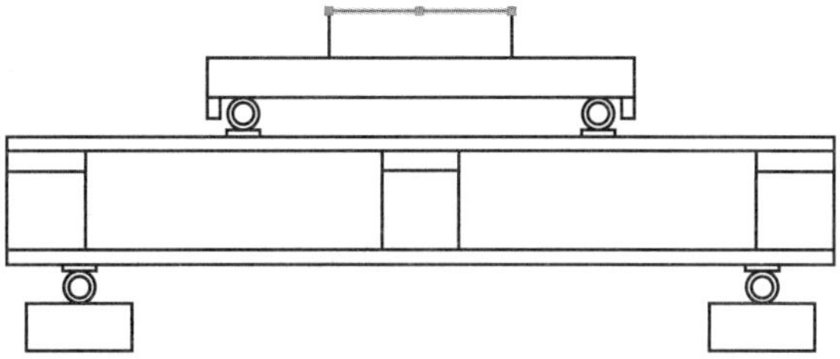

图 1—49　选择结果

提示

在没有执行任何命令的前提下选择图形，图形上会显示出一些蓝色实心的小方框，如图 1—50 所示，这些蓝色的小方框即为图形的夹点。夹点实际上就是对象的某些特征点，如直线的端点和中心点，圆的圆心和象限点，圆弧的圆心、端点和中点，矩形的顶点和线段的中点等。

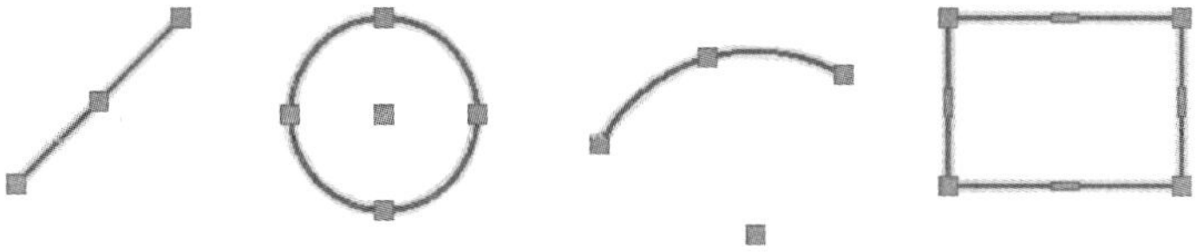

图 1—50　夹点

（3）按下 Esc 键，撤销选择，对象显示状态恢复原样。

3. 窗口选择对象

（1）移动光标，用鼠标左键单击 *A* 点位置确定选择区域的第一角点，然后拖动到 *B* 点位置并确定第二角点，如图 1—51 所示，此时所有包含在矩形 *AB* 范围内的图形对象被选中，如图 1—52 所示。

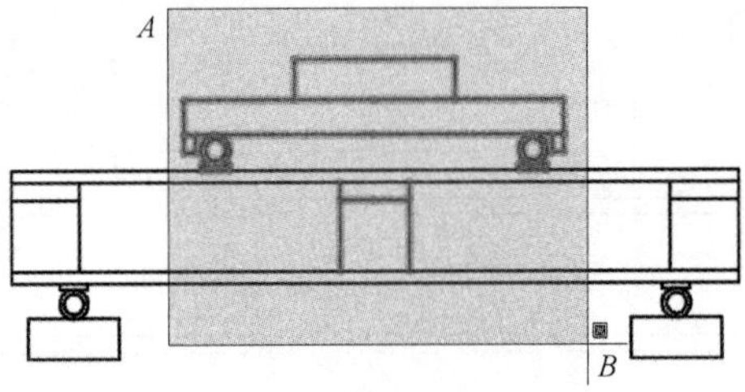

图 1—51　窗口选择区域

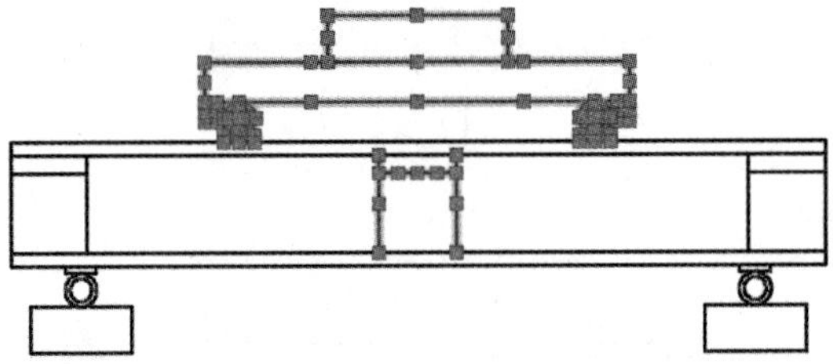

图 1—52　窗口选中对象

（2）按下 Esc 键，撤销选择，对象显示状态恢复原样。

4. **窗交选择对象**

移动光标，用鼠标左键单击 *B* 点位置确定选择区域的第一角点，然后拖动到 *A* 点位置并确定第二角点，如图 1—53 所示，此时所有在矩形 *AB* 范围内的图形对象和所有与矩形 *AB* 相交的图形对象都被选中，如图 1—54 所示。

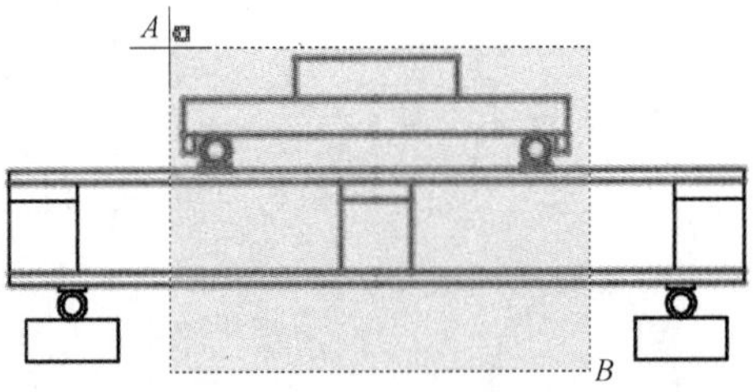

图 1—53　窗交选择区域

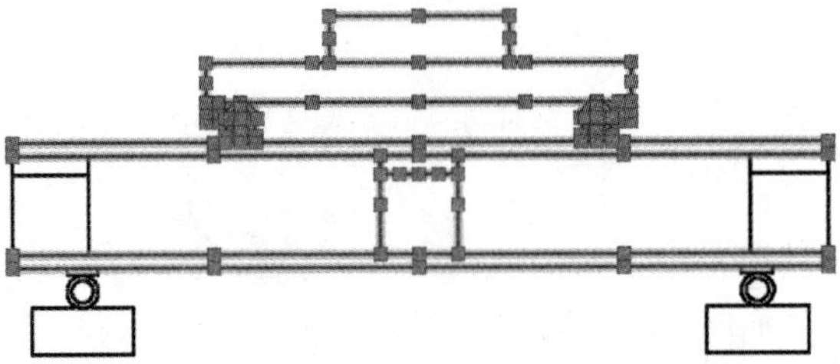

图 1—54　窗交选中对象

巩固练习

1. 实时缩放相对其他缩放方法有什么独特的特点和优势？
2. 对象选择的方式有几种？它们之间有什么区别？
3. 如何使用右键快捷方式对图形进行缩放和平移？
4. 如何利用鼠标中键（滚轮）对图形进行平移和缩放？

项目二　平面图形绘制基础

任务 1　绘制直线

学习目标

1. 掌握“直线”命令的启动方法。

2. 掌握直线的绘制方法。

任务分析

无论是简单图形还是复杂图形，都是由基本的图形元素（如直线、圆、圆弧、矩形、正多边形等）组成的，熟练掌握这些图形元素的绘制方法是制图的基础。手工绘图时，一般用直尺、三角板等工具通过度量尺寸绘制直线，制图过程比较费时，准确度不高。而用AutoCAD 2018绘制直线则非常简便，AutoCAD系统不但提供了绘制直线的命令，还提供了大量的辅助工具用来准确绘制直线，绘制时只需启动“直线”命令，输入相关尺寸即可画出一条精确的直线。本任务将具体介绍AutoCAD中绘制直线的相关基础知识（如“直线”命令的启动方法、直线的绘制方法等），并通过绘制如图2—1、图2—2所示平面图形提高使用“直线”命令的能力。

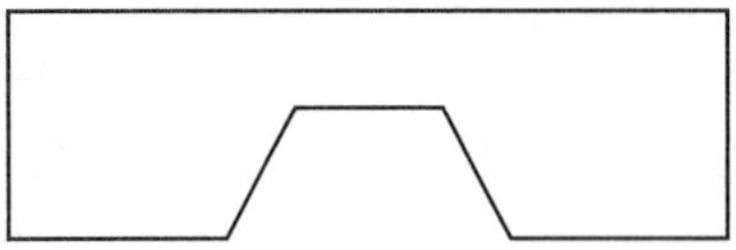

图2—1　绘制直线实例（一）

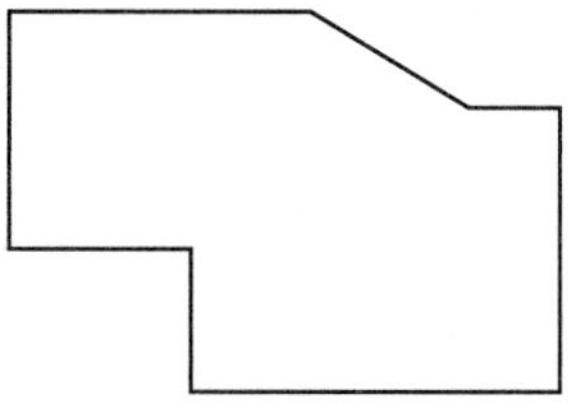

图2—2　绘制直线实例（二）

相关知识

1. 坐标系

在绘图过程中要精确定位某个对象时，必须以某个坐标系作为参照，以便精确拾取点的位置，使用 AutoCAD 提供的坐标系可以精确绘制图形。

AutoCAD 的默认坐标系为 WCS，即世界坐标系。此坐标系是 AutoCAD 的基本坐标系，它由两个相互垂直并相交的坐标轴 *X*、*Y* 组成，*X* 轴正方向水平向右，*Y* 轴正方向垂直向上，坐标原点在绘图区左下角，如图 2—3 所示。如果在三维空间工作，还有一个 *Z* 轴。

（1）绝对坐标

1）绝对直角坐标

绝对直角坐标是以原点（0，0）为参照点来定位所有的点，其表达式为（*X*，*Y*），用户可以通过输入点的实际 *X*、*Y* 坐标值来定义点的坐标。

如 *B* 点的 *X* 坐标值为 35（即该点在 *X* 轴上的垂足到原点的距离为 35 个图形单位），*Y* 坐标值为 15（即该点在 *Y* 轴上的垂足到原点的距离为 15 个图形单位），那么 *B* 点的绝对坐标表达式为（35，15）。*B* 点在坐标系中的位置如图 2—4 所示。

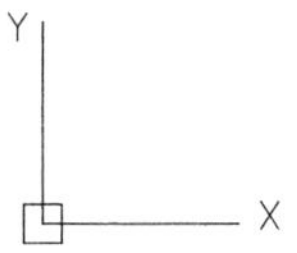

图 2—3　坐标原点

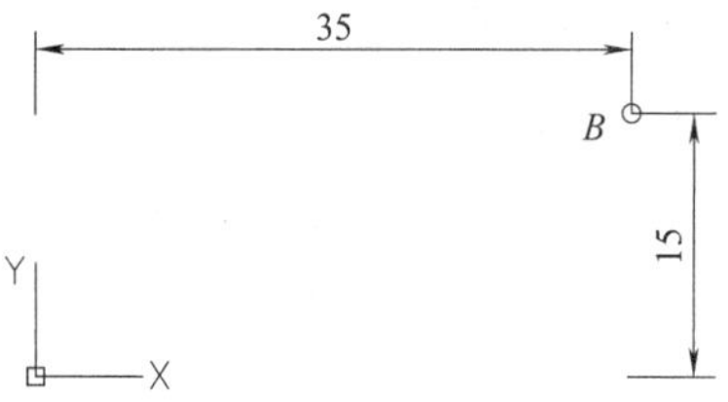

图 2—4　点的绝对直角坐标

2）绝对极坐标

绝对极坐标是以原点作为极点，通过相对于原点的极长和角度来定义点的位置。其表达式为（*L*＜*α*），*L* 表示点与原点之间的极长，即长度；*α* 为极长与 *X* 轴正方向的夹角。在默认设置下，AutoCAD 2018 是以逆时针来测量角度的，即逆时针的角度为正值，顺时针的角度为负值。也就是说，*X* 轴的正向为 0°，*Y* 轴的正向为 90°，*X* 轴的负向为 180°，*Y* 轴的负向为 270°（−90°）。如 *D* 点的绝对极坐标为（20＜30），则 *D* 点在坐标系中的位置如图 2—5 所示。

（2）相对坐标

1）相对直角坐标

相对直角坐标是指相对于某一点的 *X* 轴和 *Y* 轴位移。它的表示方法是在绝对坐标表达式前加上“@”号。如 A 点相对于 B 点的相对直角坐标为（@－13，8），则 A 点相对于 B 点的位置如图 2—6 所示。

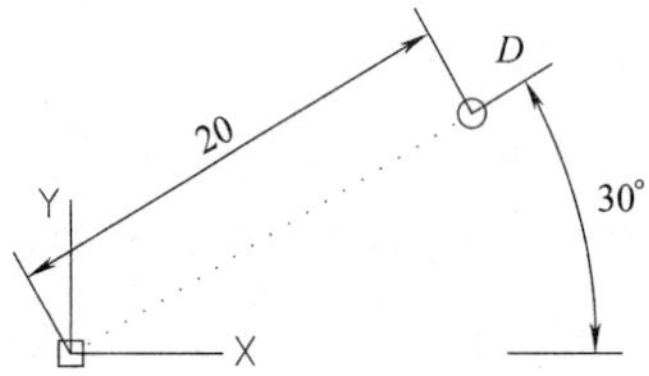

图 2—5　点的绝对极坐标

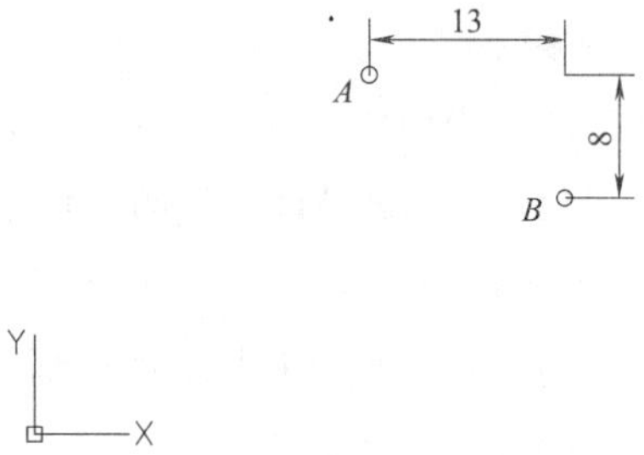

图 2—6　A 点相对于 B 点的位置

2）相对极坐标

相对极坐标是指相对于某一点的距离和角度。它的表示方法也是在绝对坐标表达式前加上“@”号，相对极坐标中的角度是新点和上一点连线与 X 轴的夹角。如 C 点相对于 D 点的相对极坐标为（@11<24），则 C 点相对于 D 点的位置如图 2—7 所示。

2. 绘制直线

（1）启动“直线”命令的方法

“直线”命令主要用于绘制一条或多条直线，也可以绘制首尾相连的闭合图形。启动“直线”命令的方法主要有以下几种。

◇单击“默认”→“绘图”→“直线”按钮，如图 2—8 所示。

◇选择菜单栏“绘图”→“直线”命令。

◇在命令行中输入命令“L（或 LINE）”后按回车键。

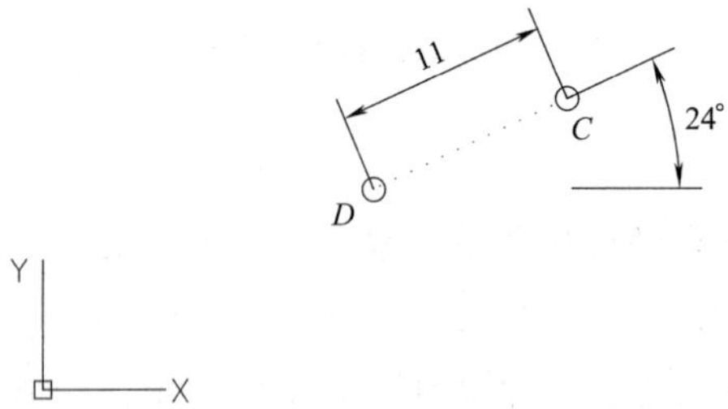

图 2—7　C 点相对于 D 点的位置

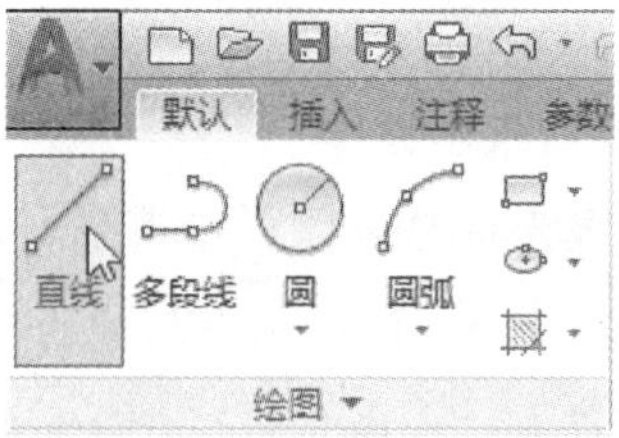

图 2—8　单击“直线”按钮

（2）绘制直线的方法

AutoCAD 系统提供了很多种绘制直线的方法，如利用鼠标单击绘制直线、利用绝对直角坐标绘制直线、利用相对直角坐标绘制直线、利用绝对极坐标绘制直线和利用相对极坐标绘制直线。这五种方法归根到底都是利用确定点的坐标来绘制直线的，只是确定点的坐标的方式不同而已。

1）利用鼠标单击绘制直线

该方法是通过单击鼠标左键在绘图区拾取两点来绘制直线的。

单击“默认”→“绘图”→“直线”按钮，启动“直线”命令，系统给出如下提示。

```
命令：_line                                                //启动“直线”命令
指定第一个点：                //在绘图区适当位置单击鼠标左键拾取一点作为起点
指定下一点或[放弃(U)]：
                    //移动光标到另一位置，再次单击鼠标左键拾取一点作为终点
指定下一点或[放弃(U)]：                                    //按回车键，结束操作
```

绘制结果如图2—9所示。

2）利用绝对直角坐标绘制直线

该方法是通过输入点的绝对直角坐标来精确绘制直线的。

单击“默认”→“绘图”→“直线”按钮，启动“直线”命令，系统给出如下提示。

```
命令：_line                                                //启动“直线”命令
指定第一个点:0,150               //输入起点绝对直角坐标值“0,150”，按回车键
指定下一点或[放弃(U)]：150,200
                               //输入终点绝对直角坐标值“150,200”，按回车键
指定下一点或[放弃(U)]：                                    //按回车键，结束操作
```

绘制结果如图2—10所示。

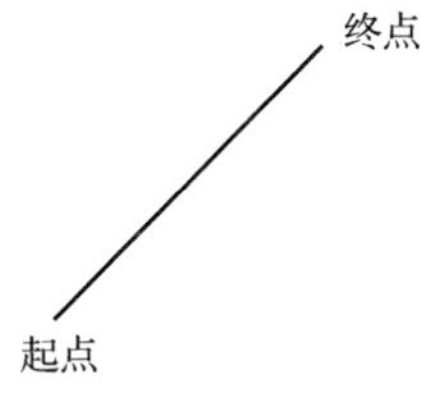

图2—9　利用鼠标单击绘制直线

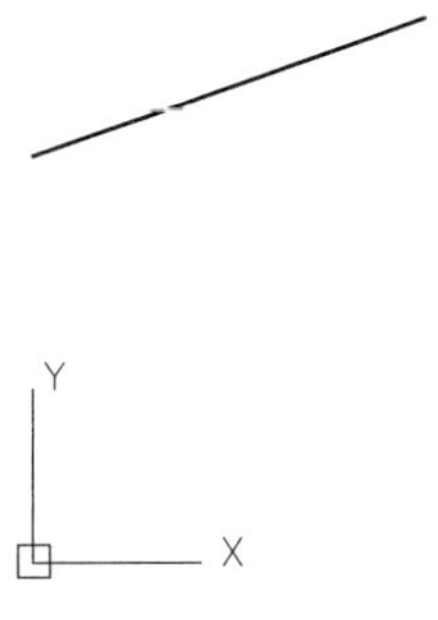

图2—10　利用绝对直角坐标绘制直线

3）利用相对直角坐标绘制直线

该方法是通过输入点的相对直角坐标来精确绘制直线的。

单击“默认”→“绘图”→“直线”按钮，启动“直线”命令，系统给出如下提示。

```
命令：_line                                              //启动“直线”命令
指定第一个点：100,100      //输入起点 A 的绝对直角坐标值“100,100”，按回车键
指定下一点或[放弃(U)]：@100,100
                  //输入终点 B 相对于 A 点的直角坐标值“@100,100”，按回车键
指定下一点或[放弃(U)]：                              //按回车键，结束操作
```

绘制结果如图 2—11 所示。

4）利用绝对极坐标绘制直线

该方法是通过输入点的绝对极坐标来精确绘制直线的。

单击“默认”→“绘图”→“直线”按钮，启动“直线”命令，系统给出如下提示。

```
命令：_line                                              //启动“直线”命令
指定第一个点：0,0                  //输入起点绝对直角坐标值“0,0”，按回车键
指定下一点或[放弃(U)]：100<45      //输入绝对极坐标值“100<45”，按回车键
指定下一点或[放弃(U)]：                              //按回车键，结束操作
```

绘制结果如图 2—12 所示。

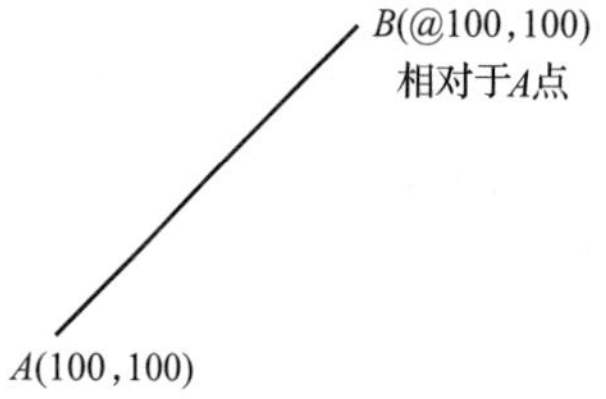

图 2—11　利用相对直角坐标绘制直线

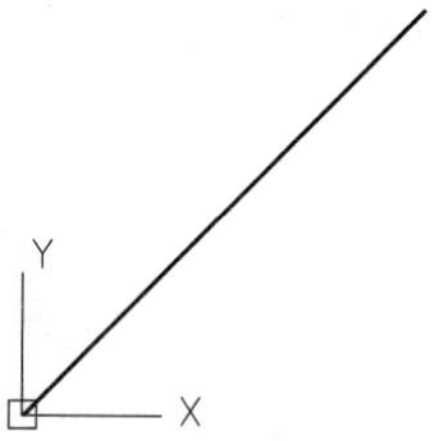

图 2—12　利用绝对极坐标绘制直线

5）利用相对极坐标绘制直线

该方法是通过输入点的相对极坐标来精确绘制直线的。

单击“默认”→“绘图”→“直线”按钮，启动“直线”命令，系统给出如下提示。

命令：_line　　//启动“直线”命令
指定第一个点：　　//在屏幕适当位置单击鼠标左键，确定直线的起点 A
指定下一点或［放弃(U)］：@50<20　　//输入相对极坐标值“@50<20”，按回车键
指定下一点或［放弃(U)］：　　//按回车键，结束操作

绘制结果如图 2—13 所示。

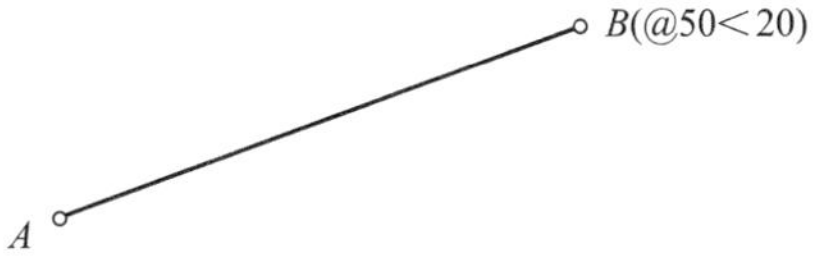

图 2—13　利用相对极坐标绘制直线

实践操作

实训 1

实训要求：

针对本任务介绍的知识点，熟练掌握 AutoCAD 2018 中绘制直线的方法。

实训任务：

利用“直线”命令绘制如图 2—14 所示图形。

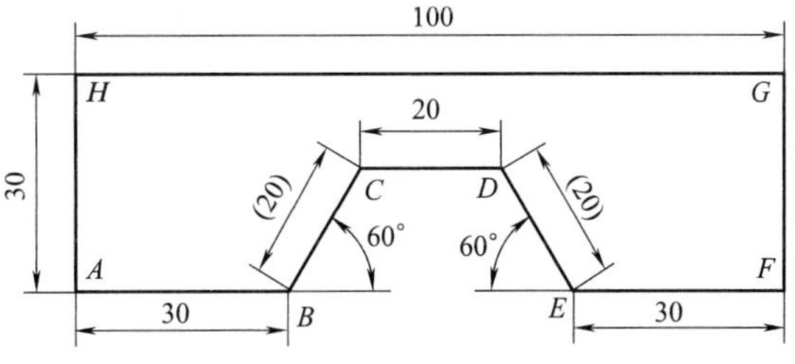

图 2—14　绘制直线实例（一）

1. 新建图形文件

单击快速访问工具栏上的“新建”按钮，打开“选择样板”对话框，选择名为“acadiso.dwt”的图形样板，新建一个图形文件。

2. 绘制图形

单击“默认”→“绘图”→“直线”按钮，启动“直线”命令，系统给出如下提示。

操作演示

命令：_line　　//启动“直线”命令

指定第一个点：　　//在绘图区适当位置单击鼠标左键，确定起始点 A

指定下一点或 [放弃(U)]：@30,0

//输入 B 点相对于 A 点的直角坐标值“@30,0”，按回车键

指定下一点或 [放弃(U)]：@20<60

//输入 C 点相对于 B 点的极坐标值“@20<60”，按回车键

指定下一点或 [闭合(C)/放弃(U)]：@20,0

//输入 D 点相对于 C 点的直角坐标值“@20,0”，按回车键

指定下一点或 [闭合(C)/放弃(U)]：@20<−60

//输入 E 点相对于 D 点的极坐标值“@20<−60”，按回车键

指定下一点或 [闭合(C)/放弃(U)]：@30,0

//输入 F 点相对于 E 点的直角坐标值“@30,0”，按回车键

指定下一点或 [闭合(C)/放弃(U)]：@0,30

//输入 G 点相对于 F 点的直角坐标值“@0,30”，按回车键

指定下一点或 [闭合(C)/放弃(U)]：@−100,0

//输入 H 点相对于 G 点的直角坐标值“@−100,0”，按回车键

指定下一点或 [闭合(C)/放弃(U)]：C　　//输入“C”，按回车键，闭合图形

绘制结果如图 2—15 所示。

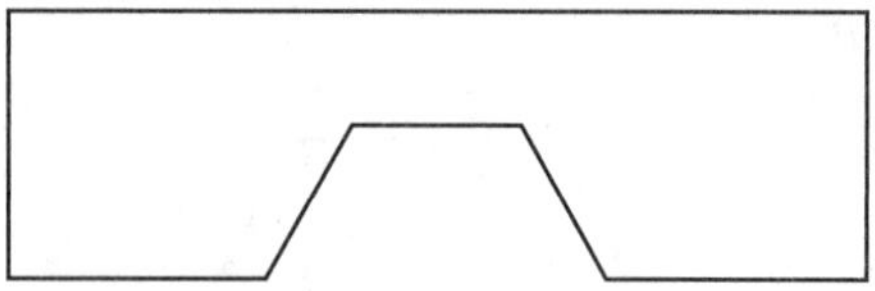

图 2—15　图形绘制结果

3. 保存图形

将文件保存在桌面上或自己的文件夹内。

实训 2

实训要求：

针对本任务介绍的知识点，灵活掌握 AutoCAD 2018 中绘制直线的方法。

实训任务：

利用“直线”命令绘制如图 2—16 所示图形。

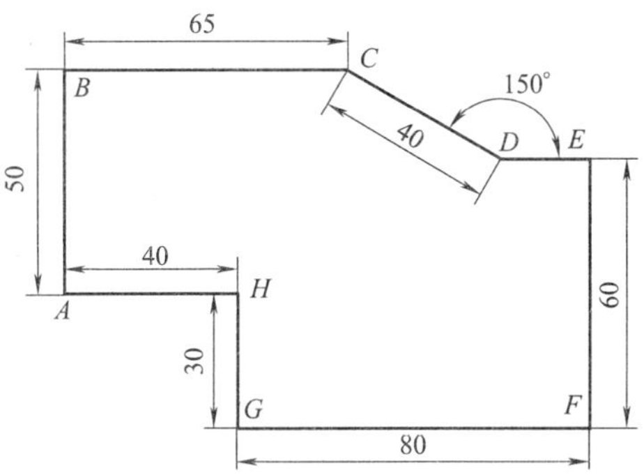

图 2—16　绘制直线实例（二）

1. 新建图形文件

单击快速访问工具栏上的“新建”按钮，打开“选择样板”对话框，选择名为“acadiso. dwt”的图形样板，新建一个图形文件。

操作演示

2. 绘制图形

单击“默认”→“绘图”→“直线”按钮，启动“直线”命令，系统给出如下提示。

命令：_line　　//启动“直线”命令

指定第一个点：0,30　　//输入起始点 *A* 的绝对直角坐标值“0,30”，按回车键

指定下一点或［放弃(U)］：0,80　　//输入 *B* 点的绝对直角坐标值“0,80”，按回车键

指定下一点或［放弃(U)］：@65,0

//输入 *C* 点相对于 *B* 点的坐标值“@65,0”，按回车键

指定下一点或［闭合(C)/放弃(U)］：@40<−30

//输入 *D* 点相对于 *C* 点的极坐标值“@40<−30”，按回车键

指定下一点或［闭合(C)/放弃(U)］：120,60

//输入 *E* 点的绝对直角坐标值“120,60”，按回车键（不必计算 *DE* 的线段长度）

指定下一点或［闭合(C)/放弃(U)］：120,0

//输入 F 点的绝对直角坐标值"120,0",按回车键
指定下一点或［闭合(C)/放弃(U)］: 40,0
//输入 G 点的绝对直角坐标值"40,0",按回车键
指定下一点或［闭合(C)/放弃(U)］: 40,30
//输入 H 点的绝对直角坐标值"40,30",按回车键
指定下一点或［闭合(C)/放弃(U)］:C　　//输入"C",按回车键,闭合图形

绘制结果如图 2—17 所示。

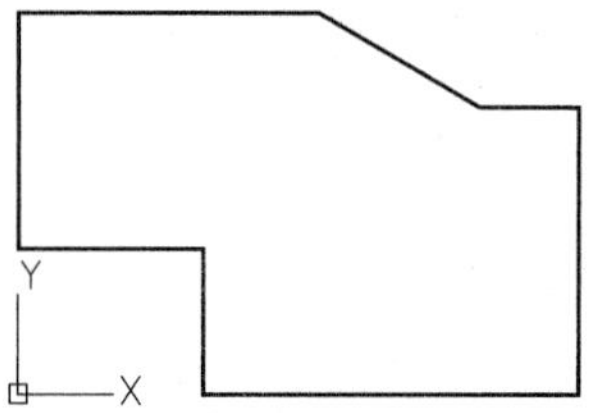

图 2—17　图形绘制结果

3. 保存图形

将文件保存在桌面上或自已的文件夹内。

巩固练习

1. 绘制图 2—18 所示图形。

【操作提示】

绘制此图形时，可以运用相对直角坐标及相对极坐标方式绘制。

2. 绘制图 2—19 所示图形。

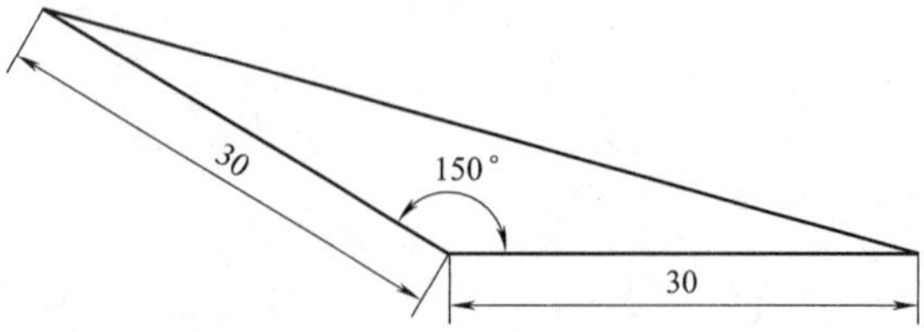

图 2—18　绘制直线练习（一）

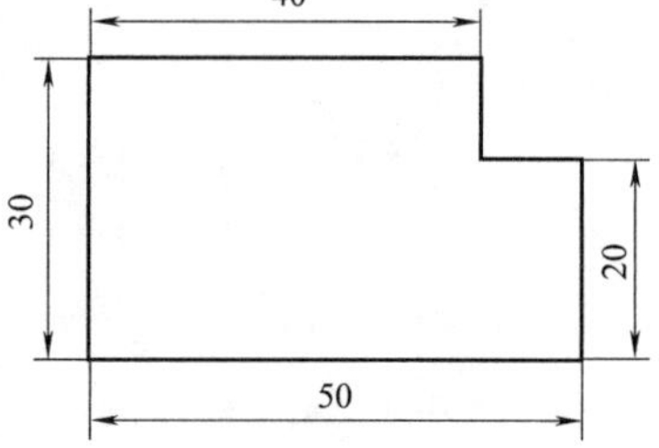

图 2—19　绘制直线练习（二）

3. 绘制图 2—20 所示图形。

4. 绘制图 2—21 所示图形。

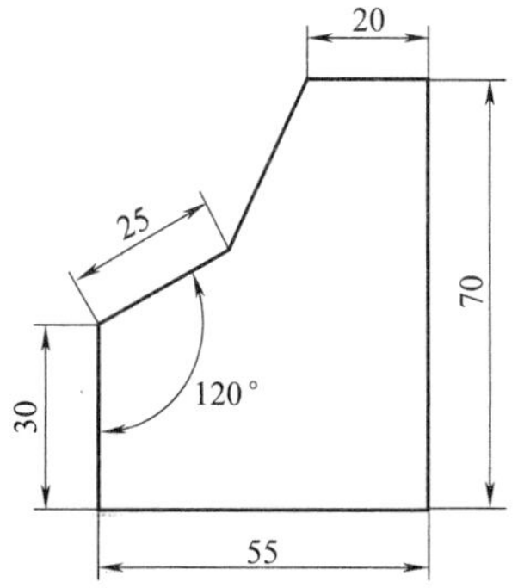

图 2—20　绘制直线练习（三）

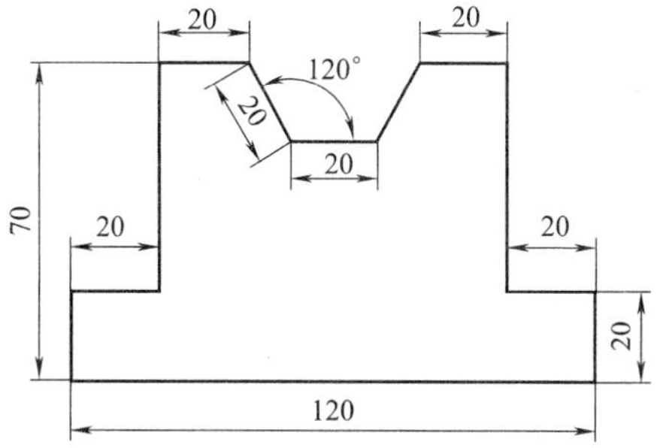

图 2—21　绘制直线练习（四）

任务 2　设置图层

学习目标

1. 掌握图层的创建与删除方法。
2. 掌握图层的设置与修改方法。

任务分析

图层是 AutoCAD 2018 提供的一个管理工具，用户可以通过它来对图形中的对象进行归类管理。例如，机械、建筑等工程图样中可能需要用到粗实线、细实线、细虚线、细点画线等不同类型的图线。若用图层来管理它们，不仅能清晰地表达各种信息，也便于图形的修改、编辑和输出。本任务将介绍 AutoCAD 中有关图层的知识（如图层的创建、图层的删除等），并通过绘制如图 2—22 所示图形来介绍有关图层的具体操作方法。

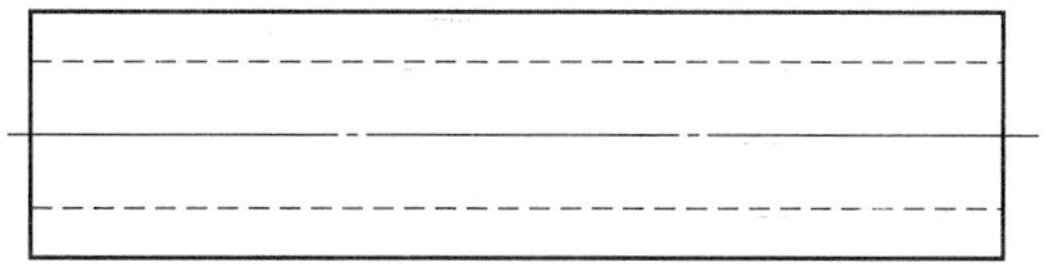

图 2—22　图层实例

相关知识

1. 创建图层

图层是一种图形管理工具，与其关联的属性信息有颜色、线型、线宽等，用户可以对其属性信息进行编辑修改。当在某一图层上作图时，图形元素的颜色、线型和线宽就与当前图层完全一致。

在用 AutoCAD 2018 创建新文件时，系统会自动创建一个层名为“0”的图层，这是系统的默认图层，如果没有切换到其他图层，则所绘图形都在“0”层上。如果用户要使用多个图层来组织自己的图形，则需要先创建新图层。创建新图层的步骤如下。

（1）单击“默认”→“图层”→“图层特性”按钮（图 2—23），系统会弹出“图层特性管理器”对话框，如图 2—24 所示。

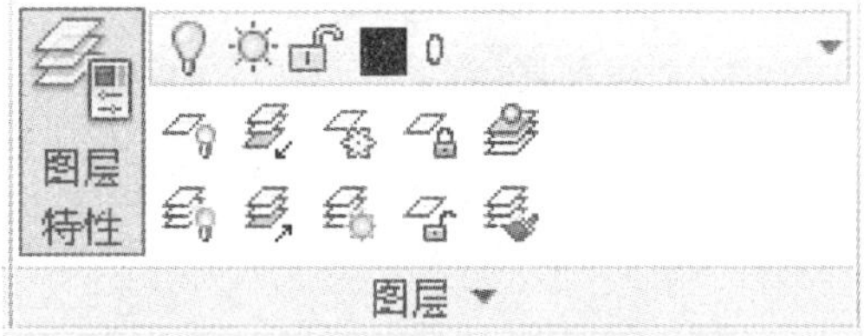

图 2—23 “图层”功能面板

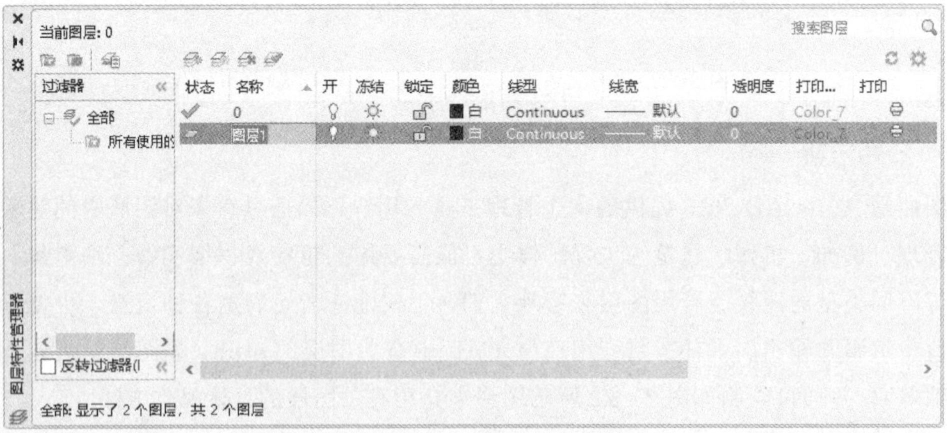

图 2—24 “图层特性管理器”对话框

（2）单击对话框上的“新建图层”按钮，系统会在列表框中自动创建一个名为“图层 1”的新图层（图 2—24）。此时，“图层 1”文本框处于可编辑状态，为便于区分各个图层，可直接在文本框中输入新图层的辨识名字（如粗实线）。

2. 设置图层

图层的设置一般包括图层颜色、图层线型和图层线宽三方面的设置，其具体方法介绍如下。

(1) 设置图层颜色

图层颜色是指图层中图形对象的显示颜色。可以对不同的图层设置不同的颜色（也可设置相同的颜色），这样在绘制复杂的图形时，就可以通过不同的颜色来区分图形的每一部分。

在默认情况下，新创建图层的颜色被设置为白色或黑色，这由系统的背景颜色决定。背景色为白色，则图层颜色为黑色；背景色为黑色，则图层颜色为白色。

改变图层颜色的步骤如下。

1）在“图层特性管理器”对话框中，选中所要修改的图层。

2）单击与所选图层关联的颜色设置图标 ■白，打开“选择颜色”对话框（图 2—25），此对话框中包含各种颜色，用户可根据需要进行选择。

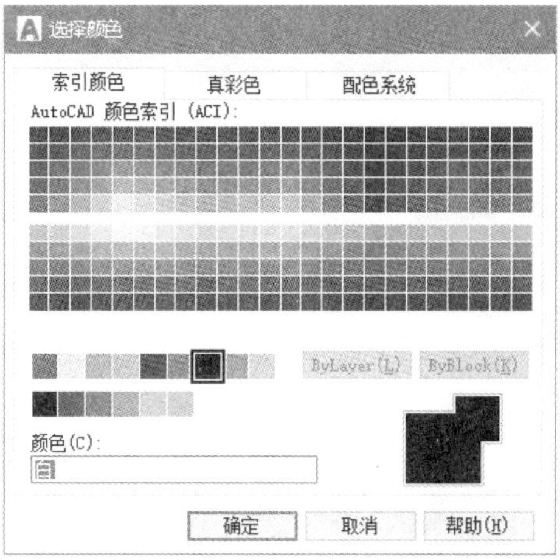

图 2—25　“选择颜色”对话框

(2) 设置图层线型

图层线型是指图层上图形对象的线型，如粗实线、细实线、细虚线、细点画线等。在AutoCAD 中，可以对各图层上的线型进行不同的设置，以使各图层上图形对象的线型有所区分。设置图层线型的方法步骤如下。

1）在“图层特性管理器”对话框中，单击与所选图层关联的线型设置图标 Continuous，系统弹出“选择线型”对话框，如图 2—26 所示。

2）在“选择线型”对话框中可以选择一种线型或从线型库中加载更多的线型以供选择。

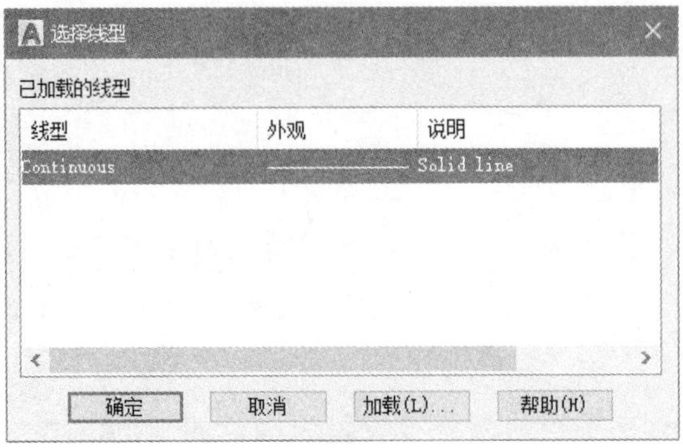

图 2—26 “选择线型”对话框

3）单击 加载(L)... 按钮，打开“加载或重载线型”对话框（图 2—27），此对话框中包含了多种线型，如 Continuous（实线）、ACAD _ ISO02W100（虚线）、CENTER（中心线）等，从中选择所需的线型，单击 确定 按钮，所选线型即可加载到“选择线型”对话框的列表中。

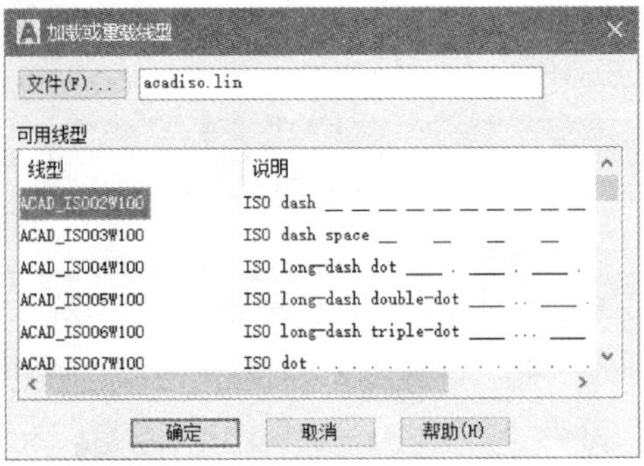

图 2—27 “加载或重载线型”对话框

（3）设置图层线宽

图层线宽是指图层上图形对象的线条宽度。在 AutoCAD 中，用户可以根据需要设置图层的线宽，其方法步骤如下。

1）在“图层特性管理器”对话框中，单击所选图层的线宽设置图标 —— 默认（系统默认线宽为 0.25mm），系统弹出“线宽”对话框，如图 2—28 所示。

2）在“线宽”对话框中选择合适的线宽，单击“确定”按钮。

3. 删除图层

在绘图过程中，当不需要某些图层时，可以将其删除。删除图层的方法如下。

（1）打开“图层特性管理器”对话框，选中将要删除的图层。

（2）单击对话框上的“删除图层”按钮。

4. 当前图层

在 AutoCAD 2018 中，虽然允许用户设置很多图层，但当前绘图图层只能有一个，称为当前图层。用户只能在当前图层上绘制图形，且绘制图形的属性也从属于当前图层的属性。系统默认的当前图层为 0 层，因此在绘图时应根据要绘制对象的属性把相应的图层设置为当前图层。例如，绘制细点画线时就要先把“细点画线”图层设置为当前图层，绘制粗实线时就要把“粗实线”图层设置为当前图层。切换当前图层的方法如下。

（1）单击“图层”功能面板上方的“图层”列表框按钮，打开下拉列表，如图 2—29 所示。

（2）选择要设置成当前图层的图层名称。

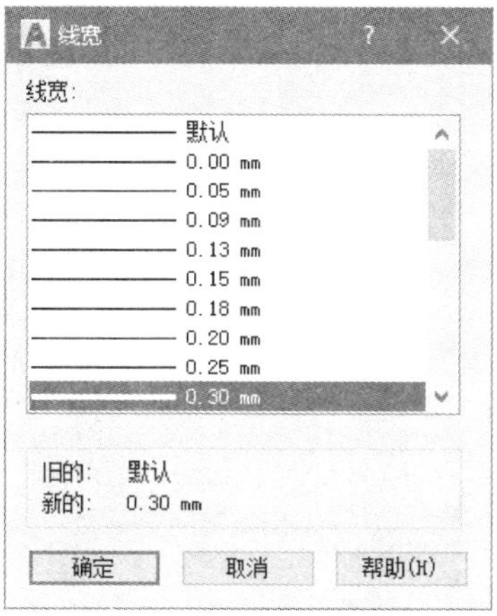

图 2—28　“线宽”对话框

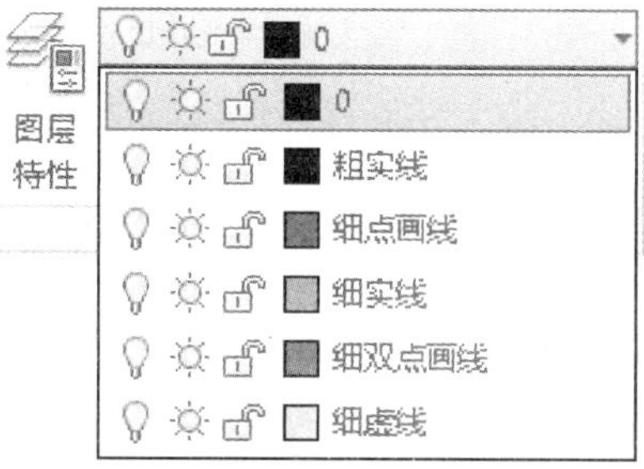

图 2—29　“图层”下拉列表

提示　上述方法只能在当前没有对象被选择的情况下使用。如在有对象被选择的情况下进行上述操作，则会把此对象原来所从属的图层属性更改为新选择图层的属性。

实践操作

实训 3

实训要求：

针对本任务介绍的知识点，熟练掌握 AutoCAD 2018 中图形样板的设置方法。

实训任务：

按照有关国家标准的规范要求，创建一个名为“制图样板 1”的样板文件，设置包括粗实线、细实线、细虚线、细点画线、细双点画线等类型的图线。

样板文件是一个包含特定图形设置的图形文件（扩展名为“dwt”），是为了保证同一项目中所有图形文件使用相同的图层、绘图单位、文字样式、标注样式等对象特征而设置的。

创建图形样板包含设置图层、绘图单位、文字样式、标注样式等操作，这里只对图层进行设置，具体步骤如下。

1. 新建图形文件

启动 AutoCAD 2018，打开“选择样板”对话框，单击“打开（O）”按钮右侧的箭头，再单击“无样板打开-公制（M）”按钮，新建一个 AutoCAD 2018 的图形文件，系统自动命名为“Drawing1. dwg”。

操作演示

2. 新建图层

创建“粗实线”“细实线”“细虚线”“细点画线”“细双点画线”等图层，如图 2—30 所示。

状态	名称	开	冻结	锁定	颜色	线型	线宽	透明度	打印...	打印
✓	0				白	Continuous	—— 默认	0	Color_7	
	粗实线				白	Continuous	—— 默认	0	Color_7	
	细实线				白	Continuous	—— 默认	0	Color_7	
	细虚线				白	Continuous	—— 默认	0	Color_7	
	细点画线				白	Continuous	—— 默认	0	Color_7	
	细双点画线				白	Continuous	—— 默认	0	Color_7	

图 2—30　创建图层

3. 设置图层颜色

根据国家标准《机械工程 CAD 制图规则》（GB/T 14665—2012）的规定，图线在屏幕上的颜色可按表 2—1 设置。将图 2—30 所示图层按照标准规定进行设置，结果如图 2—31所示。

表 2—1　　图线在屏幕上的颜色（摘自 GB/T 14665—2012）

图线类型	粗实线	细实线	细虚线	细点画线	细双点画线
屏幕上的颜色	白色	绿色	黄色	红色	粉红色

状态	名称	开	冻结	锁定	颜色	线型	线宽	透明度	打印...	打印
✓	0				白	Continuous	—— 默认	0	Color_7	
	粗实线				白	Continuous	—— 默认	0	Color_7	
	细实线				绿	Continuous	—— 默认	0	Color_3	
	细虚线				黄	Continuous	—— 默认	0	Color_2	
	细点画线				红	Continuous	—— 默认	0	Color_1	
	细双点画线				洋红	Continuous	—— 默认	0	Color_6	

图 2—31　设置图层颜色

4. 设置图层线型

按照国家标准《机械制图 图样画法 图线》（GB/T 4457.4—2002）的规定设置线型，线型设置可以参照表 2—2。

表 2—2　　线型设置

图线类型	粗实线	细实线	细虚线	细点画线	细双点画线
CAD 线型	Continuous	Continuous	ACAD_ISO02W100	CENTER	JIS_09_08

下面以设置“细点画线”图层的线型为例说明设置线型的方法。

（1）在如图 2—32 所示的“细点画线”图层的线型位置上单击，打开“选择线型”对话框，如图 2—33 所示。

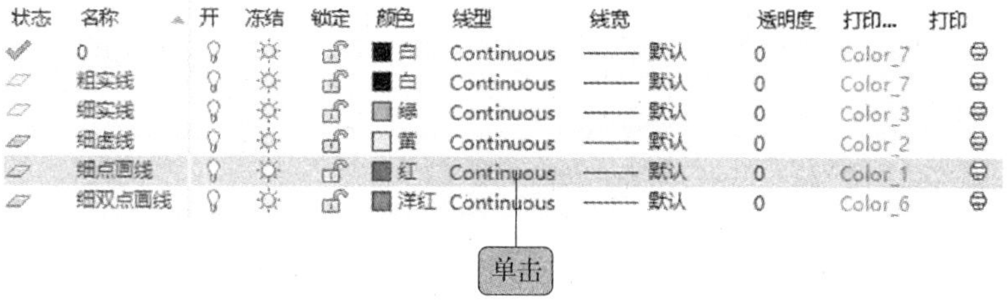

图 2—32　在“细点画线”图层的线型位置上单击

（2）单击“加载（L）…”按钮（图 2—33），打开“加载或重载线型”对话框，如图 2—34 所示。

图 2—33　“选择线型”对话框

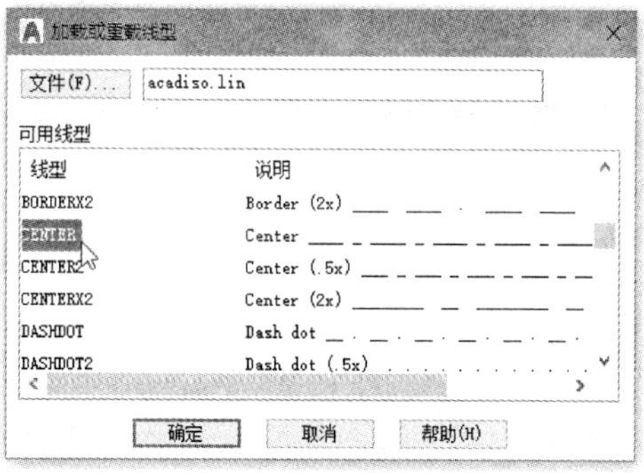

图 2—34　“加载或重载线型”对话框

（3）在图 2—34 所示对话框中，选择“CENTER”线型，单击“确定”按钮，选择的线型即被加载到“选择线型”对话框内，如图 2—35 所示。

（4）在图 2—35 所示“选择线型”对话框中，选择“CENTER”线型，单击“确定”按钮，即将此线型加载给当前被选择的“细点画线”图层，结果如图 2—36 所示。

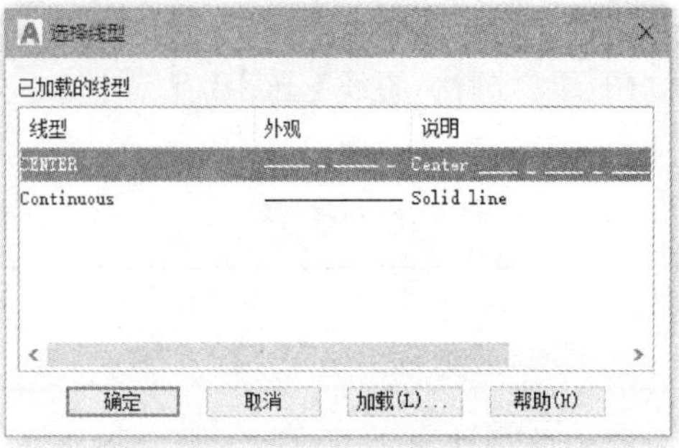

图 2—35 加载线型

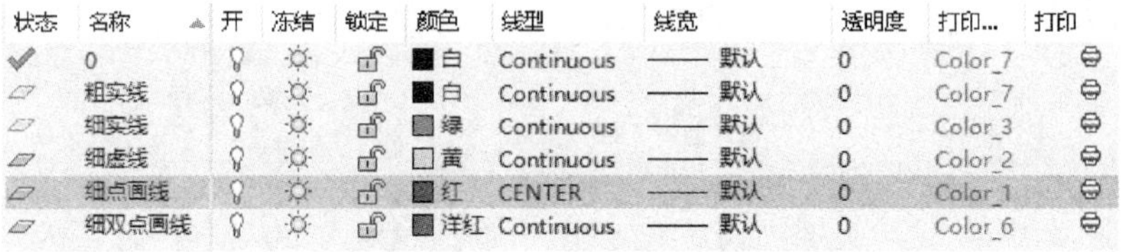

状态	名称	开	冻结	锁定	颜色	线型	线宽	透明度	打印...	打印
✓	0				白	Continuous	—— 默认	0	Color_7	
	粗实线				白	Continuous	—— 默认	0	Color_7	
	细实线				绿	Continuous	—— 默认	0	Color_3	
	细虚线				黄	Continuous	—— 默认	0	Color_2	
	细点画线				红	CENTER	—— 默认	0	Color_1	
	细双点画线				洋红	Continuous	—— 默认	0	Color_6	

图 2—36 设置“细点画线”图层的线型

按照上述办法给“细虚线”和“细双点画线”图层加载线型，其结果如图 2—37 所示。

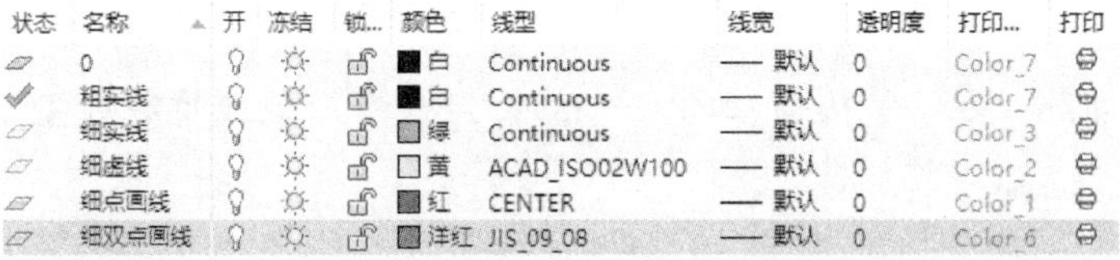

状态	名称	开	冻结	锁...	颜色	线型	线宽	透明度	打印...	打印
	0				白	Continuous	—— 默认	0	Color_7	
✓	粗实线				白	Continuous	—— 默认	0	Color_7	
	细实线				绿	Continuous	—— 默认	0	Color_3	
	细虚线				黄	ACAD_ISO02W100	—— 默认	0	Color_2	
	细点画线				红	CENTER	—— 默认	0	Color_1	
	细双点画线				洋红	JIS_09_08	—— 默认	0	Color_6	

图 2—37 设置“细虚线”和“细双点画线”图层的线型

5. 设置图层线宽

根据机械制图国家标准的有关规定，将“粗实线”图层的线宽设置为 0.30mm，将“细实线”“细虚线”“细点画线”“细双点画线”图层的线宽设置为 0.15mm，设置结果如图 2—38 所示。

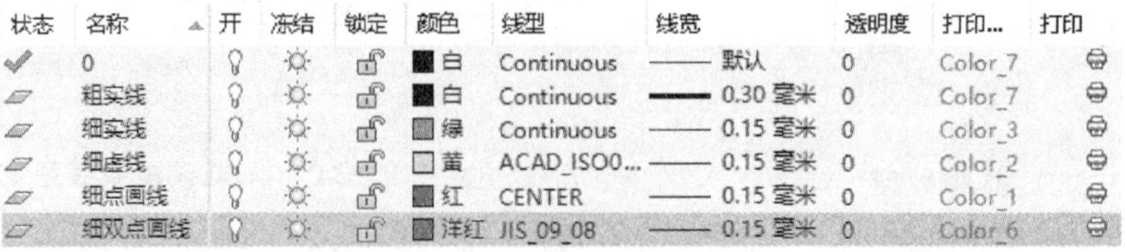

状态	名称	开	冻结	锁定	颜色	线型	线宽	透明度	打印...	打印
✓	0				白	Continuous	—— 默认	0	Color_7	
	粗实线				白	Continuous	—— 0.30 毫米	0	Color_7	
	细实线				绿	Continuous	—— 0.15 毫米	0	Color_3	
	细虚线				黄	ACAD_ISO0...	—— 0.15 毫米	0	Color_2	
	细点画线				红	CENTER	—— 0.15 毫米	0	Color_1	
	细双点画线				洋红	JIS_09_08	—— 0.15 毫米	0	Color_6	

图 2—38 设置图层线宽

6. 保存图形样板

通过前面的操作，图形样板已经完成设置，可以将其保存为图形样板文件。具体步骤如下。

（1）选择“文件”菜单中的“另存为”命令，弹出“图形另存为”对话框。

（2）输入文件名“制图样板 1”。

（3）在“文件类型”栏中选择“*.dwt”格式，如图 2—39 所示。

（4）选择文件保存位置（默认在 Template 目录下），单击“保存（S）”按钮。

保存完成后，弹出如图 2—40 所示的“样板选项”对话框，可以输入对该样板的简短描述，单击“确定”按钮，完成图形样板的创建。以后的绘图工作就可以在此样板的基础上进行。

图 2—39　保存样板

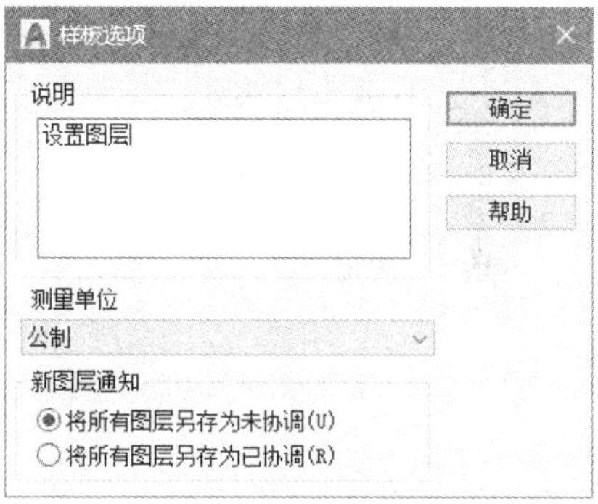

图 2—40　“样板选项”对话框

实训 4

实训要求：

针对本任务介绍的知识点，熟练掌握 AutoCAD 2018 中图层的基本操作方法。

实训任务：

基于“制图样板 1.dwt”新建图形文件，利用“直线”命令绘制如图 2—41 所示图形（不标注尺寸）。

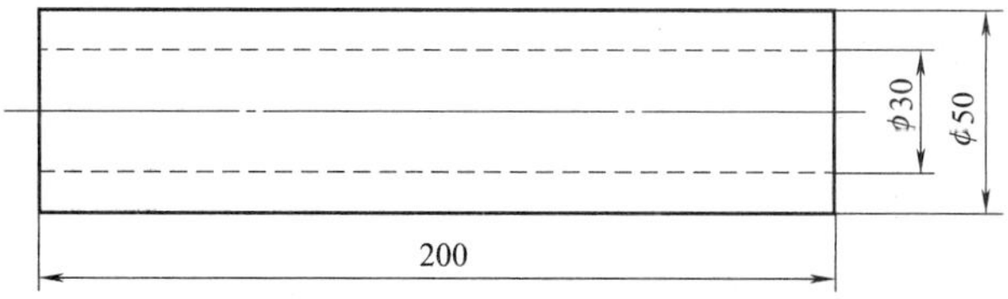

图 2—41　轴套的图形与尺寸

1. 新建图形文件

单击快速访问工具栏上的“新建”按钮，打开“选择样板”对话框，选择名为“制图样板 1.dwt”的图形样板，新建一个图形文件。

操作演示

2. 绘制粗实线

（1）单击“图层”列表框按钮，在下拉列表中选择“粗实线”图层（图 2—42），即可将该图层设置为当前图层，如图 2—43 所示。

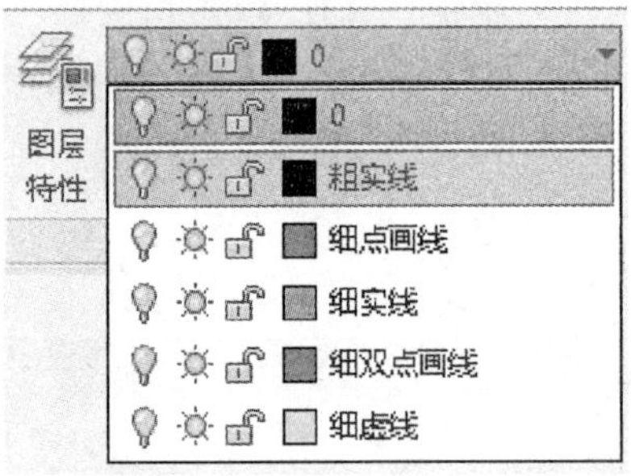

图 2—42　选择“粗实线”图层

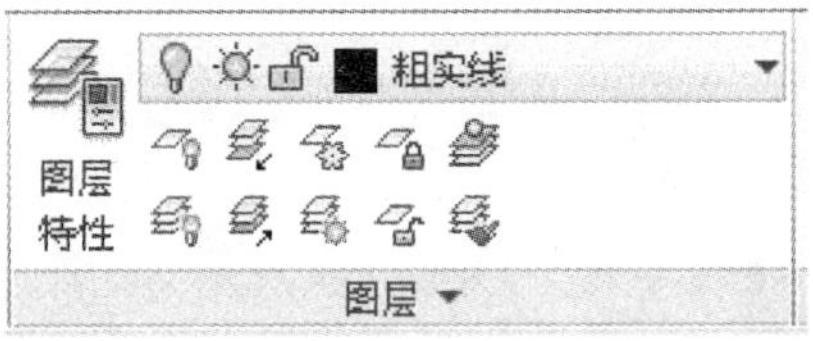

图 2—43　当前图层为“粗实线”图层

（2）单击“默认”→“绘图”→“直线”按钮，启动“直线”命令，系统给出如下提示。

```
命令：_line                                              //启动“直线”命令
指定第一个点：100,100        //输入直线第一点的绝对坐标值“100,100”并按回车键
指定下一点或［放弃(U)］：@0,50
                                  //输入第二点的相对坐标值“@0,50”并按回车键
指定下一点或［放弃(U)］：@200,0
                                 //输入第三点的相对坐标值“@200,0”并按回车键
指定下一点或［闭合(C)/放弃(U)］：@0,−50
                                //输入第四点的相对坐标值“@0,−50”并按回车键
指定下一点或［闭合(C)/放弃(U)］:C               //输入“C”并按回车键,闭合图形
```

绘制结果如图 2—44 所示。

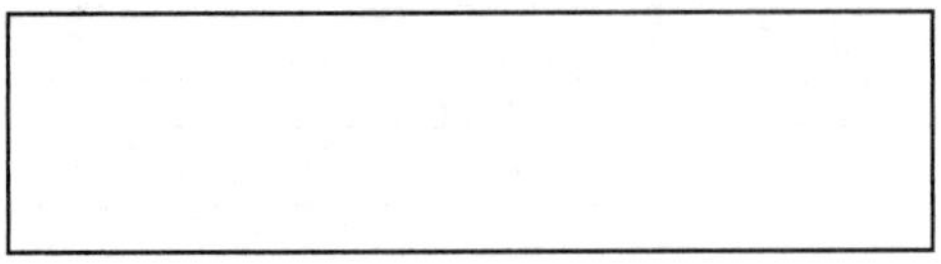

图 2—44　绘制粗实线

3. 绘制细虚线

（1）将“细虚线”图层设置为当前图层。

（2）单击“默认”→“绘图”→“直线”按钮，启动“直线”命令，系统给出如下提示。

命令：_line　　//启动“直线”命令

指定第一个点：100,110　　//输入第一点绝对坐标值“100,110”并按回车键

指定下一点或［放弃(U)］：@200,0

　　//输入第二点相对坐标值“@200,0”并按回车键

指定下一点或［放弃(U)］：　　//按回车键，结束命令

绘制结果如图 2—45 所示。

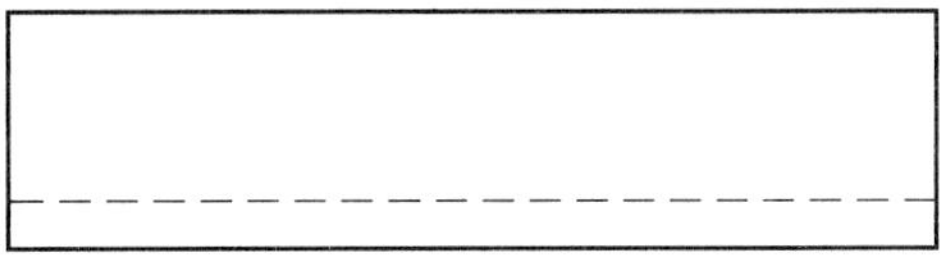

图 2—45　绘制第一条细虚线

(3) 单击“默认”→“绘图”→“直线”按钮，启动“直线”命令，系统给出如下提示。

命令：_line　　//启动“直线”命令

指定第一个点：100,140　　//输入第一点绝对坐标值“100,140”并按回车键

指定下一点或［放弃(U)］：@200,0

　　//输入第二点相对坐标值“@200,0”并按回车键

指定下一点或［放弃(U)］：　　//按回车键，结束命令

绘制结果如图 2—46 所示。

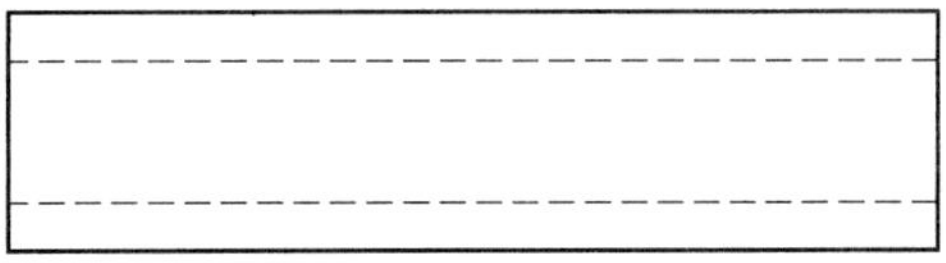

图 2—46　绘制第二条细虚线

4. 绘制细点画线

(1) 将“细点画线”图层设置为当前图层。

(2) 单击“默认”→“绘图”→“直线”按钮，启动“直线”命令，系统给出如下提示。

命令：_line　　//启动“直线”命令

指定第一个点：95,125　　//输入第一点绝对坐标值“95,125”并按回车键

指定下一点或［放弃(U)］：@210,0

　　//输入第二点相对坐标值“@210,0”并按回车键

指定下一点或［放弃(U)］：　　//按回车键，结束命令

绘制结果如图 2—47 所示。

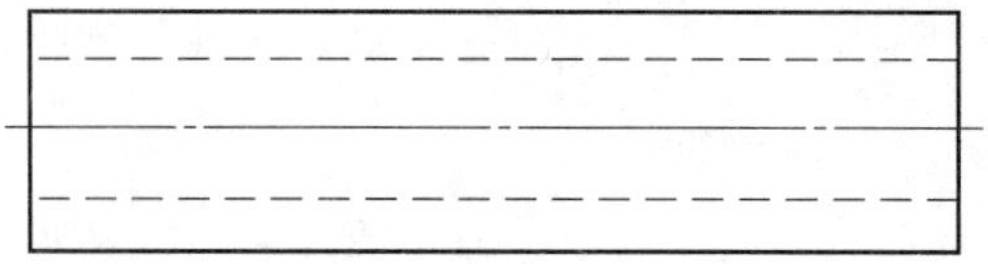

图 2—47　绘制细点画线

5. 保存图形

将文件保存在桌面上或自己的文件夹内。

巩固练习

1. 利用“直线”命令绘制如图 2—48 所示图形，细点画线均超出粗实线 5mm。
2. 利用“直线”命令绘制如图 2—49 所示图形，细点画线均超出粗实线 5mm。

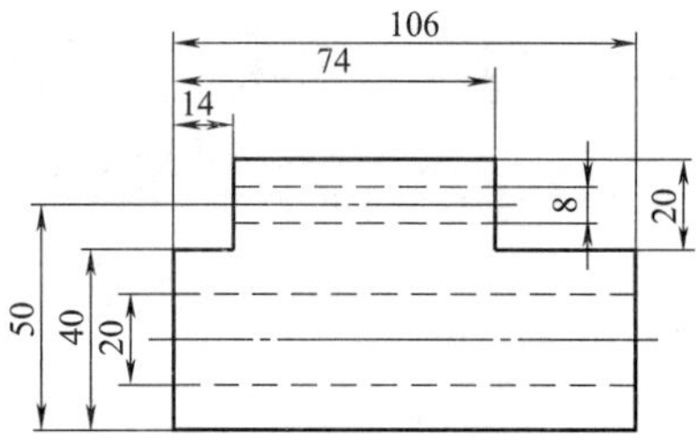

图 2—48　图层设置练习（一）

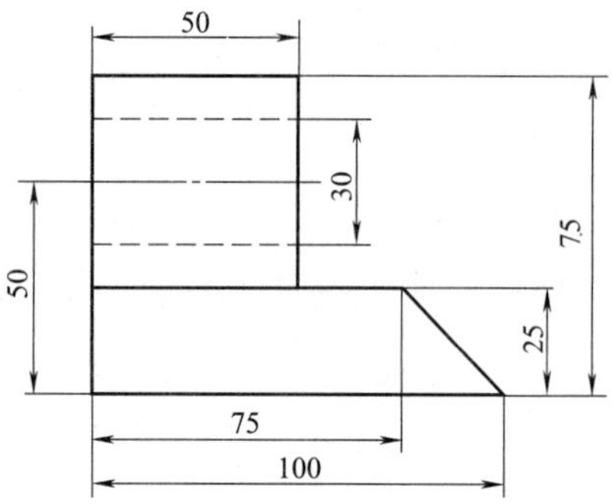

图 2—49　图层设置练习（二）

3. 图层的概念与作用是什么？使用它有哪些好处？

任务 3　辅助绘图设置

学习目标

掌握“对象捕捉”“正交模式”“极轴追踪”“对象捕捉追踪”和“动态输入”等辅助绘图工具的应用。

任务分析

在绘图过程中，用户经常需要根据对象的一个点来绘制图形，如曲线上的中点、端点、交点或圆的中心点等，若不使用辅助工具，是很难直接拾取这些点的。除上述情况外，绘图过程中还经常需要绘制一些特殊方向的直线，如水平线、垂直线、30°方向的斜线等，如果用点坐标的方式绘制，将会非常烦琐。就以上问题，为帮助用户快速准确地绘制图形，AutoCAD 2018 提供了“对象捕捉”“正交模式”“极轴追踪”“对象捕捉追踪”“动态输入”等辅助绘图工具。本任务将介绍这些常用辅助绘图工具的应用知识，并通过利用“直线”命令绘制如图 2—50 所示简单平面图形来介绍这些辅助工具的具体操作方法。

相关知识

1. 对象捕捉

AutoCAD 为用户提供了强大、方便的对象捕捉功能，使用此捕捉功能，可以非常方便快速地捕捉到图形上的各种特征点，如直线的端点和中点、圆的圆心和象限点等。单击辅助工具栏上的“将光标捕捉到二维参照点”按钮，即可启动或关闭对象捕捉功能。

在“将光标捕捉到二维参照点”按钮右侧有一个下拉箭头，单击下拉箭头可以打开“对象捕捉设置”菜单（图 2—51），可以勾选对象捕捉常用的特征点，也可以取消不常用特征点的勾选。

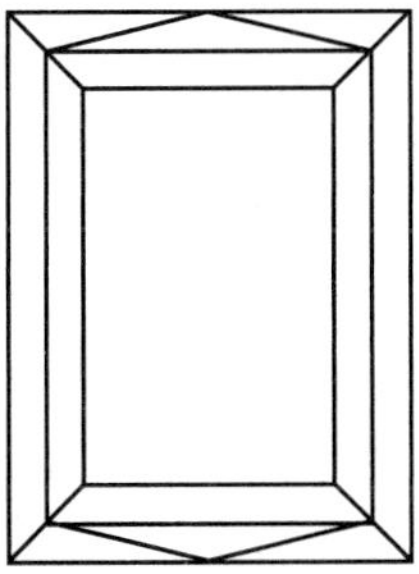

图 2—50　简单平面图形

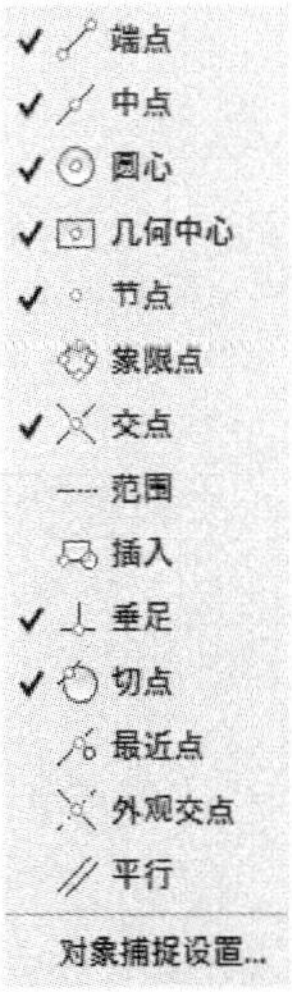

图 2—51　“对象捕捉设置”菜单

启用对象捕捉功能后，将光标放在对象上时，系统自动显示特征点的标记符号，如图2—52所示。

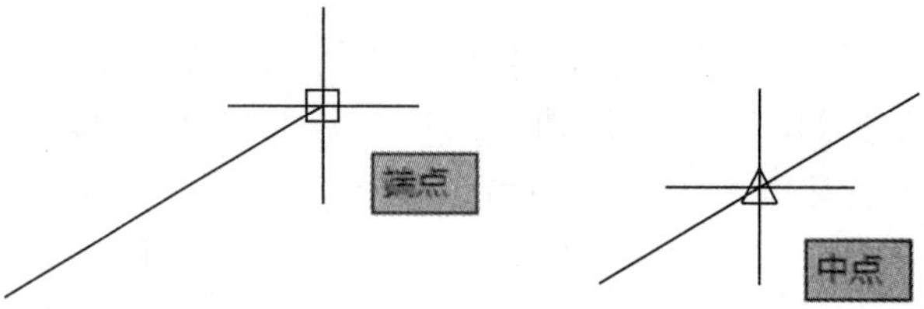

图 2—52 对象捕捉

2. 正交模式

正交模式功能用于将光标强行控制在水平或竖直方向上，以绘制水平和竖直的线段。单击辅助工具栏上的“正交模式”按钮，可以启动或关闭正交模式。

3. 极轴追踪

极轴追踪功能可以根据当前设置的追踪角度，引出相应的极轴追踪点线，追踪定位目标点，如图2—53所示。单击辅助工具栏上的“极轴追踪”按钮，可以启动或关闭极轴追踪功能。“正交模式”和“极轴追踪”不能同时打开，因为前者是使光标限制在水平或垂直轴上，而后者则可以追踪任意方向的矢量。

在辅助工具栏的“极轴追踪”按钮右侧有一个下拉箭头，单击下拉箭头可以打开“正在追踪设置”菜单，用户可以选择需要的追踪角度，如图2—54所示。

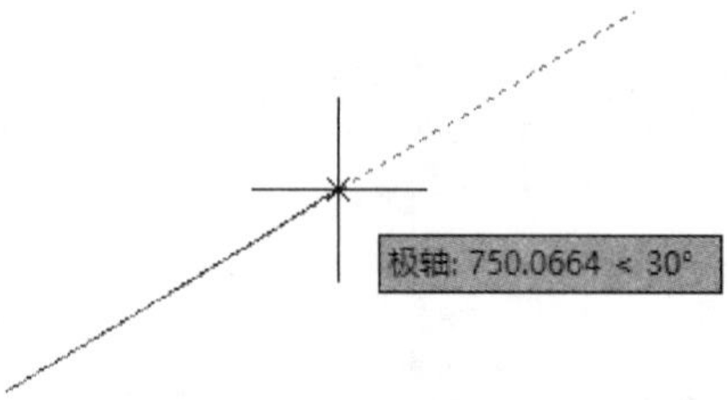

图 2—53 极轴追踪的效果

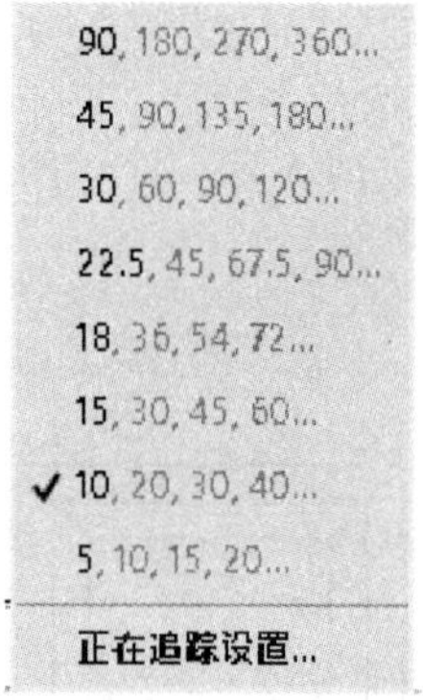

图 2—54 常用追踪角度

4. 对象捕捉追踪

对象捕捉追踪是以捕捉到的特殊位置点为基点，按指定的极轴角或极轴角的倍数对齐要指定点的路径，如图 2—55 所示为捕捉点极轴角为 0°、15°和 90°时的状态。对象捕捉追踪功能必须配合对象捕捉功能一起使用，即使状态栏中的“对象捕捉”和“对象捕捉追踪”按钮都处于打开状态。对象捕捉追踪的极轴角的设置与极轴追踪相同。

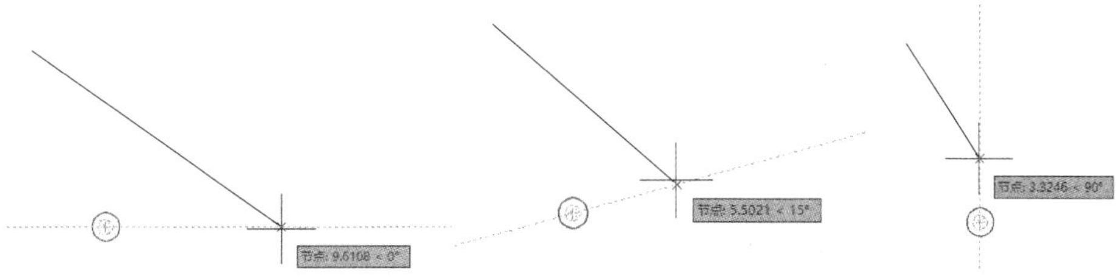

a)　　b)　　c)

图 2—55　对象捕捉追踪

a）追踪点的 0°极轴角　b）追踪点的 15°极轴角　c）追踪点的 90°极轴角

5. 动态输入

AutoCAD 2018 的动态输入是除了命令行以外又一种友好的人机交互方式。启用动态输入功能，可以直接在光标附近显示绘制要素的信息。比如画一条直线或一个圆时，会显示其尺寸大小、圆的半径大小等，而且数值会随着鼠标的移动而变化。图 2—56 所示为在关闭和开启动态输入功能时图线显示的变化。单击辅助工具栏上的“动态输入”按钮 ，可以启动或关闭动态输入功能。动态输入功能开启后，可以非常方便地绘制图形。

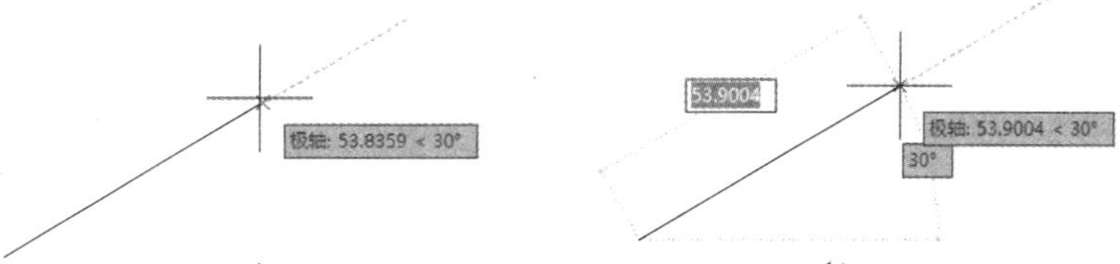

a)　　b)

图 2—56　动态输入

a）关闭动态输入　b）开启动态输入

例　在“动态输入”模式下，绘制如图 2—57 所示四边形。

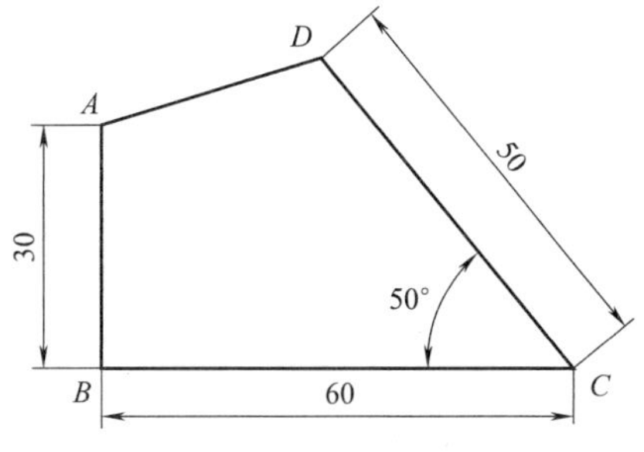

图 2—57　四边形

（1）将“动态输入”和“对象捕捉”设置到“开”的状态。

（2）单击“默认”→“绘图”→“直线”按钮，启动“直线”命令，系统给出如下提示。

```
命令：_line                                   //启动“直线”命令
指定第一个点：                                //在适当位置单击鼠标左键，确定 A 点位置
指定下一点或［放弃(U)］：30                   //向下移动光标，输入“30”，绘制线段 AB
指定下一点或［放弃(U)］：60                   //向右移动光标，输入“60”，绘制线段 BC
指定下一点或［闭合(C)/放弃(U)］：130
                    //移动光标到适当位置，先输入 CD 的长度“50”。然后按下 Tab 键，
                                        激活角度输入，输入“130”，绘制线段 CD
指定下一点或［闭合(C)/放弃(U)］：             //捕捉 A 点，绘制线段 DA
指定下一点或［闭合(C)/放弃(U)］：             //按回车键，结束“直线”命令
```

绘制结果如图 2—58 所示。

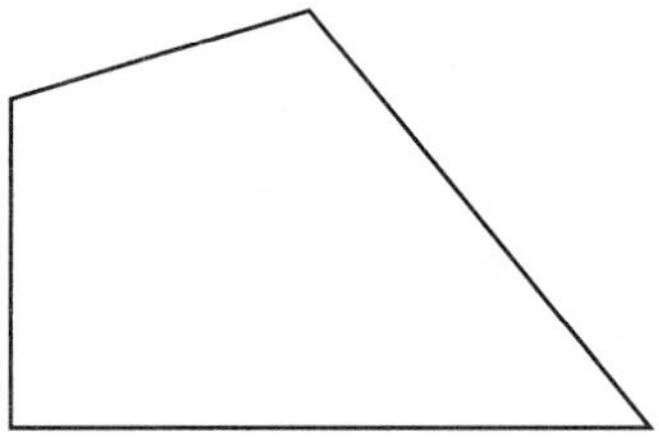

图 2—58　绘制四边形结果

实践操作

实训 5

实训要求：

针对本任务介绍的知识点，熟练掌握 AutoCAD 2018 中常用辅助工具的应用方法。

实训任务：

通过启用并设置“对象捕捉”“正交模式”和“极轴追踪”等辅助绘图工具，利用“直线”命令绘制如图 2—59 所示图形（只绘制图形，不标注尺寸）。

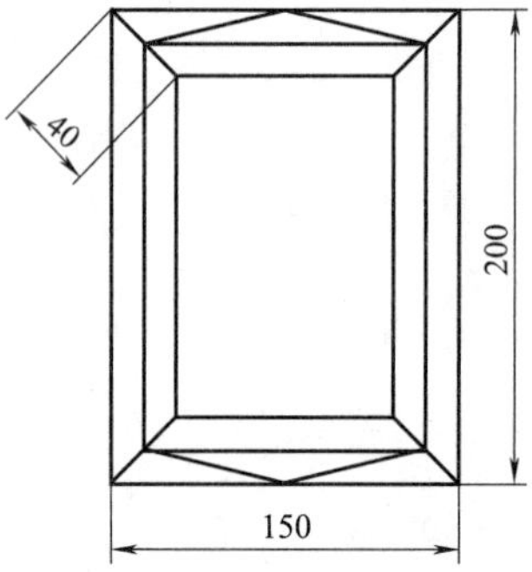

图 2—59　简单平面图形及尺寸

1. 新建图形文件

操作演示

新建一个图形文件，图形样板选择“制图样板 1. dwt”。

2. 绘制外框

（1）单击状态栏上的“正交模式”按钮，开启正交模式。

（2）将“粗实线”图层设置为当前图层。

（3）单击“默认”→“绘图”→“直线”按钮，启动“直线”命令，系统给出如下提示。

命令：_line　　//启动“直线”命令
指定第一个点：　　//在绘图区适当位置拾取一点作为矩形框的起始点
指定下一点或［放弃(U)］：200
　　//向上移动光标，输入第一条直线长度值“200”并按回车键
指定下一点或［放弃(U)］：150
　　//向右移动光标，输入第二条直线长度值“150”并按回车键
指定下一点或［闭合(C)/放弃(U)］：200
　　//向下移动光标，输入第三条直线长度值“200”并按回车键
指定下一点或［闭合(C)/放弃(U)］：　　//向左移动光标，捕捉第一点并单击确定
指定下一点或［闭合(C)/放弃(U)］：　　//按回车键，结束命令

绘制结果如图 2—60 所示。

3. 绘制 45°斜线

（1）单击状态栏上的“极轴追踪”按钮，启用“极轴追踪”工具。

（2）单击状态栏上的“对象捕捉”按钮，启用“对象捕捉”工具。单击“对象捕捉”按钮右侧的下拉箭头，在弹出的快捷菜单中勾选“端点”“中点”等特征点。

（3）单击“极轴追踪”按钮右侧的下拉箭头，在弹出的快捷菜单中设置极轴增量角为 45°，如图 2—61 所示。

图 2—60　绘制外框

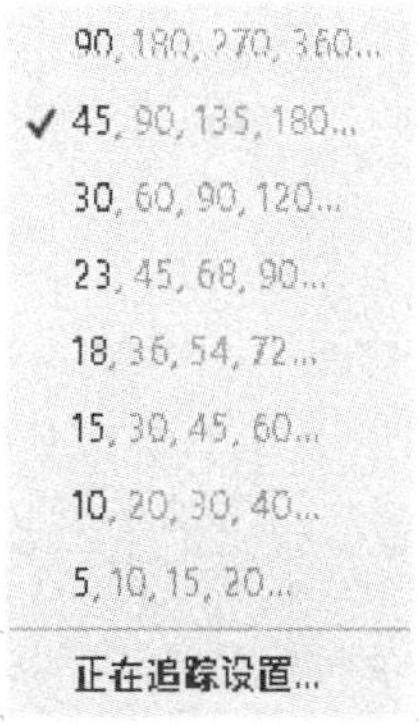

图 2—61　设置极轴增量角

(4) 单击“默认”→“绘图”→“直线”按钮，启动“直线”命令，系统给出如下提示。

```
命令：_line                                                  //启动“直线”命令
指定第一个点：                      //捕捉外框左下角点(图 2—62a),单击鼠标左键
指定下一点或 [放弃(U)]：40
              //移动鼠标,追踪 45°极轴,输入直线长度值“40”(图 2—62b),按回车键
指定下一点或 [放弃(U)]：                                  //按回车键,结束操作
```

绘制结果如图 2—62c 所示。

(5) 利用同样的方法完成其他 45°斜线的绘制，如图 2—63 所示。

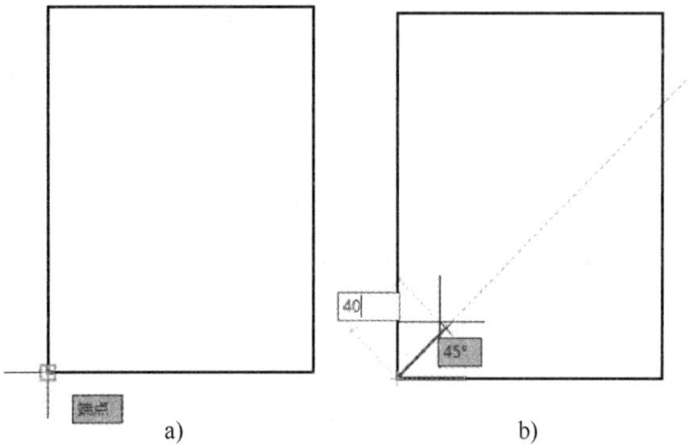

a)　　b)　　c)

图 2—62　绘制左下 45°斜线

a) 捕捉端点　b) 极轴追踪　c) 绘制结果

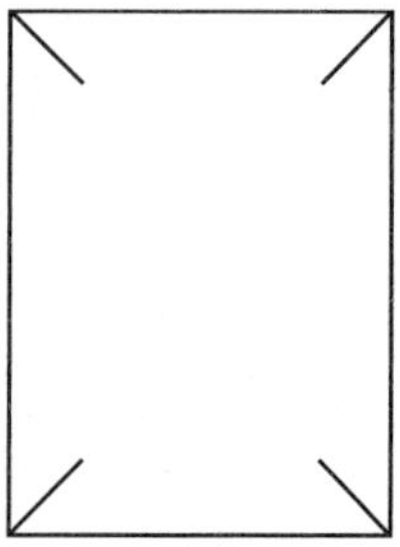

图 2—63　完成 45°斜线的绘制

4. 绘制内框线

单击“默认”→“绘图”→“直线”按钮，启动“直线”命令，系统给出如下提示。

```
命令：_line                                                  //启动“直线”命令
指定第一个点：                          //捕捉端点 1(图 2—64a),单击鼠标左键
指定下一点或 [放弃(U)]：                //捕捉端点 2(图 2—64a),单击鼠标左键
指定下一点或 [放弃(U)]：                //捕捉端点 3(图 2—64a),单击鼠标左键
指定下一点或 [闭合(C)/放弃(U)]：        //捕捉端点 4(图 2—64a),单击鼠标左键
指定下一点或 [闭合(C)/放弃(U)]：        //捕捉端点 1(图 2—64a),单击鼠标左键
指定下一点或 [闭合(C)/放弃(U)]：                          //按回车键,结束操作
```

绘制结果如图 2—64b 所示。

5. 绘制中间框线

单击“默认”→“绘图”→“直线”按钮，启动“直线”命令，系统给出如下提示。

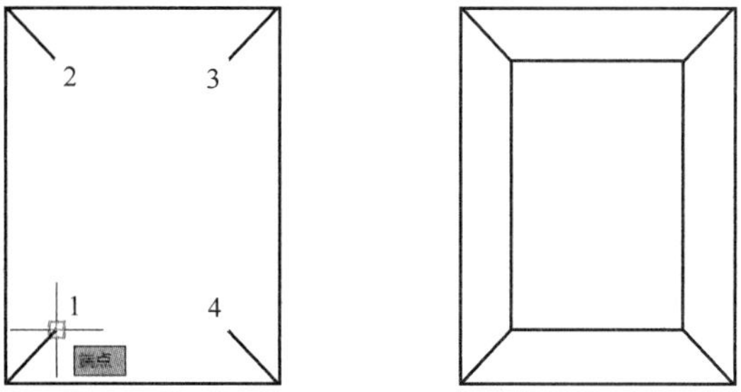

a)　　b)

图 2—64　绘制内侧矩形框

a）捕捉端点　b）绘制结果

命令：_line　　//启动“直线”命令

指定第一个点：　　//捕捉中点 *a*（图 2—65a），单击鼠标左键

指定下一点或［放弃(U)］：　　//捕捉中点 *b*（图 2—65a），单击鼠标左键

指定下一点或［放弃(U)］：　　//捕捉中点 *c*（图 2—65a），单击鼠标左键

指定下一点或［闭合(C)/放弃(U)］：　　//捕捉中点 *d*（图 2—65a），单击鼠标左键

指定下一点或［闭合(C)/放弃(U)］：　　//捕捉中点 *a*（图 2—65a），单击鼠标左键

指定下一点或［闭合(C)/放弃(U)］：　　//按回车键，结束操作

绘制结果如图 2—65b 所示。

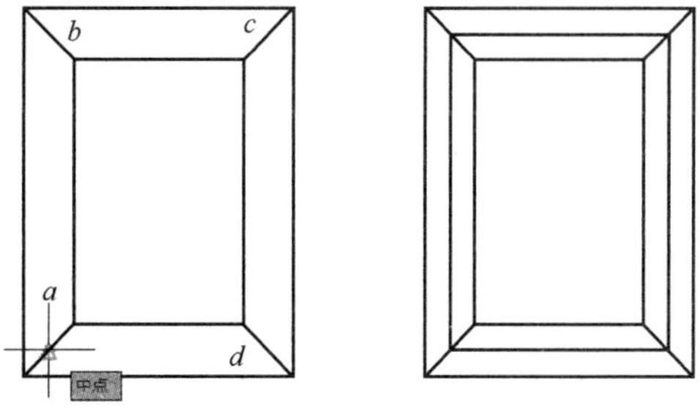

a)　　b)

图 2—65　绘制中间框线

a）捕捉直线中点　b）绘制结果

6. 绘制花纹

（1）绘制下部花纹

单击“默认”→“绘图”→“直线”按钮，启动“直线”命令，系统给出如下提示。

命令：_line　　//启动“直线”命令

指定第一个点：　　//捕捉端点（图 2—66a），单击鼠标左键

指定下一点或[放弃(U)]：　　//捕捉中点(图 2—66b)，单击鼠标左键
指定下一点或[放弃(U)]：　　//捕捉端点(图 2—66c)，单击鼠标左键
指定下一点或[闭合(C)/放弃(U)]：　　//按回车键，结束操作

结果如图 2—66d 所示。

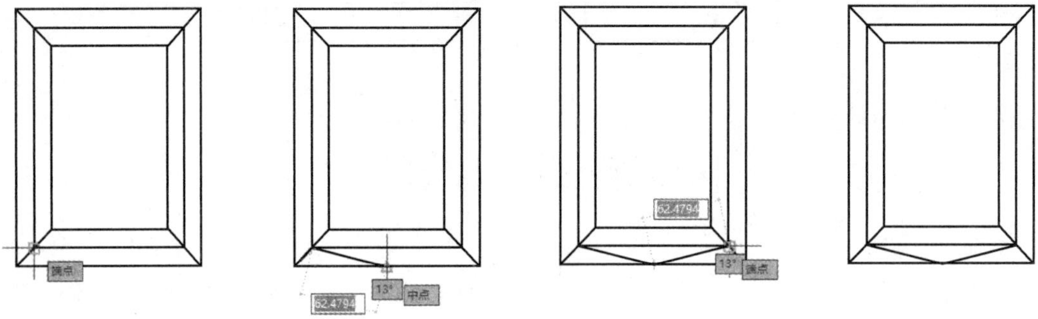

a)　　b)　　c)　　d)

图 2—66　绘制下部花纹

a）捕捉中间框左下端点　b）捕捉外框下部中点　c）捕捉中间框右下端点　d）绘制结果

（2）绘制上部花纹

利用同样的方法完成上部花纹的绘制，如图 2—67 所示。

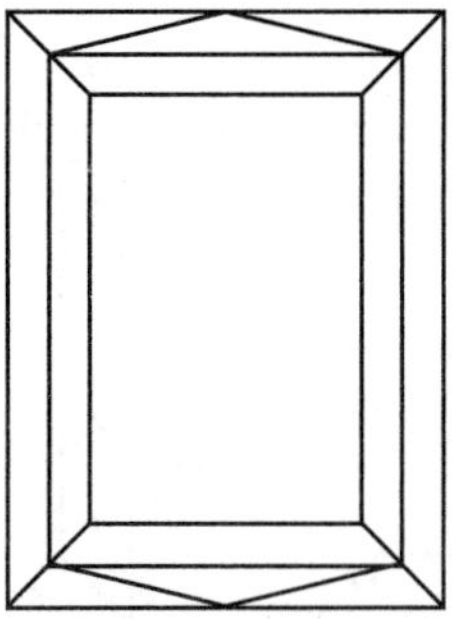

图 2—67　绘制上部花纹

7. 保存图形

将文件保存在桌面上或自己的文件夹内。

巩固练习

1. “正交模式”工具和“极轴追踪”工具在功能上有何相同点和不同点？

2. 如何应用“对象捕捉”功能？

3. 利用本任务介绍的辅助工具和“直线”命令绘制如图 2—68 所示图形。

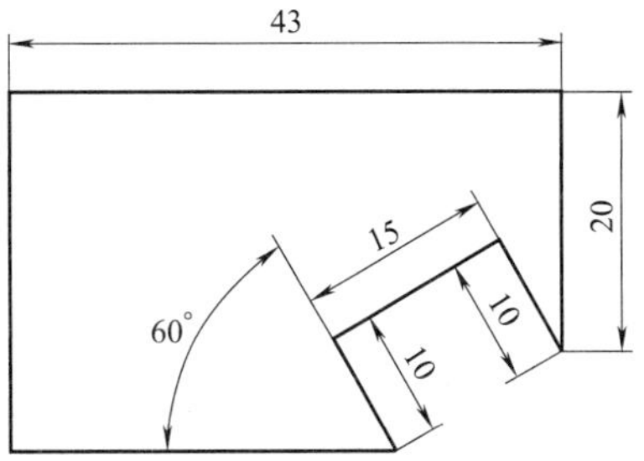

图 2—68　设置辅助绘图工具练习（一）

4. 利用本任务介绍的辅助工具和“直线”命令绘制如图 2—69 所示图形。

5. 利用本任务介绍的辅助工具和“直线”命令绘制如图 2—70 所示图形。

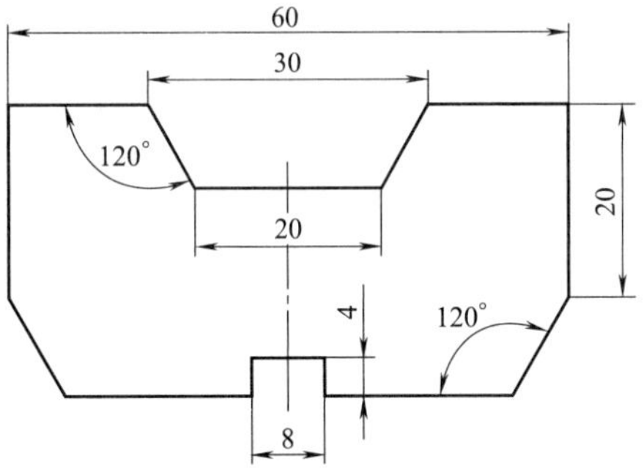

图 2—69　设置辅助绘图工具练习（二）

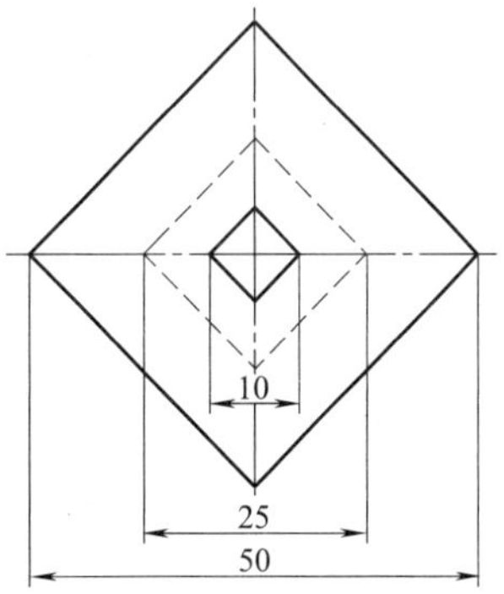

图 2—70　设置辅助绘图工具练习（三）

项目三　绘制二维平面图形

任务1　绘　制　圆

学习目标

1. 掌握圆的绘制方法。
2. 掌握图形的修剪与删除方法。
3. 掌握设置线型比例的方法。
4. 掌握使用“夹点”编辑图形的方法。

任务分析

圆是平面图形中最常见的曲线图形，是构图的基本单元之一。在手工绘图中，一般借助圆规绘制圆或圆弧。在AutoCAD系统中提供了直接绘制圆弧的命令以及多种绘制圆的方法，可以方便地绘制出圆。本任务将介绍AutoCAD中有关绘制圆的基础知识（如“圆”命令启动方法、圆的绘制方法等)，并通过绘制如图3—1所示图形说明AutoCAD中圆的绘制方法以及相关图形的编辑操作方法（如修剪、删除等)。

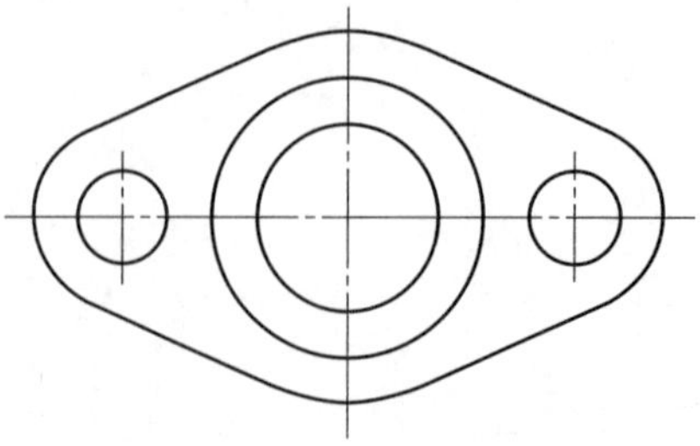

图3—1　绘制圆的实例

相关知识

1. 绘制圆

在 AutoCAD 2018 中，可启动“圆“命令来绘制圆。启动“圆”命令的方法主要有以下三种。

◇ 单击“默认”→“绘图”→“圆”按钮。

◇ 选择菜单栏“绘图”→“圆”命令。

◇ 在命令行中输入“C（或 CIRCLE)”后按回车键。

利用“圆”命令绘制圆时，AutoCAD 2018 提供了多种绘制圆的方式，下面介绍几种常用的方式。

（1）利用“圆心、半径”命令绘制圆

该方式是通过确定圆心的位置及圆的半径来绘制圆，常用于已知圆的圆心及半径的情况。

例 1　利用“圆心、半径”命令绘制半径为 10 mm 的圆。

单击“默认”→“绘图”→“圆”按钮（系统默认状态为“圆心、半径”)，激活“圆心、半径”命令，系统给出如下提示。

命令：_circle　　//启动“圆”命令

指定圆的圆心或［三点(3P)/两点(2P)/切点、切点、半径(T)］：

//在绘图窗口适当位置单击鼠标左键拾取一点，确定圆心位置

指定圆的半径或［直径(D)］：10

//输入圆的半径“10”(图 3—2a)，按回车键，结束“圆”命令

圆的绘制结果如图 3—2b 所示。

a)　　b)

图 3—2　利用“圆心、半径”命令绘制圆

a）输入半径　b）绘制结果

（2）利用“圆心、直径”命令绘制圆

该方式是通过确定圆心的位置及圆的直径来绘制圆，常用于已知圆的圆心及直径的情况。

例 2 利用“圆心、直径”命令绘制直径为 15 mm 的圆。

单击“默认”→“绘图”→“圆”按钮下方的下拉箭头，弹出“圆”命令下拉菜单，选择“圆心、直径”命令（图 3—3），系统给出如下提示。

命令：_circle //启动“圆”命令

指定圆的圆心或［三点(3P)/两点(2P)/切点、切点、半径(T)］：

//在绘图窗口适当位置单击鼠标左键拾取一点，确定圆心位置

指定圆的半径或［直径(D)］：_d 指定圆的直径：15

//输入圆的直径“15”(图 3—4a)，按回车键，结束“圆”命令

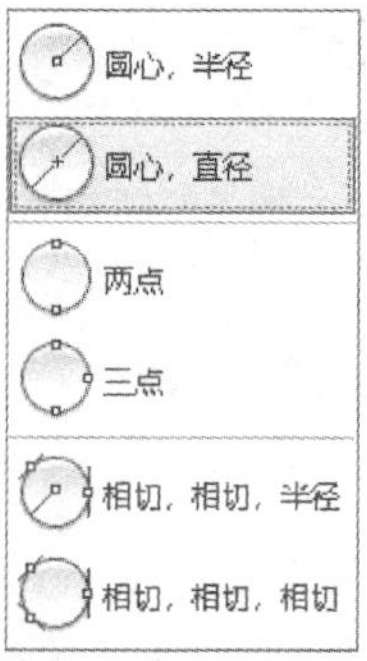

图 3—3 “圆”命令下拉菜单

绘制结果如图 3—4b 所示。

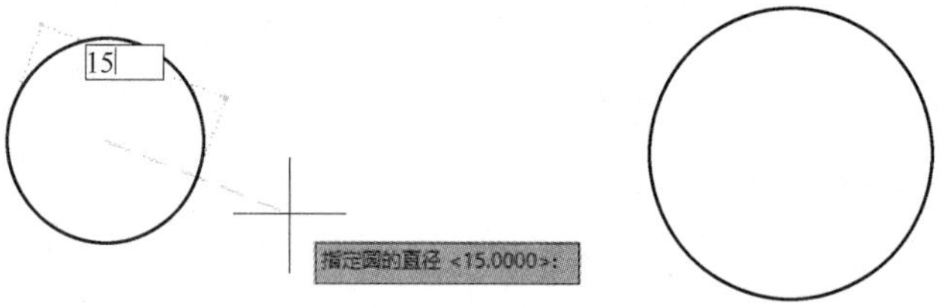

a) b)

图 3—4 利用“圆心、直径”命令绘制圆

a）输入直径 b）绘制结果

（3）利用“两点”命令绘制圆

该方式是通过确定圆的直径的两个端点来绘制圆。当直径位置确定后，圆的位置及大小也相应得以确定。

例 3 利用“两点”命令绘制以直线 *AB*（图 3—5a）为直径的圆。

单击“默认”→“绘图”→“圆”按钮下方的下拉箭头，弹出“圆”命令下拉菜单，选择“两点”命令，系统给出如下提示。

命令：_circle //启动“圆”命令

指定圆的圆心或［三点(3P)/两点(2P)/切点、切点、半径(T)］：_2p 指定圆直径的第一个端点： //拾取 *A* 点

指定圆直径的第二个端点： //拾取 *B* 点，如图 3—5b 所示

绘制结果如图 3—5c 所示。

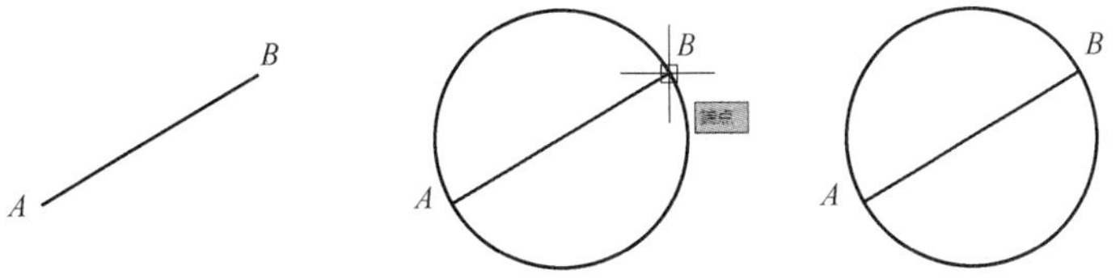

a)　　b)　　c)

图 3—5　利用“两点”命令绘制圆

a）已知直线　b）捕捉端点　c）绘制结果

（4）利用“相切、相切、半径”命令绘圆

即通过选择两个与圆相切的对象，并输入半径的方式来绘制圆。

例 4　如图 3—6a 所示，绘制一个半径为 20 mm 并与直线 *AB* 和 *AC* 相切的圆。

※源文件：AutoCAD 源文件 \ 项目三 \ 任务 1 \ 例 4. dwg

打开源文件，单击“默认”→“绘图”→“圆”按钮下方的下拉箭头，在弹出的下拉菜单中选择“相切、相切、半径”命令，系统给出如下提示。

```
命令：_circle                                              //启动“圆”命令
指定圆的圆心或[三点(3P)/两点(2P)/切点、切点、半径(T)]：_ttr
                                              //启动“相切、相切、半径”命令
指定对象与圆的第一个切点：
                         //移动光标到线段 AC 上，单击鼠标左键，如图 3—6b 所示
指定对象与圆的第二个切点：          //移动光标到线段 AB 上，单击鼠标左键
指定圆的半径：20                //输入圆的半径“20”，按回车键，结束“圆”命令
```

绘制结果如图 3—6c 所示。

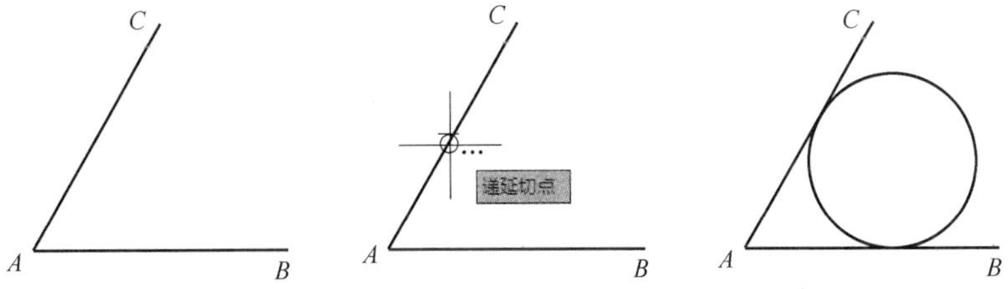

a)　　b)　　c)

图 3—6　利用“相切、相切、半径”命令绘制圆

a）已知直线　b）选择圆的切点　c）绘制结果

2. “修剪”命令

“修剪”命令用于沿指定的修剪边界修剪掉目标对象中不需要的部分，所选的修剪边界可以是圆弧、直线以及样条曲线等。在修剪对象时，边界必须要与修剪对象相交，或与其延长线相交。启动“修剪”命令的方法主要有以下三种。

◇ 单击“默认”→“修改”→“修剪”按钮-/--。

◇ 选择菜单栏“修改”→“修剪”命令。

◇ 在命令行中输入“TR（或 TRIM）”，按回车键。

例 5 如图 3—7a 所示，利用“修剪”命令修剪图形，得到如图 3—7c 所示图形。

※源文件：AutoCAD 源文件 \ 项目三 \ 任务 1 \ 例 5. dwg

（1）用“修剪”命令修剪圆弧$\overset{\frown}{BG}$和$\overset{\frown}{CF}$。

打开源文件，单击“默认”→“修改”→“修剪”按钮，启动“修剪”命令，系统给出如下提示。

```
命令：_trim                                                //启动"修剪"命令
当前设置:投影=UCS,边=无
选择剪切边...
选择对象或 <全部选择>： 找到 1 个                          //选择直线 AD 为剪切边
选择对象：找到 1 个,总计 2 个                              //选择直线 HE 为剪切边
选择对象：                                                 //按回车键,结束剪切边界选择
选择要修剪的对象,或按住 Shift 键选择要延伸的对象,或
[栏选(F)/窗交(C)/投影(P)/边(E)/删除(R)/放弃(U)]：          //选择要修剪的圆弧BG
选择要修剪的对象,或按住 Shift 键选择要延伸的对象,或
[栏选(F)/窗交(C)/投影(P)/边(E)/删除(R)/放弃(U)]：          //选择要修剪的圆弧CF
选择要修剪的对象,或按住 Shift 键选择要延伸的对象,或
[栏选(F)/窗交(C)/投影(P)/边(E)/删除(R)/放弃(U)]：
                                                           //按回车键,结束"修剪"命令
```

修剪结果如图 3—7b 所示。

（2）用“修剪”命令修剪直线段 *BC* 和 *GF*。

用同样的方法完成直线段 *BC* 和 *GF* 的修剪，如图 3—7c 所示。

3. “删除”命令

“删除”命令用于删除图形中多余或错误的图形对象。启动“删除”命令的方法主要有以下三种。

◇ 单击“默认”→“修改”→“删除”按钮。

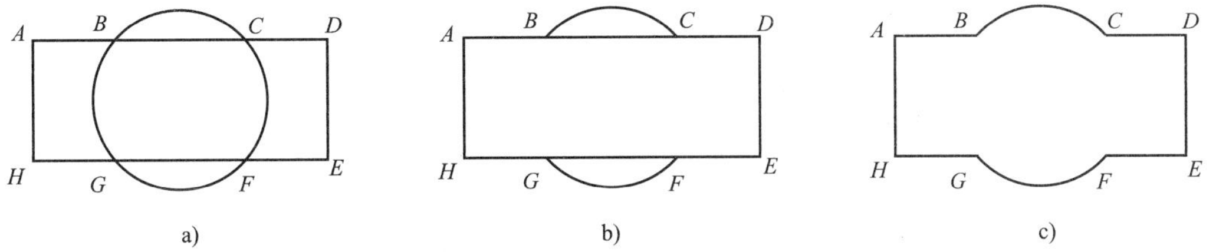

图 3—7　修剪图形

a）原始图形　b）修剪圆弧　c）修剪直线段

◇ 选择菜单栏“修改”→“删除”命令。

◇ 在命令行中输入“ERA（或 ERASE）”，按回车键。

例 6　利用“删除”命令删除图 3—8a 中的直线。

※源文件：AutoCAD 源文件＼项目三＼任务 1＼例 6. dwg

打开源文件，单击“默认”→“修改”→“删除”按钮，系统给出如下提示。

命令：_erase	//启动“删除”命令
选择对象：找到 1 个	//选择竖直线
选择对象：找到 1 个，总计 2 个	//选择横直线
选择对象：	//按回车键，完成删除操作

删除结果如图 3—8b 所示。

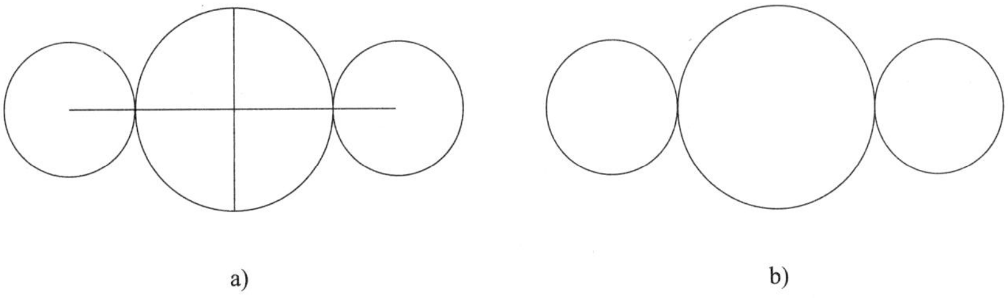

图 3—8　删除图线

a）原始图形　b）删除后的结果

4. 设置线型比例

在机械制图中，细点画线、细虚线、细双点画线的线段长度、间隔长度和点的长度与所绘制图形的大小、复杂程度有关，所以绘图时需要经常进行调节。AutoCAD 2018 提供了改变其组成元素大小的方法，这就是调整图线的线型比例，其方法如下。

（1）调用“线型管理器”

选择菜单栏“格式”→“线型”命令，弹出“线型管理器”对话框，单击“显示细节

(D)”按钮，如图 3—9 所示。

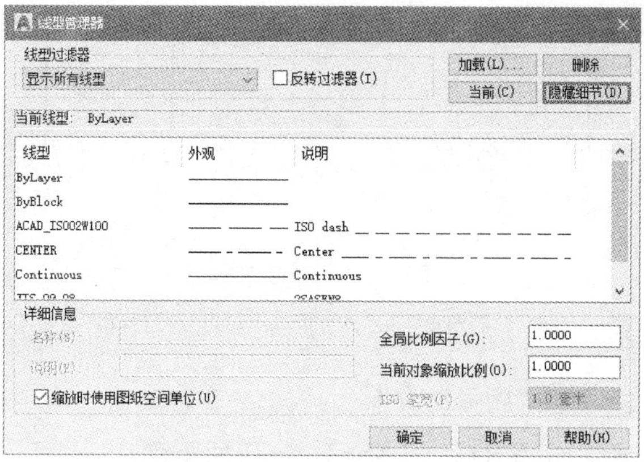

图 3—9 “线型管理器”对话框

（2）调整线型缩放比例

线型缩放比例分为全局比例因子和当前对象缩放比例。

全局比例因子是指所有线型的全局比例缩放。全局比例因子将影响图形中所有线型的外观，该值越大，细虚线、细点画线的画段越长，反之越短。

当前对象缩放比例（即线型比例）用于设定新建对象的比例，生成的比例是全局比例因子与当前对象缩放比例的乘积。在全局比例因子不变的情况下，不同线型比例的细点画线和细虚线示例如图 3—10 所示。

图 3—10 不同线型比例的线型示例

a）细点画线 b）细虚线

（3）调整已绘图线的线型比例

1）选取要改变线型比例的图线。

2）单击鼠标右键，弹出右键快捷菜单，如图 3—11 所示。

3）在右键快捷菜单中选择“特性”命令，弹出“特性”对话框，如图 3—12 所示。

4）修改“线型比例”为合适的数值（默认值为 1）。如果在没有选择任何对象的情况下设置线型比例，则此后所绘制图线的线型比例均为该设定值。

5. 使用“夹点”编辑图形

“夹点”编辑是一种常用且简单的编辑功能，通过编辑图形上的夹点，可以快速编辑

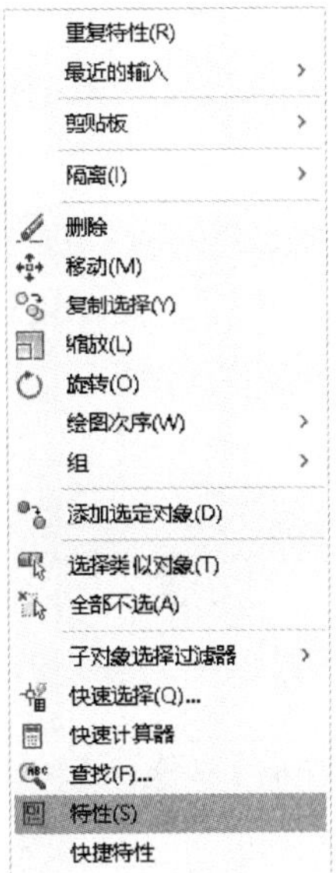

图 3—11　右键快捷菜单

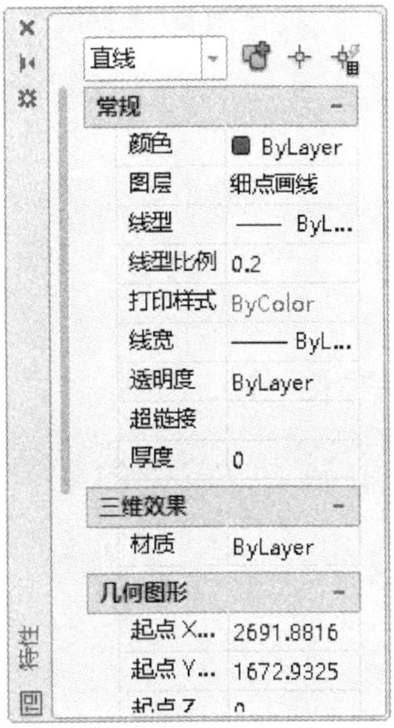

图 3—12　“特性”对话框

图形。用户只需单击图形上的任何一个夹点，即可进入夹点编辑模式，此时所单击的夹点以红色亮显。

（1）利用夹点拉伸直线

如图 3—13 所示，绘制一条直线，然后选择直线，单击直线的右上端点进入夹点编辑模式，单击自动弹出的快捷菜单中的“拉伸”选项，即可在该直线的延长线上拉伸直线。

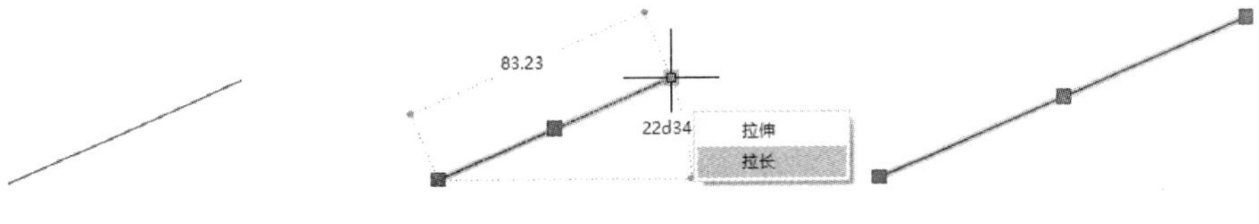

a)　　b)　　c)

图 3—13　利用夹点拉伸直线

a）已知直线　b）快捷菜单　c）拉伸直线

（2）利用夹点编辑圆

绘制一个圆，如图 3—14 所示。如果选中圆的任意一个象限点作为编辑的夹点，移动鼠标就可改变圆的大小。如果输入新的半径尺寸（如输入“50”）后按回车键，即可得到赋予新值（半径为 50 mm）的圆。

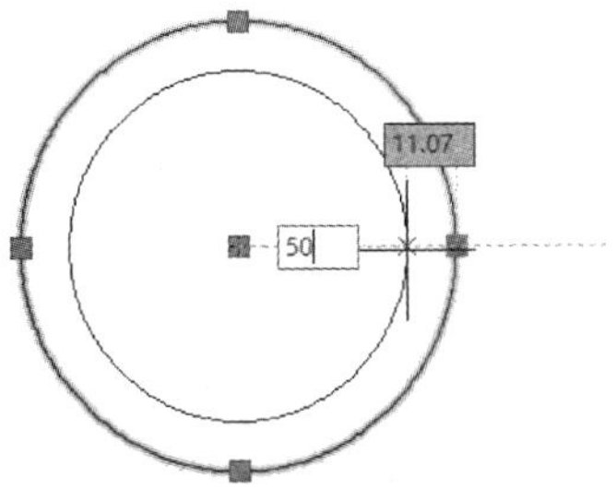

图 3—14　利用夹点编辑圆

提示

1）在编辑夹点时，输入相应的相对坐标值，可对编辑对象进行精确编辑。

2）在选择对象后，将直线中心、正多边形的几何中心或圆的圆心作为编辑夹点，可对该对象进行移动。

实践操作

实训 1

实训要求：

针对本任务介绍的知识点，熟练掌握 AutoCAD 2018 中绘制圆的方法以及相关编辑方法。

实训任务：

利用“圆”命令及相关编辑命令绘制如图 3—15 所示图形（只绘制图形，不标注尺寸）。

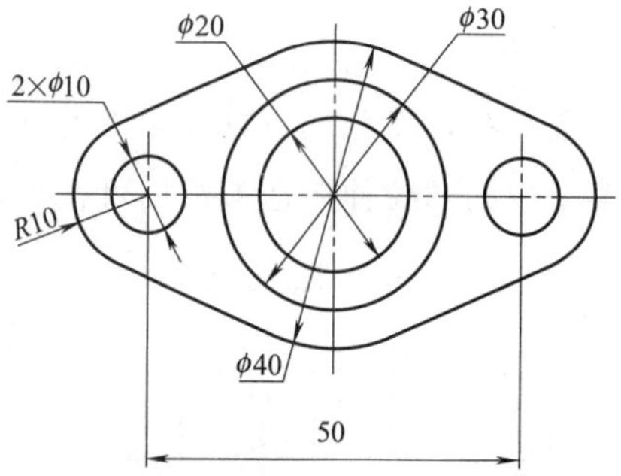

图 3—15　端盖

1. 设置绘图环境

（1）新建一个图形文件，图形样板选择“制图样板 1. dwt”。

（2）将“动态输入”“极轴追踪”“对象捕捉”“对象捕捉追踪”设置到“开”的状态。

操作演示

（3）将线型比例调整为 0.2。

2. 绘制中心线

（1）将“细点画线”图层设置为当前图层。

（2）单击“默认”→“绘图”→“直线”按钮，启动“直线”命令，在绘图区适当位置绘制一条长度为 50 mm 的水平细点画线，如图 3—16a 所示。

（3）启动“直线”命令，捕捉水平中心线的中点，向上绘制一条长度为 50 mm 的竖直细点画线，如图 3—16b 所示。

（4）选取竖直中心线的中点（图 3—16b），拖动鼠标，使竖直中心线的中点与水平中心线的中点重合，如图 3—16c 所示。

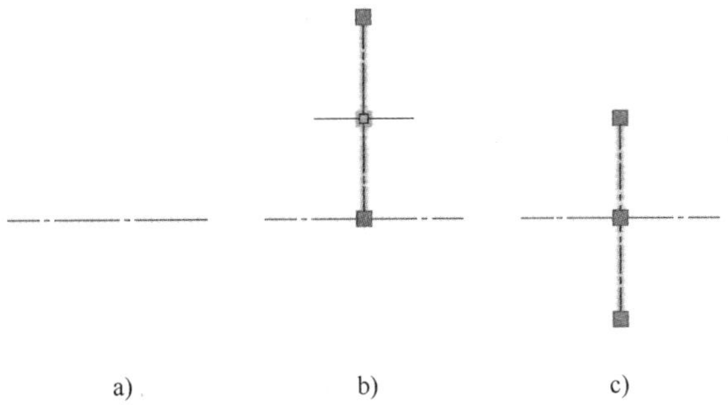

图 3—16　绘制中心线

a）绘制水平中心线　b）绘制竖直中心线　c）移动竖直中心线

3. 绘制圆

（1）设置“粗实线”图层为当前图层。

（2）启动“圆心、半径”命令，绘制中间 ϕ20 mm、ϕ30 mm、ϕ40 mm 的圆，如图 3—17a 所示。

（3）启动“圆心、半径”命令，绘制两端 ϕ10 mm 和 R10 mm 圆，如图 3—17b 所示。

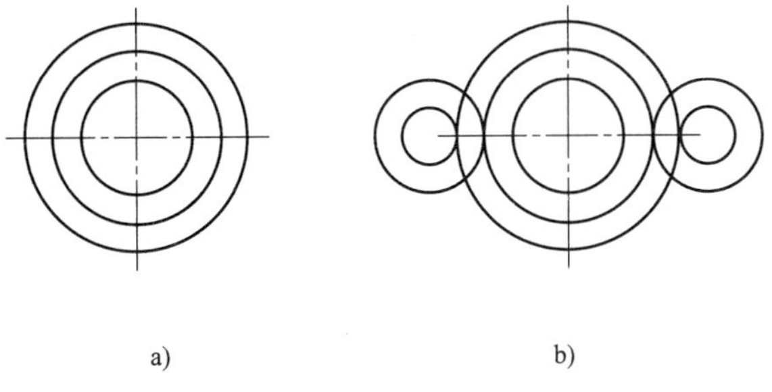

图 3—17　绘制圆

a）绘制中间圆　b）绘制两端圆

4. 绘制切线

（1）认识“临时捕捉”快捷菜单

为了方便绘图，AutoCAD 提供了临时捕捉功能。所谓临时捕捉，是指执行一次命令后，系统只能捕捉一次。如果需要再次捕捉点，则需要再次执行该命令。按住 Ctrl 键或 Shift 键的同时单击右键即可打开“临时捕捉”快捷菜单，如图 3—18 所示。

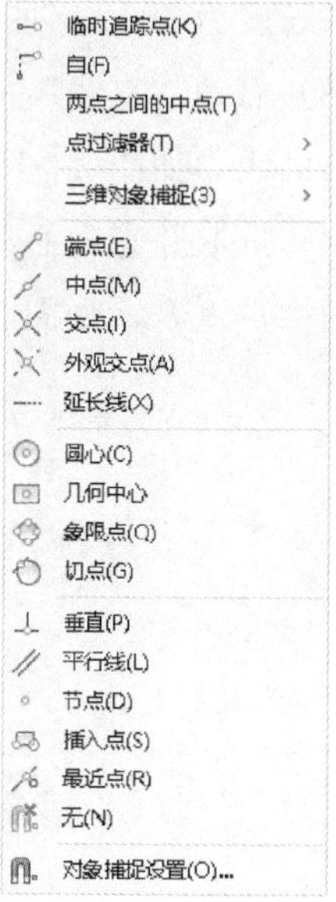

图 3—18 “临时捕捉”快捷菜单

（2）绘制左上切线

启动“直线”命令，系统给出如下提示。

命令：_line　　　　　　　　　　　　//启动“直线”命令
指定第一个点：_tan 到
//按住 Shift 键的同时单击右键，在弹出的“临时捕捉”快捷菜单中选择“切点”，捕捉 $R10$ mm 圆（图 3—19a）
指定下一点或［放弃(U)］：_tan 到
//用同样的方法捕捉中间 $\phi40$ mm 圆的切点（图 3—19b）
指定下一点或［放弃(U)］：
//按回车键，结束切线绘制

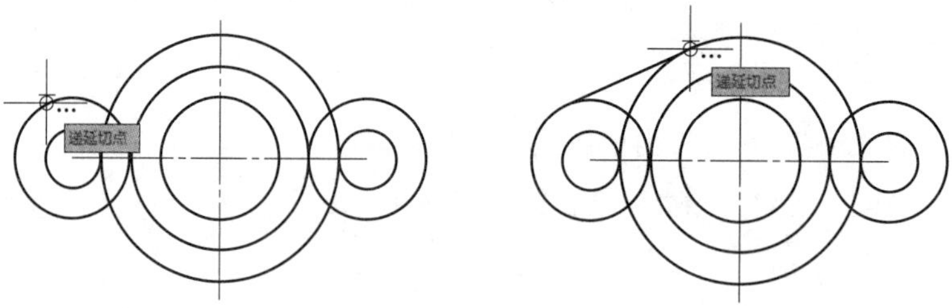

a)　　　　　　b)

图 3—19　绘制左上切线

a）捕捉左侧大圆　b）捕捉中间大圆

（3）绘制其他切线

同理，利用临时捕捉功能绘制其他三条切线，绘制结果如图 3—20 所示。

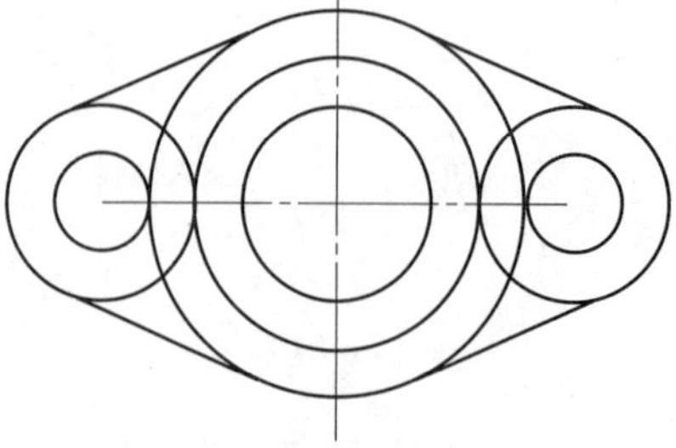

图 3—20　绘制其他切线

5. 修剪多余图线

（1）修剪两端 $R10$ mm 圆

单击“默认”→“修改”→“修剪”按钮，系统给出如下提示。

命令：_trim　　//启动“修剪”命令
当前设置:投影=UCS,边=无
选择剪切边...
选择对象或 <全部选择>：找到 1 个　　//选择左上切线作为剪切边界
选择对象：找到 1 个,总计 2 个　　//选择左下切线作为剪切边界
选择对象：找到 1 个,总计 3 个　　//选择右上切线作为剪切边界
选择对象：找到 1 个,总计 4 个　　//选择右下切线作为剪切边界
选择对象：　　//按回车键,结束修剪边界的选择
选择要修剪的对象,或按住 Shift 键选择要延伸的对象,或
[栏选(F)/窗交(C)/投影(P)/边(E)/删除(R)/放弃(U)]：
　　//选择左端 $R10$ mm 圆作为修剪对象
选择要修剪的对象,或按住 Shift 键选择要延伸的对象,或
[栏选(F)/窗交(C)/投影(P)/边(E)/删除(R)/放弃(U)]：
　　//选择右端 $R10$ mm 圆作为修剪对象
选择要修剪的对象,或按住 Shift 键选择要延伸的对象,或
[栏选(F)/窗交(C)/投影(P)/边(E)/删除(R)/放弃(U)]：
　　//按回车键,结束修剪操作

修剪结果如图 3—21a 所示。

（2）修剪中间 $\phi40$ mm 圆

用同样的方法修剪中间 $\phi40$ mm 圆，修剪结果如图 3—21b 所示。

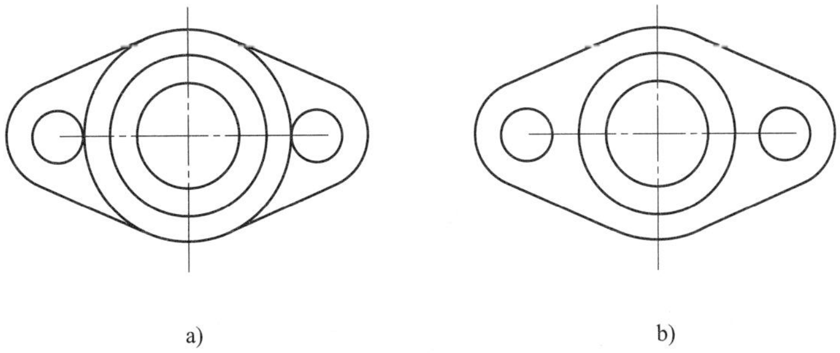

图 3—21　修剪图线

a）修剪 $R10$ mm 圆　b）修剪 $\phi40$ mm 圆

6. 拉长水平中心线

（1）选择水平中心线。

（2）单击左端点，向左水平移动鼠标，输入“15”，按回车键。

（3）单击右端点，向右水平移动鼠标，输入“15”，按回车键。

修改结果如图 3—22 所示。

7. 绘制两端竖直中心线

（1）将“细点画线”图层设置为当前图层。

（2）单击“默认”→“绘图”→“直线”按钮，启动“直线”命令，捕捉左端 ϕ10 mm 圆的圆心，绘制一条长度为 20 mm 的竖直细点画线，并将图线的中心移到圆心位置，如图 3—23 所示。

（3）用同样的方法绘制右端 ϕ10 mm 圆的中心线，如图 3—23 所示。至此，图形绘制完毕。

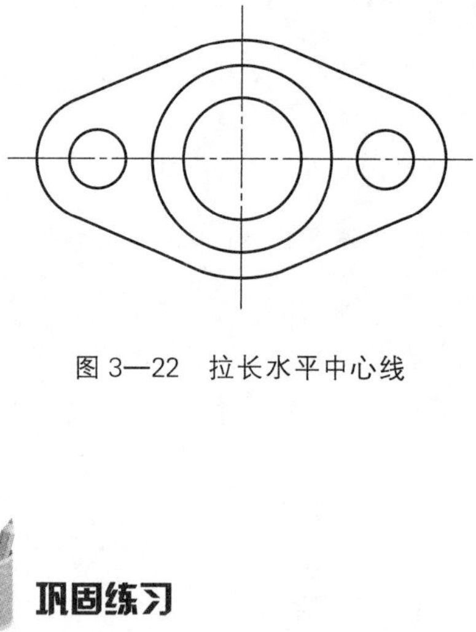

图 3—22 拉长水平中心线

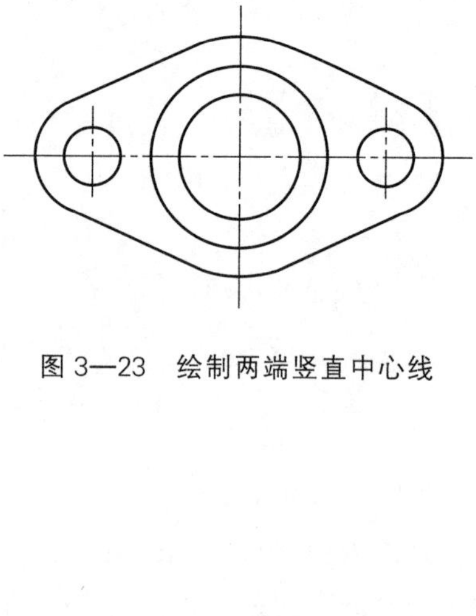

图 3—23 绘制两端竖直中心线

巩固练习

1. 绘制如图 3—24 所示的图形。

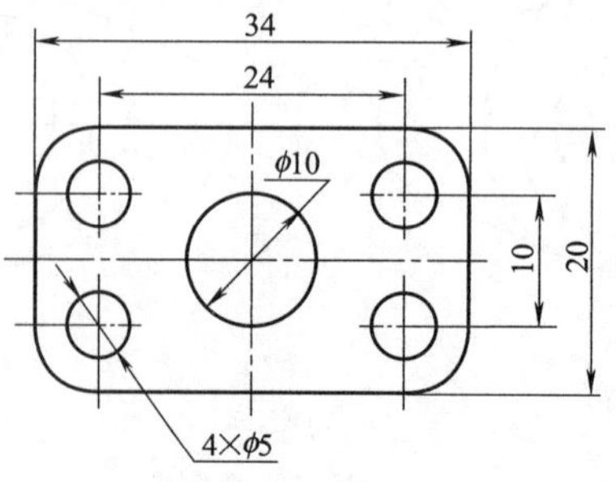

图 3—24 绘制圆练习（一）

【操作提示】

（1）绘制水平中心线（长 24 mm）和竖直中心线（长 10 mm）。

（2）绘制 ϕ10 mm 圆。

（3）绘制 4×ϕ5 mm 圆的中心线。

（4）绘制 4×ϕ5 mm 圆和 4 个 R5 mm 圆。

（5）绘制 4 条直线。

（6）修剪图形。

（7）拉伸中心线。

2. 绘制如图 3—25 所示的图形。

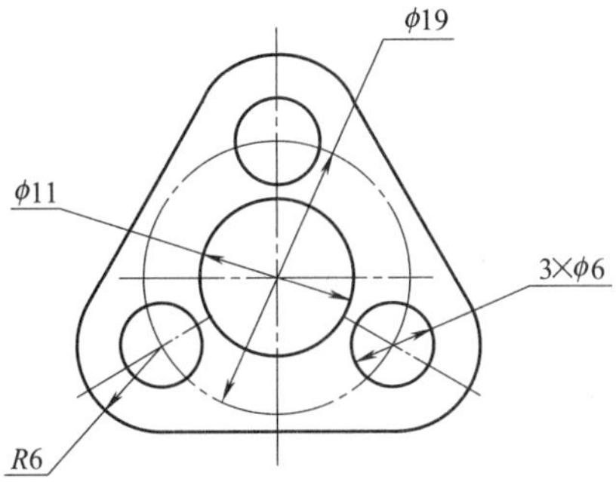

图 3—25　绘制圆练习（二）

【操作提示】

（1）绘制水平中心线和竖直中心线（适当长度）。

（2）绘制 ϕ11 mm 和 ϕ19 mm 圆。

（3）绘制左下和右下两个 ϕ6 mm 圆的中心线。

（4）绘制 3×ϕ6 mm 圆和 3 个 R6 mm 圆。

（5）绘制 3 条直线。

（6）修剪图形。

（7）拉伸中心线。

3. 绘制如图 3—26 所示图形。

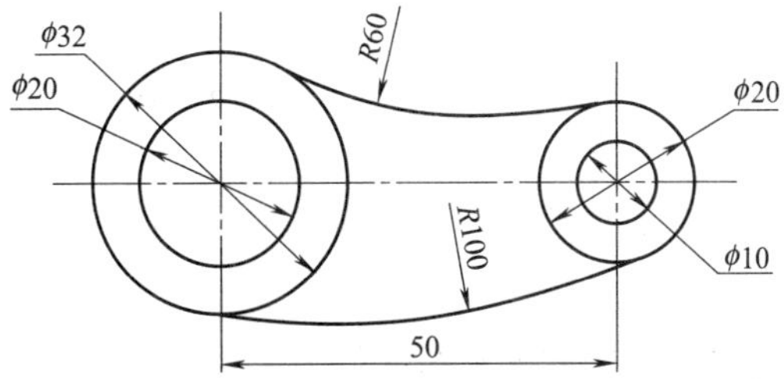

图 3—26　绘制圆练习（三）

【操作提示】

（1）绘制中心线。

（2）绘制两端的4个圆。

（3）绘制 $R100$ mm 和 $R60$ mm 圆弧，方法是：先利用“相切、相切、半径”的绘圆命令绘制 $R100$ mm 和 $R60$ mm 圆，再利用“修剪”命令进行修剪。

任务2 绘制圆弧

学习目标

1. 掌握绘制圆弧的方法。
2. 掌握图形对象的合并操作方法。
3. 掌握图形对象的偏移操作方法。
4. 掌握图形对象的镜像操作方法。

任务分析

圆弧也是制图中常见的曲线图形，是构图的基本单元。在制图过程中，常需要绘制直线与圆或圆与圆之间的过渡曲线，这些曲线大都由圆弧或圆弧与圆弧相连而成。虽然利用上个任务中绘制圆及其相关编辑操作也可以绘制出圆弧。但为了方便，AutoCAD 2018 提供了直接绘制圆弧的命令及多种绘制方法。在本任务中，将介绍绘制圆弧的方法和图形对象的合并、偏移、镜像操作方法，并通过绘制如图3—27所示图形掌握绘制圆弧及图形编辑的操作技能。

相关知识

1. 圆弧的绘制

在 AutoCAD 2018 中，可以直接启动“圆弧”命令来绘制圆弧。启动“圆弧”命令的方法主要有如下三种。

◇ 单击“默认”→“绘图”→“圆弧”按钮。

◇ 选择菜单栏“绘图”→“圆弧”命令。

◇ 在命令行中输入“A（或 ARC）”后按回车键。

利用“圆弧”命令绘制圆弧时，系统提供了 11 种绘制圆弧的方式，如图 3—28 所示，其中常用的几种方式介绍如下。

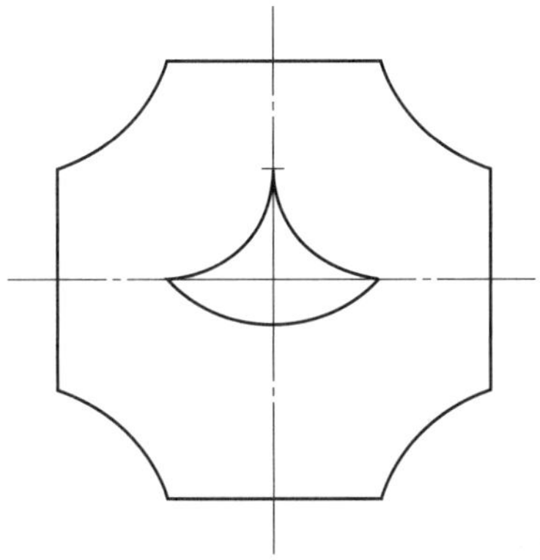

图 3—27　绘制圆弧实例

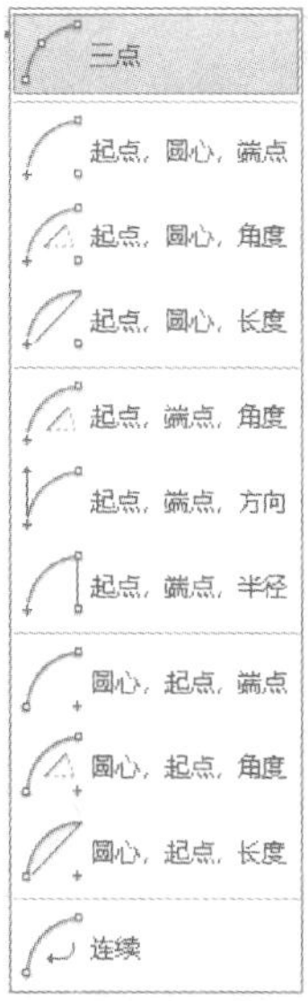

图 3—28　绘制圆弧的 11 种命令

（1）利用“三点”命令绘制圆弧

即通过分别确定圆弧的起点、弧上一点、终点的方式绘制圆弧，其中“弧上一点”为除起点和终点外的弧上任意一点。此方式为 AutoCAD 2018 默认的绘制圆弧的方法。

例 1　利用“三点”命令，过△ABC（图 3—29a）的 3 个顶点绘制圆弧$\overset{\frown}{ABC}$。

※源文件：AutoCAD 源文件 \ 项目三 \ 任务 2 \ 例 1. dwg

打开源文件，单击“默认”▸“绘图”→“圆弧”按钮下方的下拉箭头，弹出“圆弧”命令菜单，单击“三点”按钮，启动“三点”命令，系统给出如下提示。

命令：_arc	//启动“圆弧”命令
指定圆弧的起点或[圆心(C)]：	//捕捉 *A* 点作为圆弧起点
指定圆弧的第二个点或[圆心(C)/端点(E)]：	//捕捉 *B* 点作为圆弧上一点
指定圆弧的端点：	//捕捉 *C* 点作为圆弧终点，完成绘制

绘制结果如图 3—29b 所示。

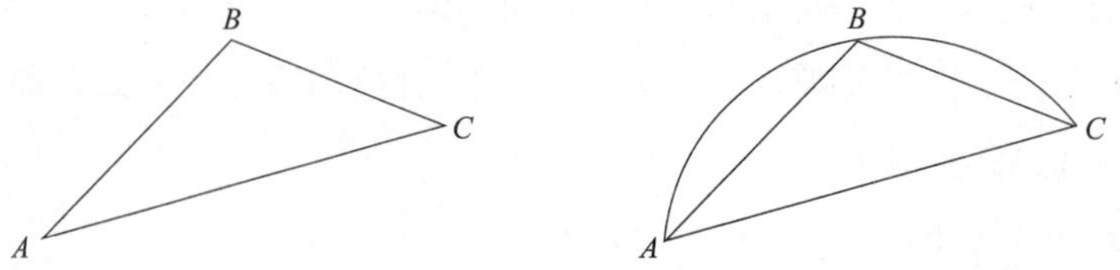

a)　　b)

图 3—29　利用“三点”命令绘制圆弧

a）绘制圆弧前的图形　b）绘制结果

（2）利用“起点、圆心、端点”命令绘制圆弧

即通过依次确定圆弧的起点、圆心及端点的方式绘制圆弧。

例 2　如图 3—30a 所示，利用“起点、圆心、端点”命令，以 O 点为圆心，绘制圆弧$\widehat{AB}$。

※源文件：AutoCAD 源文件 \ 项目三 \ 任务 2 \ 例 2. dwg

打开源文件，单击“默认”→“绘图”→“圆弧”按钮下方的下拉箭头，弹出“圆弧”命令菜单，单击“起点、圆心、端点”按钮，系统给出如下提示。

```
命令：_arc                                          //启动“圆弧”命令
指定圆弧的起点或[圆心(C)]：              //捕捉 A 点(图 3—30a)作为圆弧的起点
指定圆弧的第二个点或[圆心(C)/端点(E)]：_c
指定圆弧的圆心：                          //捕捉 O 点(图 3—30a)作为圆弧的圆心
指定圆弧的端点(按住 Ctrl 键以切换方向)或[角度(A)/弦长(L)]：
                                          //捕捉 B 点(图 3—30a)作为圆弧的端点
```

绘制结果如图 3—30b 所示。

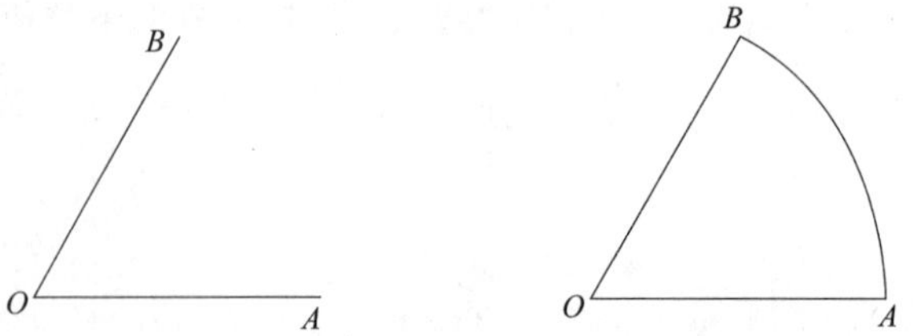

a)　　b)

图 3—30　利用“起点、圆心、端点”命令绘制圆弧

a）绘制圆弧前的图形　b）绘制结果

提示

1）如果 OA 与 OB 不相等，系统会将圆弧的终点自动调节到线段 OB 上或其延长线上。

2）在利用该命令绘制圆弧时，系统默认按逆时针方向绘制，如果以 B 点（图 3—30）为起点顺时针绘制圆弧 $\overset{\frown}{BA}$，在选择端点 A 时，要同时按住 Ctrl 键以切换方向。

（3）利用“起点、圆心、角度”命令绘制圆弧

即通过确定圆弧的起点、圆心及圆弧角度值的方式来绘制圆弧。

例 3　如图 3—31a 所示，利用“起点、圆心、角度”命令，绘制一条以 O 点为圆心，角度为 30°的圆弧 $\overset{\frown}{AB}$。

※源文件：AutoCAD 源文件 \ 项目三 \ 任务 2 \ 例 3. dwg

打开源文件，单击“默认”→“绘图”→“圆弧”按钮下方的下拉箭头，弹出“圆弧”命令菜单，单击“起点、圆心、角度”按钮，系统给出如下提示。

```
命令：_arc                                                //启动“圆弧”命令
指定圆弧的起点或［圆心(C)］：               //捕捉 A 点(图 3—31a)作为圆弧的起点
指定圆弧的第二个点或［圆心(C)/端点(E)］：_c
指定圆弧的圆心：                             //捕捉 O 点(图 3—31a)作为圆弧的圆心
指定圆弧的端点(按住 Ctrl 键以切换方向)或［角度(A)/弦长(L)］：_a
指定夹角(按住 Ctrl 键以切换方向)：30      //输入角度值“30”，按回车键，结束绘图
```

绘制结果如图 3—31b 所示。

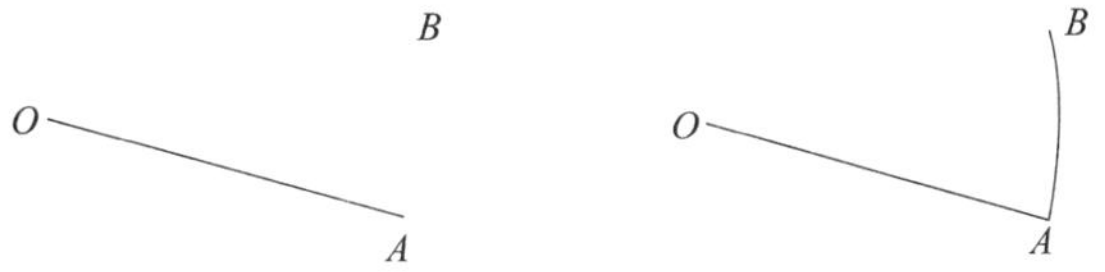

a)　　　　b)

图 3—31　利用“起点、圆心、角度”命令绘制圆弧

a）绘制圆弧前的图形　b）绘制结果

（4）利用“起点、端点、半径”命令绘制圆弧

即通过确定圆弧的起点、端点及半径的方式来绘制圆弧。

例 4　如图 3—32a 所示，利用“起点、端点、半径”命令，绘制一条半径为 50 mm 的向上凸起的圆弧 $\overset{\frown}{AB}$。

※源文件：AutoCAD 源文件 \ 项目三 \ 任务 2 \ 例 4. dwg

打开源文件，单击“默认”→“绘图”→“圆弧”按钮下方的下拉箭头，弹出“圆弧”命令菜单，单击“起点、端点、半径”按钮，系统给出如下提示。

```
命令：_arc                                                      //启动“圆弧”命令
指定圆弧的起点或[圆心(C)]：                    //捕捉 A 点(图 3—32a)作为圆弧起点
指定圆弧的第二个点或[圆心(C)/端点(E)]：_e
指定圆弧的端点：                                //捕捉 B 点(图 3—32a)作为圆弧端点
指定圆弧的中心点(按住 Ctrl 键以切换方向)或[角度(A)/方向(D)/半径(R)]：_r
指定圆弧的半径(按住 Ctrl 键以切换方向)：50
                                      //输入圆弧的半径“50”,按回车键,结束绘制
```

绘制结果如图 3—32b 所示。

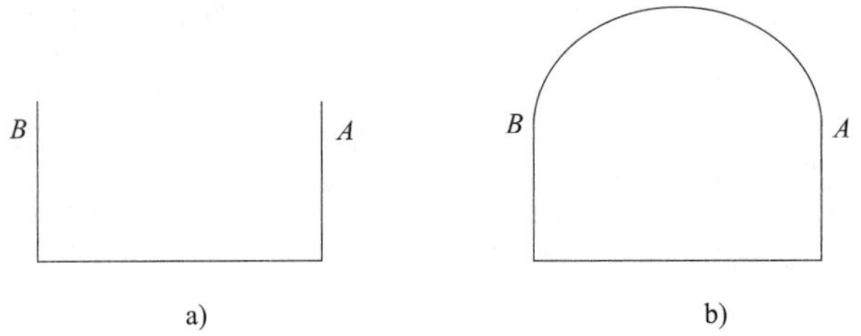

图 3—32　利用“起点、端点、半径”命令绘制圆弧

a）绘制圆弧前的图形　b）绘制结果

提示

利用“起点、端点、半径”命令绘制图 3—32 所示圆弧时，必须沿逆时针方向由 A 点到 B 点画弧，若由 B 点向 A 点画弧，则圆弧为内凹的，如图 3—33 所示。

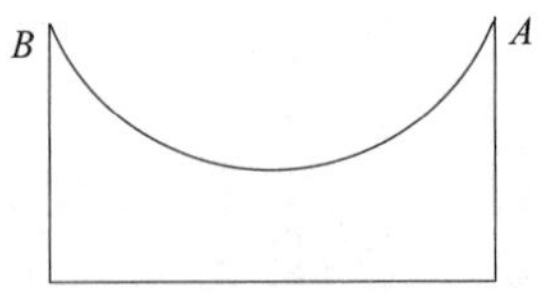

图 3—33　由 B 点向 A 点画弧

2. “合并”命令

“合并”命令可以将直线、圆弧、椭圆弧和样条曲线等独立的对象合并为一个对象。启动“合并”命令主要有以下三种方式。

◇ 单击“默认”→“修改”→“合并”按钮。

◇ 选择菜单栏“修改”→“合并”命令。

◇ 在命令行中输入“JOIN”，按回车键。

例 5　如图 3—34 所示，用“合并”命令将四段圆弧合并为一个对象。

※源文件：AutoCAD 源文件＼项目三＼任务 2＼例 5. dwg

打开源文件，单击“默认”→“修改”→“合并”按钮，系统给出如下提示。

```
命令：_join                                          //启动“合并”命令
选择源对象或要一次合并的多个对象：找到 1 个
                                                   //选择上方圆弧作为合并对象
选择要合并的对象：找到 1 个，总计 2 个              //选择左侧圆弧作为合并对象
选择要合并的对象：找到 1 个，总计 3 个              //选择下方圆弧作为合并对象
选择要合并的对象：找到 1 个，总计 4 个              //选择右侧圆弧作为合并对象
选择要合并的对象：                                  //按回车键，结束合并操作
```

执行“合并”命令后，四段圆弧变为一条多段线，如图 3—34b 所示。

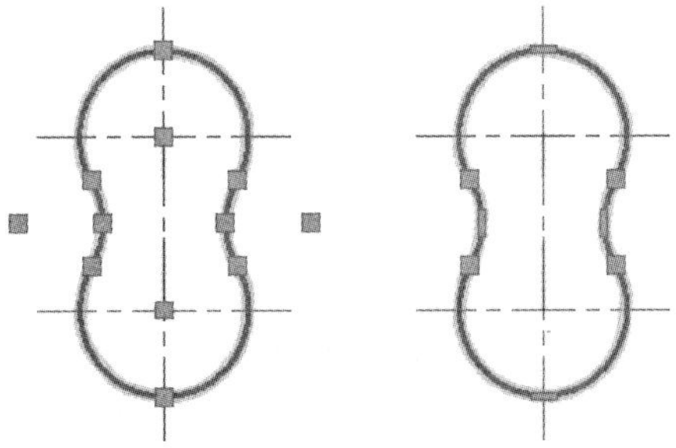

a)　　　　　　b)

图 3—34　合并对象

a）合并前　b）合并后

3. “偏移”命令

在 AutoCAD 作图过程中，常需要绘制同心圆、平行线或者等距的曲线，此时，就可以利用“偏移”命令进行编辑。“偏移”命令也称为“偏移复制”命令，该命令可以在复制对象的同时，将对象偏移到指定的位置，在 AutoCAD 绘图中应用较频繁。启动“偏移”命令主要有以下三种方法。

◇ 单击“默认”→“修改”→“偏移”按钮。

◇ 选择菜单栏“修改”→“偏移”命令。

◇ 在命令行中输入“O（或 OFFSET）”，按回车键。

例 6　已知直线 *AB*（图 3—35a），要求利用“偏移”命令在其右侧绘制一条直线 *CD*，与 *AB* 的距离为 60 mm。

单击“默认”→“修改”→偏移”按钮，系统给出如下提示。

命令：_offset　　//启动“偏移”命令
当前设置：删除源＝否　图层＝源　OFFSETGAPTYPE＝0
指定偏移距离或［通过(T)/删除(E)/图层(L)］＜通过＞：60
　　//输入直线 AB 所要偏移的距离“60”，按回车键
选择要偏移的对象，或［退出(E)/放弃(U)］＜退出＞：
　　//选择直线 AB 作为偏移对象
指定要偏移的那一侧上的点，或［退出(E)/多个(M)/放弃(U)］＜退出＞：
　　//在直线 AB 右侧区域单击鼠标左键拾取任意一点，确定偏移方向(右)
选择要偏移的对象，或［退出(E)/放弃(U)］＜退出＞：　//按回车键，结束偏移操作

偏移结果如图 3—35b 所示。

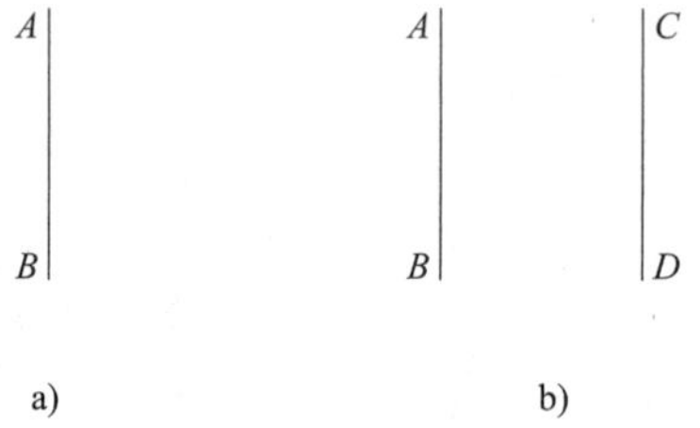

图 3—35　利用“偏移”命令绘制直线

a）偏移前的图形　b）偏移结果

例 7　如图 3—36 所示，利用“偏移”命令，在“8 字”曲线外围绘制一条距离为 10 mm 的等距线。

※源文件：AutoCAD 源文件\项目三\任务 2\例 7.dwg

打开源文件，单击“默认”→“修改”→“偏移”按钮，系统给出如下提示。

命令：_offset　　//启动“偏移”命令
当前设置：删除源＝否　图层＝源　OFFSETGAPTYPE＝0
指定偏移距离或［通过(T)/删除(E)/图层(L)］＜通过＞：10
　　//输入所要偏移的距离“10”，按回车键
选择要偏移的对象，或［退出(E)/放弃(U)］＜退出＞：
　　//选择“8 字”曲线作为偏移对象
指定要偏移的那一侧上的点，或［退出(E)/多个(M)/放弃(U)］＜退出＞：
　　//在“8 字”曲线外围区域单击鼠标左键拾取任意一点，确定偏移方向

选择要偏移的对象,或 [退出(E)/放弃(U)] <退出>:
//按回车键,结束偏移操作

偏移结果如图 3—36b 所示。

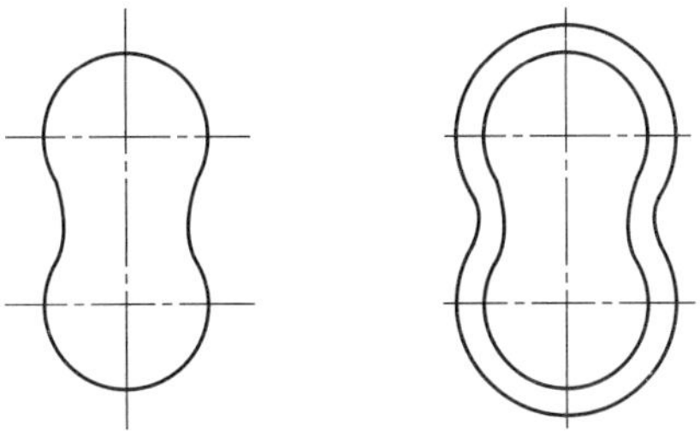

a)　　b)

图 3—36　利用“偏移”命令绘制等距线

a)“8 字”曲线　b)绘制结果

提示　执行“偏移”命令时，不同结构的对象，其偏移结果也会不同。比如，圆或椭圆被偏移后，对象的尺寸发生了变化；而直线偏移后，尺寸保持不变。另外，被偏移的对象必须是单个对象或由几个对象合并成的单一复合对象。

4. “镜像”命令

“镜像”命令是 AutoCAD 中常用的创建对象的工具之一，它是通过指定对称轴对称复制目标对象，原目标对象可保留也可删除。在实际绘制图形时，常遇到有对称结构的图形，此时使用“镜像”命令可以大大提高绘图效率。启动“镜像”命令的方法主要有如下三种。

◇ 单击“默认”→“修改”→“镜像”按钮。

◇ 选择菜单栏“修改”→“镜像”命令。

◇ 在命令行中输入“MIRROR”，按回车键。

例 8　如图 3—37 所示，在细点画线右侧绘制一个与左侧三角形对称的三角形。

※源文件：AutoCAD 源文件 \ 项目三 \ 任务 2 \ 例 8. dwg

打开源文件，单击“默认”→“修改”→“镜像”按钮，系统给出如下提示。

命令: _mirror　//启动“镜像”命令

选择对象: 指定对角点: 找到 3 个　//选择三角形(图 3—37b)

选择对象:　//按回车键,结束镜像对象的选择

指定对称线的第一点：　　　//捕捉细点画线的某一个端点作为镜像轴线的第一点
指定对称线的第二点：　　　//捕捉细点画线的另一个端点作为镜像轴线的第二点
要删除源对象吗？[是(Y)/否(N)] <否>：
//按回车键，选择不删除源对象，结束镜像操作

镜像结果如图 3—37c 所示。

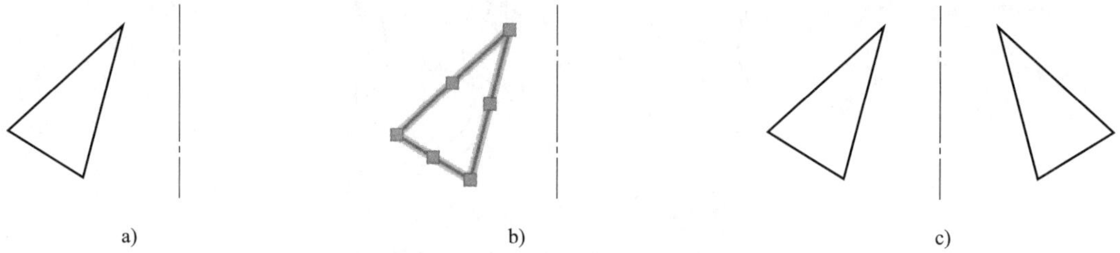

图 3—37　利用“镜像”命令绘制图形

a）镜像前的图形　b）选择被镜像的图形　c）绘制结果

实践操作

实训 2

实训要求：

针对本任务介绍的知识点，熟练掌握 AutoCAD 2018 中绘制圆弧的方法以及相关编辑方法。

实训任务：

利用“圆弧”命令及相关编辑命令绘制如图 3—38 所示图形（只绘制图形，不标注尺寸）。

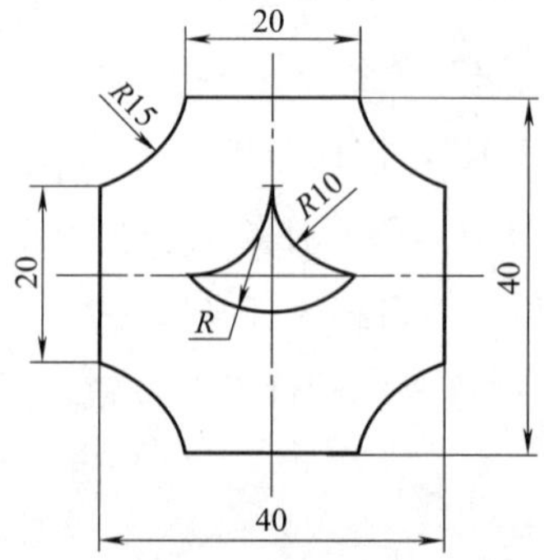

图 3—38　绘制圆弧实例

1. **设置绘图环境**

（1）新建一个图形文件，图形样板选择“制图样板 1. dwt”。

（2）将“动态输入”“极轴追踪”“对象捕捉”“对象捕捉追踪”设置到“开”的状态。

操作演示

（3）将线型比例调整为 0. 2。

2. **绘制中心线**

（1）将“细点画线”图层设置为当前图层。

（2）单击“默认”→“绘图”→“直线”按钮，在绘图区适当位置绘制一条长度为 50 mm 的水平细点画线和一条长度为 50 mm 的竖直细点画线，如图 3—39 所示。

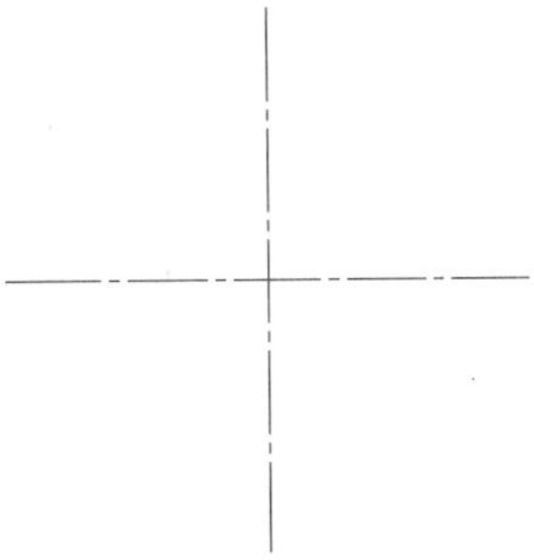

图 3—39　中心线绘制结果

3. **绘制外框正方形轮廓**

（1）偏移中心线

单击“默认”→“修改”→“偏移”按钮，系统给出如下提示。

```
命令：_offset                                                    //启动“偏移”命令
当前设置：删除源=否　图层=源　OFFSETGAPTYPE=0
指定偏移距离或［通过(T)/删除(E)/图层(L)］<通过>：  20
                                               //输入偏移距离“20”，按回车键
选择要偏移的对象，或［退出(E)/放弃(U)］<退出>：               //选择竖直中心线
指定要偏移的那一侧上的点，或［退出(E)/多个(M)/放弃(U)］<退出>：
                       //在竖直中心线左边单击鼠标左键，偏移结果如图 3—40a 所示
选择要偏移的对象，或［退出(E)/放弃(U)］<退出>：               //选择竖直中心线
指定要偏移的那一侧上的点，或［退出(E)/多个(M)/放弃(U)］<退出>：
                       //在竖直中心线右边单击鼠标左键，偏移结果如图 3—40b 所示
选择要偏移的对象，或［退出(E)/放弃(U)］<退出>：               //选择水平中心线
指定要偏移的那一侧上的点，或［退出(E)/多个(M)/放弃(U)］<退出>：
                       //在水平中心线上方单击鼠标左键，偏移结果如图 3—40c 所示
选择要偏移的对象，或［退出(E)/放弃(U)］<退出>：               //选择水平中心线
指定要偏移的那一侧上的点，或［退出(E)/多个(M)/放弃(U)］<退出>：
                       //在水平中心线下方单击鼠标左键，偏移结果如图 3—40d 所示
选择要偏移的对象，或［退出(E)/放弃(U)］<退出>：     //按回车键，结束偏移操作
```

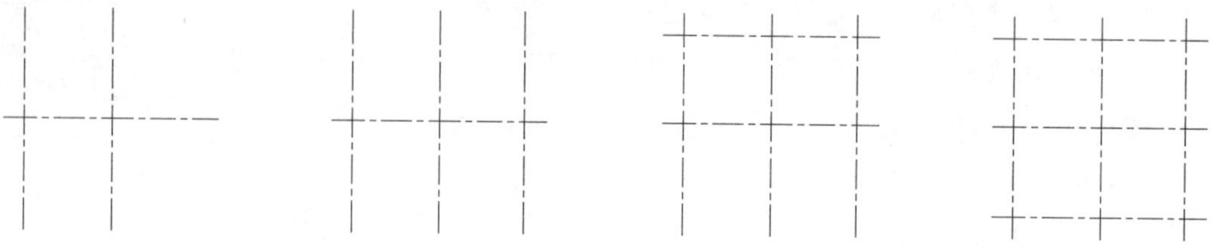

a)　　b)　　c)　　d)

图 3—40　偏移中心线

a）向左偏移复制竖直中心线　b）向右偏移复制竖直中心线

c）向上偏移复制水平中心线　d）向下偏移复制水平中心线

（2）修改外框图线的属性

拾取偏移后得到的四条细点画线，单击“图层”列表框按钮，在下拉列表中选择“粗实线”图层，即可将所选中的图线修改为粗实线，修改结果如图 3—41 所示。

4. 绘制四个 *R*15 mm 圆弧

（1）确定左上角 *R*15 mm 圆弧的起点和端点

根据已知条件，绘制左上角的 *R*15 mm 圆弧需要用“起点、端点、半径”命令。因此，需要绘制两条与中间细点画线距离为 10 mm 的平行线（图 3—42），作为作图辅助线。

单击“默认”→“修改”→“偏移”按钮，系统给出如下提示。

```
命令：_offset                                                      //启动“偏移”命令
当前设置：删除源＝否　图层＝源　OFFSETGAPTYPE＝0
指定偏移距离或［通过(T)/删除(E)/图层(L)］＜20.0000＞:10
                                                   //输入偏移距离“10”,按回车键
选择要偏移的对象,或［退出(E)/放弃(U)］＜退出＞：                      //选择竖直中心线
指定要偏移的那一侧上的点,或［退出(E)/多个(M)/放弃(U)］＜退出＞：
                                    //在竖直中心线左边单击鼠标左键,确定偏移方向(左)
选择要偏移的对象,或［退出(E)/放弃(U)］＜退出＞：                      //选择水平中心线
指定要偏移的那一侧上的点,或［退出(E)/多个(M)/放弃(U)］＜退出＞：
                                    //在水平中心线上方单击鼠标左键,确定偏移方向(上)
选择要偏移的对象,或［退出(E)/放弃(U)］＜退出＞：  //按回车键,结束偏移操作
```

偏移结果如图 3—42 所示。

（2）绘制左上角 *R*15 mm 圆弧

1）设置“粗实线”图层为当前图层。

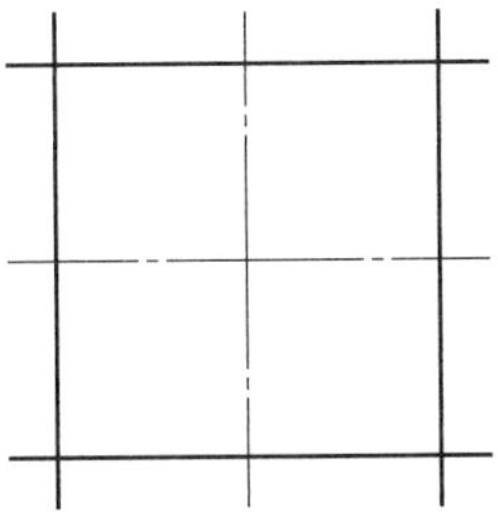

图 3—41　修改外框图线属性

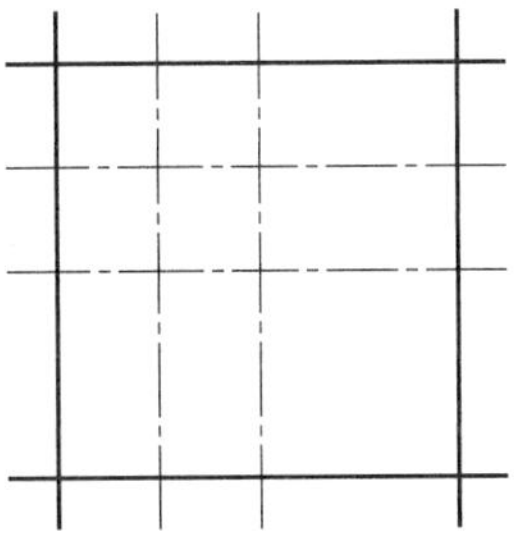

图 3—42　确定左上角 R15 mm 圆弧的起点和端点

2）单击“默认”→“绘图”→“圆弧”按钮下方的下拉箭头，弹出“圆弧”命令菜单，单击“起点、端点、半径”按钮，系统给出如下提示。

```
命令：_arc                                              //启动“圆弧”命令
指定圆弧的起点或[圆心(C)]：                  //选择 A 点(图 3—43)作为圆弧的起点
指定圆弧的第二个点或[圆心(C)/端点(E)]：_e
指定圆弧的端点：                            //选择 B 点(图 3—43)作为圆弧的端点
指定圆弧的中心点(按住 Ctrl 键以切换方向)或[角度(A)/方向(D)/半径(R)]：_r
指定圆弧的半径(按住 Ctrl 键以切换方向)：15
                                //输入圆弧的半径“15”，按回车键，完成绘制
```

圆弧绘制结果如图 3—43 所示。

（3）删除作图辅助线

为了使图形清晰明了，需要及时删除不用的作图辅助线，删除图线需要用到“删除”命令。

单击“默认”→“修改”→“删除”按钮，启动“删除”命令，删除图 3—43 中的两条作图辅助线，删除结果如图 3—44 所示。

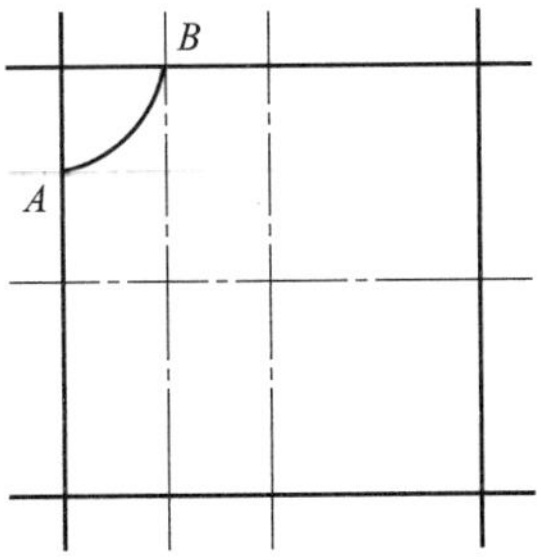

图 3—43　绘制左上角圆弧

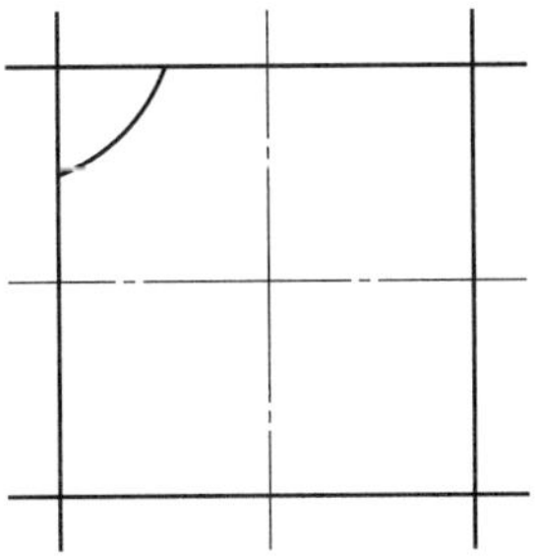

图 3—44　删除作图辅助线

（4）绘制其余三个角上的圆弧

当左上角圆弧绘制完成后，其余三个角上的圆弧绘制可以用“镜像”命令完成。

1）用“镜像”命令绘制右上角 $R15$ mm 圆弧

单击“默认”→“修改”→“镜像”按钮，系统给出如下提示。

```
命令：_mirror                                      //启动“镜像”命令
选择对象：指定对角点：找到 1 个        //选择左上角 R15 mm 圆弧(图 3—44)
选择对象：                                //按回车键,结束镜像对象的选择
指定对称线的第一点：                      //捕捉竖直中心线的某一个端点
指定对称线的第二点：                      //捕捉竖直中心线的另一个端点
要删除源对象吗？[是(Y)/否(N)] <否>：
                         //按回车键,选择不删除源对象,结束镜像操作
```

镜像结果如图 3—45a 所示。

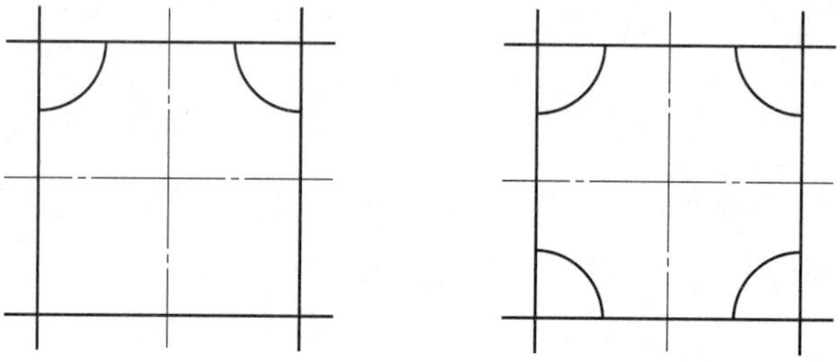

a)　　　　　b)

图 3—45　绘制其余三个角上的圆弧

a）镜像得到右上角圆弧　b）镜像得到下方圆弧

2）用“镜像”命令绘制左下角和右下角 $R15$ mm 圆弧

用上述同样的方法完成左下角和右下角 $R15$ mm 圆弧的绘制，如图 3—45b 所示。

5. 修剪四角多余线段

单击“默认”→“修改”→“修剪”按钮，启动“修剪”命令，以四段 $R15$ mm 圆弧为修剪边界，修剪四个角上多余的直线段，修剪结果如图 3—46 所示。

6. 绘制两个 $R10$ mm 圆弧

绘制中间两个 $R10$ mm 圆弧时，可以先绘制完整的圆，然后用“修剪”命令修改为圆弧。

（1）绘制半径为 $R10$ mm 的圆

单击“默认”→“绘图”→“圆”按钮下方的下拉箭头，弹出“圆”命令菜单，单击“相切、相切、半径”按钮，系统给出如下提示。

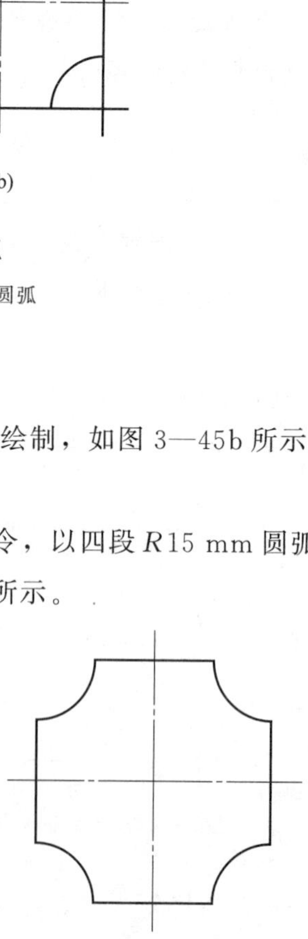

图 3—46　修剪四角多余线段

命令：_circle　　//启动"圆"命令
指定圆的圆心或［三点(3P)/两点(2P)/切点、切点、半径(T)］：_ttr
指定对象与圆的第一个切点：　　//捕捉水平中心线左端
指定对象与圆的第二个切点：　　//捕捉竖直中心线上端
指定圆的半径：10　　//输入圆的半径"10"，按回车键，结束绘圆

绘制结果如图 3—47a 所示。

(2) 修剪相切圆

单击"默认"→"修改"→"修剪"按钮，启动"修剪"命令，以两条中心线为修剪边界，修剪多余圆弧，修剪结果如图 3—47b 所示。

(3) 镜像 $R10$ mm 圆弧

单击"默认"→"修改"→"镜像"按钮，启动"镜像"命令，将左侧 $R10$ mm 圆弧沿竖直中心线进行镜像操作，镜像结果如图 3—47c 所示。

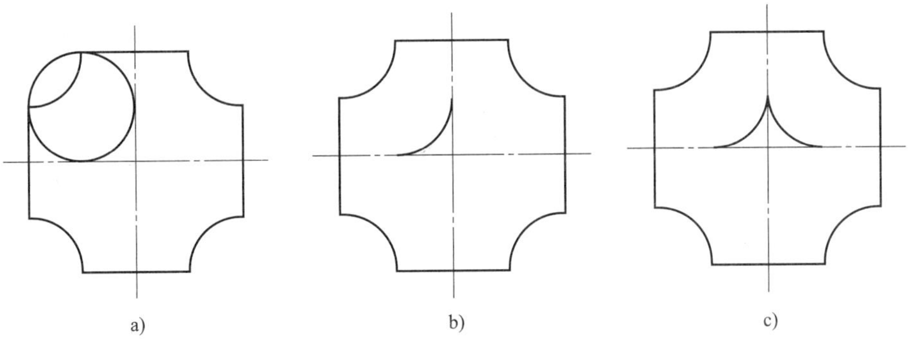

图 3—47　绘制两个 $R10$ mm 圆弧

a) 绘制相切圆　b) 修剪相切圆　c) 镜像 $R10$ mm 圆弧

7. 绘制中间圆弧

中间位置的圆弧，其圆心为两 $R10$ mm 圆弧的交点，绘制该圆弧可以使用"起点、圆心、端点"命令。

单击"默认"→"绘图"→"圆弧"按钮下方的下拉箭头，弹出"圆弧"命令菜单，单击"起点、圆心、端点"按钮，系统给出如下提示。

命令：_arc　　//启动"圆"命令
指定圆弧的起点或［圆心(C)］：
　　//捕捉左侧 $R10$ mm 圆弧与水平中心线的交点作为圆弧的起点
指定圆弧的第二个点或［圆心(C)/端点(E)］：_c

指定圆弧的圆心：　　　　　　　　　　　//捕捉两 R10 mm 圆弧的交点作为圆弧的圆心
指定圆弧的端点(按住 Ctrl 键以切换方向)或［角度(A)/弦长(L)］:
　　　　　　　　　　　//捕捉右侧 R10 mm 圆弧与水平中心线的交点作为圆弧的端点

绘制结果如图 3—48 所示。至此，完成本任务的图形绘制。

巩固练习

1. 绘制如图 3—49 所示的图形。

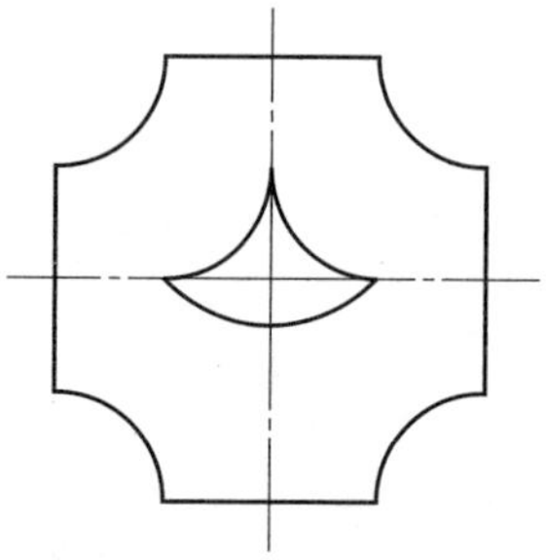

图 3—48　圆弧绘制结果

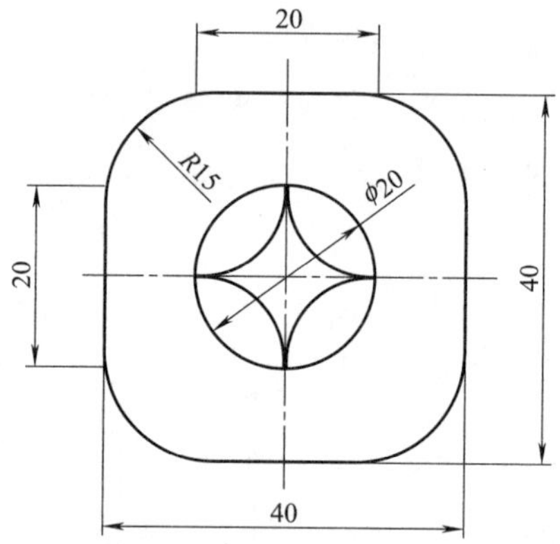

图 3—49　绘制圆弧练习（一）

【操作提示】

绘制该图形时，各圆弧均可以用“起点、端点、半径”命令进行绘制，绘制时要注意圆弧的起始点及方向。

2. 绘制如图 3—50 所示的图形。

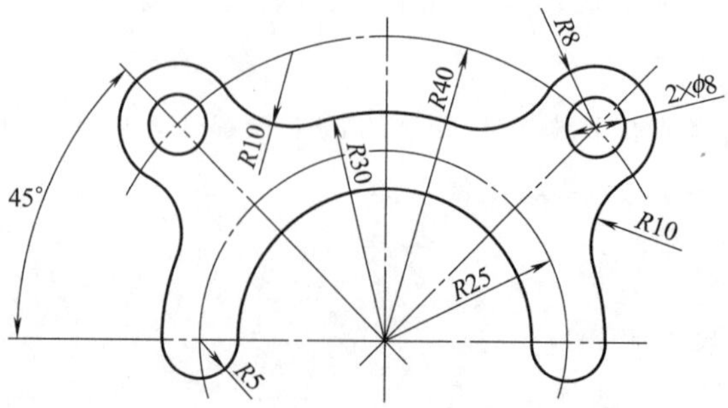

图 3—50　绘制圆弧练习（二）

【操作提示】

（1）绘制中心线，确定圆或圆弧的中心位置。

（2）绘制 $R5$ mm 圆弧。

（3）绘制与 $R5$ mm 圆弧内切和外切的两个圆弧。

（4）绘制两个 $R8$ mm 圆弧和 $2\times\phi8$ mm 圆。

（5）绘制四段 $R10$ mm 圆弧。

（6）修剪图形。

任务3　绘制矩形

学习目标

1. 掌握矩形的绘制方法。
2. 掌握图形对象的倒角与倒圆角操作方法。
3. 掌握图形对象的分解操作方法。
4. 掌握图形对象的延伸操作方法。

任务分析

在制图过程中，矩形也是比较常见的形体特征。在 AutoCAD 2018 中，除了用绘制直线段的方法绘制矩形外，系统还提供了直接绘制矩形的命令。本任务将介绍绘制矩形的方法及其相关编辑命令（如“倒角”“分解”命令）的基础知识，并通过绘制如图 3—51 所

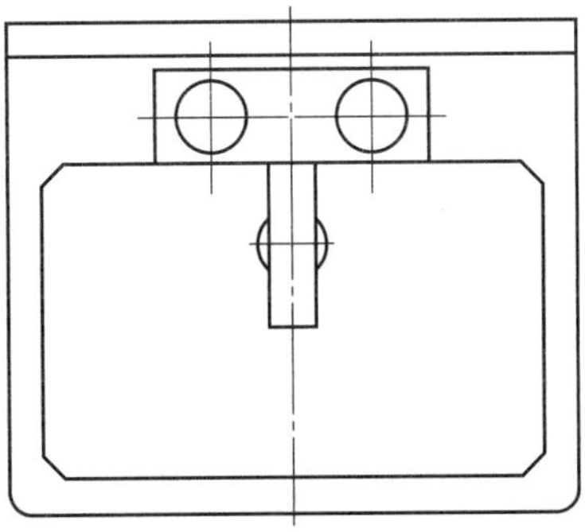

图 3—51　绘制矩形实例

示图形说明“矩形”命令及相关编辑命令的应用方法。

相关知识

1. 绘制矩形

在 AutoCAD 2018 中，可以直接启动“矩形”命令来绘制矩形，AutoCAD 系统会把创建的矩形看作是一个单一的复合对象，而不是一个由四条直线段组合而成的对象。启动“矩形”命令的方法主要有如下三种。

◇ 单击“默认”→“绘图”→“矩形”按钮。

◇ 选择菜单栏“绘图”→“矩形”命令。

◇ 在命令行中输入“REC（或 RECTANG)”，按回车键。

例 1 利用“矩形”命令绘制一个长 40 mm、宽 30 mm 的矩形。

单击“默认”→“绘图”→“矩形”按钮，启动“矩形”命令，系统给出如下提示。

```
命令：_rectang                                                    //启动“矩形”命令
指定第一个角点或[倒角(C)/标高(E)/圆角(F)/厚度(T)/宽度(W)]：
  //在绘图区适当位置单击鼠标左键拾取一点，确定矩形的第一个角点 A(图 3—52)
指定另一个角点或[面积(A)/尺寸(D)/旋转(R)]：D
                                        //输入“D”，按回车键，激活“尺寸”选项
指定矩形的长度 <10.0000>：40                    //输入矩形的长度“40”，按回车键
指定矩形的宽度 <10.0000>：30                    //输入矩形的宽度“30”，按回车键
指定另一个角点或[面积(A)/尺寸(D)/旋转(R)]：
              //移动光标，在 A 点的右上侧单击鼠标左键，确定另一个角点 B 的位置
```

绘制结果如图 3—52 所示。

2. 倒角

“倒角”命令用于以一条斜线连接两条非平行的直线。在 AutoCAD 2018 中，系统提供了直接进行倒角的命令，启动“倒角”命令的方法主要有如下三种。

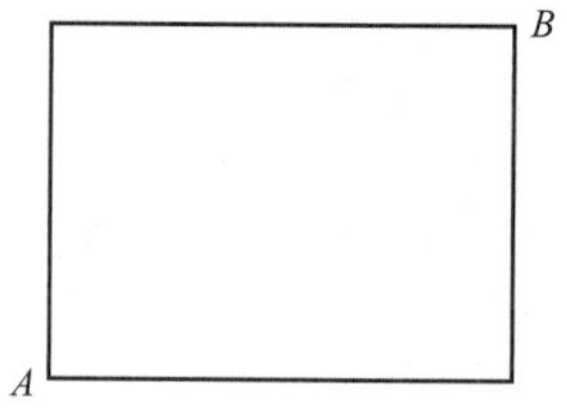

图 3—52 绘制矩形

◇ 单击“默认”→“修改”→“倒角”按钮。

◇ 选择菜单栏“修改”→“倒角”命令。

◇ 在命令行中输入“CHA（或 CHAMFER)”，按回车键。

例 2 按照图 3—53a 所示图形及尺寸，利用“倒角”命令编辑图 3—52。

单击“默认”→“修改”→“倒角”按钮，启动“倒角”命令，系统给出如下提示。

命令：_chamfer　　//启动“倒角”命令

（“修剪”模式）当前倒角距离 1 = 0.0000，距离 2 = 0.0000

选择第一条直线或［放弃(U)/多段线(P)/距离(D)/角度(A)/修剪(T)/方式(E)/多个(M)］：D　　//在命令行输入“D”，按回车键，激活“距离”选项

指定 第一个 倒角距离 <0.0000>：6　　//输入第一个倒角距离“6”，按回车键

指定 第二个 倒角距离 <6.0000>：8　　//输入第二个倒角距离“8”，按回车键

选择第一条直线或［放弃(U)/多段线(P)/距离(D)/角度(A)/修剪(T)/方式(E)/多个(M)］：　　//选择左侧竖直线作为倒角的第一条直线

选择第二条直线，或按住 Shift 键选择直线以应用角点或［距离(D)/角度(A)/方法(M)］：　　//选择下方水平线作为倒角的第二条直线

倒角结果如图 3—53b 所示。

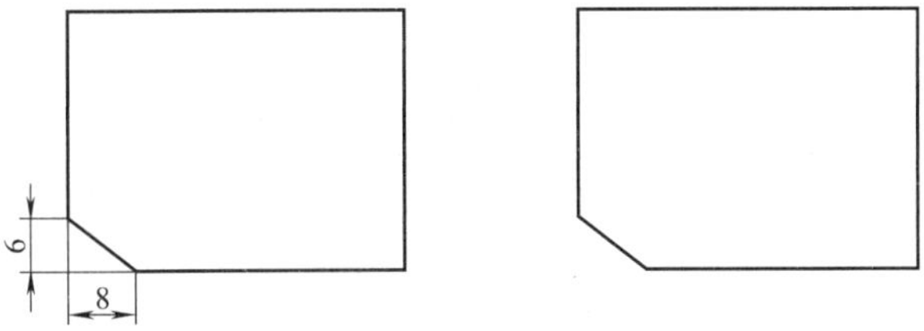

a)　　b)

图 3—53　倒角

a）倒角要求　b）倒角结果

“倒角”命令行中常用选项介绍如下。

◇ 距离（D）：该选项用于设定倒角距离，当倒角的两个距离不相同时，要特别注意被倒角对象的选择顺序。第一个倒角距离适用于第一个被选中的对象，第二个倒角距离适用于第二个被选中的对象。

◇ 角度（A）：此选项用于指定倒角角度。

◇ 修剪（T）：此选项用于设置倒角时是否修剪对象，一旦设置了修剪模式，系统将一直沿用该模式，直至修改为止。图 3—54 所示为不修剪状态下的倒角结果。

◇ 多个（M）：此选项可一次创建多个倒角。在此命令下，系统将重复提示“选择第一条直线”和“选择第二条直线”，直至用户按回车键结束命令。

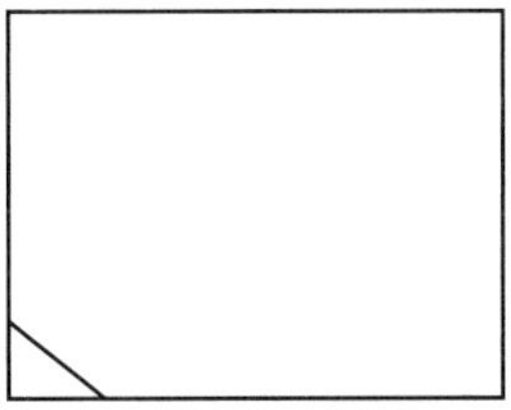

图 3—54　不修剪时的倒角结果

3. **倒圆角**

“圆角”命令用于以一段圆弧连接两条图线，称为倒圆角。

可以被倒圆角的对象有直线、多段线、样条曲线、圆弧和椭圆弧等。在 AutoCAD 2018 中，系统提供了“圆角”命令，启动“圆角”命令的方法主要有如下三种。

◇ 单击“默认”→“修改”→“圆角”按钮。

◇ 选择菜单栏“修改”→“圆角”命令。

◇ 在命令行中输入“FILLET”，按回车键。

例 3 利用“圆角”命令，在图 3—53b 所示图形的右下角倒半径为 5 mm 的圆角。

单击“默认”→“修改”→“圆角”按钮，启动“圆角”命令，系统给出如下提示。

命令：_fillet　　//启动“圆角”命令
当前设置：模式＝修剪，半径＝0.0000
选择第一个对象或［放弃(U)/多段线(P)/半径(R)/修剪(T)/多个(M)］：R
　　//在命令行输入“R”，按回车键，激活“半径”选项
指定圆角半径 ＜0.0000＞：5　　//输入圆角半径“5”，按回车键令
选择第一个对象或［放弃(U)/多段线(P)/半径(R)/修剪(T)/多个(M)］：
　　//选择右侧竖直线作为倒角的第一条直线令
选择第二个对象，或按住 Shift 键选择对象以应用角点或［半径(R)］：
　　//选择下方水平线作为倒角的第二条直线

倒圆角结果如图 3—55 所示。

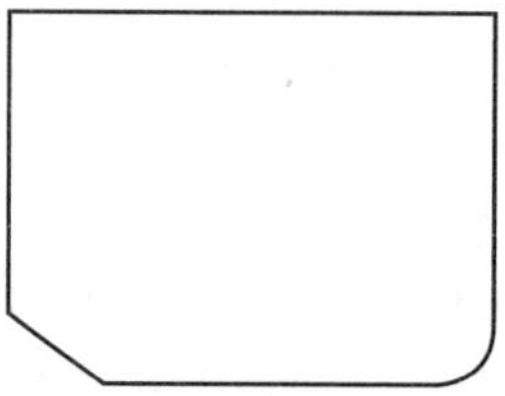

图 3—55　倒圆角

提示　单击“倒角”按钮右侧的下拉箭头，在下拉菜单中即可找到“圆角”按钮。

4. “分解”命令

“分解”命令用于将矩形等复合图形对象分解成简单的基本图形对象，以便利用编辑工具对复合图形中的单个或多个基本对象进行编辑。AutoCAD 中启动“分解”命令的方法主要有如下三种。

◇ 单击“默认”→“修改”→“分解”按钮。

◇ 选择菜单栏“修改”→“分解”命令。

◇ 在命令行中输入“X（或 EXPLODE）”，按回车键。

例 4　利用“分解”命令分解图 3—55 中的复合图形对象。

单击“默认”→“修改”→“分解”按钮，启动“分解”命令，系统给出如下提示。

```
命令：_explode                                  //启动"分解"命令
选择对象：找到 1 个                               //拾取要分解的复合图形对象
选择对象：                                       //按回车键,结束分解操作
```

提示

分解前后，图形对象虽然表面上没有变化，但选择对象时，可以看出分解前对象是一个整体（图 3—56a），分解后对象为单个对象的组合（图 3—56b）。

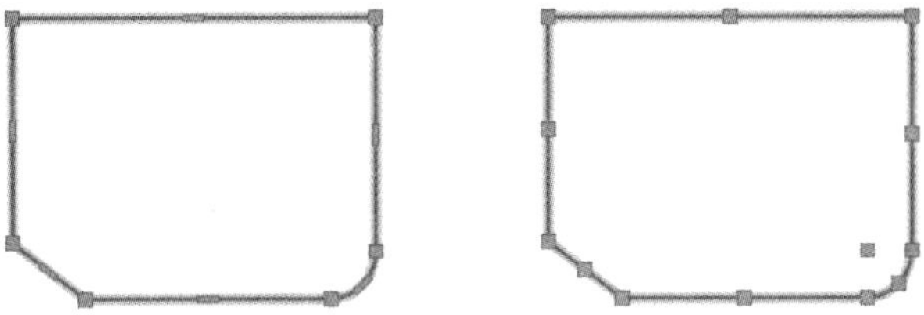

a)　　　　b)

图 3—56　分解复合图形对象

a）分解前　b）分解后

5. “延伸”命令

“延伸”命令用于将直线段、曲线段等对象延伸到指定边界对象上，使其与边界对象相交。此边界对象有时可能是隐含边界，此时对象延伸后并不与边界对象直接相交，而是与边界对象的隐含边界相交。AutoCAD 中启动“延伸”命令的方法主要有如下三种。

◇ 单击“默认”→“修改”→“延伸”按钮--/。

◇ 选择菜单栏“修改”→“延伸”命令。

◇ 在命令行中输入“EX（或 EXTEND）”，按回车键。

例 5　如图 3—57a 所示，利用“延伸”命令将线段 *AB* 和 *AC* 延伸到 *EF* 直线或其延长线上。

※源文件：AutoCAD 源文件 \ 项目三 \ 任务 3 \ 例 5. dwg

打开源文件，单击“默认”→“修改”→“延伸”按钮，启动“延伸”命令，系统给出如下提示。

```
命令：_extend                                   //启动"延伸"命令
当前设置:投影=UCS,边=无
```

选择边界的边...
选择对象或 <全部选择>： 找到 1 个　　　　　//选择线段 *EF* 作为延伸边界
选择对象：　　　　　//按回车键，结束边界拾取
选择要延伸的对象，或按住 Shift 键选择要修剪的对象，或
[栏选(F)/窗交(C)/投影(P)/边(E)/放弃(U)]：　　　　//选择线段 *AB* 作为延伸对象
选择要延伸的对象，或按住 Shift 键选择要修剪的对象，或
[栏选(F)/窗交(C)/投影(P)/边(E)/放弃(U)]：E　　　　//输入"E"，启动"边"选项
输入隐含边延伸模式[延伸(E)/不延伸(N)]<不延伸>：E
　　　　//输入"E"，启动"延伸"选项
选择要延伸的对象，或按住 Shift 键选择要修剪的对象，或
[栏选(F)/窗交(C)/投影(P)/边(E)/放弃(U)]：　　　　//选择线段 *AC* 作为延伸对象
选择要延伸的对象，或按住 Shift 键选择要修剪的对象，或
[栏选(F)/窗交(C)/投影(P)/边(E)/放弃(U)]：　　　　//按回车键，结束操作

延伸结果如图 3—57b 所示。

a)　　　　b)

图 3—57　延伸对象

a）延伸前　b）延伸后

提示

1）单击"修剪"按钮右侧的下拉箭头，在下拉菜单中即可找到"延伸"按钮。

2）延伸操作命令行中，"边（E）"选项用于控制是否把对象延伸到隐含边界，当边界太短、延伸对象不能与其直接相交时，要延伸对象，就要启动该选项，修改其为"延伸（E）"状态，否则，系统将不能对对象进行延伸操作。

实践操作

实训 3

实训要求：

针对本任务介绍的知识点，熟练掌握 AutoCAD 2018 中矩形的绘制方法及相关编

辑方法。

实训任务：

绘制如图 3—58 所示图形（不标注尺寸）。

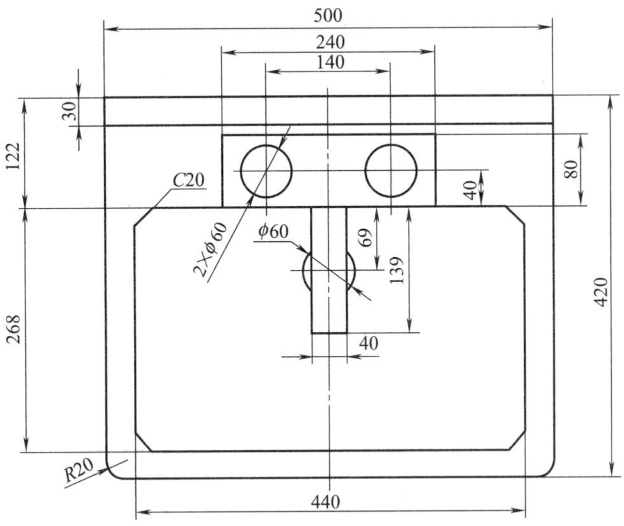

图 3—58　绘制矩形实例

1. 创建图形文件

（1）新建一个图形文件，图形样板选择“制图样板 1. dwt”。

（2）将“动态输入”“极轴追踪”“对象捕捉”“对象捕捉追踪”设置到“开”的状态。

操作演示

（3）将线型比例调整为 1。

2. 绘制外轮廓和中心线

（1）绘制矩形外轮廓（长 500 mm，宽 420 mm）

将“粗实线”图层设置为当前图层。单击“默认”→“绘图”→“矩形”按钮，启动“矩形”命令，系统给出如下提示。

```
命令：_rectang                                         //启动“矩形”命令
指定第一个角点或[倒角(C)/标高(E)/圆角(F)/厚度(T)/宽度(W)]：
                              //在绘图区适当位置拾取一点作为矩形的第一个角点
指定另一个角点或[面积(A)/尺寸(D)/旋转(R)]：@500,420
                //输入第二个角点相对于第一个角点的坐标“@500,420”按回车键
```

矩形绘制结果如图 3—59 所示。

（2）绘制中心线

1）将“细点画线”图层设置为当前图层，单击“默认”→“绘图”→“直线”按钮，启动“直线”命令，捕捉矩形线框上方横线的中点作为起点，捕捉下方横线的中点作为终点，绘制一条竖直细点画线作为中心线，如图 3—60a 所示。

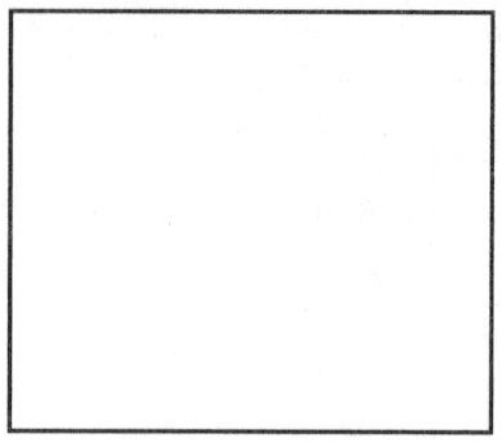

图 3—59　绘制矩形外轮廓

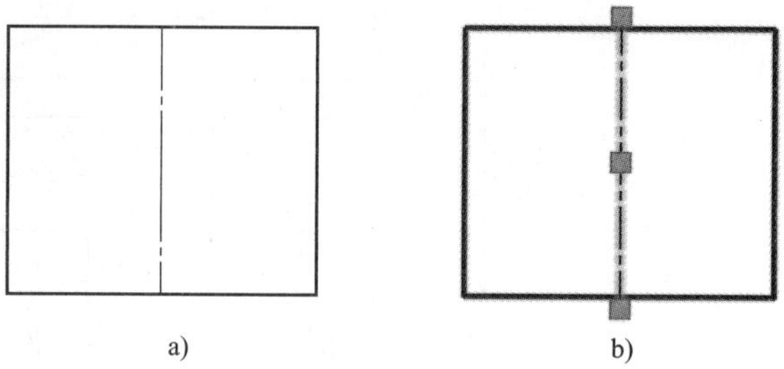

图 3—60　绘制中心线

a）绘制细点画线　b）拉伸细点画线

2）选择中心线，单击上端点，向上竖直移动光标，输入“20”，按回车键；然后单击下端点，向下竖直移动光标，输入“20”，按回车键。修改结果如图 3—60b 所示。

3. 绘制下方矩形和上方横线 *AB*（图 3—61d）

由于下方矩形和上方横线 *AB* 到外框的距离相等（均为 30 mm），所以可以使用“偏移”命令绘制。

（1）向内偏移矩形

单击“默认”→“修改”→“偏移”按钮，启动“偏移”命令，系统给出如下提示。

```
命令：_offset                                              //启动“偏移”命令
当前设置：删除源＝否　图层＝源　OFFSETGAPTYPE＝0
指定偏移距离或［通过(T)/删除(E)/图层(L)］<通过>:30
                                              //输入偏移距离“30”,按回车键
选择要偏移的对象,或［退出(E)/放弃(U)］<退出>:                   //选择矩形
指定要偏移的那一侧上的点,或［退出(E)/多个(M)/放弃(U)］<退出>:
                                                    //在矩形内任意拾取一点
选择要偏移的对象,或［退出(E)/放弃(U)］<退出>:
                                                 //按回车键,结束偏移操作
```

偏移结果如图 3—61a 所示。

（2）补齐下方矩形的轮廓线

将“粗实线”图层设置为当前图层。单击“默认”→“修改”→“直线”按钮，系统给出

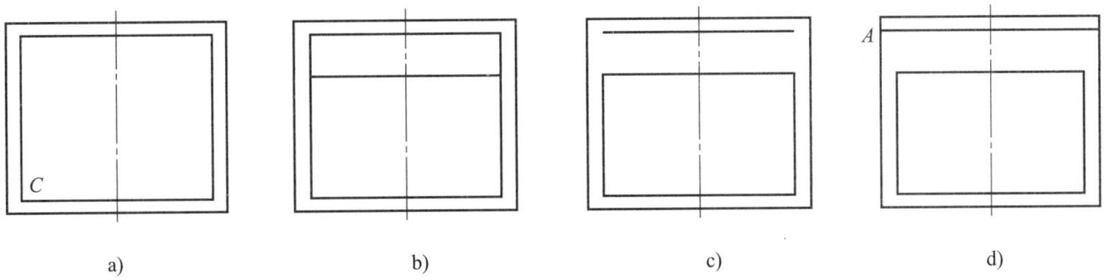

图 3—61　绘制下方矩形和上方横线 AB

a）向内偏移矩形　b）补齐下方矩形的轮廓线　c）修剪多余图线　d）拉伸直线 AB

如下提示。

```
命令：_line                              //启动"直线"命令，捕捉 C 点，并竖直向上移动光标
指定第一个点：268                                          //输入"268"，按回车键
指定下一点或［放弃(U)］：             //水平移动光标，捕捉到右侧内框竖直线的垂足
指定下一点或［放弃(U)］：                             //按回车键，结束直线绘制
```

绘制结果如图 3—61b 所示。

（3）修剪多余图线

利用“修剪”命令修剪掉多余的竖线，如图 3—61c 所示。

（4）拉伸直线 AB

选择上方水平直线，单击左端点，向左水平移动光标，捕捉到外框竖线的垂足；单击右端点，向右水平移动光标，捕捉到外框竖线的垂足，完成直线的拉伸，绘制结果如图 3—61d 所示。

4. 绘制 240 mm×80 mm 矩形

绘制 240 mm×80 mm 矩形的步骤如下。

（1）单击“默认”→“修改”→“直线”按钮，启动“直线”命令。

（2）捕捉图 3—62 中的 D 点，向左水平移动光标，输入“120”，按回车键。

（3）向上竖直移动光标，输入“80”，按回车键。

（4）向右水平移动光标，输入“240”，按回车键。

（5）向下竖直移动光标，捕捉垂足，单击鼠标左键，按回车键，完成 240 mm×80 mm 矩形的绘制，如图 3—62 所示。

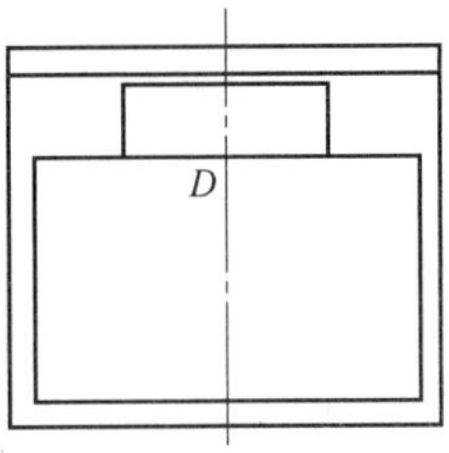

图 3—62　绘制中间小矩形

5. 绘制 2×ϕ60 mm 圆及中心线

（1）绘制 2×ϕ60 mm 圆的中心线

1）利用“偏移”命令绘制 2×ϕ60 mm 圆的竖直中心线，如图 3—63a 所示。

2）将“细点画线”图层设置为当前图层，捕捉中点 E（图 3—63b），绘制水平中心线。

3）使用夹点编辑修改 2×ϕ60 mm 圆的中心线，结果如图 3—63c 所示。

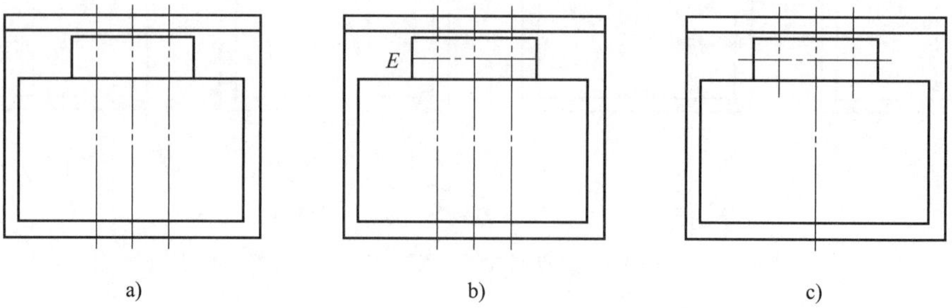

图 3—63　绘制 2× ϕ60 mm 圆的中心线

a）绘制竖直中心线　b）绘制水平中心线　c）编辑中心线

（2）绘制 2×ϕ60 mm 圆

1）将“粗实线”图层设置为当前图层，单击“默认”→“绘图”→“圆”按钮下方的下拉箭头，弹出“圆”命令菜单，选择“圆心、直径”命令，捕捉左侧圆心，绘制 ϕ60 mm 圆，如图 3—64a 所示。

2）利用“镜像”命令绘制右侧 ϕ60 mm 圆，如图 3—64b 所示。

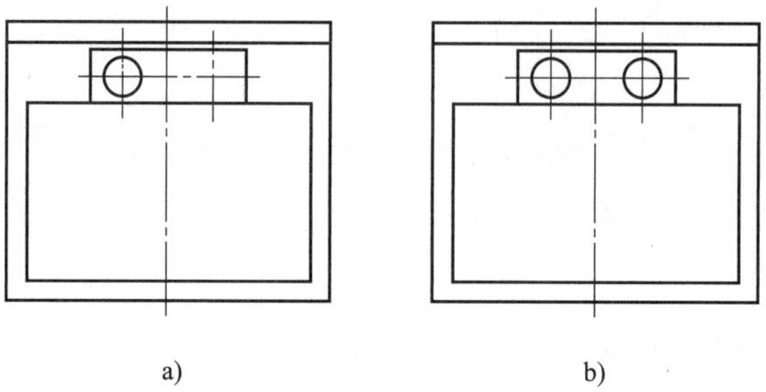

图 3—64　绘制 2× ϕ60 mm 圆

a）绘制左侧圆　b）利用“镜像”命令绘制右侧圆

3）由于 ϕ60 mm 圆的中心线较短，按照制图的相关规定，应采用细实线。因此，需要将该处圆的中心线修改为细实线，如图 3—64b 所示。

6. 绘制 40 mm×139 mm 矩形

（1）启动“直线”命令。

（2）捕捉图 3—65 中的 D 点，向左水平移动光标，输入“20”，按回车键。

（3）向下竖直移动光标，输入“139”，按回车键。

（4）向右水平移动光标，输入“40”，按回车键。

（5）向上竖直移动光标，捕捉垂足，单击鼠标左键，按回车键，完成 40 mm×139 mm

矩形的绘制，如图 3—65 所示。

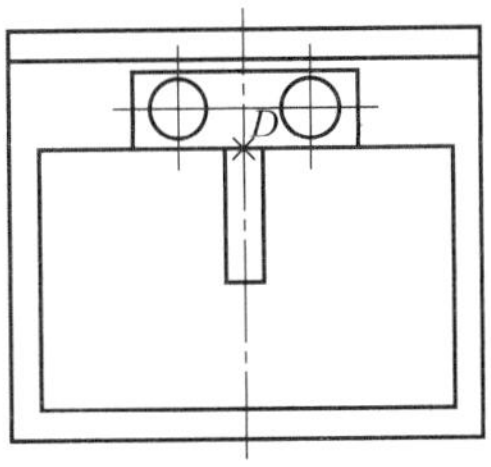

图 3—65　绘制 40 mm×139 mm 矩形

7. **绘制中间 ϕ60 mm 圆弧**

（1）绘制 ϕ60 mm 圆弧的中心线

1）将“细实线”图层设置为当前图层（因此处中心线较短，故用细实线绘制）。

2）捕捉中点 *D*（图 3—65），向下竖直移动光标，输入“69”，按回车键。

3）向右（或向左）水平移动光标，输入“80”，按回车键。

4）单击中心线的中点，水平移动光标，将中点移动到图形的竖直中心线上，单击鼠标确定。

绘制结果如图 3—66a 所示。

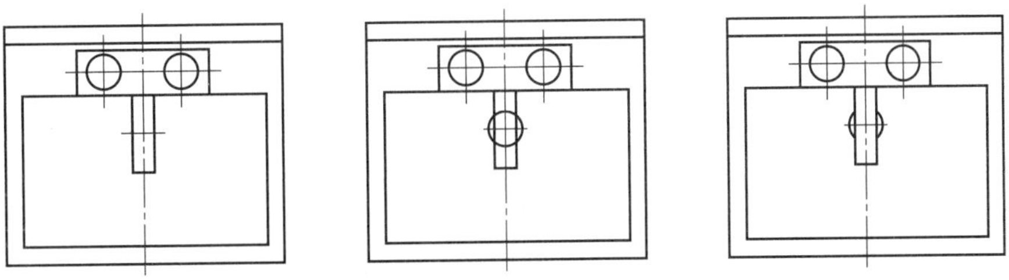

a)　　b)　　c)

图 3—66　绘制中间 ϕ60 mm 圆弧

a）绘制中心线　b）绘制圆　c）修剪圆弧

（2）绘制 ϕ60 mm 圆

将“粗实线”图层设置为当前图层，单击“默认”→“绘图”→“圆”按钮下方的下拉箭头，弹出“圆”命令菜单，选择“圆心、直径”命令，捕捉圆心，绘制 ϕ60 mm 圆，如图 3—66b 所示。

（3）修剪圆弧

利用“修剪”命令修剪掉多余的圆弧，如图 3—66c 所示。

8. **绘制 *C*20 mm 倒角**

单击“默认”→“修改”→“倒角”按钮，启动“倒角”命令，系统给出如下提示。

命令：_chamfer　//启动“倒角”命令

（“修剪”模式）当前倒角距离 1 = 0.0000，距离 2 = 0.0000

选择第一条直线或 [放弃(U)/多段线(P)/距离(D)/角度(A)/修剪(T)/方式(E)/多个(M)]：D　//在命令行输入“D”，按回车键，激活“距离”选项

指定 第一个 倒角距离 <0.0000>：20　//输入第一个倒角距离“20”，按回车键

指定 第二个 倒角距离 <20.0000>：　//按回车键

选择第一条直线或［放弃(U)/多段线(P)/距离(D)/角度(A)/修剪(T)/方式(E)/多个(M)］：M //输入“M”，按回车键，激活“多个”选项

选择第一条直线或［放弃(U)/多段线(P)/距离(D)/角度(A)/修剪(T)/方式(E)/多个(M)］： //选择左上角的某一条棱线

选择第二条直线，或按住 Shift 键选择直线以应用角点或［距离(D)/角度(A)/方法(M)］： //选择左上角的另一条棱线，完成左上倒角

选择第一条直线或［放弃(U)/多段线(P)/距离(D)/角度(A)/修剪(T)/方式(E)/多个(M)］： //选择右上角的某一条棱线

选择第二条直线，或按住 Shift 键选择直线以应用角点或［距离(D)/角度(A)/方法(M)］： //选择右上角的另一条棱线，完成右上倒角

选择第一条直线或［放弃(U)/多段线(P)/距离(D)/角度(A)/修剪(T)/方式(E)/多个(M)］： //选择右下角的某一条棱线

选择第二条直线，或按住 Shift 键选择直线以应用角点或［距离(D)/角度(A)/方法(M)］： //选择右下角的另一条棱线，完成右下倒角

选择第一条直线或［放弃(U)/多段线(P)/距离(D)/角度(A)/修剪(T)/方式(E)/多个(M)］： //选择左下角的某一条棱线

选择第二条直线，或按住 Shift 键选择直线以应用角点或［距离(D)/角度(A)/方法(M)］： //选择左下角的另一条棱线，完成左下倒角

选择第一条直线或［放弃(U)/多段线(P)/距离(D)/角度(A)/修剪(T)/方式(E)/多个(M)］： //按回车键，结束倒角操作

绘制结果如图 3—67 所示。

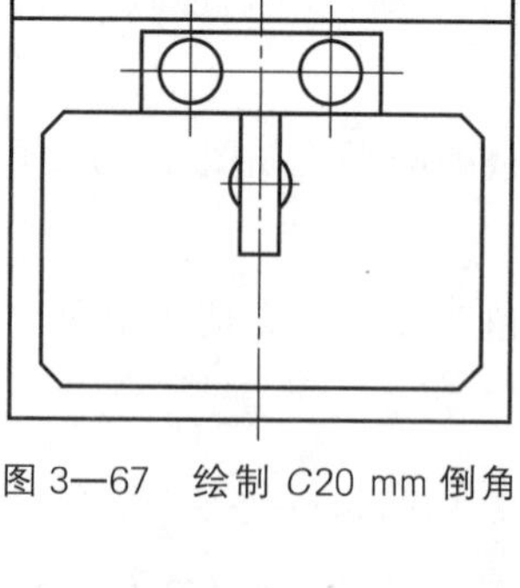

图 3—67 绘制 C20 mm 倒角

提示

AutoCAD 系统能自动记忆上一次绘制倒角时输入的距离参数值，在再次启动“倒角”命令时，系统将以该数值进行倒角。如需采用其他参数倒角，则需要重新输入参数值。

9. 绘制 $R20$ mm 圆角

单击“默认”→“修改”→“圆角”按钮，启动“圆角”命令，系统给出如下提示。

命令：_fillet　　//启动“圆角”命令

当前设置：模式 = 修剪，半径 = 0.0000

选择第一个对象或［放弃(U)/多段线(P)/半径(R)/修剪(T)/多个(M)］：R

//输入“R”，按回车键，激活“半径”选项

指定圆角半径 <0.0000>：20　　//输入圆角半径“20”，按回车键

选择第一个对象或［放弃(U)/多段线(P)/半径(R)/修剪(T)/多个(M)］：M

//输入“M”，按回车键，激活“多个”选项

选择第一个对象或［放弃(U)/多段线(P)/半径(R)/修剪(T)/多个(M)］：

//选择外框左侧竖线

选择第二个对象，或按住 Shift 键选择对象以应用角点或［半径(R)］：

//选择外框下方横线

选择第一个对象或［放弃(U)/多段线(P)/半径(R)/修剪(T)/多个(M)］：

//选择外框下方横线

选择第二个对象，或按住 Shift 键选择对象以应用角点或［半径(R)］：

//选择外框右侧竖线

选择第一个对象或［放弃(U)/多段线(P)/半径(R)/修剪(T)/多个(M)］：

//按回车键，结束圆角操作

绘制 $R20$ mm 圆角的结果如图 3—68 所示。至此，本任务的图形绘制完毕。

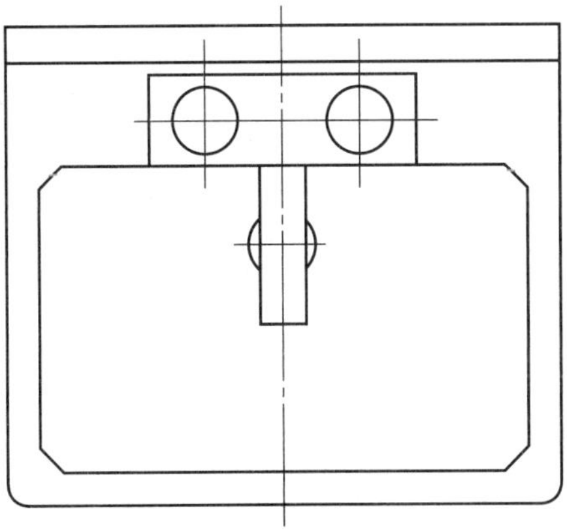

图 3—68　绘制圆角

巩固练习

1. 绘制如图 3—69 所示的图形（不标注尺寸）。

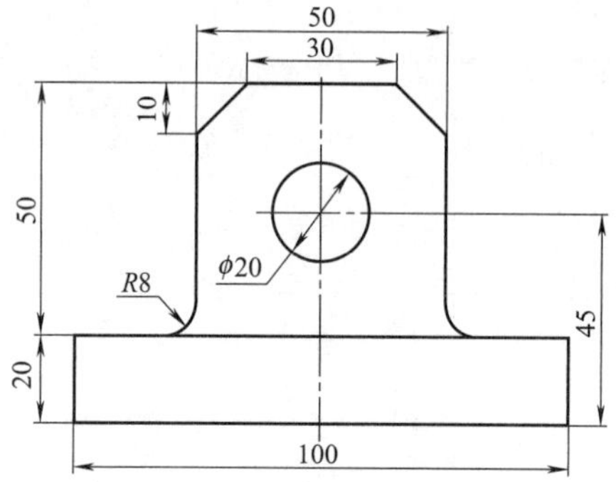

图 3—69 绘制矩形练习（一）

【操作提示】

绘制该图形时，上方倒角可以用“倒角”命令；下方 $R8$ mm 圆弧可以用“圆角”命令，并选择“不修剪”，然后再用“修剪”命令修剪多余图线。

2. 绘制如图 3—70 所示单圆头平键的视图（不标注尺寸）。

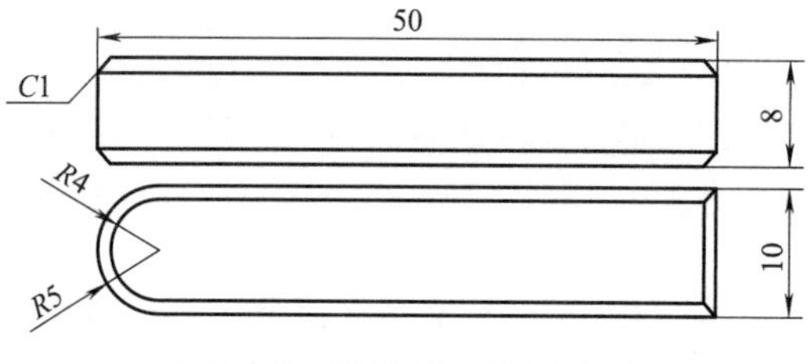

图 3—70 绘制矩形练习（二）

【操作提示】

绘制该图的俯视图时，可利用“圆角”命令绘制键的圆头。

任务 4 绘制正多边形

学习目标

1. 掌握正多边形的绘制方法。

2. 掌握图形对象的阵列操作方法。

3. 掌握图案填充的操作方法。

任务分析

正多边形是平面图形中常见的基本形状，在 AutoCAD 2018 中，系统直接提供了绘制正多边形的命令，可以精确地绘制出任意边数的正多边形。本任务将介绍绘制正多边形的方法以及其他相关编辑命令的基础知识（如“阵列”“图案填充”等命令），并通过绘制如图 3—71 所示图形来掌握“多边形”命令以及相关编辑命令的应用方法。

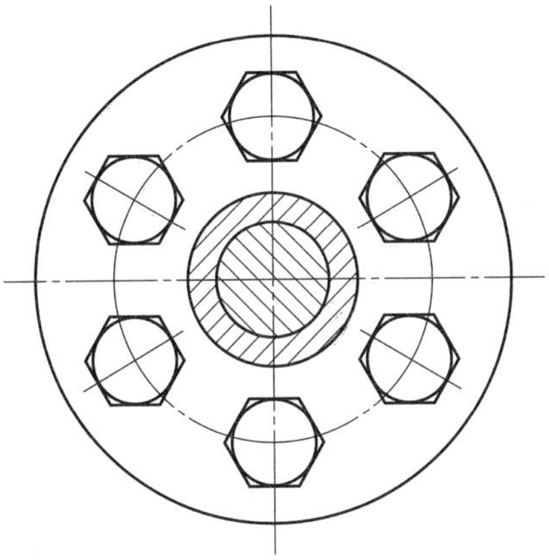

图 3—71　绘制正多边形实例

相关知识

1. 绘制正多边形

正多边形是指各边相等、各内角也相等的多边形，如正三角形、正五边形、正六边形、正八边形等。

(1) 启动“多边形”命令的方法

启动“多边形”命令的方法主要有如下三种。

◇ 单击“默认”→“绘图”→“多边形”按钮 （图 3—72）。

◇ 选择菜单栏“绘图”→“多边形”命令。

◇ 在命令行中输入“POL（或 POLYGON)”，按回车键。

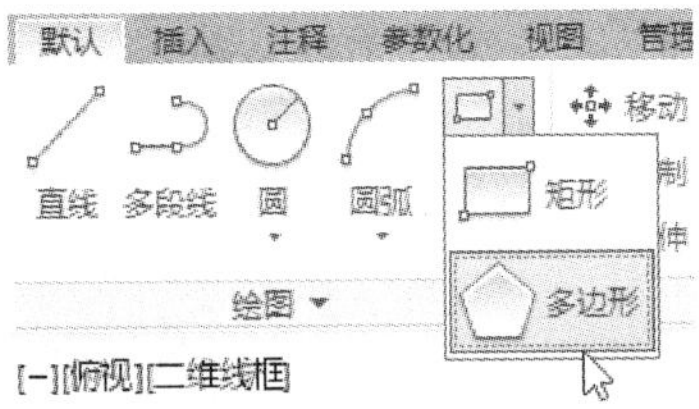

图 3—72　“多边形”按钮

在绘制正多边形时，有“内接于圆”和“外切于圆”两种形式。

(2)“内接于圆”方式画正多边形

“内接于圆”方式为系统默认方式，在指定了正多边形的边数和中心点后，直接输入正多边形外接圆的半径，即可精确绘制出正多边形。

例 1 绘制一个边长为 100 mm 的正六边形。

单击“默认”→“绘图”→“多边形”按钮，启动“多边形”命令，系统给出如下提示。

```
命令:_polygon 输入侧面数 <4>:6                //输入正多边形的边数“6”,按回车键
指定正多边形的中心点或[边(E)]:                 //在绘图区拾取一点作为中心点
输入选项[内接于圆(I)/外切于圆(C)] <I>:                              //按回车键
指定圆的半径:100                              //输入外接圆半径“100”,按回车键
```

正六边形绘制结果如图 3—73 所示。

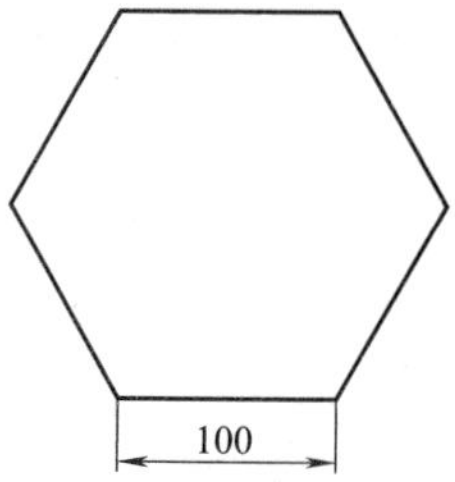

图 3—73 绘制边长为 100 mm 的正六边形

(3)“外切于圆”方式画正多边形

当确定了正多边形的边数和中心点之后，也可用“外切于圆”方式绘制正多边形。

例 2 绘制一个对边距为 200 mm 的正六边形。

单击“默认”→“绘图”→“多边形”按钮，启动“多边形”命令，系统给出如下提示。

```
命令:_polygon 输入侧面数 <4>:6                //输入正多边形的边数“6”,按回车键
指定正多边形的中心点或[边(E)]:                 //在绘图区拾取一点作为中心点
输入选项[内接于圆(I)/外切于圆(C)] <C>:C
                                   //输入“C”,按回车键,激活“外切于圆”选项
指定圆的半径:100                              //输入内切圆半径“100”,按回车键
```

正六边形绘制结果如图 3—74 所示。

提示 在绘制正多边形时，当选定中心点位置后，屏幕上会自动弹出“输入选项”菜单（图 3—75），单击其中的某一选项，即可确定所绘制正多边形是内接于圆还是外切于圆。

2.“阵列”命令

利用“阵列”命令可以按照一定的排列规律一次复制多个图形对象。在 AutoCAD 2018 中，阵列有“矩形阵列”“环形阵列”和“路径阵列”三种阵列方式，其中“矩形阵列”和“环形阵列”应用最普遍。

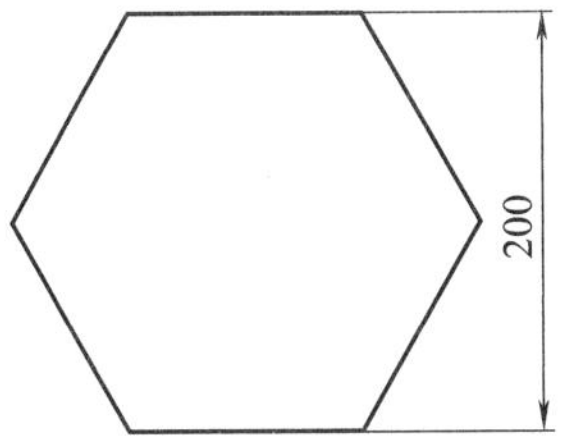

图 3—74　绘制对边距为 200 mm 的正六边形

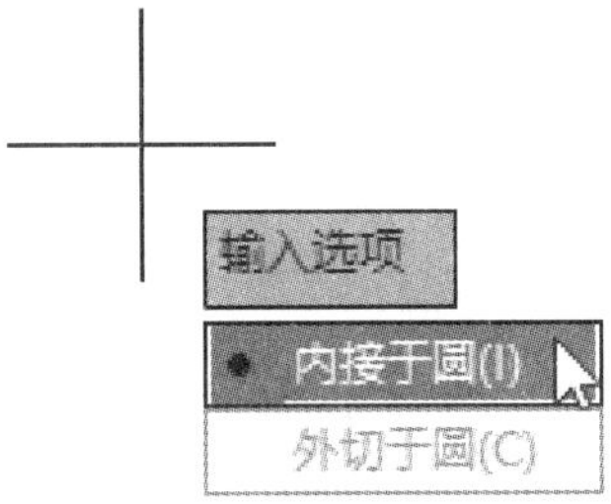

图 3—75　正多边形的“输入选项”菜单

（1）矩形阵列

矩形阵列主要用于将选择的图形对象按指定的行数和列数呈矩形排列。启动“矩形阵列”命令的方法有如下三种。

◇ 单击“默认”→“修改”→“矩形阵列”按钮。

◇ 选择菜单栏“修改”→“阵列”→“矩形阵列”命令。

◇ 在命令行中输入“ARRAYRECT”，按回车键。

例 3　利用“矩形阵列”命令绘制图 3—76 所示图形。

1）新建一个图形文件，图形样板选择“制图样板 1. dwt”。

2）绘制中心线及 ϕ10 mm 圆，如图 3—77 所示。

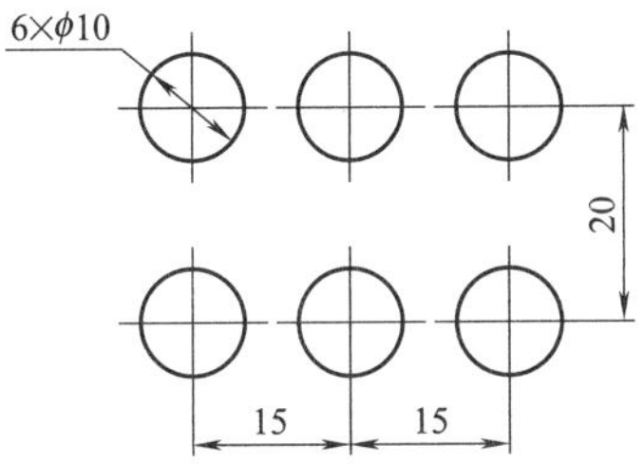

图 3—76　矩形阵列示例

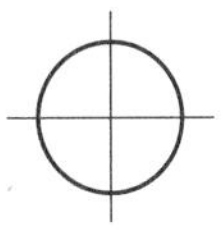

图 3—77　阵列对象

3）单击“默认”→“修改”→“矩形阵列”按钮，系统给出如下提示。

命令:_arrayrect　　//启动“矩形阵列”命令

选择对象:指定对角点:找到 3 个　　//选择中心线及 ϕ10 mm 圆

选择对象:　　//按回车键,结束阵列对象的选择

类型 = 矩形　关联 = 是　　//屏幕显示阵列预览,如图 3—78a 所示

选择夹点以编辑阵列或[关联(AS)/基点(B)/计数(COU)/间距(S)/列数(COL)/行数(R)/层数(L)/退出(X)]<退出>:　　//捕捉行距夹点

＊＊ 行间距＊＊

指定行之间的距离:20 //输入行间距“20”,按回车键

选择夹点以编辑阵列或[关联(AS)/基点(B)/计数(COU)/间距(S)/列数(COL)/行数(R)/层数(L)/退出(X)]<退出>: //捕捉列距夹点

** 列间距 **

指定列之间的距离:15 //输入列间距“15”,按回车键(图 3—78b)

选择夹点以编辑阵列或[关联(AS)/基点(B)/计数(COU)/间距(S)/列数(COL)/行数(R)/层数(L)/退出(X)]<退出>: //捕捉行数夹点

** 行数 **

指定行数:2 //输入行数“2”,按回车键

选择夹点以编辑阵列或[关联(AS)/基点(B)/计数(COU)/间距(S)/列数(COL)/行数(R)/层数(L)/退出(X)]<退出>: //捕捉列数夹点

** 列数 **

指定列数:3 //输入列数“3”,按回车键(图 3—78c)

选择夹点以编辑阵列或[关联(AS)/基点(B)/计数(COU)/间距(S)/列数(COL)/行数(R)/层数(L)/退出(X)]<退出>: //按回车键,结束矩形阵列操作

矩形阵列结果如图 3—78d 所示。

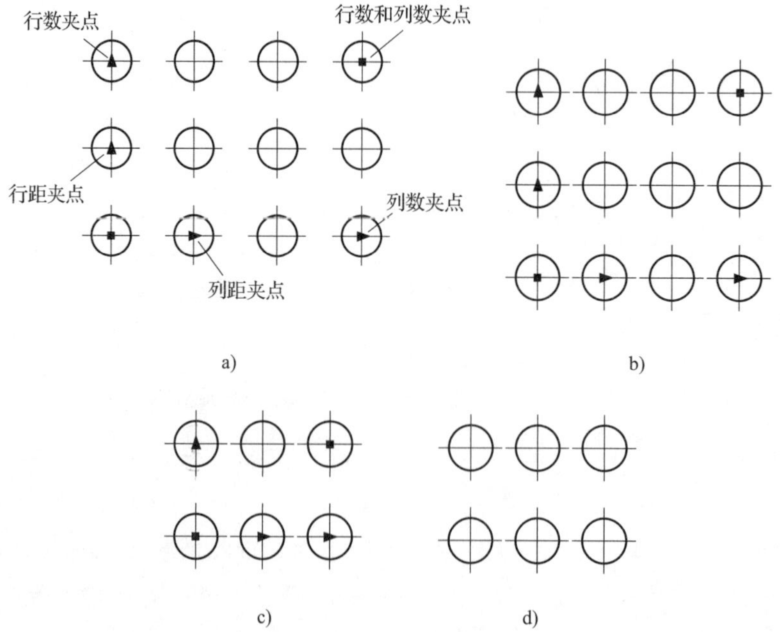

图 3—78 矩形阵列图形

a)阵列预览各夹点的作用 b)设置行间距和列间距

c)设置行数和列数 d)矩形阵列结果

（2）环形阵列

环形阵列主要用于将选择的图形对象按指定的圆心和数目呈环形排列。启动“环形阵列”命令的方法有如下三种。

◇ 单击“默认”→“修改”→“环形阵列”按钮。

◇ 选择菜单栏“修改”→“阵列”→“环形阵列”命令。

◇ 在命令行中输入“ARRAYPOLAR”，按回车键。

例 4　利用“环形阵列”命令绘制图 3—79 所示图形（不标注尺寸）。

1）新建一个图形文件，图形样板选择“制图样板 1.dwt”。

2）绘制中心线及矩形，如图 3—80 所示。注意矩形右端中心线伸出部分的长度为 25 mm。

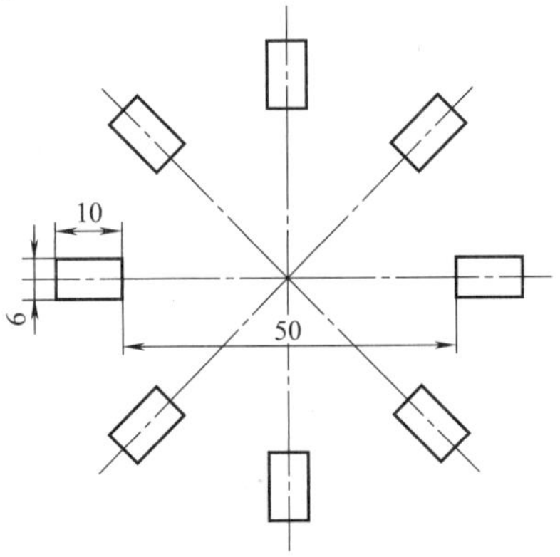

图 3—79　环形阵列示例

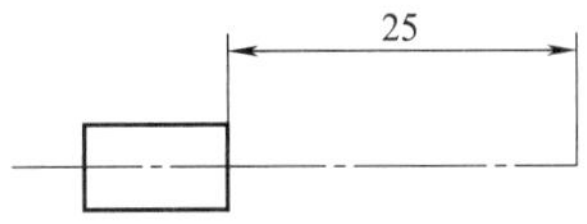

图 3—80　阵列对象

3）单击“默认”→“修改”→“环形阵列”按钮，系统给出如下提示。

命令：_arraypolar　　//启动“环形阵列”命令

选择对象：指定对角点：找到 2 个　　//选择矩形及中心线

选择对象：　　//按回车键，结束选择

类型 = 极轴　关联 = 是

指定阵列的中心点或[基点(B)/旋转轴(A)]：　　//捕捉中心线右端点

选择夹点以编辑阵列或[关联(AS)/基点(B)/项目(I)/项目间角度(A)/填充角度(F)/行(ROW)/层(L)/旋转项目(ROT)/退出(X)]<退出>：I

//输入“I”，激活“项目”选项

输入阵列中的项目数或[表达式(E)]<6>：8　　//输入项目数“8”，按回车键

选择夹点以编辑阵列或[关联(AS)/基点(B)/项目(I)/项目间角度(A)/填充角度(F)/行(ROW)/层(L)/旋转项目(ROT)/退出(X)]<退出>：

//按回车键，结束环形阵列操作

环形阵列结果如图 3—81 所示。

提示 单击“矩形阵列”按钮右侧的下拉箭头，在下拉菜单中即可找到“环形阵列”按钮。

3. “图案填充”命令

“图案填充”命令用于将某一个图案填充到封闭区域，从而使该区域表达一定的信息，如图 3—82 所示。在 AutoCAD 2018 中启动“图案填充”命令的方法主要有如下三种。

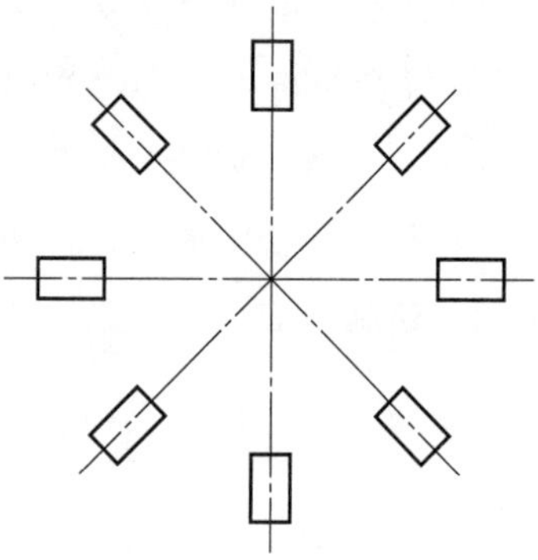

图 3—81　环形阵列结果

◇ 单击“默认”→“绘图”→“图案填充”按钮。

◇ 选择菜单栏“绘图”→“图案填充”命令。

◇ 在命令行中输入“BHATCH”，按回车键。

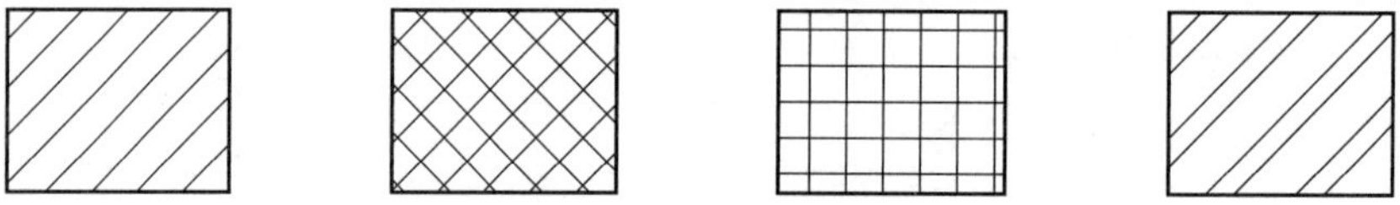

a)　b)　c)　d)

图 3—82　不同材料的剖面符号

a）金属材料　b）非金属材料　c）线性绕组元件　d）砖

例 5　利用“图案填充”命令绘制图 3—83 所示图形（不标注尺寸）。

（1）新建一个图形文件，图形样板选择“制图样板 1. dwt”。

（2）绘制中心线及外轮廓线，如图 3—84 所示。

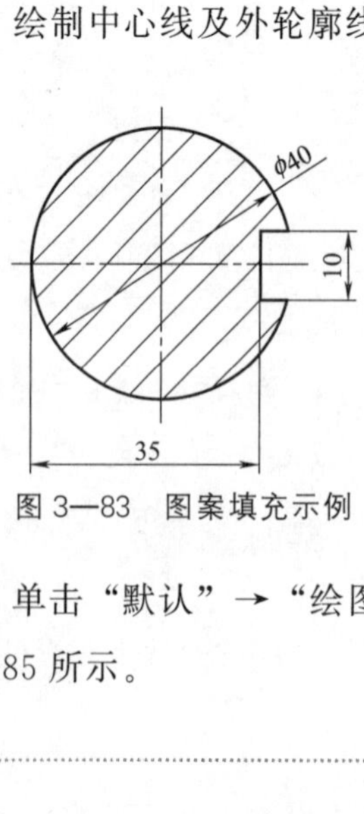

图 3—83　图案填充示例

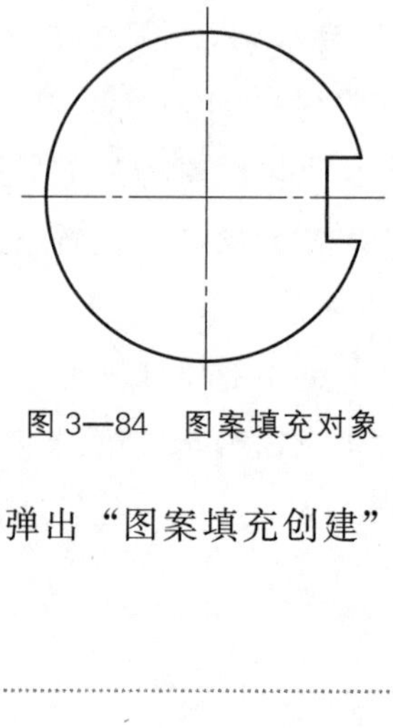

图 3—84　图案填充对象

（3）单击“默认”→“绘图”→“图案填充”按钮，弹出“图案填充创建”对话框，如图 3—85 所示。

图 3—85　“图案填充创建”对话框

（4）在“图案”功能区选择“ANSI31”，“角度”框默认为“0”，“填充图案比例”框输入“1.5”。

提示　“角度”框用来指定所填充图案的旋转角度（默认为“0”），正值为逆时针方向，负值为顺时针方向。“填充图案比例”框用来确定所填充图案的放大系数，以调整填充线条的疏密，数值越大线条越稀疏，反之越密集。

（5）由于中心线把外围轮廓分成了四个区域，故需将光标分别移到这四个区域内，单击鼠标左键拾取内部任意一点，完成对整个填充区域的拾取，如图 3—86a 所示。

（6）按回车键，完成图案填充，如图 3—86b 所示。

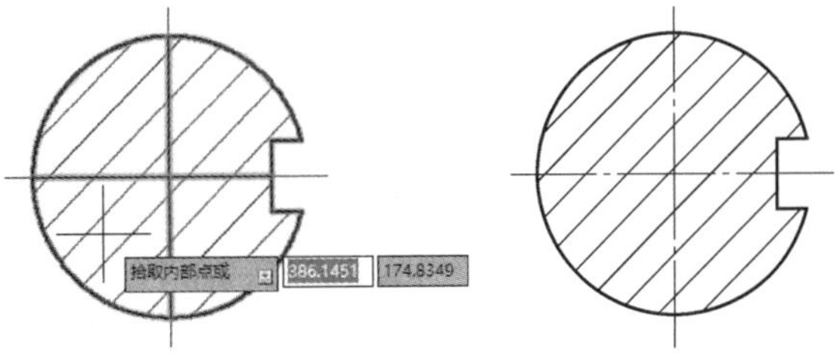

a)　　b)

图 3—86　图案填充

a）拾取填充区域　b）图案填充结果

实践操作

实训 4

实训要求：

针对本任务介绍的知识点，熟练掌握 AutoCAD 2018 中绘制正多边形的方法以及相关编辑方法。

实训任务：

绘制如图 3—87 所示图形（不标注尺寸）。

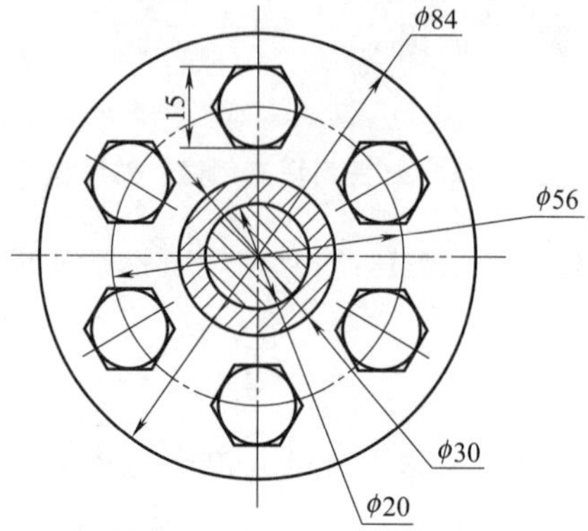

图 3—87　绘制正多边形实例

1. 新建图形文件

新建一个图形文件，图形样板选择“制图样板 1. dwt”。

操作演示

2. 绘制中心线

（1）将“细点画线”图层设置为当前图层。

（2）启动“直线”命令，绘制水平和竖直两条长度为 94 mm 的中心线。

（3）启动“圆心、直径”命令，绘制一个直径为 56 mm 的圆，如图 3—88 所示。

3. 绘制 ϕ84 mm、ϕ30 mm 和 ϕ20 mm 粗实线圆

将“粗实线”图层设为当前图层，启动“圆心、直径”命令，绘制 ϕ84 mm、ϕ30 mm 和 ϕ20 mm三个粗实线圆，如图 3—89 所示。

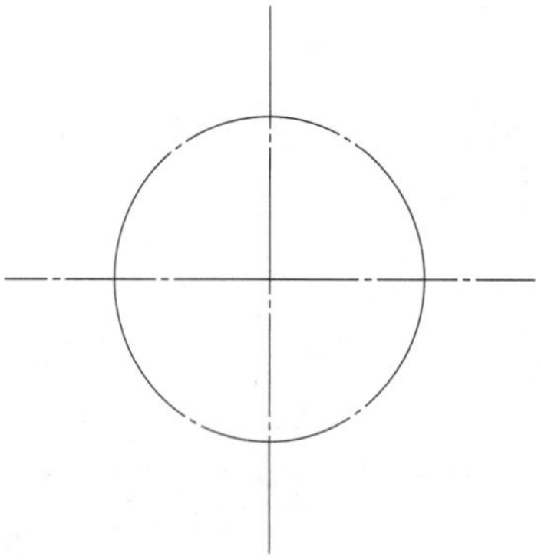

图 3—88　绘制中心线

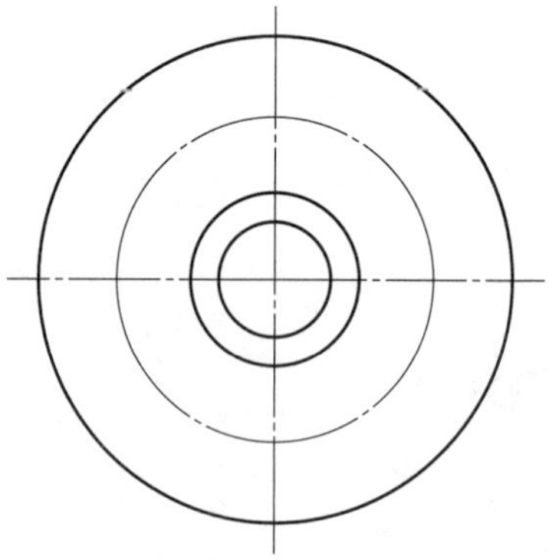

图 3—89　绘制 ϕ84 mm、ϕ30 mm 和 ϕ20 mm 圆

4. 绘制正六边形的内切圆

启动“圆心、直径”命令，绘制 ϕ15 mm 的粗实线圆，如图 3—90 所示。

5. 绘制正六边形

单击“默认”→“绘图”→“多边形”按钮，启动“多边形”命令，系统给出如下提示。

命令:_polygon 输入侧面数 <4>:6　　//输入正多边形的边数"6",按回车键
指定正多边形的中心点或[边(E)]:　　//拾取 ϕ15 mm 圆的圆心作为中心点
输入选项[内接于圆(I)/外切于圆(C)] <C>:C
//输入"C",按回车键,激活"外切于圆"选项
指定圆的半径:　　//捕捉 ϕ15 mm 圆的上侧象限点,按回车键

正六边形的绘制结果如图 3—91 所示。

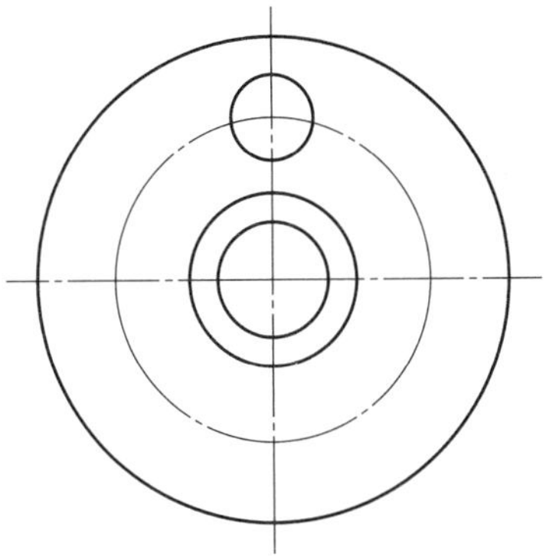

图 3—90　绘制正六边形的内切圆

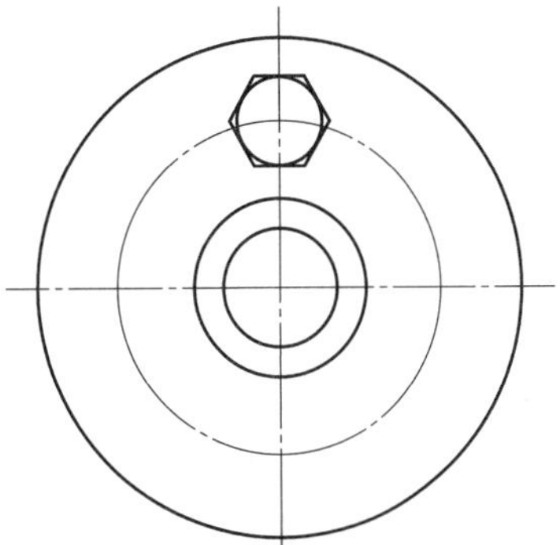

图 3—91　正六边形绘制结果

6. **环形阵列正六边形及内切圆**

单击"默认"→"修改"→"环形阵列"按钮，系统给出如下提示。

命令:_arraypolar　　//启动"环形阵列"命令
选择对象:指定对角点:找到 2 个　　//选择正六边形及内切圆
选择对象:　　//按回车键,结束选择
类型 = 极轴　关联 = 是
指定阵列的中心点或[基点(B)/旋转轴(A)]:
//拾取图形的中心点(即 ϕ56 mm 细点画线圆的圆心)
选择夹点以编辑阵列或[关联(AS)/基点(B)/项目(I)/项目间角度(A)/填充角度(F)/行(ROW)/层(L)/旋转项目(ROT)/退出(X)] <退出>:
//系统默认项目数为 6,按回车键,结束环形阵列操作

环形阵列结果如图 3—92 所示。

7. **绘制 ϕ15 mm 圆的中心线**

(1) 将"细实线"图层设置为当前图层。

（2）启动“直线”命令，过图形的中心点到右上 ϕ15 mm 圆的圆心画一条细实线，如图 3—93a 所示。

（3）移动该细实线，使其中心与圆的圆心重合。

（4）修改中心线的长度，使其大约为 20 mm，以此作为右上 ϕ15 mm 圆的中心线，如图 3—93b 所示。

（5）启动“镜像”命令，对该中心线进行镜像操作，完成 ϕ15 mm 圆中心线的绘制，如图 3—93c 所示。

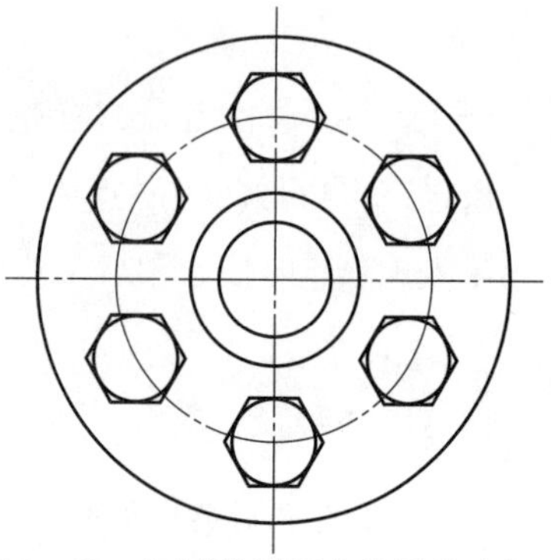

图 3—92　环形阵列正六边形及内切圆

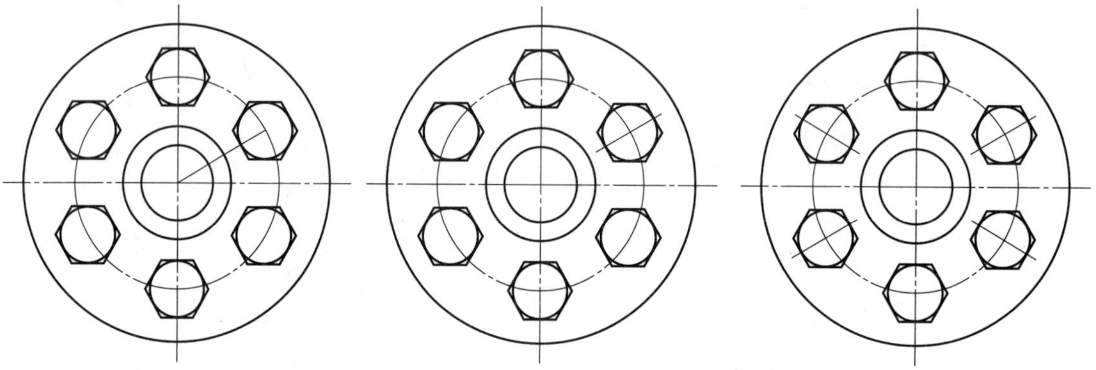

a)　b)　c)

图 3—93　绘制 ϕ15 mm 圆的中心线

a）绘制“中心”连线　b）调整中心线　c）镜像中心线

8. **图案填充**

（1）填充 ϕ30 mm 圆和 ϕ20 mm 圆之间的区域

1）单击“默认”→“绘图”→“图案填充”按钮，弹出“图案填充创建”对话框。

2）在“图案”功能区选择“ANSI31”，“角度”采用系统默认值“0”，“填充图案比例”采用系统默认值“1”。

3）拾取 ϕ30 mm 圆和 ϕ20 mm 圆之间的所有区域，按回车键，完成图案填充，如图 3—94a 所示。

（2）填充 ϕ20 mm 圆内的区域

1）单击“默认”→“绘图”→“图案填充”按钮，弹出“图案填充创建”对话框。

2）在“图案”功能区选择“ANSI31”，“角度”设置为“90”，“填充图案比例”采用系统默认值“1”。

3）拾取 ϕ20 mm 圆内的所有区域，按回车键，完成图案填充，如图 3—94b 所示。

至此，本任务的图形绘制完毕。

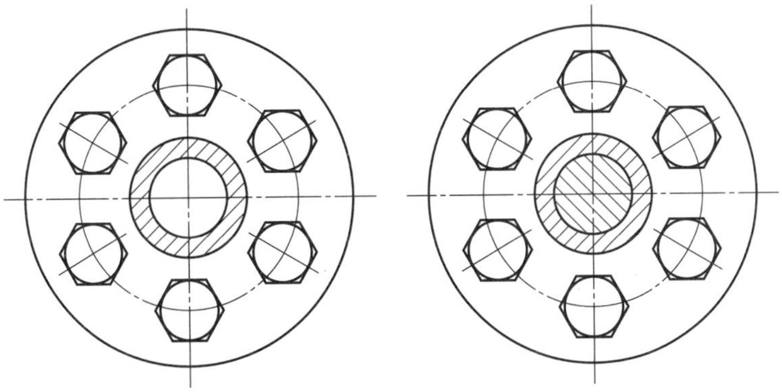

a)　　b)

图 3—94　图案填充

a）填充 ϕ30 mm 圆和 ϕ20 mm 圆之间的区域　b）填充 ϕ20 mm 圆内的区域

巩固练习

1. 绘制如图 3—95 所示图形，五角星外接圆直径为 100 mm。

【操作提示】

绘制该五角星时，可以先利用“多边形”命令绘制正五边形，然后用直线连接正五边形的各顶点。

2. 绘制如图 3—96 所示图形（不标注尺寸）。

图 3—95　五角星

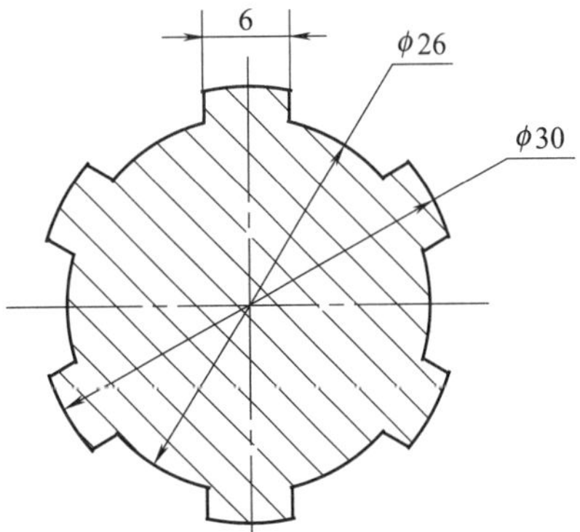

图 3—96　矩形花键

【操作提示】

绘制矩形花键可以先分别绘制 ϕ26 mm 圆和 ϕ30 mm 圆。然后绘制两条平行竖线，运用“修剪”命令修剪多余直线。再运用“环形阵列”命令绘制六个轮齿的直线齿廓。最后运用“修剪”命令修剪多余圆弧。

3. 绘制如图 3—97 所示图形（不标注尺寸）。

【操作提示】

绘制该图时，可以将 $R22$ mm 圆弧轮廓与宽度为 14 mm 的槽分开绘制，分别进行镜像。

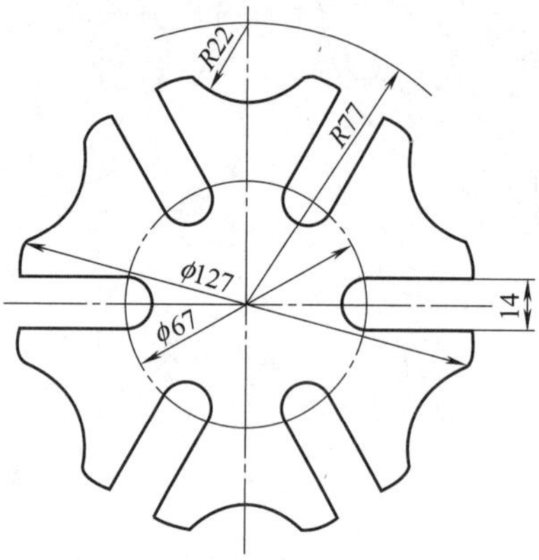

图 3—97　槽轮

任务 5　绘制椭圆与椭圆弧

学习目标

1. 掌握椭圆的绘制方法。
2. 掌握椭圆弧的绘制方法。
3. 掌握图形的复制操作方法。
4. 掌握图形的拉长操作方法。

任务分析

在制图中，椭圆与椭圆弧是相对比较复杂的曲线，手工绘制精确的椭圆或椭圆弧非常麻烦。AutoCAD 2018 提供了直接绘制椭圆或椭圆弧的命令，可以比较精确地绘制出椭圆或椭圆弧。本任务将介绍 AutoCAD 中绘制椭圆和椭圆弧的基础知识（如“椭圆”命令、“椭圆弧”命令等），并通过绘制如图 3—98 所示的水杯平面图掌握“椭圆”与“椭圆弧”命令及相关编辑操作的应用方法。

相关知识

1. 绘制椭圆

椭圆是由两条不等长的椭圆轴所控制的闭合曲线，包含中心点、长轴和短轴等几何特征，如图 3—99a 所示。

启动“椭圆”命令的方法主要有如下三种。

◇ 单击“默认”→“绘图”→“椭圆”按钮（图 3—99b）。

◇ 选择菜单栏“绘图”→“椭圆”命令。

◇ 在命令行中输入“EL（或 ELLIPSE）”后按回车键。

图 3—98　水杯

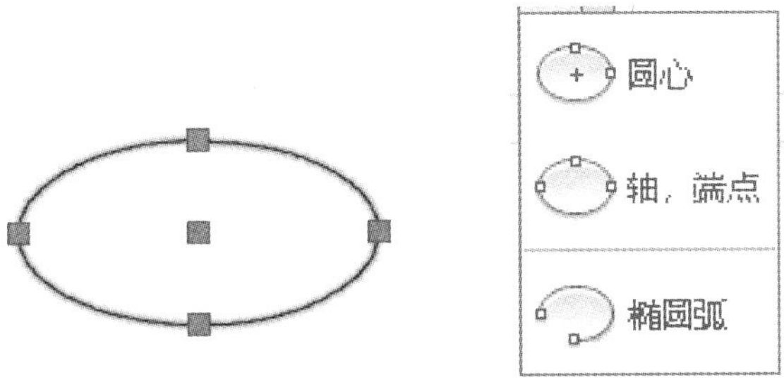

a)　　b)

图 3—99　椭圆及“椭圆”命令下拉菜单

a）椭圆　b）“椭圆”命令下拉菜单

(1)“轴、端点”方式绘制椭圆

即通过指定一条轴的两个端点和另一条轴的半长来精确绘制椭圆。

例 1　利用“轴、端点”命令绘制如图 3—100 所示椭圆。

单击“默认”→“绘图”→“椭圆”按钮右侧的下拉箭头，弹出“椭圆”命令下拉菜单，单击“轴、端点”按钮，启动“轴、端点”命令，系统给出如下提示。

```
命令:_ellipse                                        //启动“椭圆”命令
指定椭圆的轴端点或[圆弧(A)/中心点(C)]:
                              //在绘图区适当位置拾取一点作为水平轴的起始点
指定轴的另一个端点:@80,0
                              //输入水平轴另一端点的相对坐标“@80,0”,按回车键
指定另一条半轴长度或[旋转(R)]:50
                              //输入垂直轴的半轴长“50”,按回车键
```

绘制结果如图 3—101 所示。

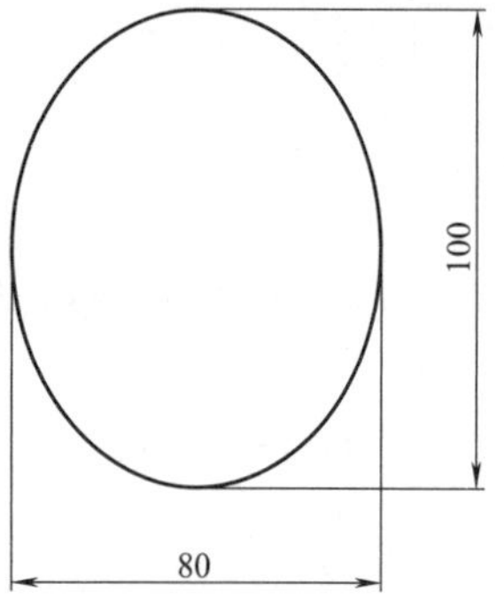

图 3—100　利用“轴、端点”命令绘制椭圆

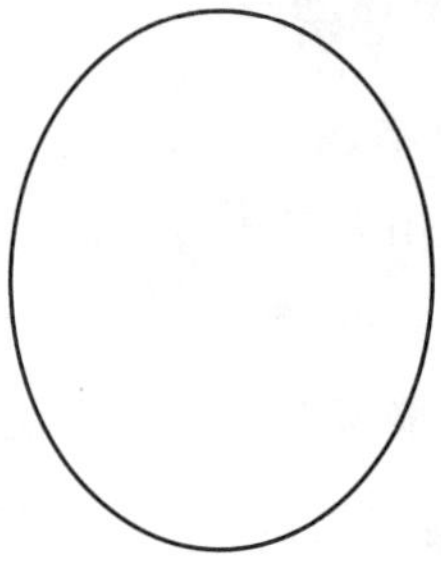

图 3—101　利用“轴、端点”命令绘制椭圆的结果

（2）“圆心”方式绘制椭圆

即用中心点、第一个轴的端点和第二个半轴的长度来创建椭圆，可以通过单击所需距离处的某个位置或输入长度值来指定距离。

例 2　利用“圆心”命令绘制如图 3—102 所示椭圆。

1）绘制中心线

新建一个图形文件，图形样板选择“制图样板 1. dwt”。将“细点画线”图层设置为当前图层，利用“直线”命令绘制椭圆的中心线。

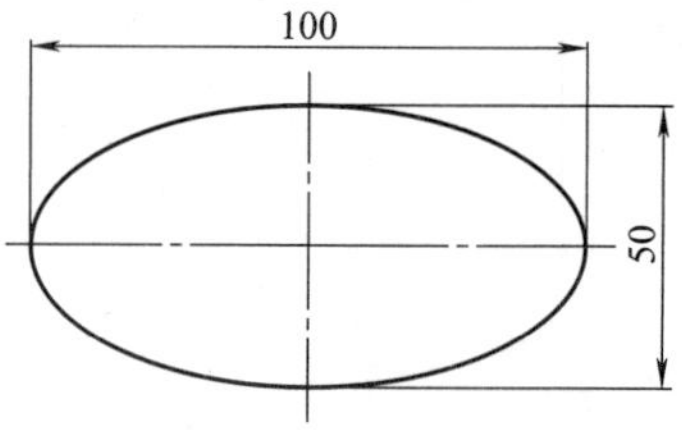

图 3—102　利用“圆心”命令绘制椭圆

2）绘制椭圆

将“粗实线”图层设置为当前图层，单击“默认”→“绘图”→“椭圆”按钮右侧的下拉箭头，弹出“椭圆”命令下拉菜单，单击“圆心”按钮，启动“圆心”命令，系统给出如下提示。

```
命令：_ellipse                                   //启动“椭圆”命令
指定椭圆的轴端点或[圆弧(A)/中心点(C)]：_c
指定椭圆的中心点：                                 //拾取椭圆中心点
指定轴的端点：50              //将光标水平移动，输入椭圆的长半轴长度“50”
指定另一条半轴长度或[旋转(R)]：25          //输入椭圆的短半轴长度“25”
```

绘制结果如图 3—103 所示。

2. 绘制椭圆弧

“椭圆弧”命令用于绘制一定角度的椭圆弧。椭圆弧的绘制方法与椭圆的绘制方法相似，首先确定其长轴与短轴，然后再输入椭圆弧的起始角与终止角即可。启动“椭圆弧”命令的方法主要有如下两种。

◇ 单击“默认”→“绘图”→“椭圆弧”按钮。

◇ 选择菜单栏“绘图”→“椭圆”→“椭圆弧”命令。

例 3　利用“椭圆弧”命令绘制如图 3—104 所示椭圆弧。

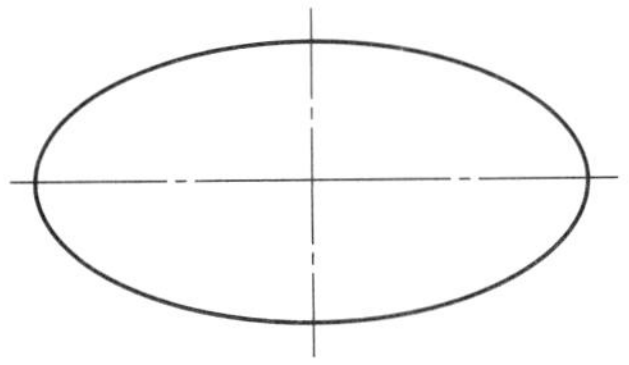

图 3—103　利用“圆心”命令绘制椭圆的结果

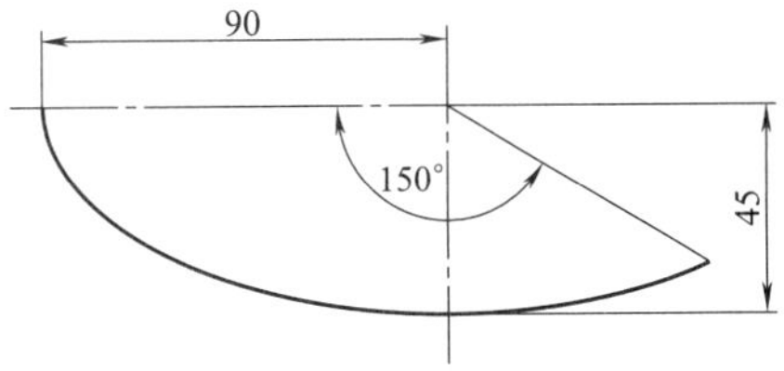

图 3—104　绘制椭圆弧

单击“默认”→“绘图”→“椭圆弧”按钮，启动“椭圆弧”命令，系统给出如下提示。

```
命令:_ellipse                                        //启动“椭圆弧”命令
指定椭圆的轴端点或[圆弧(A)/中心点(C)]:_a
指定椭圆弧的轴端点或[中心点(C)]:
                              //在绘图区适当位置拾取一点作为椭圆弧长轴的起始点
指定轴的另一个端点:@180,0
                              //输入长轴另一端点的相对坐标“@180,0”,按回车键
指定另一条半轴长度或[旋转(R)]:45          //输入短轴的半轴长“45”,按回车键
指定起始角度或[参数(P)]:0              //输入椭圆弧的起始角度“0”,按回车键
指定终止角度或[参数(P)/包含角度(I)]:150
                              //输入椭圆弧的终止角度“150”,按回车键
```

绘制结果如图 3—105 所示。

提示　AutoCAD 按照逆时针方向绘制椭圆弧。起始角和终止角的度量是从椭圆弧第一个指定的轴端点开始的。当指定椭圆弧的起始角和终止角后，椭圆弧的角度就是终止角和起始角的差值。

3. “复制”命令

“复制”命令用于将选择的图形对象从一个位置复制到其他位置，执行一次“复制”命令可以相对于基点多次复制所选择的目标对象。启动“复制”命令的方法主要有以下三种。

◇ 单击“默认”→“修改”→“复制”按钮。

◇ 选择菜单栏“修改”→“复制”命令。

◇ 在命令行中输入“COPY”后按回车键。

例 4 利用“复制”命令绘制如图 3—106 所示图形。

图 3—105 椭圆弧绘制结果

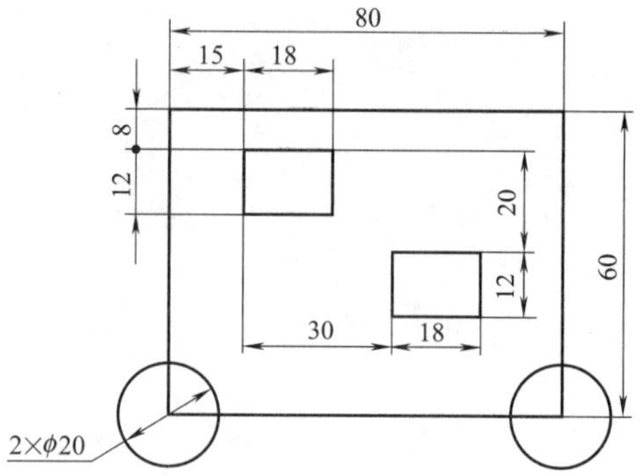

图 3—106 利用“复制”命令绘制图形

(1) 图形分析

该图由一个大矩形线框、两个圆和两个小矩形线框组成。绘图时，可以先绘制大矩形线框，再绘制左下角的圆和左上角的小矩形，然后利用“复制”命令完成右下角的圆和右侧矩形的绘制。

(2) 绘制大矩形线框

启动“矩形”命令，在绘图区绘制一个 80 mm×60 mm 的矩形，如图 3—107 所示。

(3) 绘制左下角 ϕ20 mm 圆

启动“圆”命令，捕捉矩形的左下顶点作为圆心，绘制左下角 ϕ20 mm 圆，如图 3—108 所示。

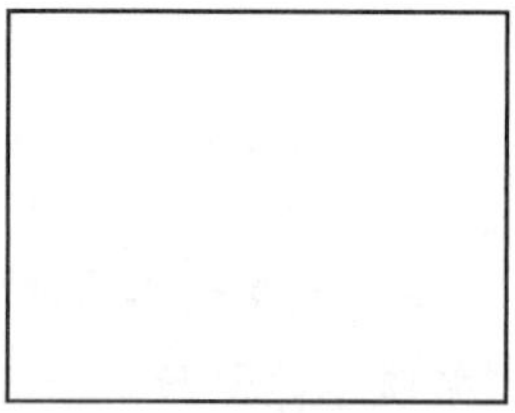

图 3—107 绘制大矩形

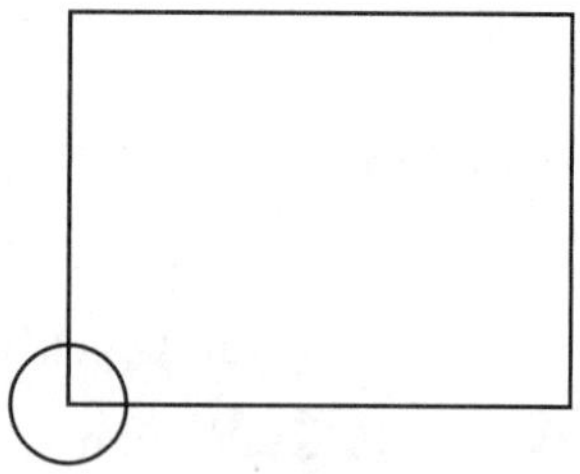

图 3—108 绘制左下角 ϕ20 mm 圆

(4) 绘制左上角矩形

1) 启动“直线”命令，绘制小矩形的定位线和轮廓线，系统给出如下提示。

```
命令:_line                          //启动“直线”命令
指定第一个点:8     //捕捉大矩形左上顶点,竖直向下移动光标,输入“8”,按回车键
指定下一点或[放弃(U)]:15            //水平向右移动光标,输入“15”,按回车键
指定下一点或[放弃(U)]:12            //竖直向下移动光标,输入“12”,按回车键
```

指定下一点或［闭合(C)/放弃(U)］:18　//水平向右移动光标,输入"18",按回车键
指定下一点或［闭合(C)/放弃(U)］:
//竖直向上移动光标,并捕捉与 A 点水平追踪线的交点,单击鼠标左键
指定下一点或［闭合(C)/放弃(U)］:　//捕捉 A 点,单击鼠标左键
指定下一点或［闭合(C)/放弃(U)］:　//按回车键,结束"直线"命令

绘制结果如图 3—109 所示。

2）启动"删除"命令，删除作图线，删除结果如图 3—110 所示。

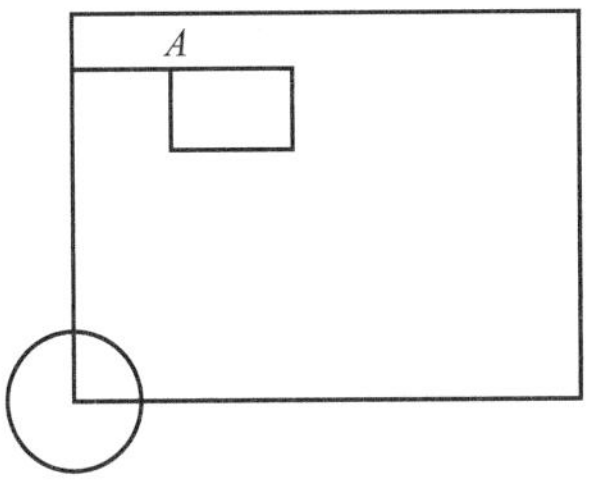

图 3—109　绘制 18 mm×12 mm 小矩形

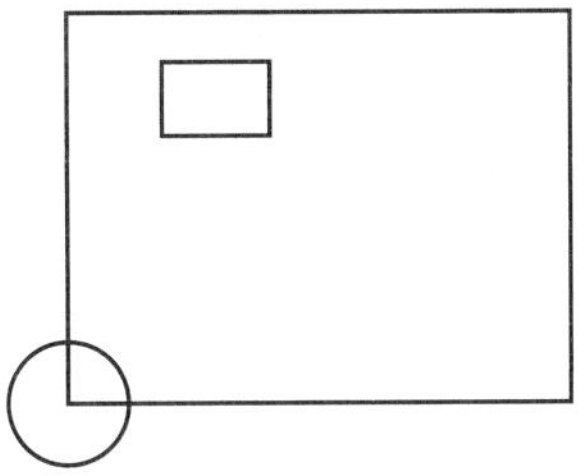

图 3—110　删除作图线结果

（5）复制圆和小矩形

单击"默认"→"修改"→"复制"按钮，启动"复制"命令，系统给出如下提示。

命令:_copy　//启动"复制"命令
选择对象:找到 1 个　//选择图中的圆
选择对象:　//按回车键,结束复制对象的选择
当前设置:　复制模式 = 多个
指定基点或［位移(D)/模式(O)］<位移>:　//捕捉圆心作为复制的基点
指定第二个点或［阵列(A)］<使用第一个点作为位移>:
//移动光标,捕捉大矩形右下顶点作为复制的目标点
指定第二个点或［阵列(A)/退出(E)/放弃(U)］<退出>:
//按回车键,结束圆的复制
命令:　//按回车键,重复"复制"命令
COPY
选择对象:找到 1 个　//选择小矩形
选择对象:　//按回车键,结束复制对象的选择
当前设置:　复制模式 = 多个
指定基点或［位移(D)/模式(O)］<位移>:

//捕捉小矩形左上顶点作为复制的基点
指定第二个点或［阵列(A)］＜使用第一个点作为位移＞:@30,－20
//输入小矩形目标点的位置相对于基点的坐标“@30,－20”,按回车键
指定第二个点或［阵列(A)/退出(E)/放弃(U)］＜退出＞:
//按回车键,结束小矩形的复制

复制结果如图 3—111 所示。

4. “拉长”命令

“拉长”命令用于拉长或缩短图形对象，使用此命令可以改变圆弧和椭圆弧的角度，也可以改变圆弧、椭圆弧、直线等的长度，但闭合的图形对象不能被拉长或缩短。启动“拉长”命令的方法主要有以下三种。

◇ 单击“默认”→“修改”→“拉长”按钮。

◇ 选择菜单栏“修改”→“拉长”命令。

◇ 在命令行中输入“LEN（或 LENGTHEN）”后按回车键。

例 5 利用“拉长”命令将图 3—112 所示图形的水平中心线左右各拉长 5 mm。

（1）按照图 3—112 所示尺寸绘制图形（不标注尺寸）。

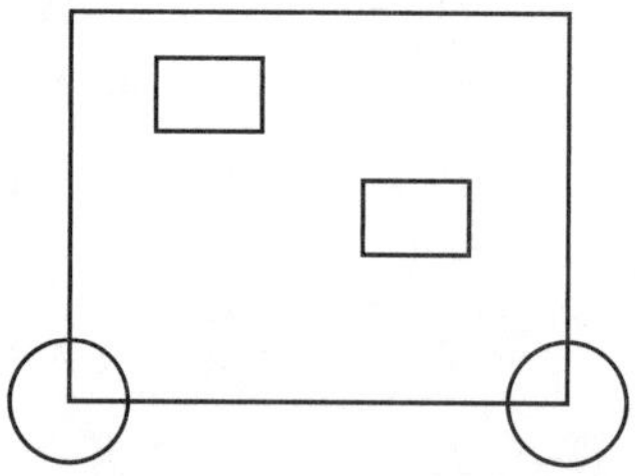

图 3—111 复制圆和小矩形

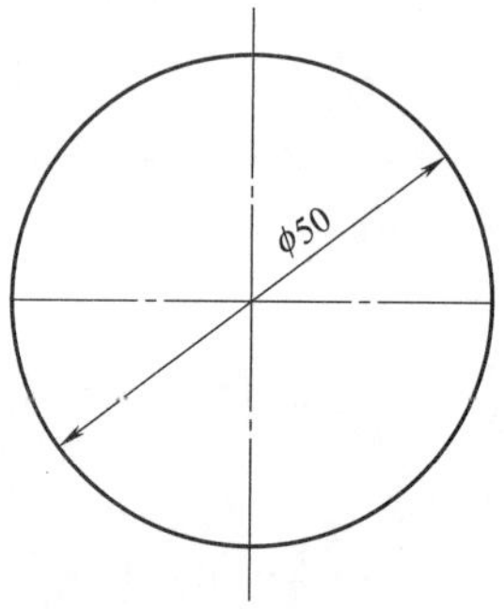

图 3—112 拉长水平中心线

（2）单击“默认”→“修改”→“拉长”按钮，启动“拉长”命令，系统给出如下提示。

命令:_lengthen // 启动“拉长”命令
选择要测量的对象或［增量(DE)/百分比(P)/总计(T)/动态(DY)］＜增量(DE)＞:
DE //输入“DE”,按回车键,激活“增量”选项
输入长度增量或［角度(A)］＜0.0000＞:5 //输入长度增量“5”,按回车键

选择要修改的对象或［放弃(U)］：　　　//移动光标，拾取水平中心线左端
选择要修改的对象或［放弃(U)］：　　　//移动光标，拾取水平中心线右端
选择要修改的对象或［放弃(U)］：　　　//按回车键，结束拉长操作

拉长结果如图 3—113 所示。

“拉长”命令行中的常用选项介绍如下。

◇ 增量（DE）：该选项通过指定增量值来改变线段或圆弧等的长度。

◇ 动态（DY）：该选项通过鼠标的拖动来动态地改变对象的长度。

提示

1）单击“默认”→“修改”功能面板右侧的下拉箭头，打开“修改”扩展面板（图 3—114），即可找到“拉长”按钮。

2）拉长操作中，图形对象的拉长方向与对象的拾取操作有关，要使对象往哪个方向拉长，就要拾取对象哪个方向的部分。

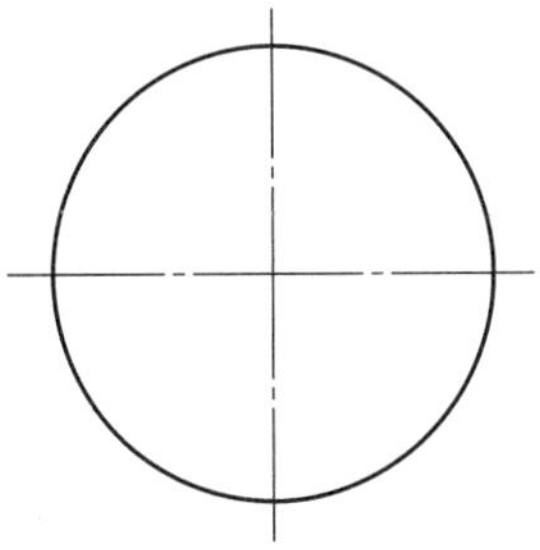

图 3—113　拉长结果

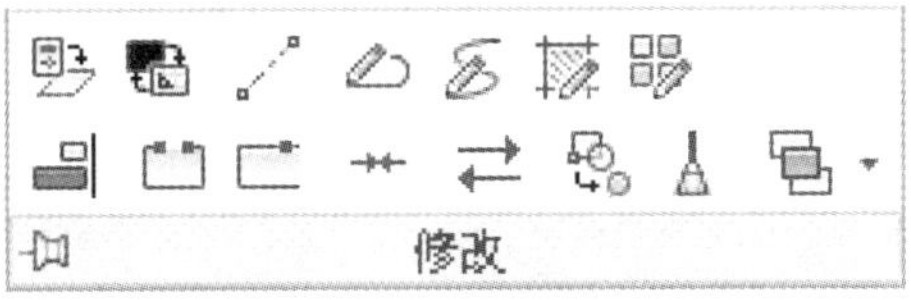

图 3—114　“修改”扩展面板

实践操作

实训 5

实训要求：

针对本任务介绍的知识点，熟练掌握 AutoCAD 2018 中绘制椭圆和椭圆弧的方法以及相关编辑方法。

实训任务：

利用“直线”“椭圆”“圆”“圆角”等命令绘制如图 3—115 所示图形（不标注尺寸）。

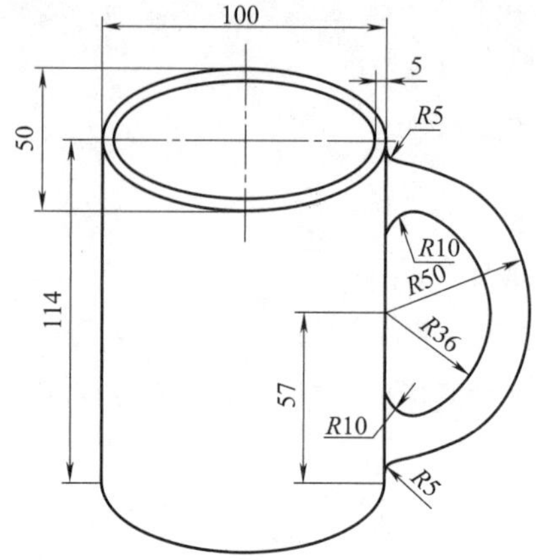

图 3—115 水杯的尺寸

1. **新建图形文件**

新建一个图形文件，图形样板选择“制图样板 1. dwt”。

2. **绘制中心线**

操作演示

(1) 将“细点画线”图层设置为当前图层，单击“默认”→“绘图” → “直线”按钮，启动“直线”命令，绘制水平和竖直中心线，系统给出如下提示。

```
命令:_line                                                    //启动"直线"命令
指定第一个点:                       //在绘图区适当位置拾取一点作为水平中心线起始点
指定下一点或[放弃(U)]:110
                            //水平向右移动光标,输入水平中心线的长度"110",按回车键
指定下一点或[放弃(U)]:                                        //按回车键,结束绘制
命令:                                                //按回车键,重复"直线"命令
LINE
指定第一个点:                          //捕捉水平中心线的中点作为竖直中心线的起点
指定下一点或[放弃(U)]:30
                                      //竖直向上移动光标,输入长度"30",按回车键
指定下一点或[放弃(U)]:                                  //按回车键,结束中心线的绘制
```

中心线绘制结果如图 3—116 所示。

(2) 单击“默认” → “修改” → “拉长”按钮，启动“拉长”命令，拉长竖直中心线，系统给出如下提示。

```
命令:_lengthen                                                //启动"拉长"命令
选择要测量的对象或[增量(DE)/百分比(P)/总计(T)/动态(DY)]<增量(DE)>:DE
```

//输入“DE”，按回车键，激活“增量”选项
输入长度增量或［角度(A)］<0.0000>：30　　//输入长度增量“30”，按回车键
选择要修改的对象或［放弃(U)］：　　//移动光标，选择竖直中心线的下半部
选择要修改的对象或［放弃(U)］：　　//按回车键，结束拉长操作

拉长结果如图 3—117 所示。

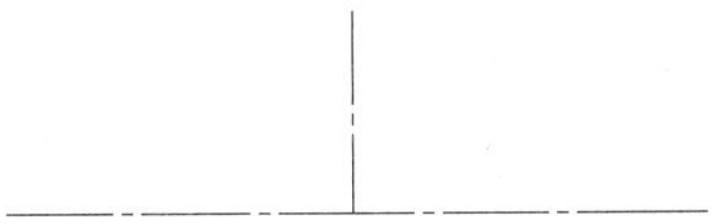

图 3—116　绘制中心线

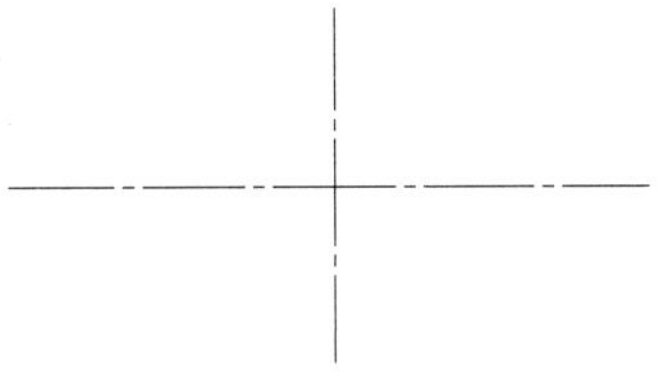

图 3—117　竖直中心线拉长结果

3. 绘制杯口

（1）将“粗实线”图层设置为当前图层。

（2）单击“默认”→“绘图”→“椭圆”按钮，启动“椭圆（圆心）”命令，开始绘制外围椭圆，系统给出如下提示。

命令：_ellipse　　//启动“椭圆”命令
指定椭圆的轴端点或［圆弧(A)/中心点(C)］：_c
指定椭圆的中心点：　　//拾取中心线的交点作为椭圆的中心点
指定轴的端点：50　　//水平向右移动光标，输入长轴的半长“50”，按回车键
指定另一条半轴长度或［旋转(R)］：25　　//输入短轴的半长“25”，按回车键

绘制结果如图 3—118 所示。

（3）重复“椭圆”命令，绘制长半轴长为 45 mm，短半轴长为 20 mm 的同心椭圆，绘制结果如图 3—119 所示。

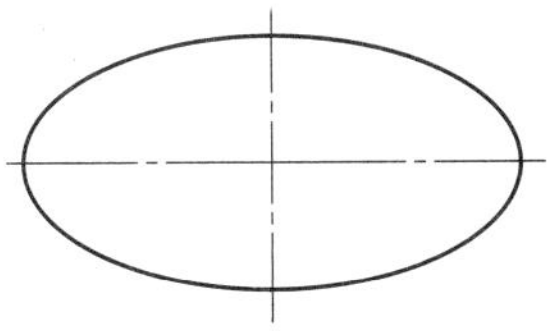

图 3—118　椭圆绘制结果

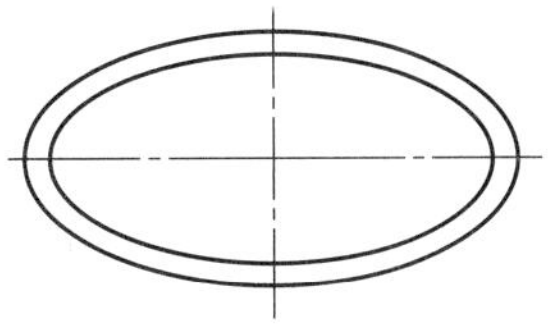

图 3—119　内部椭圆绘制结果

4. 绘制杯壁

（1）单击“默认”→“绘图”→“直线”按钮，启动“直线”命令，绘制杯壁左侧直线，系统给出如下提示。

```
命令:_line                                      //启动"直线"命令
指定第一个点:                   //拾取外围椭圆左侧象限点作为直线起始点
指定下一点或[放弃(U)]:@0,-114
                          //输入终点的相对坐标"@0,-114",按回车键
指定下一点或[放弃(U)]:                  //按回车键,结束直线的绘制
```

绘制结果如图 3—120 所示。

(2) 重复“直线”命令，绘制杯壁右侧直线，绘制结果如图 3—121 所示。

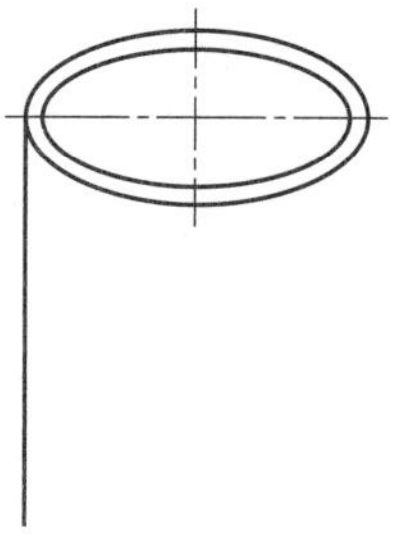

图 3—120 绘制杯壁左侧轮廓

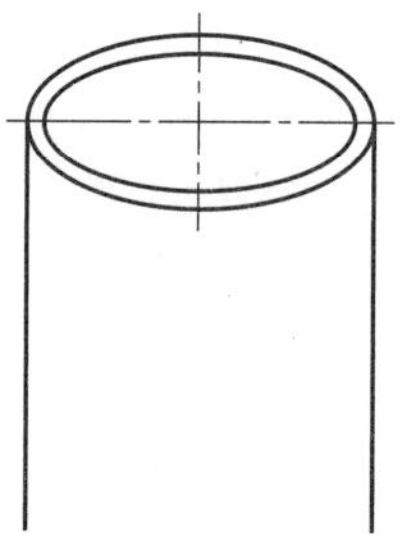

图 3—121 绘制杯壁右侧轮廓

5. 绘制杯底

(1) 单击“默认”→“修改”→“复制”按钮，启动“复制”命令，系统给出如下提示。

```
命令:_copy                                      //启动"复制"命令
选择对象:找到 1 个                              //选择杯口外围椭圆
选择对象:                                  //按回车键,结束对象选择
当前设置: 复制模式 = 多个
指定基点或[位移(D)/模式(O)]<位移>:
                              //捕捉外围椭圆左象限点作为复制的基点
指定第二个点或[阵列(A)]<使用第一个点作为位移>:
                            //捕捉左侧直线的下端点作为复制的目标点
指定第二个点或[阵列(A)/退出(E)/放弃(U)]<退出>:
                                          //按回车键,结束复制操作
```

复制结果如图 3—122 所示。

(2) 单击“默认”→“修改”→“修剪”按钮，启动“修剪”命令，修剪多余线条，修剪结果如图 3—123 所示。

6. 绘制杯柄

(1) 单击“默认”→“绘图”→“圆”按钮，启动“圆”命令，绘制同心圆，系统给出如下提示。

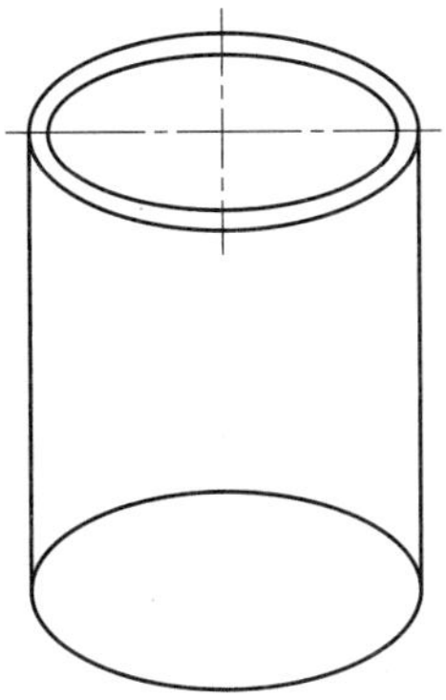

图 3—122　绘制杯底椭圆

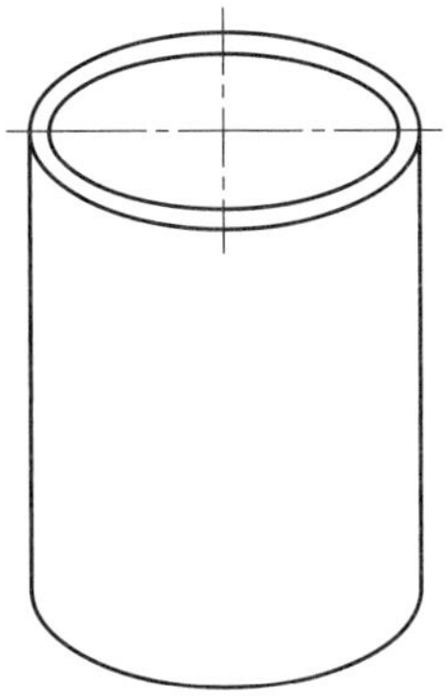

图 3—123　修剪杯底

```
命令:_circle                                              //启动“圆”命令
指定圆的圆心或[三点(3P)/两点(2P)/切点、切点、半径(T)]:
                                                //捕捉右侧轮廓直线的中点作为圆心
指定圆的半径或[直径(D)]:36                      //输入圆的半径“36”,按回车键
命令:                                             //按回车键,重复“圆”命令
CIRCLE
指定圆的圆心或[三点(3P)/两点(2P)/切点、切点、半径(T)]:
                                                //捕捉右侧轮廓直线的中点作为圆心
指定圆的半径或[直径(D)]<36.0000>:50            //输入圆的半径“50”,按回车键
```

绘制结果如图 3—124 所示。

(2) 单击“默认”→“修改”→“修剪”按钮，启动“修剪”命令，修剪同心圆上杯体内的多余线条，结果如图 3—125 所示。

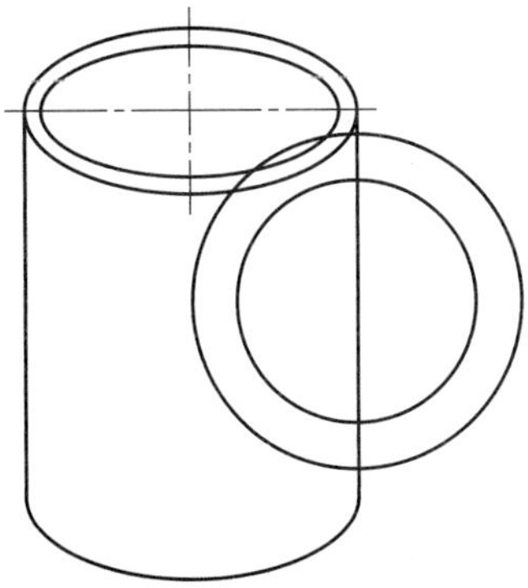

图 3—124　同心圆绘制结果

图 3—125　修剪同心圆上的多余线条

(3) 单击“默认”→“修改”→“圆角”按钮，启动“圆角”命令，绘制杯柄与杯壁间的圆角，系统给出如下提示。

命令:_fillet //启动“圆角”命令

当前设置:模式 = 修剪,半径 = 0.0000

选择第一个对象或[放弃(U)/多段线(P)/半径(R)/修剪(T)/多个(M)]:T

//输入“T”,按回车键,激活“修剪”选项

输入修剪模式选项[修剪(T)/不修剪(N)]＜修剪＞:N

//输入“N”,按回车键,激活“不修剪”选项

选择第一个对象或[放弃(U)/多段线(P)/半径(R)/修剪(T)/多个(M)]:R

//输入“R”,按回车键,启动“半径”选项

指定圆角半径＜0.0000＞:5 //输入圆角半径“5”,按回车键

选择第一个对象或[放弃(U)/多段线(P)/半径(R)/修剪(T)/多个(M)]:M

//输入“M”,按回车键,启动“多个”选项

选择第一个对象或[放弃(U)/多段线(P)/半径(R)/修剪(T)/多个(M)]:

//选择水杯右侧轮廓直线的上半部

选择第二个对象,或按住 Shift 键选择要应用角点的对象:

//选择 $R50$ mm 半圆的上半部

选择第一个对象或[放弃(U)/多段线(P)/半径(R)/修剪(T)/多个(M)]:

//选择水杯右侧轮廓直线的下半部

选择第二个对象,或按住 Shift 键选择要应用角点的对象:

//选择 $R50$ mm 半圆的下半部

选择第一个对象或[放弃(U)/多段线(P)/半径(R)/修剪(T)/多个(M)]:R

//输入“R”,按回车键,启动“半径”选项

指定圆角半径＜5.0000＞:10 //输入圆角半径“10”,按回车键

选择第一个对象或[放弃(U)/多段线(P)/半径(R)/修剪(T)/多个(M)]:M

//输入“M”,按回车键,启动“多个”选项

选择第一个对象或[放弃(U)/多段线(P)/半径(R)/修剪(T)/多个(M)]:

//选择水杯右侧轮廓直线的上半部

选择第二个对象,或按住 Shift 键选择要应用角点的对象:

//选择 $R36$ mm 半圆的上半部

选择第一个对象或[放弃(U)/多段线(P)/半径(R)/修剪(T)/多个(M)]:

//选择水杯右侧轮廓直线的下半部

选择第二个对象,或按住 Shift 键选择要应用角点的对象:

//选择 R36 mm 半圆的下半部

选择第一个对象或[放弃(U)/多段线(P)/半径(R)/修剪(T)/多个(M)]:

//按回车键，结束倒圆角操作

倒圆角结果如图 3—126 所示。

(4) 单击“默认”→“修改”→“修剪”按钮，启动“修剪”命令，修剪图 3—126 中杯柄上多余的线段，修剪结果如图 3—127 所示。

7. **删除中心线**

单击“默认”→“修改”→“删除”按钮，启动“删除”命令，删除两条中心线，结果如图 3—128 所示。至此，本任务的图形绘制完毕。

图 3—126　倒圆角结果

图 3—127　修剪结果

图 3—128　删除中心线

巩固练习

1. 绘制如图 3—129 所示的图形（不标注尺寸）。

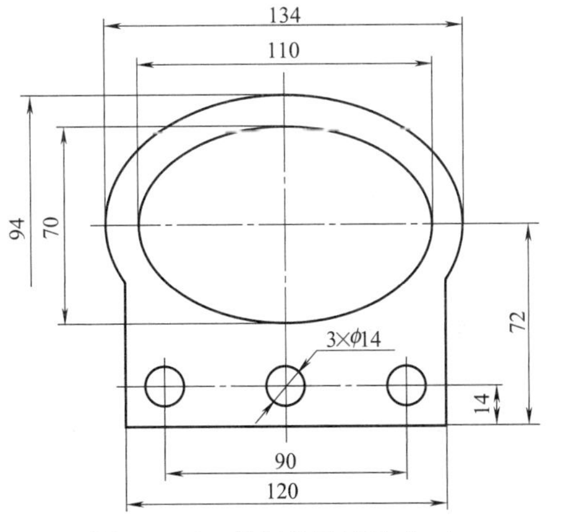

图 3—129　绘制椭圆练习（一）

2. 绘制如图3—130所示的图形（不标注尺寸）。

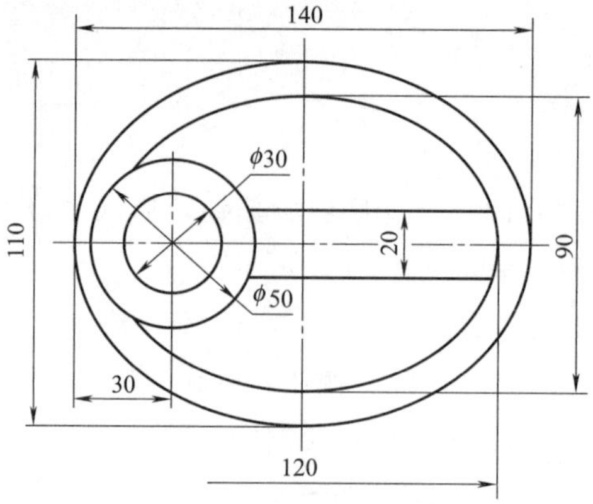

图3—130 绘制椭圆练习（二）

任务6 绘制多段线与样条曲线

学习目标

1. 掌握多段线的绘制方法。
2. 掌握样条曲线的绘制方法。
3. 掌握移动、旋转以及缩放图形对象的方法。
4. 掌握打断图形对象的方法。

任务分析

多段线和样条曲线是二维绘图中较复杂的曲线，AutoCAD2018直接提供了绘制这两种曲线的命令。下面将介绍AutoCAD中绘制多段线和样条曲线以及相关编辑操作的基础知识（如曲线绘制方法、图形移动和旋转操作等），并通过绘制如图3—131所示图形掌握这两种曲线的绘制方法以及相关编辑命令（如“移动”命令、“旋转”命令等）的应用方法。

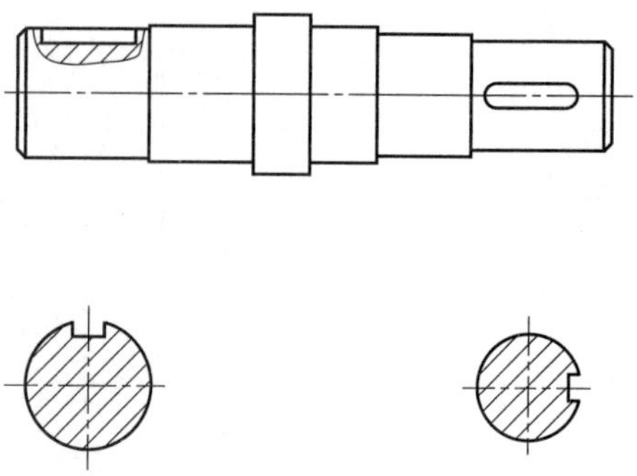

图3—131 阶梯轴

相关知识

1. 绘制多段线

“多段线”命令用于绘制由若干直线和圆弧连接而成的折线或曲线，无论一条多段线包含多少条直线或弧，整条多段线都是一个单一的复合对象，可以统一对其进行编辑。此外，“多段线”命令还可以用于绘制有宽度和有方向的直线。

启动“多段线”命令的方法主要有如下三种。

◇ 单击“默认”→“绘图”→“多段线”按钮。

◇ 选择菜单栏“绘图”→“多线段”命令。

◇ 在命令行中输入“PL（或 PLINE）”后按回车键。

例 1　利用“多段线”命令绘制如图 3—132 所示图形。

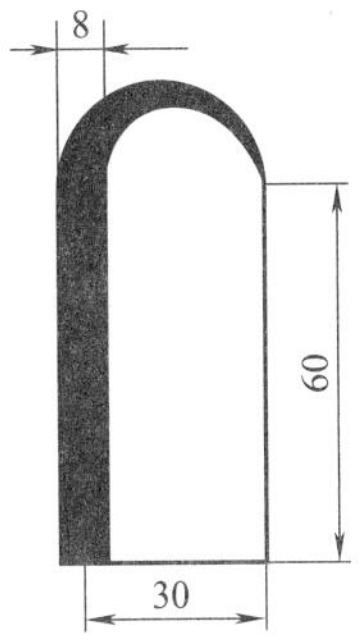

图 3—132　绘制多段线

单击“默认”→“绘图”→“多段线”按钮，启动“多段线”命令，绘制多段线，系统给出如下提示。

命令:_pline　　//启动“多段线”命令

指定起点:　　//在绘图区适当位置拾取一点作为多段线的起点

当前线宽为 0.0000

指定下一个点或[圆弧(A)/半宽(H)/长度(L)/放弃(U)/宽度(W)]:W

//输入“W”,按回车键,激活“宽度”选项(设置多段线宽度)

指定起点宽度 <0.0000>:8　　//输入起点宽度值“8”,按回车键

指定端点宽度 <8.0000>:8　　//输入端点宽度值“8”,按回车键

指定下一个点或[圆弧(A)/半宽(H)/长度(L)/放弃(U)/宽度(W)]:60

//竖直向上移动光标,输入线段长度值“60”,按回车键

指定下一点或[圆弧(A)/闭合(C)/半宽(H)/长度(L)/放弃(U)/宽度(W)]:W

//输入“W”,按回车键,激活“宽度”选项

指定起点宽度 <8.0000>:8　　//输入起点宽度值“8”,按回车键

指定端点宽度 <8.0000>:0　　//输入端点宽度值“0”,按回车键

指定下一点或[圆弧(A)/闭合(C)/半宽(H)/长度(L)/放弃(U)/宽度(W)]:A

//输入“A”,按回车键,激活“圆弧”选项

指定圆弧的端点(按住 Ctrl 键以切换方向)或

[角度(A)/圆心(CE)/闭合(CL)/方向(D)/半宽(H)/直线(L)/半径(R)/第二个点(S)/放弃(U)/宽度(W)]:30　　//水平向左移动光标,输入“30”,按回车键

指定圆弧的端点(按住 Ctrl 键以切换方向)或

[角度(A)/圆心(CE)/闭合(CL)/方向(D)/半宽(H)/直线(L)/半径(R)/第二个点(S)/放弃(U)/宽度(W)]:L　　//输入“L”,按回车键,激活“直线”选项

指定下一点或[圆弧(A)/闭合(C)/半宽(H)/长度(L)/放弃(U)/宽度(W)]:60

//垂直向下移动光标,输入直线长度“60”,按回车键

指定下一点或[圆弧(A)/闭合(C)/半宽(H)/长度(L)/放弃(U)/宽度(W)]:C

//输入“C”,按回车键,闭合图形

绘制结果如图 3—133 所示。

多段线绘制命令行中常用选项的介绍如下。

◇ 圆弧（A）：此选项用于绘制圆弧并添加到多段线中。

◇ 长度（L）：此选项用于指定直线段的长度，其方向与上一段相同或是沿上一段圆弧的切线方向。

◇ 宽度（W）：此选项用于设置多段线的宽度，此时系统将提示“指定起点宽度”和“指定端点宽度”，用户可以输入不同的起点宽度值和终点宽度值以绘制一条宽度逐渐变化的多段线。

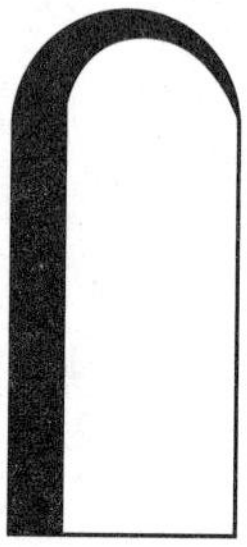

图 3—133　多段线绘制结果

2. 绘制样条曲线

“样条曲线拟合”命令主要用于绘制相贯线、截交线以及波浪线。在启动“样条曲线拟合”命令后，必须给定三个以上的点来确定一条多段线。启动“样条曲线拟合”命令的方法主要有如下三种。

◇ 单击“默认”→“绘图”→“样条曲线拟合”按钮。

◇ 选择菜单栏“绘图”→“样条曲线”→“拟合点”命令。

◇ 在命令行中输入“SPL（或 SPLINE）”后按回车键。

例 2　利用“直线”命令和“样条曲线拟合”命令绘制如图 3—134 所示图形（不标注尺寸）。

（1）新建一个图形文件，图形样板选择“制图样板 1. dwt”。

（2）将“粗实线”图层设置为当前图层。利用“直线”命令绘制下方、左侧和上方直线。

（3）将“细实线”图层设置为当前图层。单击“默认”→“绘图”→“样条曲线拟合”按钮，启动“样条曲线拟合”命令，系统给出如下提示。

命令:_SPLINE　　//启动“样条曲线拟合”命令

当前设置:方式=拟合　节点=弦

指定第一个点或［方式(M)/节点(K)/对象(O)］:_M

输入样条曲线创建方式［拟合(F)/控制点(CV)］<拟合>:_FIT

当前设置:方式＝拟合　节点＝弦

指定第一个点或［方式(M)/节点(K)/对象(O)］:

//拾取上方直线的右端点作为样条曲线的第一点

输入下一个点或［起点切向(T)/公差(L)］:

//移动光标,在适当位置拾取一点作为样条曲线的第二点

输入下一个点或［端点相切(T)/公差(L)/放弃(U)］:

//移动光标,在适当位置拾取一点作为样条曲线的第三点

……　//选取适当数量的拟合点

输入下一个点或［端点相切(T)/公差(L)/放弃(U)/闭合(C)］:

//移动光标,拾取下方直线右端点作为样条曲线的第 n 点

输入下一个点或［端点相切(T)/公差(L)/放弃(U)/闭合(C)］:

//按回车键,结束点的拾取

样条曲线绘制结果如图 3—135 所示。

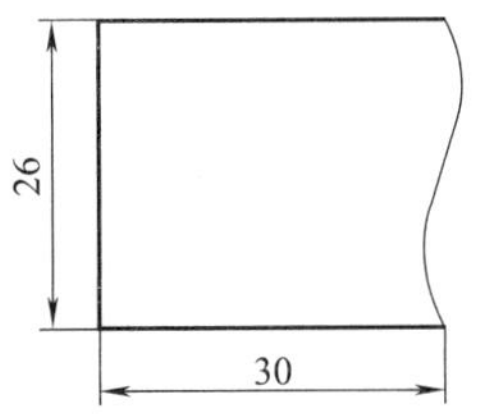

图 3—134　绘制波浪线

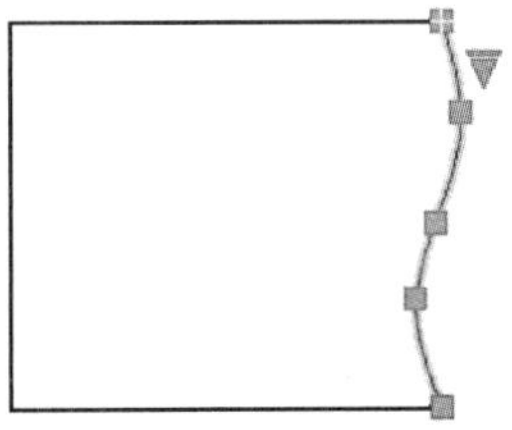

图 3—135　样条曲线绘制结果

提示

绘制样条曲线的方法有两种，即使用拟合点创建样条曲线和使用控制点创建样条曲线，如图 3—136 所示。

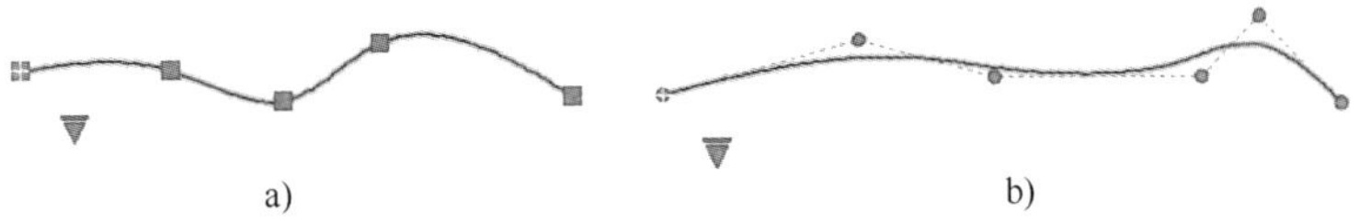

图 3—136　样条曲线

a）使用拟合点创建的样条曲线　b）使用控制点创建的样条曲线

3. “移动”命令

“移动”命令用于在不改变图形对象大小和形状的情况下，将图形对象从一个位置移

动到另一个位置。启动“移动”命令的方法主要有以下三种。

◇ 单击“默认”→“修改”→“移动”按钮。

◇ 选择菜单栏“修改”→“移动”命令。

◇ 在命令行中输入“M（或 MOVE）”，按回车键。

例 3 如图 3—137 所示，利用“移动”命令将圆从左侧移动到右侧，并使圆心与直线的右端点重合。

a)　　b)

图 3—137 移动圆

a）移动前 b）移动后

单击“默认”→“修改”→“移动”按钮，启动“移动”命令，系统给出如下提示。

```
命令:_move                                  //启动“移动”命令
选择对象:找到 1 个                           //选择圆作为移动对象
选择对象:                                    //按回车键,结束移动对象的选取
指定基点或[位移(D)]<位移>:                   //捕捉圆心作为移动基点
指定第二个点或<使用第一个点作为位移>:
                     //移动光标,捕捉直线右端点作为移动的目标点
```

移动结果如图 3—137b 所示。

“移动”命令行中常用选项的介绍如下。

◇ 基点：此选项是通过两个特征点来确定对象的移动方向和移动距离，第一个点作为基点，第二点作为目标点。此方式为系统默认的移动方式。

◇ 位移（D）：此选项是通过输入一个位移矢量来移动对象，输入的位移矢量决定了被移动对象的移动距离和移动方向。如图 3—138 所示为圆向右移动 20 mm、向下移动 15 mm。

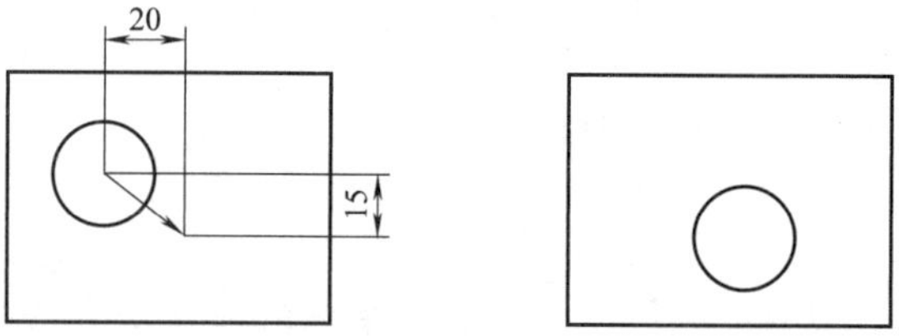

a)　　b)

图 3—138 利用“位移”选项移动图形对象

a）位移矢量 b）位移结果

移动如图 3—138a 所示图形中的圆时，启动“移动”命令，系统给出如下提示。

```
命令:_move                                  //启动“移动”命令
选择对象:找到 1 个                           //选择圆作为移动对象
选择对象:                                    //按回车键,结束移动对象的选取
指定基点或[位移(D)]<位移>:D                  //输入“D”,按回车键,激活“位移”选项
指定位移<0.0000,0.0000,0.0000>:20,-15       //输入位移“20,-15”,按回车键
```

移动圆的结果如图 3—138b 所示。

4. “旋转”命令

“旋转”命令用于在不改变图形对象大小和形状的前提下，将图形对象绕某一基点旋转一定角度并改变对象的位置，可以一次旋转一个或多个对象。启动“旋转”命令的方法主要有以下三种。

◇ 单击“默认”→“修改”→“旋转”按钮。

◇ 选择菜单栏“修改”→“旋转”命令。

◇ 在命令行中输入“RO（或 ROTATE）”，按回车键。

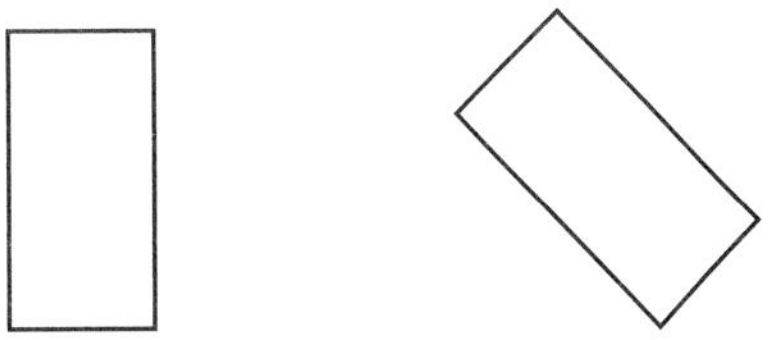

a)　　　　b)

图 3—139　旋转图形

a）旋转对象　b）旋转结果

例 4　利用“旋转”命令将图 3—139a 所示矩形逆时针旋转 45°。

单击“默认”→“修改”→“旋转”按钮，启动“旋转”命令，系统给出如下提示。

```
命令：_rotate                                          //启动“旋转”命令
UCS 当前的正角方向：  ANGDIR=逆时针    ANGBASE=0
选择对象:指定对角点:找到 1 个                                  //选择矩形
选择对象:                                              //按回车键,结束选择
指定基点:                                       //选择矩形左下角顶点作为旋转基点
指定旋转角度,或[复制(C)/参照(R)]<0>:45        //输入旋转角度“45”,按回车键
```

旋转结果如图 3—139b 所示。

“旋转”命令行中，激活“复制”选项后，在旋转图形对象的同时会保留源对象，如图 3—140 所示。

例 5　利用“旋转”命令将图 3—141a 所示矩形绕 *A* 点顺时针旋转，使 *AB* 与 *CD* 平行。

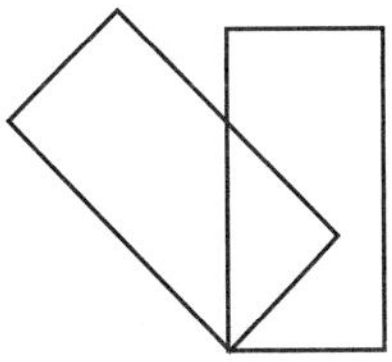

图 3—140　旋转时复制结果

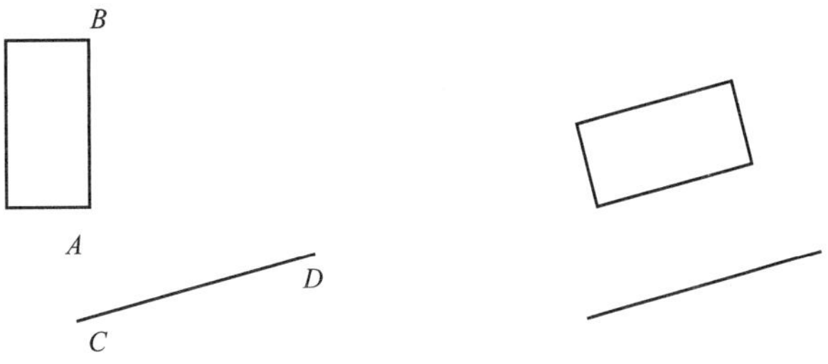

a)　　　　b)

图 3—141　参照旋转

a）旋转前　b）旋转后

※源文件：AutoCAD 源文件\项目三\任务 6\例 5. dwg

打开源文件，单击“默认”→“修改”→“旋转”按钮，启动“旋转”命令，系统给出如下提示。

```
命令:_rotate                                              //启动"旋转"命令
UCS 当前的正角方向:  ANGDIR=逆时针   ANGBASE=0
选择对象:指定对角点:找到 1 个                                //选择矩形
选择对象:                                                  //按回车键,结束选择
指定基点:                                                  //选择矩形上 A 点作为旋转基点
指定旋转角度,或[复制(C)/参照(R)]<45>:R
                                                           //输入"R",按回车键,激活"参照"选项
指定参照角 <0>:指定第二点:                                   //先捕捉 A 点,然后捕捉 B 点
指定新角度或[点(P)]<0>:P                                    //输入"P",按回车键,激活"点"选项
指定第一点:  指定第二点:                                     //先捕捉 C 点,然后捕捉 D 点
```

旋转结果如图 3—141b 所示。

提示 当命令行提示“指定旋转角度”时，输入正角度值，对象绕基点逆时针旋转；反之，对象绕基点顺时针旋转。

5. “缩放”命令

“缩放”命令用于将所选对象绕缩放基点按照指定的比例因子进行放大或缩小，以创建形状相同、大小不同的图形。启动“缩放”命令的方法主要有如下三种。

◇ 单击“默认”→“修改”→“缩放”按钮。

◇ 选择菜单栏“修改”→“缩放”命令。

◇ 在命令行中输入“SC（或 SCALE）”，按回车键。

例 6 利用“缩放”命令将图 3—142a 中的正六边形缩小 1 倍。

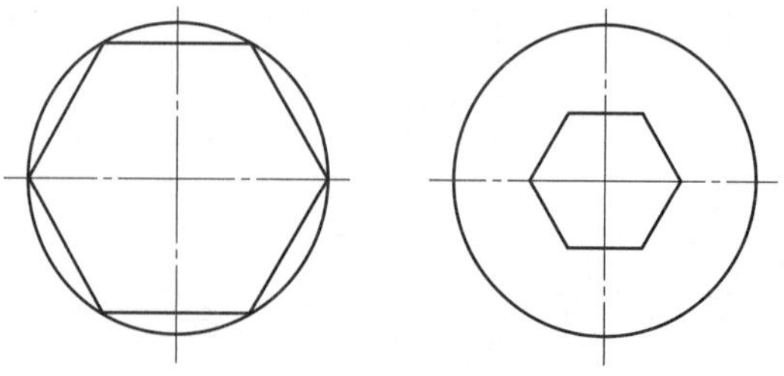

a)　　b)

图 3—142　缩放图形

a）缩放前　b）缩放后

※源文件：AutoCAD 源文件 \ 项目三 \ 任务 6 \ 例 6.dwg

打开源文件，单击“默认”→“修改”→“缩放”按钮，启动“缩放”命令，系统给出如下提示。

```
命令:_scale                                    //启动“缩放”命令
选择对象:找到 1 个                              //选择正六边形作为缩放对象
选择对象:                                      //按回车键,结束缩放对象的选取
指定基点:                                      //捕捉圆的圆心作为正六边形的缩放基点
指定比例因子或[复制(C)/参照(R)]:0.5
                        //输入缩放因子“0.5”,按回车键,将正六边形缩小 1 倍
```

缩放结果如图 3—142b 所示。

“缩放”命令行中常用选项的介绍如下。

◇ 复制（C）：用于缩放图形对象的同时保留源对象，如图 3—143 所示。

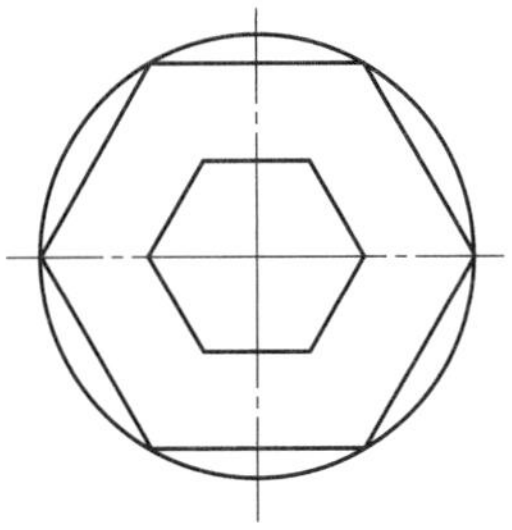

图 3—143　缩放时复制结果

◇ 参照（R）：使用参考值作为比例因子缩放操作对象。此选项需要分别指定一个参考长度和新长度，AutoCAD 将以参考长度和新长度的比值决定缩放的比例因子。

6. “打断于点”命令

“打断于点”命令用于将所选对象在某一点处打断，打断之处没有间隙。有效的打断对象包括直线、圆弧等，但不能打断圆、矩形和多边形等封闭图形。启动“打断于点”命令的方法主要有如下两种。

◇ 单击“默认”→“修改”→“打断于点”按钮。

◇ 在命令行中输入“BREAK”，按回车键。

例 7　利用“打断于点”命令将图 3—144 所示细点画线在交点处打断，使之符合国家标准的要求。

※源文件：AutoCAD 源文件 \ 项目三 \ 任务 6 \ 例 7.dwg

国家标准规定，细点画线在自身相交或与其他图线相交时，应该交于线段处。

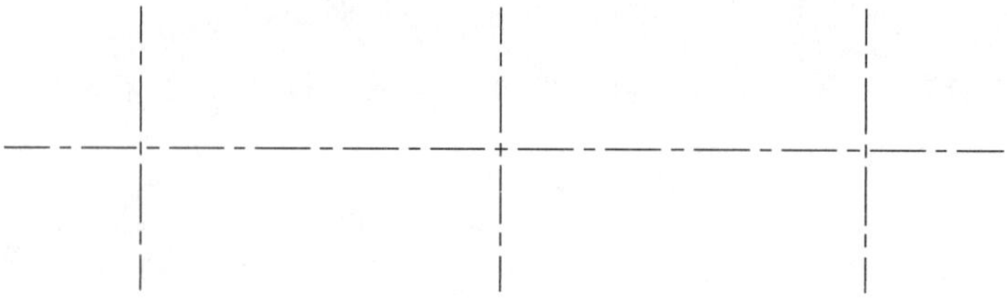

图 3—144 打断中心线

打开源文件，单击“默认”→“修改”→“打断于点”按钮，启动“打断于点”命令，系统给出如下提示。

```
命令:_break                                              //启动“打断于点”命令
选择对象:                                  //选择左侧竖直细点画线作为打断对象
指定第二个打断点 或 [第一点(F)]:_f
指定第一个打断点: //捕捉左侧竖直细点画线和水平细点画线的交点,作为打断点
指定第二个打断点:@
```

打断图线的结果如图 3—145 所示。

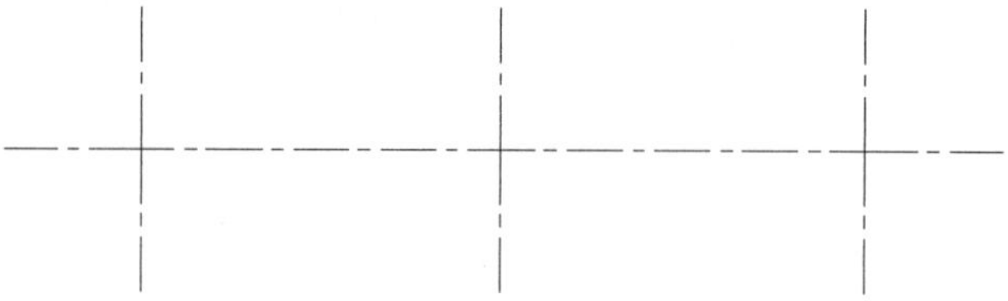

图 3—145 打断中心线后

用同样的方法打断其他竖直细点画线和水平细点画线，如图 3—145 所示。

实践操作

实训 6

实训要求：

针对本任务介绍的知识点，熟练掌握 AutoCAD 2018 中绘制多段线和样条曲线的方法以及相关编辑方法。

实训任务：

绘制如图 3—146 所示图形（不标注尺寸）。

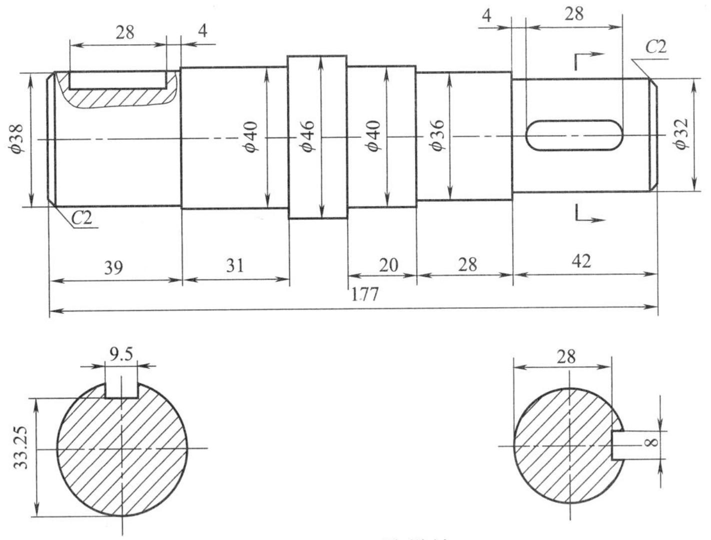

图 3—146　阶梯轴

1. 新建图形文件

新建一个图形文件，图形样板选择“制图样板 1. dwt”。

操作演示

2. 绘制轴的外轮廓线

(1) 将“粗实线”图层设置为当前图层，单击“默认”→“绘图”→“多段线”按钮，启动“多段线”命令，绘制阶梯轴主视图上半轮廓，系统给出如下提示。

```
命令:_pline                                              //启动“多段线”命令
指定起点:                                  //在绘图区适当位置拾取一点作为多段线的起点
当前线宽为 0.0000
指定下一个点或［圆弧(A)/半宽(H)/长度(L)/放弃(U)/宽度(W)］:19
                                                  //竖直向上移动光标,输入“19”,按回车键
指定下一点或［圆弧(A)/闭合(C)/半宽(H)/长度(L)/放弃(U)/宽度(W)］:39
                                                  //水平向右移动光标,输入“39”,按回车键
指定下一点或［圆弧(A)/闭合(C)/半宽(H)/长度(L)/放弃(U)/宽度(W)］:1
                                                   //竖直向上移动光标,输入“1”,按回车键
指定下一点或［圆弧(A)/闭合(C)/半宽(H)/长度(L)/放弃(U)/宽度(W)］:31
                                                  //水平向右移动光标,输入“31”,按回车键
指定下一点或［圆弧(A)/闭合(C)/半宽(H)/长度(L)/放弃(U)/宽度(W)］:3
                                                   //竖直向上移动光标,输入“3”,按回车键
指定下一点或［圆弧(A)/闭合(C)/半宽(H)/长度(L)/放弃(U)/宽度(W)］:17
                                                  //水平向右移动光标,输入“17”,按回车键
```

指定下一点或［圆弧(A)/闭合(C)/半宽(H)/长度(L)/放弃(U)/宽度(W)］:3
//竖直向下移动光标，输入“3”，按回车键
指定下一点或［圆弧(A)/闭合(C)/半宽(H)/长度(L)/放弃(U)/宽度(W)］:20
//水平向右移动光标，输入“20”，按回车键
指定下一点或［圆弧(A)/闭合(C)/半宽(H)/长度(L)/放弃(U)/宽度(W)］:2
//竖直向下移动光标，输入“2”，按回车键
指定下一点或［圆弧(A)/闭合(C)/半宽(H)/长度(L)/放弃(U)/宽度(W)］:28
//水平向右移动光标，输入“28”，按回车键
指定下一点或［圆弧(A)/闭合(C)/半宽(H)/长度(L)/放弃(U)/宽度(W)］:2
//竖直向下移动光标，输入“2”，按回车键
指定下一点或［圆弧(A)/闭合(C)/半宽(H)/长度(L)/放弃(U)/宽度(W)］:42
//水平向右移动光标，输入“42”，按回车键
指定下一点或［圆弧(A)/闭合(C)/半宽(H)/长度(L)/放弃(U)/宽度(W)］:16
//竖直向下移动光标，输入“16”，按回车键
指定下一点或［圆弧(A)/闭合(C)/半宽(H)/长度(L)/放弃(U)/宽度(W)］:
//按回车键，结束多段线的绘制

多段线绘制结果如图 3—147 所示。

(2) 单击“默认”→“修改”→“镜像”按钮，启动“镜像”命令，分别以多段线的起点与终点为镜像轴的第一点与第二点，镜像轴的上半轮廓，镜像结果如图 3—148 所示。

图 3—147　绘制阶梯轴上半轮廓结果

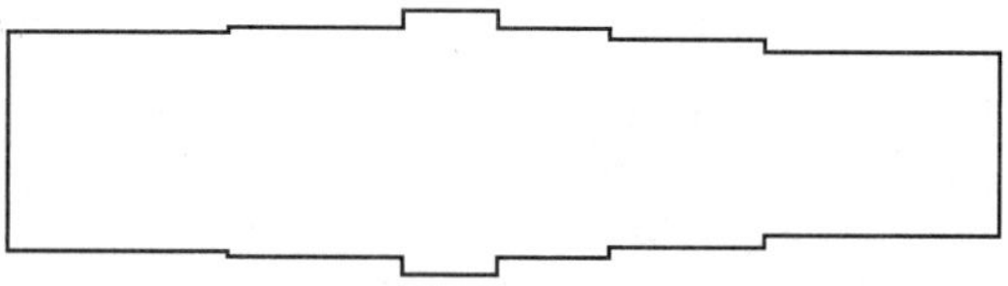

图 3—148　镜像轮廓

(3) 单击“默认”→“修改”→“倒角”按钮，启动“倒角”命令，对轴的两端四处分别倒角，倒角距离为 2 mm，倒角角度为 45°，倒角结果如图 3—149 所示。

(4) 单击“默认”→“绘图”→“直线”按钮，启动“直线”命令，分别捕捉相应端点绘制轴阶线，绘制结果如图 3—150 所示。

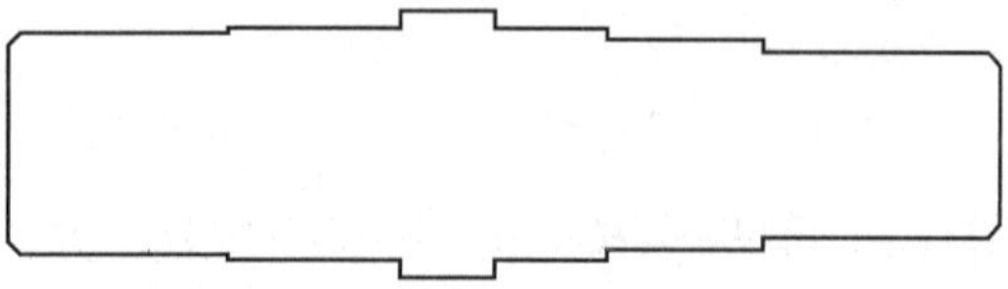

图 3—149　倒角

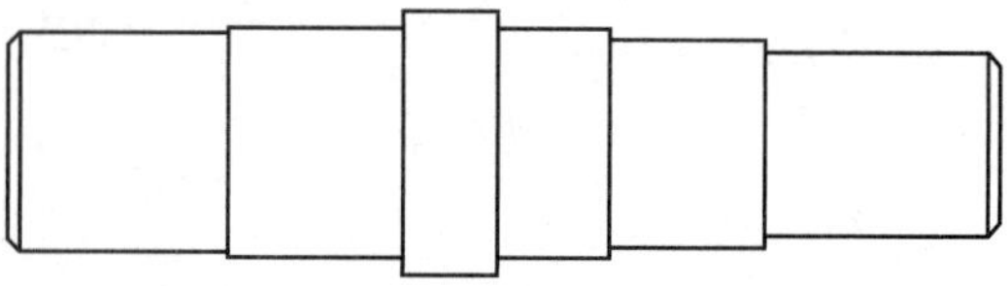

图 3—150　绘制轴阶线

3. 绘制轴上右端键槽

（1）将“细点画线”图层设置为当前图层，单击“默认”→“绘图”→“直线”按钮，启动“直线”命令，分别捕捉图 3—150 中最左和最右两条竖直轮廓线的中点，绘制轴线，结果如图 3—151 所示。

（2）单击“默认”→“修改”→“偏移”按钮，启动“偏移”命令，将直线 *AB* 分别向右偏移 8 mm 和 28 mm，如图 3—152 所示。

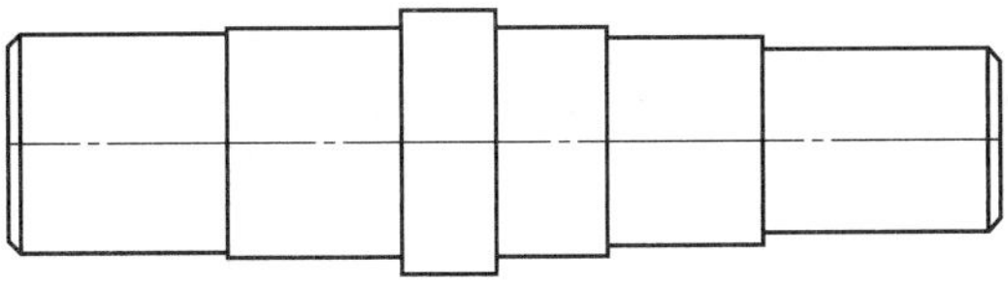

图 3—151　绘制轴线

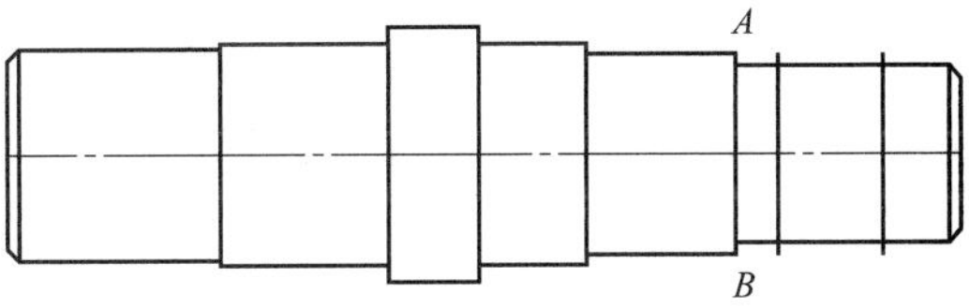

图 3—152　直线 *AB* 偏移结果

（3）将“粗实线”图层设置为当前图层，单击“默认”→“绘图”→“圆”按钮，启动“圆”命令，绘制两个半径为 4 mm 的圆，如图 3—153 所示。

（4）单击“默认”→“绘图”→“直线”按钮，启动“直线”命令，绘制右端键槽的两条水平轮廓线，如图 3—154 所示。

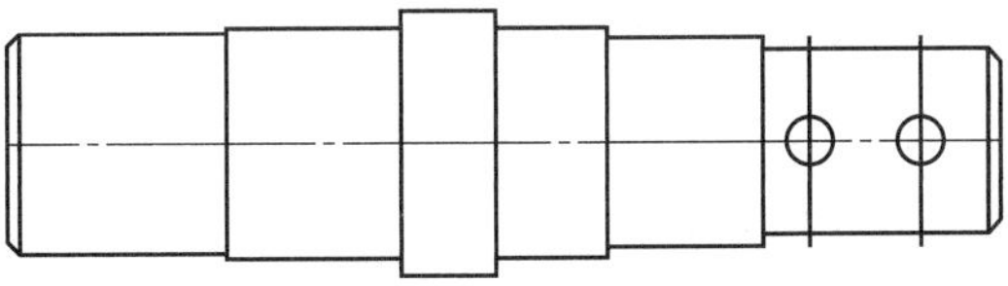

图 3—153　圆绘制结果

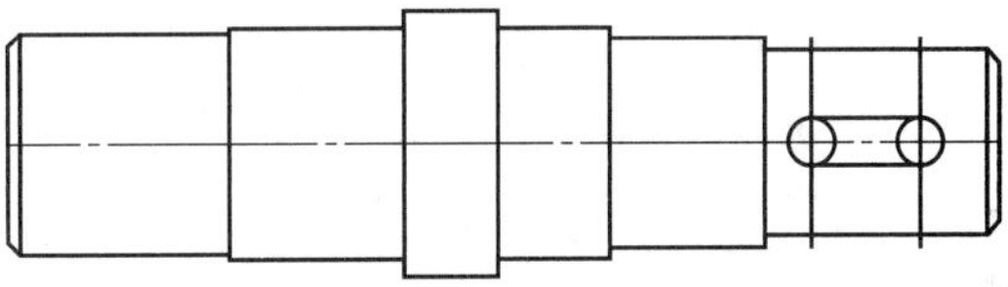

图 3—154　绘制键槽水平轮廓线

（5）单击“默认”→“修改”→“修剪”按钮，启动“修剪”命令，修剪多余的圆弧，如图 3—155 所示。

（6）单击“默认”→“修改”→“删除”按钮，启动“删除”命令，删除两条用于作图的竖直线，如图 3—156 所示。

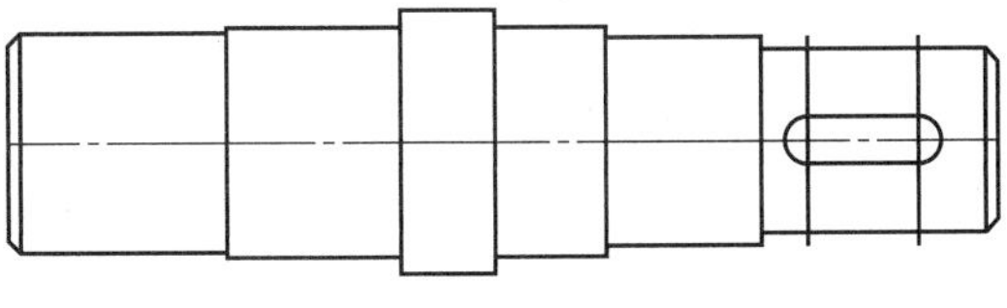

图 3—155　修剪多余圆弧

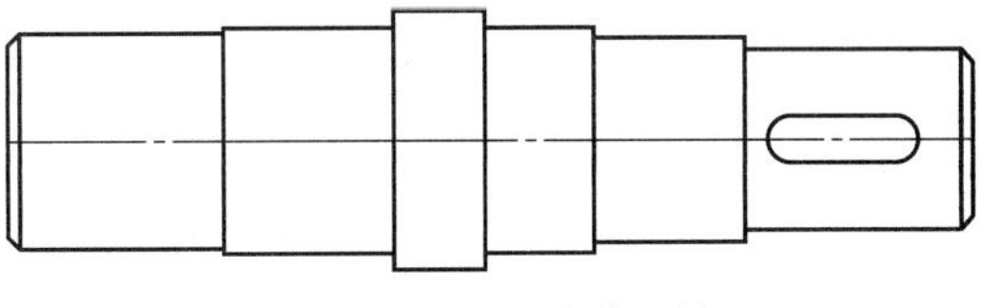

图 3—156　删除作图线

4. 绘制轴上左端键槽

（1）单击“默认”→“修改”→“分解”按钮，启动“分解”命令，将上部多段线进行分解。

（2）单击“默认”→“修改”→“偏移”按钮，启动“偏移”命令，将直线 *CD* 分别向左偏移 4 mm 和 32 mm，将水平轮廓线 *EF* 向下偏移 4.75 mm，偏移结果如图 3—157 所示。

（3）单击“默认”→“修改”→“修剪”按钮，启动“修剪”命令，修剪多余图线，如图 3—158 所示。

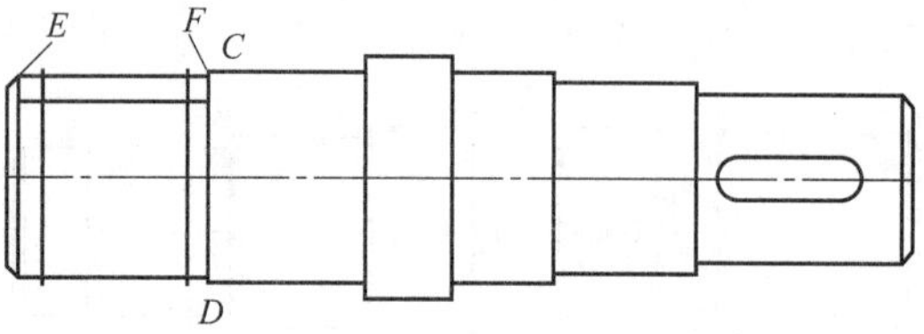

图 3—157　直线 *CD* 偏移结果

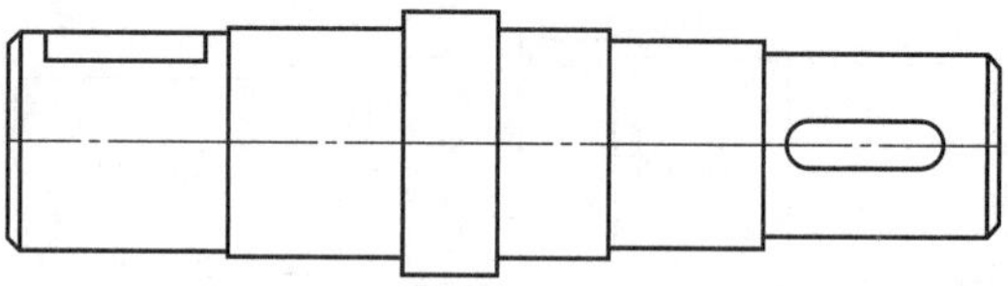
图 3—158　修剪多余图线

（4）将“细实线”图层设置为当前图层，单击“默认”→“绘图”→“样条曲线拟合”按钮，启动“样条曲线拟合”命令，绘制局部剖视图的分界线，系统给出如下提示。

```
命令:_SPLINE                                          //启动“样条曲线拟合”命令
当前设置:方式=控制点　阶数=3
指定第一个点或[方式(M)/阶数(D)/对象(O)]:_M
输入样条曲线创建方式[拟合(F)/控制点(CV)]<控制点>:_FIT
当前设置:方式=拟合　节点=弦
指定第一个点或[方式(M)/节点(K)/对象(O)]:
                        //在图形左上方适当位置拾取一点作为样条曲线的起点
输入下一个点或[起点切向(T)/公差(L)]:
                    //在起点下方适当位置拾取一点作为样条曲线的第二拟合点
输入下一个点或[端点相切(T)/公差(L)/放弃(U)]:
                 //在第二点右下方适当位置拾取一点作为样条曲线的第三拟合点
……
        //选取适当数量的拟合点,然后在适当位置拾取拟合点作为样条曲线的终点
输入下一个点或[端点相切(T)/公差(L)/放弃(U)/闭合(C)]:
                                      //按回车键,结束样条曲线拟合点的拾取
```

样条曲线的绘制结果如图 3—159 所示。

（5）单击“默认”→“修改”→“修剪”按钮，启动“修剪”命令，修剪轮廓线外部的样条曲线，修剪结果如图 3—160 所示。

5. 绘制右端键槽断面图

(1) 将“细点画线”图层设置为当前图层。单击“默认”→“绘图”→“直线”按钮，启动“直线”命令，在下方适当位置绘制两条中心线，长约 42 mm，并保证竖直中心线与键槽对称面重合，两图之间留有标注尺寸的空间，如图 3—161 所示。

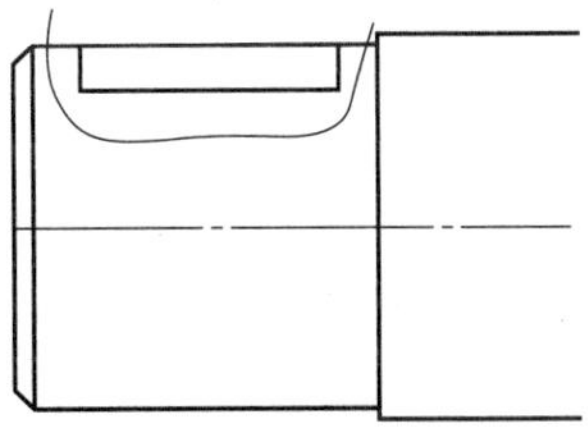

图 3—159　绘制样条曲线

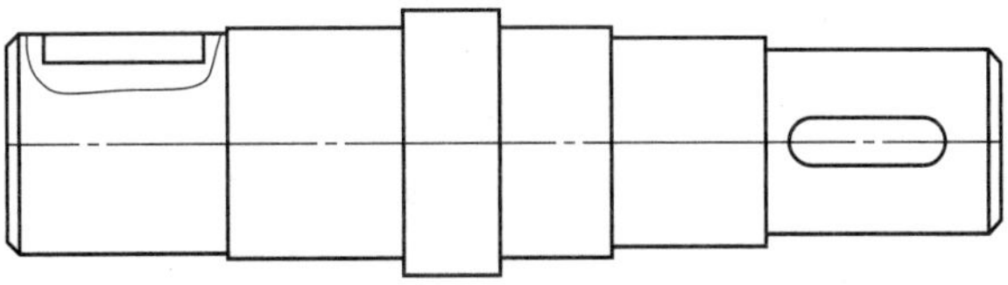

图 3—160　修剪样条曲线

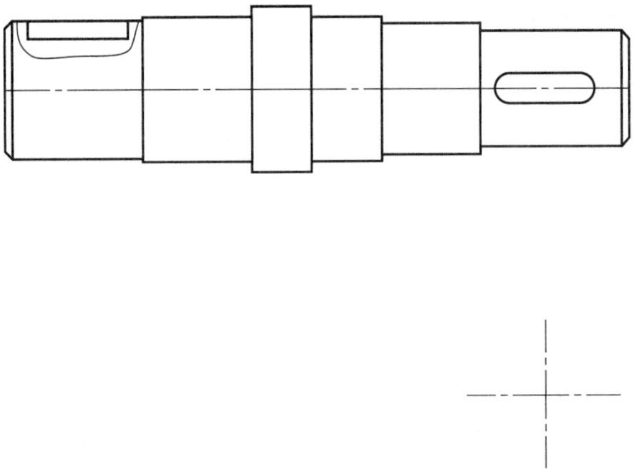

图 3—161　中心线绘制结果

(2) 将“粗实线”图层设置为当前图层，启动“圆”命令，以中心线的交点为圆心，绘制直径为 32 mm 的圆，如图 3—162 所示。

(3) 启动“偏移”命令，将水平中心线分别向上和向下各偏移 4 mm，将竖直中心线向右偏移 12 mm，如图 3—163 所示。

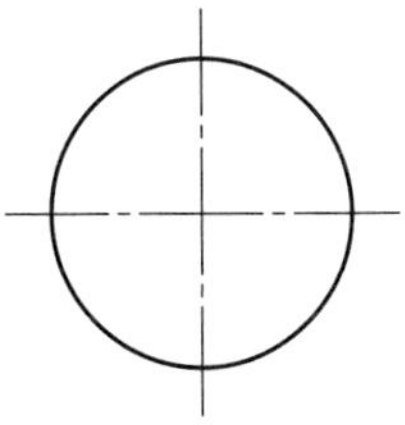

图 3—162　绘制圆

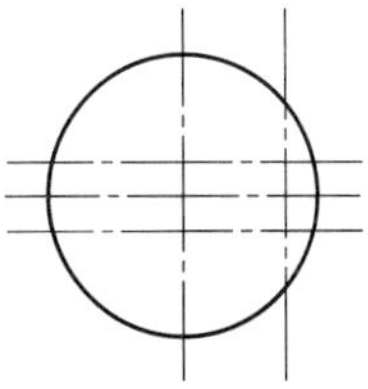

图 3—163　偏移中心线

(4) 将偏移后得到的三条直线所在图层改为“粗实线”图层，结果如图 3—164 所示。

(5) 启动“修剪”命令，修剪键槽多余的图线，如图 3—165 所示。

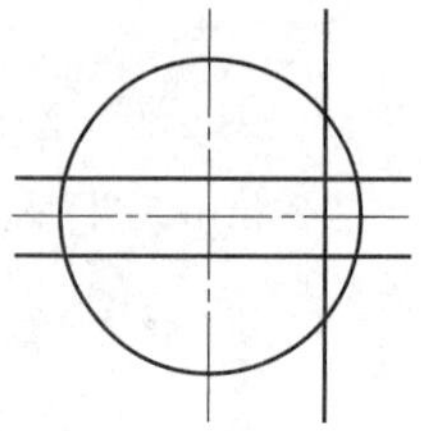

图 3—164 修改直线属性

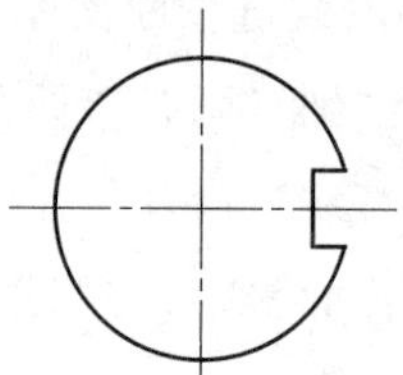

图 3—165 修剪键槽多余图线

6. 绘制左端键槽断面图

（1）单击“默认”→“修改”→“复制”按钮，启动“复制”命令，复制右侧断面图，系统给出如下提示。

```
命令：_copy                                          //启动“复制”命令
选择对象：指定对角点：找到 6 个                          //窗选断面图
选择对象：                                            //按回车键，结束对象选取
当前设置： 复制模式 = 多个
指定基点或[位移(D)/模式(O)]<位移>：                     //捕捉圆的中心作为基点
指定第二个点或[阵列(A)]<使用第一个点作为位移>：
                                  //水平向右移动光标到适当位置，按回车键
指定第二个点或[阵列(A)/退出(E)/放弃(U)]<退出>：
                                                     //按回车键，结束复制操作
```

复制结果如图 3—166 所示。

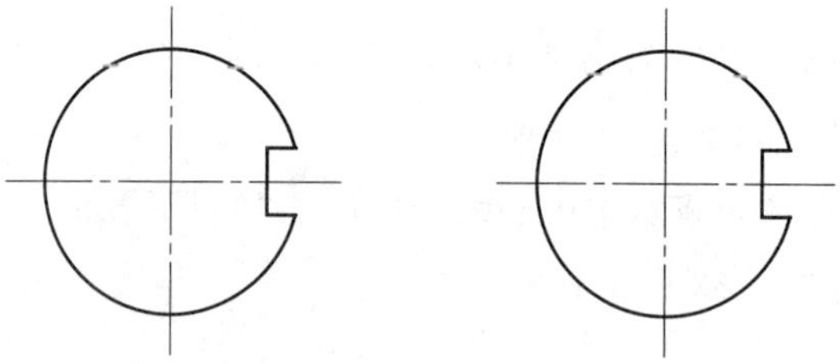

图 3—166 复制断面图

（2）单击“默认”→“修改”→“缩放”按钮，启动“缩放”命令，缩放右边刚刚复制的图形，系统给出如下提示。

```
命令：_scale                                         //启动“缩放”命令
选择对象：指定对角点：找到 6 个                          //窗选右边图形
选择对象：                                            //按回车键，结束对象选取
```

```
指定基点：                                          //拾取圆心作为缩放基点
指定比例因子或[复制(C)/参照(R)]:38/32      //输入缩放因子“38/32”,按回车键
```

缩放结果如图 3—167 所示。

提示　在命令行中可直接输入表达式（如 38/32），系统会把其运算结果作为缩放因子。

(3) 单击“默认”→“修改”→“旋转”按钮，启动“旋转”命令，系统给出如下提示。

```
命令:_rotate                                          //启动“旋转”命令
UCS 当前的正角方向：  ANGDIR＝逆时针   ANGBASE＝0
选择对象:指定对角点:找到 6 个                        //窗选右侧断面图
选择对象：                                      //按回车键,结束对象选择
指定基点：                                        //拾取圆心作为旋转基点
指定旋转角度,或[复制(C)/参照(R)]＜0＞:90            //输入“90”,按回车键
```

旋转结果如图 3—168 所示。

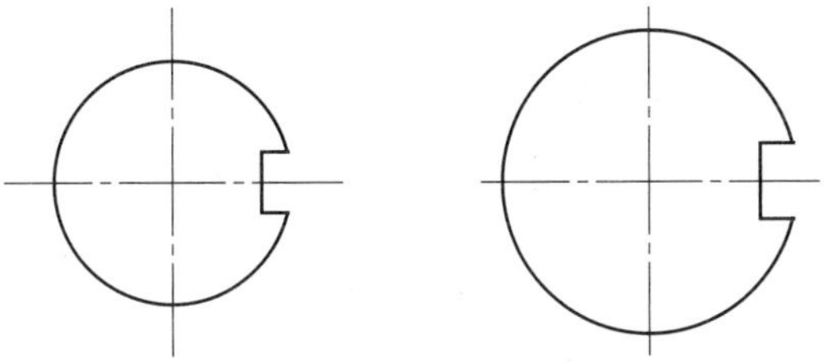

图 3—167　缩放结果

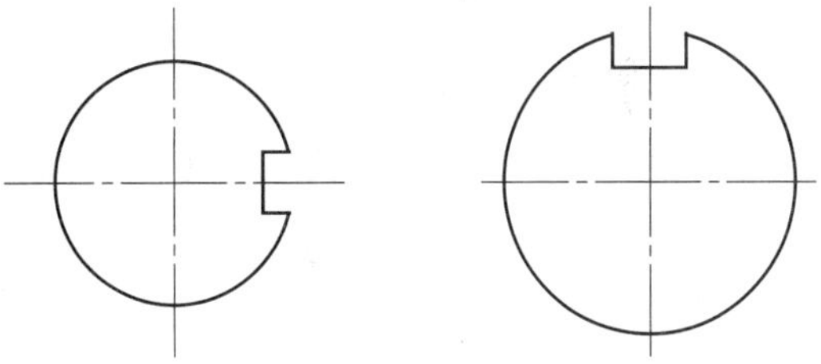

图 3—168　旋转结果

(4) 单击“默认”→“修改”→“移动”按钮，启动“移动”命令，将右侧断面图平移到图纸的左下角，并使其竖直中心线与左端键槽的左右对称面重合，系统给出如下提示。

```
命令:_move                                            //启动“平移”命令
选择对象:指定对角点:找到 6 个                        //窗选右侧断面图
选择对象：                                      //按回车键,结束对象选择
指定基点或[位移(D)]＜位移＞：                     //拾取圆心作为平移基点
指定第二个点或 ＜使用第一个点作为位移＞：
            //水平移动光标,捕捉左侧键槽的对称面,然后单击鼠标左键,结束平移
```

平移结果如图 3—169 所示。

7. 填充剖面线

（1）将“细实线”图层设置为当前图层。

（2）单击“默认”→“绘图”→“图案填充”按钮，弹出“图案填充创建”对话框。

（3）在“图案”功能区选择“ANSI31”，“角度”采用系统默认值“0”，“填充图案比例”采用系统默认值“1”。

（4）拾取主视图右上方局部剖区域，按回车键，完成局部剖的图案填充。然后用同样的方法完成两个断面图的图案填充，如图 3—170 所示。

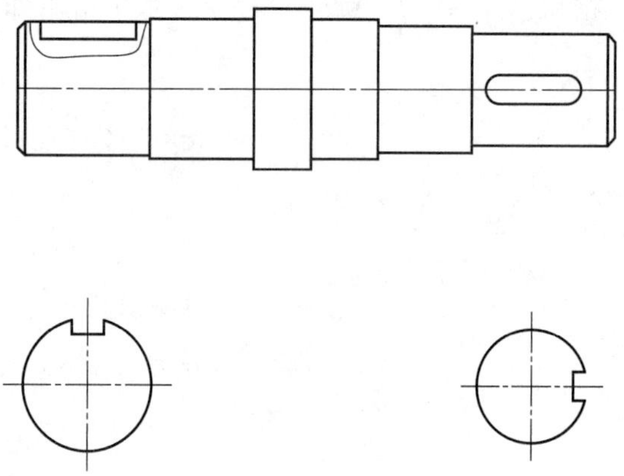

图 3—169　平移断面图

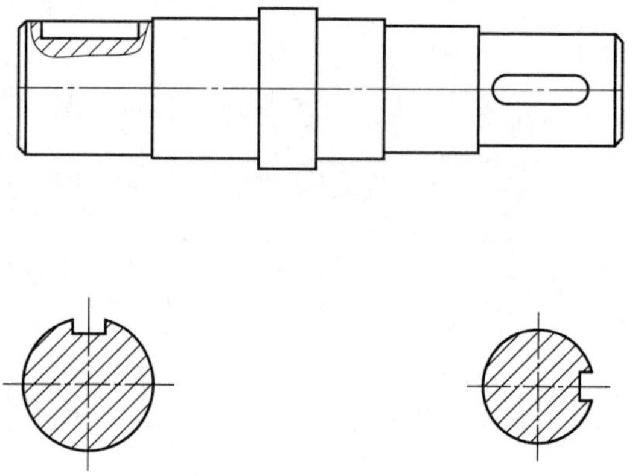

图 3—170　填充剖面线

8. 修改细点画线

（1）选择轴的水平中心线，单击左侧夹点，向左移动光标，输入“5”，按回车键，单击右侧夹点，向右移动光标，输入“5”，按回车键，结果如图 3—171 所示。

（2）若细点画线与轮廓线未相交于线段处，可单击“默认”→“修改”→“打断于点”按钮，启动“打断于点”命令，将细点画线进行打断，使细点画线与轮廓线在线段处相交，如图 3—171 所示。

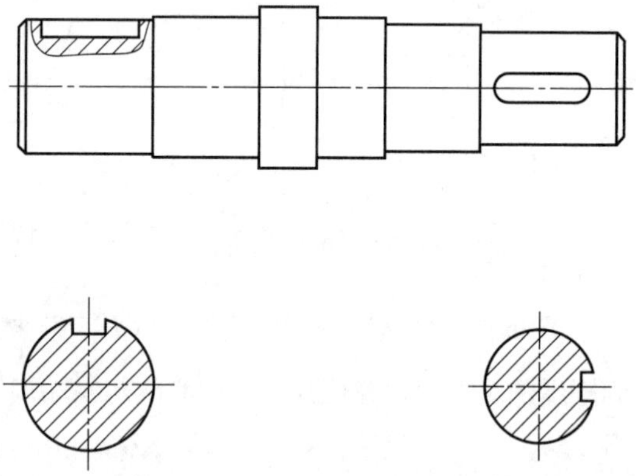

图 3—171　修改细点画线

巩固练习

1. 绘制如图 3—172 所示的图形（不标注尺寸）。

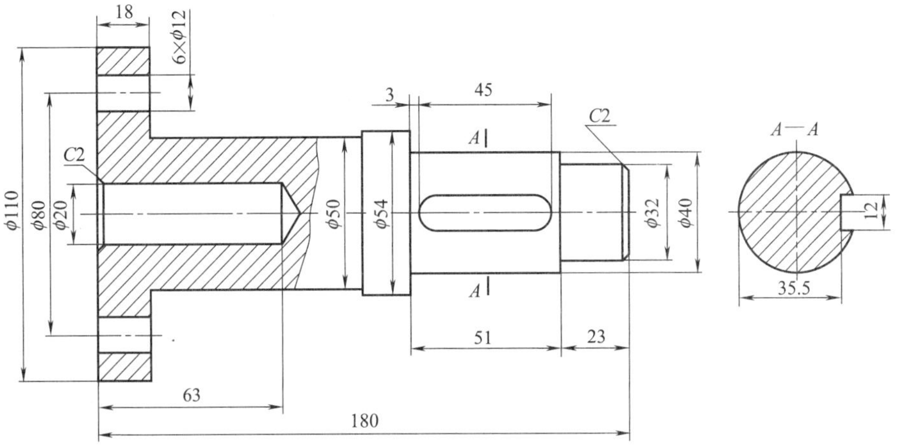

图 3—172　绘制多段线、样条曲线练习（一）

2. 绘制如图 3—173 所示的图形（不标注尺寸）。

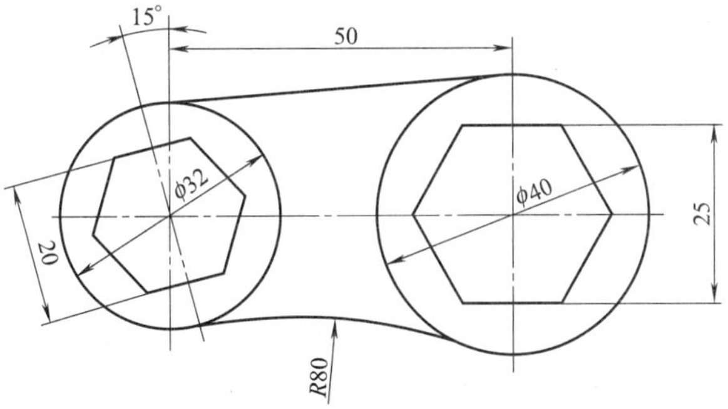

图 3—173　绘制多段线、样条曲线练习（二）

【操作提示】

首先绘制右端的正六边形，然后利用“移动”“缩放”及“旋转”命令绘制左端正六边形。

项目四　文字与尺寸标注

任务 1　文 字 操 作

学习目标

1. 掌握文字样式的创建、编辑与选择方法。

2. 掌握“多行文字”命令和“单行文字”命令的用法。

任务分析

与一般的几何对象（如直线、圆、圆弧等）相比，文字对象是一种比较特殊的图元，它是工程图中不可缺少的重要组成部分，可以对图形不便于表达的内容加以说明，使图形的含义更加清晰透彻、一目了然。图样说明、技术要求和标题栏中的文字等都属于文字对象。

AutoCAD 2018 提供了很强的文字处理功能，如文字样式的设置、单行文字和多行文字等。本任务将详细介绍 AutoCAD 中有关文字创建和编辑的命令，并通过给如图 4—1a 所示平面图形填加图 4—1b 所示注释和技术要求来介绍文字命令的具体操作方法。

相关知识

1. 创建和修改文字样式

（1）创建文字样式

文字样式决定了文字的特性，如字体、角度和尺寸等，因此在创建文字对象时，设置文字样式是首要的任务。在 AutoCAD 2018 中，用户可以根据自己的需要自定义文字样式。

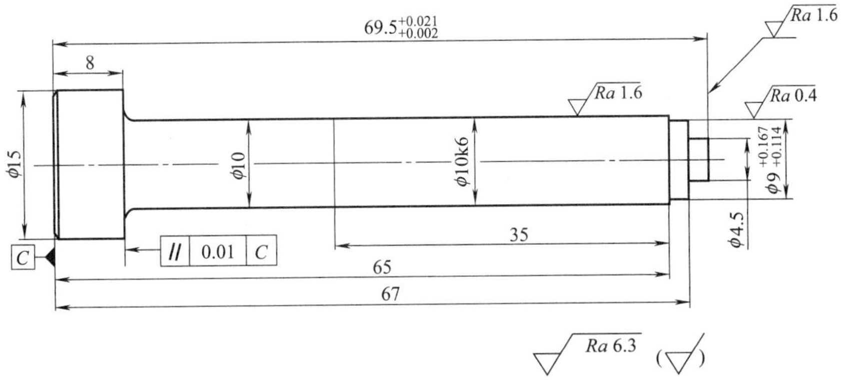

a)

名称：型芯
比例：2∶1
材料：45钢
规格：见图样
最大直径：ϕ15
数量：1个

技术要求

1. 成形头部渗氮0.005～0.015。
2. 未注线性尺寸公差为GB/T 1804—f。
3. 未注圆角半径为*R*0.5。
4. 未注倒角为*C*1。

b)

图4—1 文字标注实例

启动“文字样式”命令的方法主要有如下三种。

◇ 单击“默认”→“注释”→“文字样式”按钮。

◇ 选择菜单栏“格式”→“文字样式”命令。

◇ 在命令行输入“ST（STYLE）”，按回车键。

启动“文字样式”命令后，系统弹出“文字样式”对话框（图4—2），用户可以对文字的字体、高度、宽度因子和倾斜角度进行设置，具体步骤如下。

1）单击对话框上的“新建（N）...”按钮 新建(N)...，打开“新建文字样式”对话

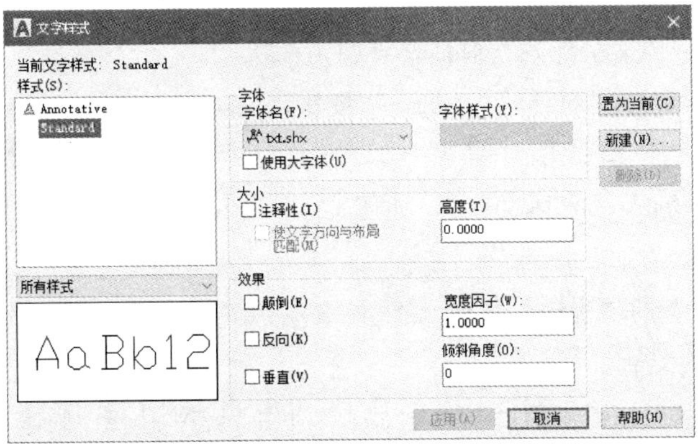

图4—2 “文字样式”对话框

框（图4—3），在其“样式名”文本框中输入新建文字样式的名称。

2）单击对话框中的“确定”按钮，返回“文字样式”对话框，在该对话框中设置好新建文字样式的各个参数。

3）单击“应用（A）”按钮 应用(A) ，完成设置。

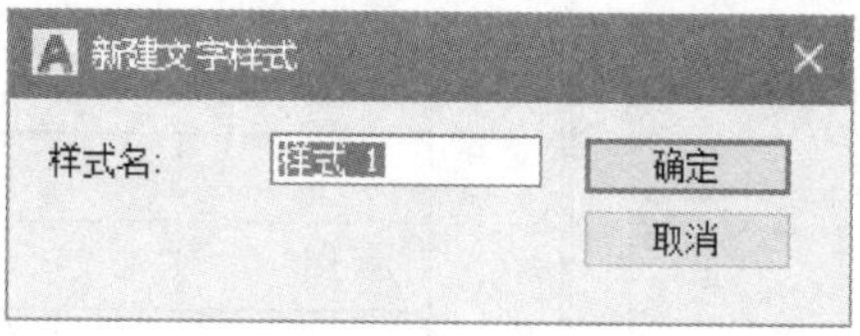

图 4—3 “新建文字样式”对话框

“文字样式”对话框中常用选项的介绍如下。

◇“新建（N）...”按钮：用于创建一个新的文字样式。

◇“置为当前（C）”按钮：将“样式（S）”列表中的某个文字样式设置为当前使用的样式。

◇“字体名（F）”下拉列表框：在此下拉列表中包含了所有字体，如宋体、楷体等，以供用户选择或修改合适的字体。

◇“高度（T）”文本框：该选项用于设置文字的高度。若在此指定了文字的高度，则在以后利用文字命令创建文字时将会默认此高度值。系统默认高度为 2.5 mm。

◇“宽度因子（W）”文本框：该选项用于设置文字的宽高比，缺省值为 1。若小于 1，文字变窄，反之文字变宽。

（2）修改文字样式

修改文字样式也在“文字样式”对话框中进行，其操作过程与创建文字样式的过程相似。需要注意的是，在修改了文字样式的各个参数后，需要单击“文字样式”对话框上的“应用（A）”按钮，使修改生效。此时，AutoCAD 系统会立即更新文本中与此文字样式相关联的文字。

例 1 创建名为“宋体文字”的文字样式。

1）新建图形文件，单击“默认”→“注释”→“文字样式”按钮，启动“文字样式”命令，系统弹出“文字样式”对话框（图 4—2）。

2）单击对话框上的“新建（N）...”按钮，打开“新建文字样式”对话框（图 4—3），在其“样式名”文本框中输入“宋体文字”，如图 4—4 所示。

3）单击对话框上的“确定”按钮（图 4—4），返回“文字样式”对话框。

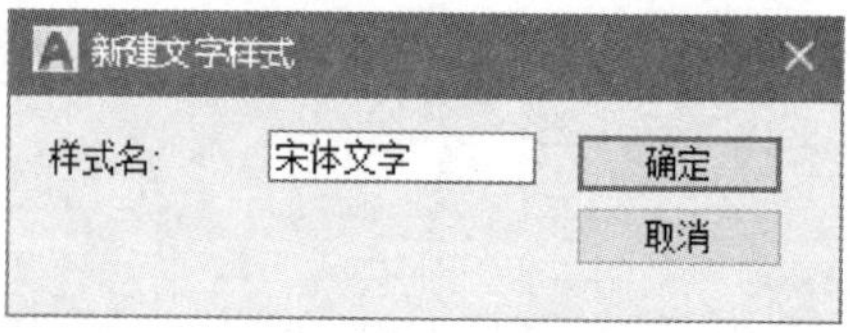

图 4—4 文字样式名设置为“宋体文字”

4）在“文字样式”对话框的“字体名（F）”下拉列表中选择“宋体”，如图 4—5 所示。

5）在“高度（T）”文本框中输入“3.5”，如图 4—6 所示。

6）单击“应用（A）”按钮，完成设置。

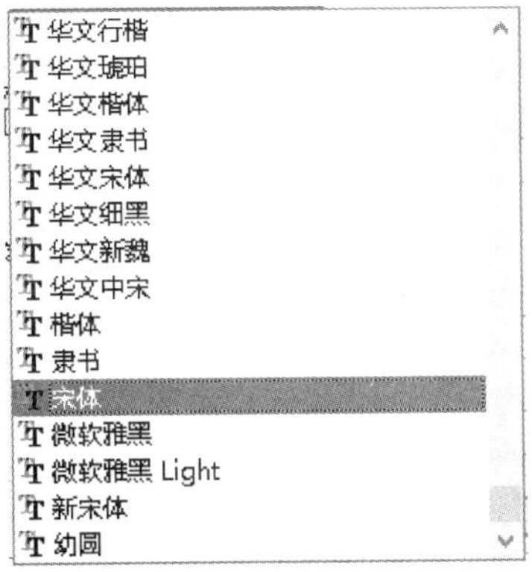

图 4—5　选择字体

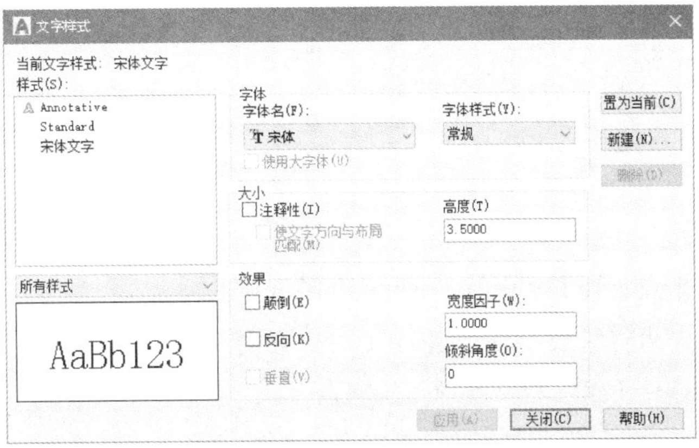

图 4—6　设置字体和高度

2. “多行文字”命令

“多行文字”命令用于创建较长且较为复杂的文字对象，如图样的技术要求等，创建的文字无论包含多少行，AutoCAD 2018 都将其视为一个单独的对象。启动“多行文字”命令的方法主要有如下几种。

◇ 单击“默认”→“注释”→“多行文字”按钮 A。

◇ 选择菜单栏“绘图”→“文字”→“多行文字”命令。

◇ 在命令行中输入“T（MTEXT）”，按回车键。

例 2　利用“多行文字”命令创建文字“中文版 AutoCAD 2018 基础与实训”。

利用上述任意一种方法启动“多行文字”命令，系统给出如下提示。

```
命令：_mtext                                        //启动“多行文字”命令
当前文字样式："Standard"  文字高度：3.5  注释性：否
指定第一角点：              //在绘图区适当位置拾取一点作为文本边框的第一角点
指定对角点或［高度(H)/对正(J)/行距(L)/旋转(R)/样式(S)/宽度(W)/栏(C)］：
              //移动光标到适当位置，单击鼠标左键拾取一点作为文本边框的第二角点
```

此时系统在功能区弹出“文字编辑器”对话框（图 4—7），同时在绘图区弹出一个文本输入窗口（图 4—8），在窗口中输入“中文版 AutoCAD 2018 基础与实训”，然后单击“文字编辑器”对话框中“段落”功能区的“居中”按钮，使输入的文本位于文本框对应行的中间。设置完毕后在绘图区的空白处单击，或单击“文字编辑器”对话框的“关闭文字编辑器”按钮，结束操作。

“多行文字”命令行中常用选项的介绍如下。

◇ 指定对角点：在绘图区选择两个点作为文本输入窗口的两个角点，AutoCAD 以这

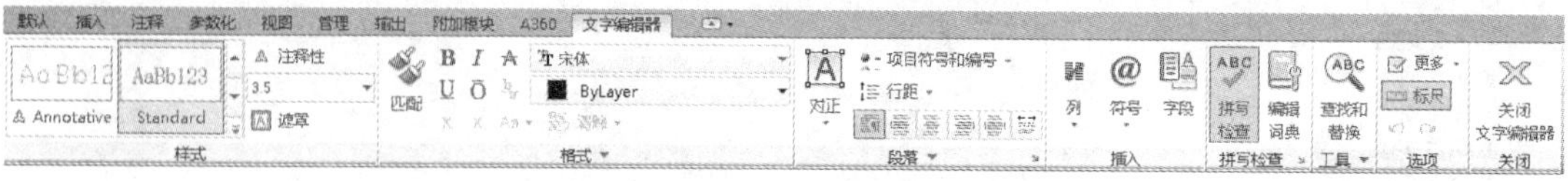

图 4—7 “文字编辑器”对话框

两个点为对角点构成一个矩形区域，其宽度作为将来要标注的多行文字的宽度，第一点作为第一行文字顶线的起点。

图 4—8 文本输入窗口

◇ 对正（J）：用于确定所标注文字的对齐方式。

◇ 行距（L）：用于确定多行文字的行间距。

◇ 旋转（R）：用于确定文本行旋转角度。

◇ 样式（S）：用于确定当前的文字样式。

◇ 宽度（W）：用于指定多行文字的宽度。

“文字编辑器”对话框用来控制文字的显示特性，可以在输入文字前设置文字的特性，也可以改变已输入文字的特性。

在“文字编辑器”对话框的“插入”功能区，系统提供了大量的文本符号，单击符号按钮@，系统会弹出如图 4—9 所示的“符号”菜单，用户可在其中选择需要的文本符号。若选择菜单中的“其他”选项，系统会弹出如图 4—10 所示的“字符映射表”对话框，给用户提供了更多的符号。

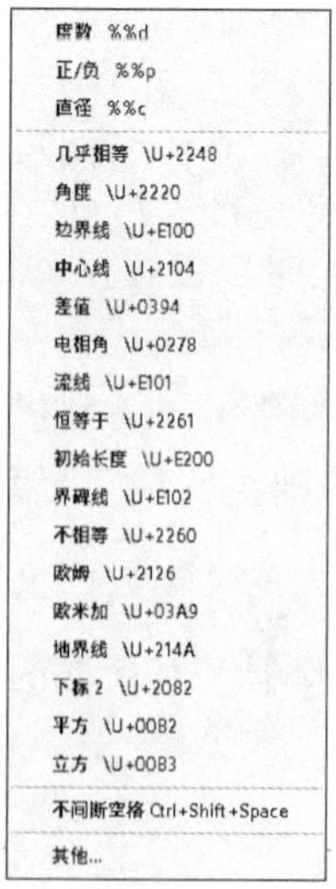

图 4—9 “符号”菜单

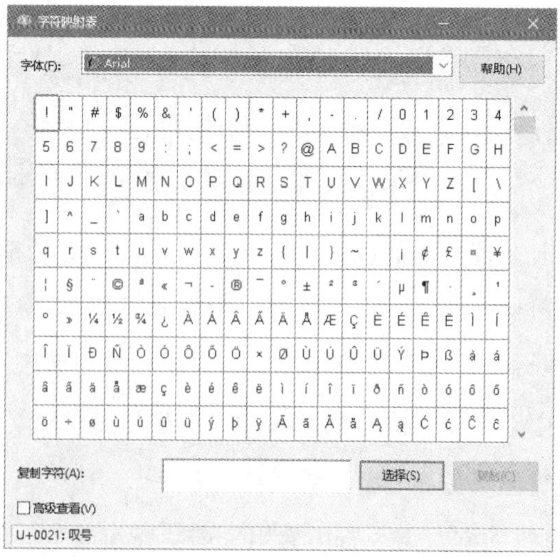

图 4—10 “字符映射表”对话框

3. “单行文字”命令

“单行文字”命令用于创建单行或多行的文字对象，所创建的每一行文字都被视为一个独立的对象。启动“单行文字”命令的方法主要有如下几种。

◇ 单击“默认”→“注释”→“单行文字”按钮 A。

◇ 选择菜单栏“绘图”→“文字”→“单行文字”命令。

◇ 在命令行中输入“TEXT（或 DTEXT）”，按回车键。

例 3　利用“单行文字”命令创建文字“AutoCAD 2018 文字”。

利用上述任意一种方法启动“单行文字”命令，系统给出如下提示。

命令：_text　　//启动“单行文字”命令

当前文字样式：“Standard”　文字高度：3.5000　注释性：否　对正：左上

指定文字的左上点 或 [对正(J)/样式(S)]：J

　　//输入“J”，按回车键，切换到“对正”模式

输入选项 [左(L)/居中(C)/右(R)/对齐(A)/中间(M)/布满(F)/左上(TL)/中上(TC)/右上(TR)/左中(ML)/正中(MC)/右中(MR)/左下(BL)/中下(BC)/右下(BR)]：TL

　　//输入“TL”，按回车键

指定文字的左上点：　　//在绘图区适当位置拾取一点作为单行文本的左上角点

指定高度<3.5000>：　　//按回车键，采用默认值

指定文字的旋转角度 <0>：　　//按回车键，采用默认值

此时可在绘图区光标的指引下，输入文本“AutoCAD 2018 文字”（图 4—11），连续两次按回车键，结束操作。

图 4—11　创建单行文本

在“对正”模式下，命令行中常用输入选项的含义如下。

◇ 左上（TL）：指定点作为文本的左上角。

◇ 右上（TR）：指定点作为文本的右上角。

◇ 中上（TC）：指定点作为文本顶部的中点。

◇ 正中（MC）：指定点作为文本的中心点。

提示

单击“多行文字”按钮下方的下拉箭头，在下拉菜单中即可找到“单行文字”按钮。

实践操作

实训 1

实训要求：

针对本任务介绍的知识点，熟练掌握 AutoCAD 2018 中文字样式、多行文字和单行文字的创建与编辑方法。

实训任务：

利用文字操作命令在图 4—1a 所示几何图形的下方完成文字注释，要求左侧文字用单行文字，右侧文字用多行文字，如图 4—12 所示。

名称：型芯

比例：2∶1

材料：45 钢

规格：见图样

最大直径：ϕ15

数量：1 个

技术要求

1. 成形头部渗氮 0.005～0.015。
2. 未注线性尺寸公差为 GB/T 1804—f。
3. 未注圆角半径为 *R*0.5。
4. 未注倒角为 *C*1。

图 4—12　文字标注示例

※源文件：AutoCAD 源文件 \ 项目四 \ 任务 1 \ 实训 1. dwg

1. 打开源文件

打开源文件，如图 4—13 所示。

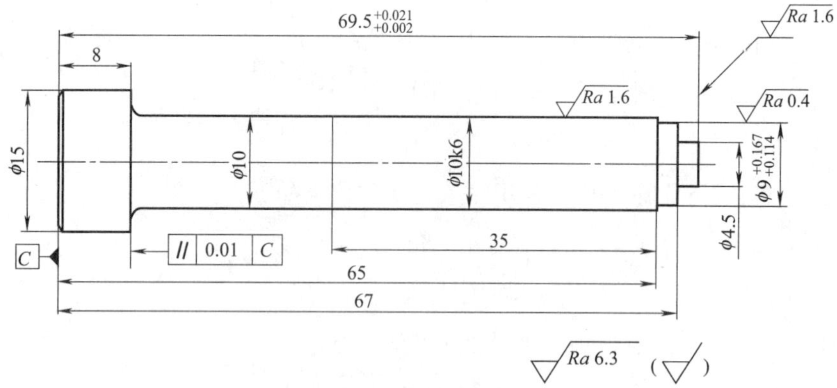

图 4—13　实训 1 源文件

操作演示

2. 新建一个名为“注释”的文字样式

（1）单击“默认”→“注释”→“文字样式”按钮，打开“文字样式”

对话框。

（2）单击“文字样式”对话框右侧的“新建（N）...”按钮，打开“新建文字样式”对话框。

（3）在“新建文字样式”对话框的“样式名”文本框内输入“注释”，如图 4—14 所示。

（4）单击“新建文字样式”对话框上的“确定”按钮，返回“文字样式”对话框，此时对话框左侧“样式（S）”列表中将会创建一个名称为“注释”的文字样式，如图 4—15 所示。

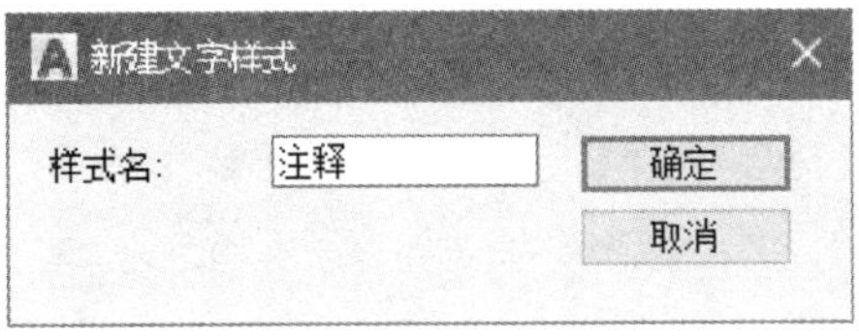

图 4—14 输入文字样式名称

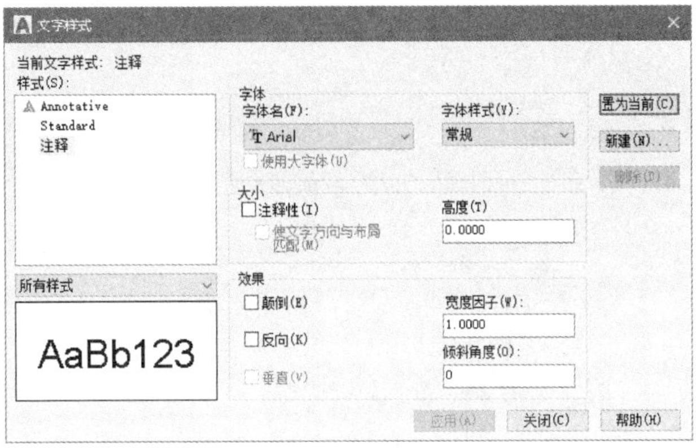

图 4—15 创建“注释”文字样式

3. 设置“注释”文字样式参数

（1）将“字体名（F）”设置为“宋体”，“高度（T）”设置为“3.5”，“宽度因子（W）”设置为“1”，其他参数采用默认设置，如图 4—16 所示。

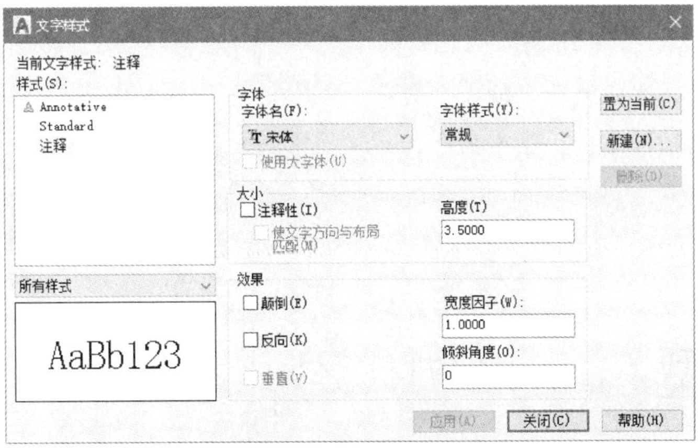

图 4—16 设置文字参数

（2）单击“文字样式”对话框中的“置为当前（C）”按钮，将此文字样式设置为当前样式。

（3）依次单击对话框下方的“应用（A）”按钮和“关闭（C）”按钮，结束设置文字样式，退出“文字样式”对话框。

4. 输入图形的文字注释

单击“默认”→“注释”→“单行文字”按钮，输入图形的文字注释，系统给出如下提示。

```
命令：_text                                                //启动“单行文字”命令
当前文字样式：“注释”  文字高度：3.5000  注释性：否  对正：左
指定文字的起点 或［对正(J)/样式(S)］：J
                                      //输入“J”，按回车键，切换到“对正”模式
输入选项［左(L)/居中(C)/右(R)/对齐(A)/中间(M)/布满(F)/左上(TL)/中上(TC)/右上(TR)/左中(ML)/正中(MC)/右中(MR)/左下(BL)/中下(BC)/右下(BR)］：TL
                                                          //输入“TL”，按回车键
指定文字的左上点：          //在图形下方适当位置拾取一点作为文字的起始点
指定高度<3.5000>：                                    //按回车键，采用默认值
指定文字的旋转角度 <0>：                        //按回车键，采用默认设置“0”
```

（1）输入“名称：型芯”，如图 4—17 所示。

（2）按回车键，光标换行，输入“比例：2∶1”，如图 4—18 所示。

（3）按回车键，光标换行，输入“材料：45 钢”。

（4）按回车键，光标换行，输入“规格：见图样”。

（5）按回车键，光标换行，输入“最大直径：%%C15”（当输入“%%C”时，AutoCAD 系统会自动将其转换为 ϕ）。

（6）按回车键，光标换行，输入“数量：1 个”。

（7）连续两次按回车键，结束命令，文字创建结果如图 4—19 所示。

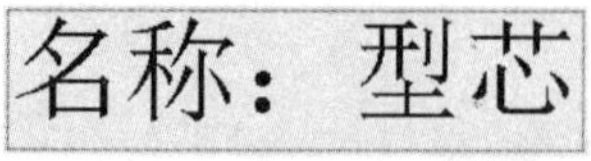

图 4—17　创建第一行文字

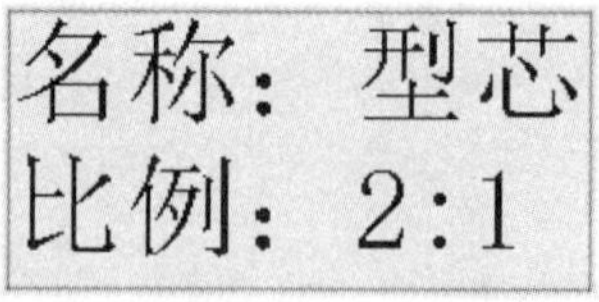

图 4—18　创建第二行文字

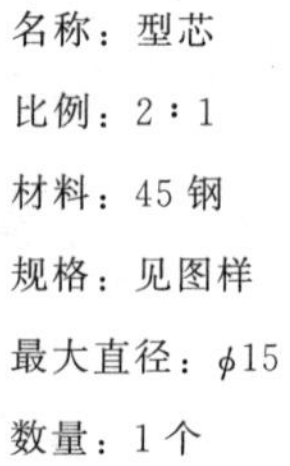

图 4—19　单行文字创建结果

5. 输入技术要求

单击“默认”→“注释”→“多行文字”按钮，启动“多行文字”命令，系统给出如下提示。

命令：_mtext　//启动“多行文字”命令
当前文字样式：“注释”　文字高度：3.5　注释性：否
指定第一角点：　//在图形下方适当位置拾取一点作为区域第一角点
指定对角点或［高度(H)/对正(J)/行距(L)/旋转(R)/样式(S)/宽度(W)/栏(C)］：
//移动光标到适当位置再拾取一点作为区域对角点

(1) 拾取对角点后，系统弹出“文字编辑器”对话框，在“文字高度”文本框中输入“5”，按回车键，其他设置采用默认设置。在文字编辑区输入文字“技术要求”，如图 4—20 所示。

图 4—20　输入文字“技术要求”

(2) 按回车键，光标换行，将文字高度设置为“3.5”，输入第二行文字“1. 成形头部渗氮 0.005～0.015。”。

(3) 按回车键，光标换行，输入第三行文字“2. 未注线性尺寸公差为 GB/T 1804—f。”。

(4) 按回车键，光标换行，输入第四行文字“3. 未注圆角半径为 *R*0.5。”。

(5) 按回车键，光标换行，输入第五行文字“4. 未注倒角为 *C*1。”。

以上输入结果如图 4—21 所示。

(6) 将光标移到“技术要求”行中，单击“文字编辑器”对话框中“段落”功能区的“居中”按钮，结果如图 4　22 所示。

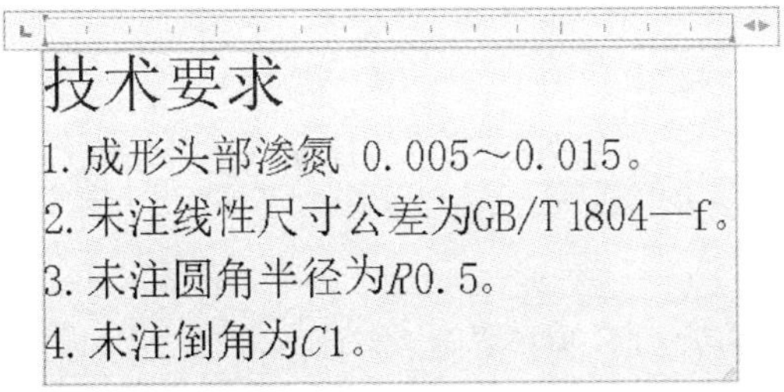

图 4—21　输入技术要求的内容

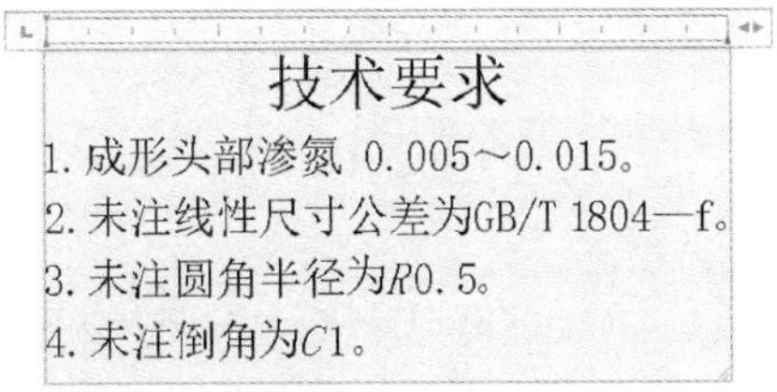

图 4—22　排版

（7）在绘图区的空白处单击，或单击“文字编辑器”对话框的“关闭文字编辑器”按钮，结束操作，结果如图 4—23 所示。

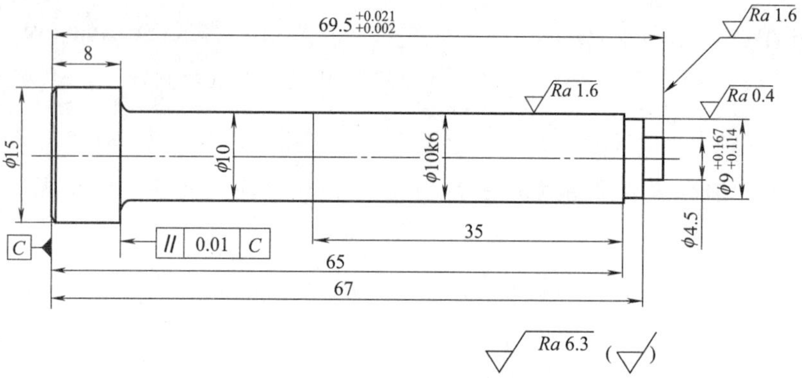

名称：型芯
比例：2∶1
材料：45钢
规格：见图样
最大直径：ϕ15
数量：1个

技术要求

1. 成形头部渗氮0.005～0.15。
2. 未注线性尺寸公差为 GB/T 1804—f。
3. 未注圆角半径为R0.5 。
4. 未注倒角为C1。

图 4—23　文字标注结果

巩固练习

1. 利用“多行文字”命令输入文字时，如何设置文字的高度和对齐方式？

2. 利用文字操作命令输入图 4—24 所示文字内容，其中所有文字字体都为宋体，“说明”两个字的高度为“5”，其余字高为“3.5”。

说　明

1. 该塑件要求外表面光滑平整，不允许有飞边、毛刺及其他外观上明显的缺陷，色泽要求均匀一致，不允许有气泡、裂纹、划痕和缩孔等缺陷。

2. 本模具的注射成形周期为 25 s，模具温度 50～70 ℃，预热 80～90 ℃（2 h 左右）。

3. 本模具是一套一模一腔的塑料注射模，采用的注射机是 SZ-1600。

4. 此模具为简单的一次分型模，其开模行程为 312 mm（包含模具厚度）。

5. 为了防止模具在工作过程中施于导柱过大的侧向力，特在模具的四周各设置了一个直边锁紧块。

6. 为了降低凸凹模工作面的加工难度，特在其四周开设了圆角槽并用楔形块将其锁紧。

7. 试模完成后，在模具所有模板同侧打上标记，以便装卸。

图 4—24　文字标注练习

任务 2　创建尺寸标注样式

学习目标

1. 掌握标注样式的创建与修改方法。
2. 掌握标注文字外观、位置和对齐方式的设置方法。
3. 掌握尺寸线、尺寸界线格式的设置方法。
4. 掌握符号、箭头和尺寸精度的设置方法。

任务分析

尺寸是工程图中的一项重要内容，它描述设计图形各组成部分的大小及其相对位置关系，是实际生产的重要依据。标注尺寸在绘制图样中是一个重要环节，正确的尺寸标注是产品生产的保证。

标注样式是指标注尺寸的外观，比如标注文字的样式、箭头类型、颜色等。尺寸标注样式由 AutoCAD 2018 系统提供的多个尺寸变量来控制，用户可以根据需要对其进行设置并保存。本任务将介绍 AutoCAD2018 中标注样式的创建以及设置等基础知识，并通过实际创建和设置标注样式实例来掌握标注样式的创建方法及相关属性（如标注文字、尺寸线、箭头等）的设置方法。

相关知识

1. 尺寸标注的组成

尺寸标注是一个复合对象，它以块的形式存储在图形中，其组成元素包括尺寸线、尺寸界线、标注文字和箭头等，如图 4—25 所示。

◇ 标注文字：用于表示图形大小的数值。

◇ 尺寸线：表明尺寸长短并指明标注的方向。

◇ 尺寸界线：用于标明标注范围，控制尺寸线的位置。

◇ 箭头：用于指出测量的开始和结束位置。

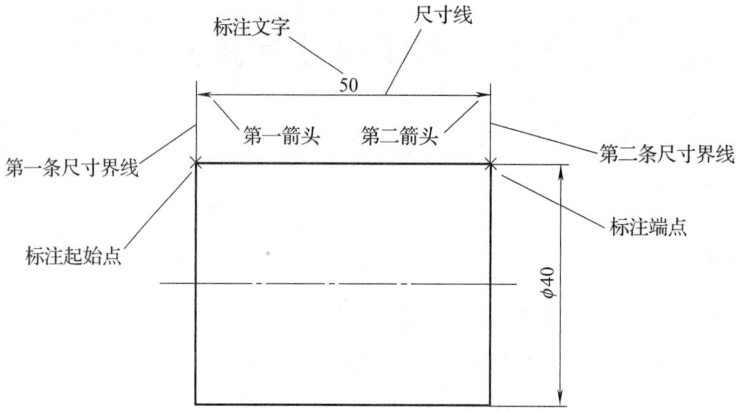

图 4—25　尺寸标注的组成

◇ 标注起始点：它是标注对象的起始点，AutoCAD 系统测量的数据均以起始点为计算点。

◇ 标注端点：它是标注对象的终点，AutoCAD 系统测量的数据均以端点为结束点。

2. 新建与修改标注样式

标注尺寸的外观是由标注样式控制的，在默认状态下，AutoCAD 2018 提供了一个标注样式“ISO-25”，用户可以修改此样式的设置或新建自己的标注样式。

启动“标注样式”命令的方法主要有以下几种。

◇ 单击“默认”→“注释”→“标注样式”按钮。

◇ 选择菜单栏“格式”→“标注样式”命令。

◇ 在命令行中输入“D（DIMSTYLE）”，按回车键。

（1）新建标注样式

1）启动“标注样式”命令后，系统弹出“标注样式管理器”对话框，如图 4—26 所示。

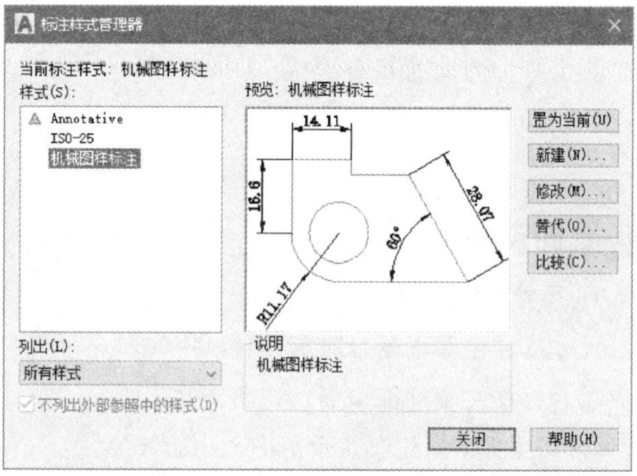

图 4—26　“标注样式管理器”对话框

“标注样式管理器”对话框中常用选项的含义如下。

◇“置为当前（U）”按钮：将“样式（S）”列表中的某个标注样式设置为当前使用的样式。

◇“新建（N）...”按钮：创建一个新的标注样式。

◇“修改（M）...”按钮：修改已有的某个标注样式。

2）在“标注样式管理器”对话框中，单击“新建（N）...”按钮，系统弹出“创建新标注样式”对话框（图 4—27），在该对话框中输入新建样式的名称，选择基础样式和使用范围。

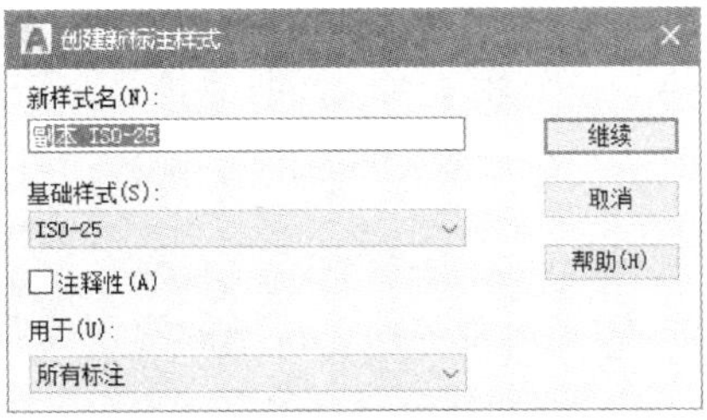

图 4—27　“创建新标注样式”对话框

“创建新标注样式”对话框中各选项的含义如下：

◇“新样式名（N）”文本框：用于输入新标注样式的名字。

◇“基础样式（S）”下拉列表框：选择一种基础样式，新样式将在该基础样式上修改。

◇“用于（U）”下拉列表框：用于指定标注样式的使用范围（若选择特定的范围，则创建子样式）。使用范围有“所有标注”“线性标注”等，一般情况下，使用范围设置为“所有标注”。

3）在“创建新标注样式”对话框中，单击“继续”按钮，系统弹出“新建标注样式”对话框，如图 4—28 所示。该对话框有七个选项卡，在这些选项卡中用户可以设置各参数。设置完成后单击“确定”按钮，即完成一个新标注样式的创建。

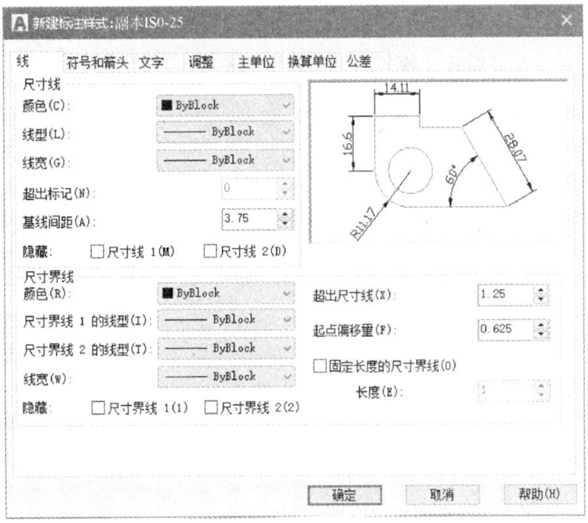

图 4—28　“新建标注样式”对话框

（2）修改标注样式

1）单击“默认”→“注释”→“标注样式”按钮，系统弹出“标注样式管理器”对话框。

2）选中要修改的标注样式，然后单击对话框上的“修改（M）...”按钮，进入“修改标注样式”对话框（格式和内容与“新建标注样式”对话框相同），可根据需要修改对话框各选项卡中的参数，完成后单击“确定”按钮即可完成标注样式的修改。

3. 设置尺寸线和尺寸界线

如图 4—28 所示，使用“线”选项卡可以设置尺寸线和尺寸界线的颜色、线型、线宽等参数。

(1)“尺寸线”区域的常用设置

◇“超出标记(N)”文本框：用于决定尺寸线超出尺寸界线的长度。若尺寸线两端是箭头，则此项无效，若“符号和箭头”选项卡的“箭头”区域中设定箭头的形式是“倾斜”或“建筑标记”等时，则该项有效。在建筑制图(图 4—29)的尺寸标注中经常用到这个选项。

(2)“尺寸界线”区域的常用设置

◇“超出尺寸线(X)”文本框：用于控制尺寸界线超出尺寸线的长度，如图 4—30 所示。

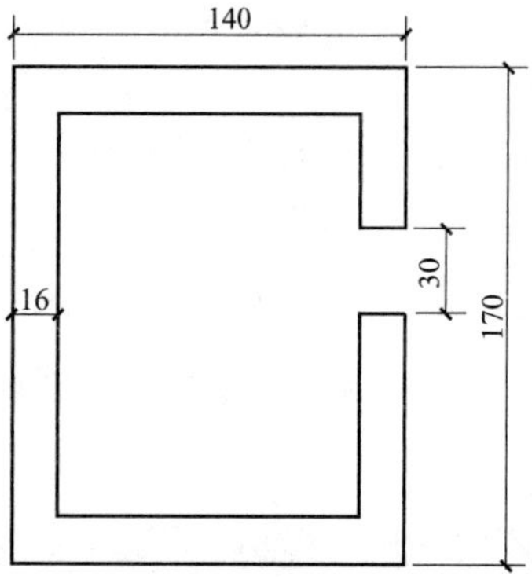

图 4—29　设置尺寸线超出尺寸界线的长度

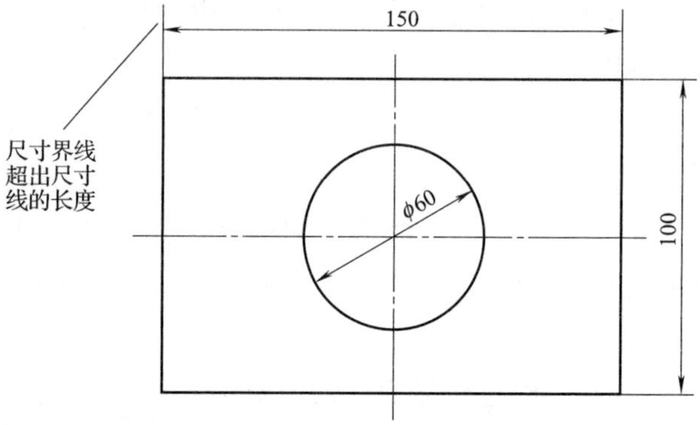

图 4—30　设置尺寸界线超出尺寸线的长度

◇“起点偏移量(F)”文本框：用于控制尺寸界线起点与标注对象端点间的距离，如图 4—31 所示。

4. 设置箭头

如图 4—32 所示，使用“符号和箭头”选项卡可以设置箭头的样式与大小。

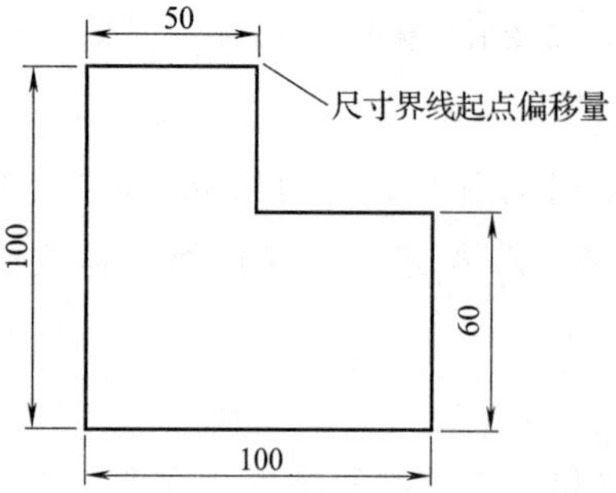

图 4—31　控制尺寸界线起点偏移量

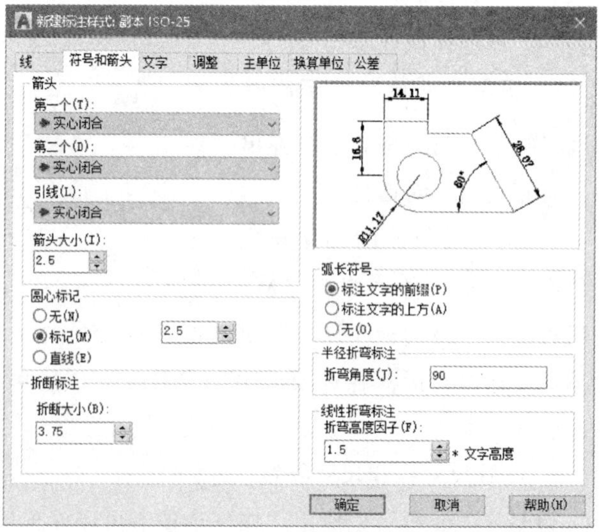

图 4—32　“符号和箭头”选项卡

“符号和箭头”选项卡中，“箭头”区域的常用设置介绍如下。

◇“第一个（T）”和“第二个（D）”下拉列表框：用于选择尺寸线两端箭头的样式。AutoCAD 2018 提供了多种箭头样式，通过调整两个列表框中的箭头样式就可以控制尺寸线两端箭头的类型。如选择了第一个箭头的样式，第二个箭头也将采用相同的样式。若要使它们不同，就需要在第一个下拉列表和第二个下拉列表中分别进行选择。

◇“箭头大小（I）”文本框：用于设置箭头的大小。

5. 设置标注文字

如图 4—33 所示，使用“文字”选项卡可以设置文字的外观、位置及对齐方式。

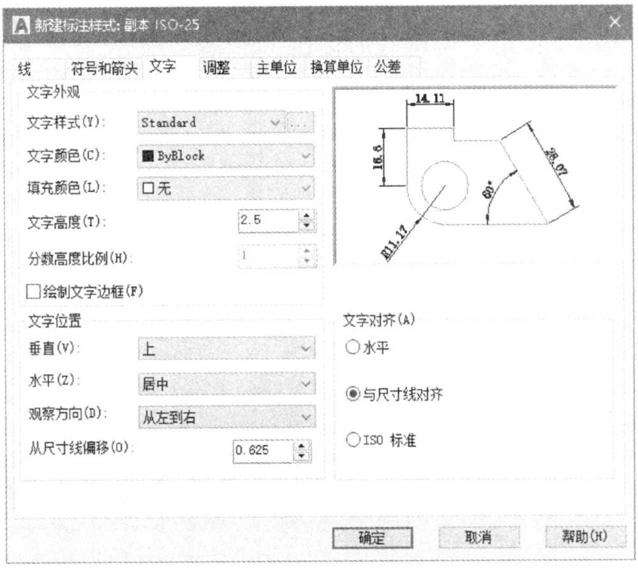

图 4—33　“文字”选项卡

（1）“文字外观”区域的常用设置

◇“文字样式（Y）”下拉列表框：用于选择文字样式。

◇“文字高度（T）”文本框：用于设置标注文字的高度。若在文字样式的创建中设置了文字高度，则在此框中设置的文字高度是无效的。

（2）“文字位置”区域的常用设置

◇“垂直（V）”下拉列表框：用于决定标注文字的放置位置，系统提供了五个选项，其功能见表 4—1。

表 4—1　“垂直（V）”下拉列表框中各选项的功能

选项	功能
居中	尺寸线断开，标注文字放置在断开处
上	标注文字放置在尺寸线上方

续表

选项	功能
外部	以尺寸线为基准，将标注文字放置在距标注对象最远的那一边
JIS	标注文字的放置方式遵循日本工业标准
下	标注文字放置在尺寸线下方

◇“从尺寸线偏移（O）”文本框：用于设定标注文字与尺寸线间的距离。当标注文字在尺寸线的中间（尺寸线断开）时，其值表示断开处尺寸线端点与标注文字之间的距离，如图 4—34 所示。

（3）“文字对齐（A）”区域的常用设置

◇“水平”单选按钮：用于使所有的标注文字水平放置。

◇“与尺寸线对齐”单选按钮：用于使标注文字与尺寸线对齐。

◇“ISO 标准”单选按钮：当标注文字在两条尺寸界线的内部时，标注文字与尺寸线对齐，否则，标注文字水平放置。

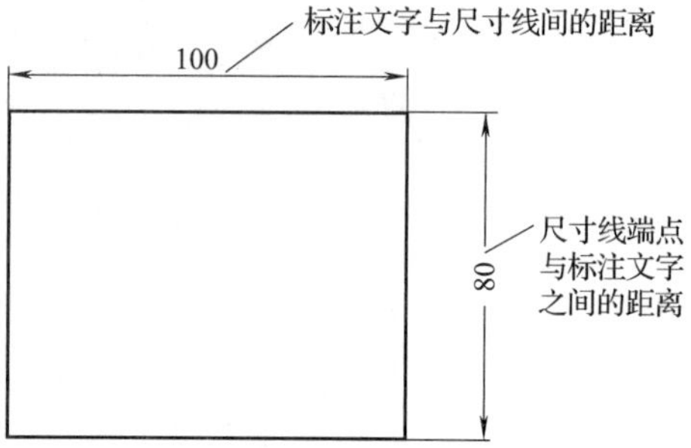

图 4—34　设置标注文字的位置

6. 设置线性尺寸和角度尺寸的精度

如图 4—35 所示，使用“主单位”选项卡可以设置尺寸的精度。

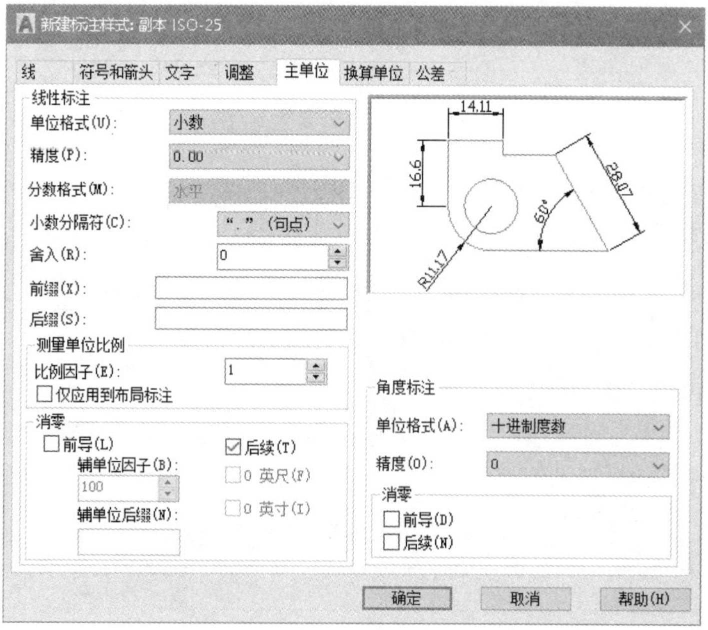

图 4—35　“主单位”选项卡

(1)“线性标注”区域的常用设置

◇“单位格式(U)”下拉列表框：用于选择所需的长度单位类型。当选择某种单位类型时，对话框上的预览区域会显示出相应类型的单位形式。

◇“精度(P)”下拉列表框：用于设定长度尺寸数字的精度，即小数点后显示的位数。

◇“小数分隔符(C)”下拉列表框：若单位类型是十进制，则可在此下拉列表中选择分隔符的形式。AutoCAD 系统提供了逗号、句点和空格三种分隔符。

◇“比例因子(E)”文本框：用于输入尺寸数字的缩放比例因子。标注尺寸时，AutoCAD 2018用此比例因子乘以真实的测量数值，然后将结果作为标注数值。

(2)“角度标注”区域的常用设置

◇“单位格式(A)”下拉列表框：用于选择所需的角度单位类型。

◇“精度(O)”下拉列表框：用于设定角度尺寸数字的精度。

7. 设置“调整”参数

如图 4—36 所示，使用“调整”选项卡可以设置尺寸的文字与尺寸线、尺寸界线之间的位置。

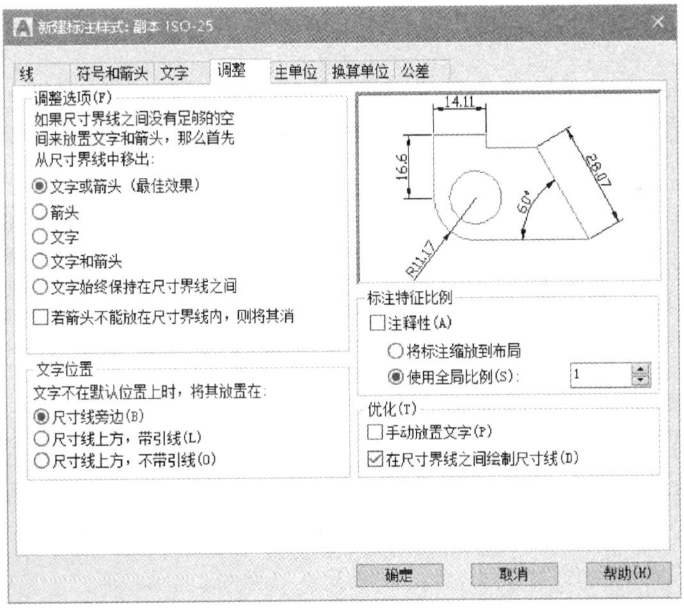

图 4—36 “调整”选项卡

(1)“调整选项(F)”区域的常用设置

◇“文字或箭头（最佳效果）”单选按钮：用于自动调整文字与箭头位置，使二者达到最佳效果。

◇“箭头”单选按钮：用于将箭头移到尺寸界线外。

◇“文字”单选按钮：用于将文字移到尺寸界线外。

◇“文字和箭头”单选按钮：用于将文字与箭头都移到尺寸界线外。

◇“文字始终保持在尺寸界线之间”单选按钮：用于将文字放置在尺寸界线之间。

(2)“文字位置”区域的常用设置

◇“尺寸线旁边（B)”单选按钮：用于将文字放置在尺寸线旁边。

◇“尺寸线上方，带引线（L)”单选按钮：用于将文字放置在尺寸线上方，并加注引线。

◇“尺寸线上方，不带引线（O)”单选按钮：用于将文字放置在尺寸线上方，不加注引线。

(3)“标注特征比例”区域的常用设置

◇“使用全局比例（S)”单选按钮：用于设置标注的比例因子，默认为1。

(4)“优化（T)”区域的常用设置

◇“手动放置文字（P)”复选框：用于手动放置标注文字。

◇“在尺寸界线之间绘制尺寸线（D)”复选框：表示在标注圆弧或圆时，尺寸线始终在尺寸界线之间。

实践操作

实训2

实训要求：

针对本任务介绍的知识点，熟练掌握AutoCAD 2018中标注样式的创建及设置方法。

实训任务：

创建一个名为“线性尺寸”的新标注样式，并保存为“制图样板2.dwt”，其设置要求如下。

(1) 尺寸界线超出尺寸线的长度为“2”，起点偏移量为“0”。

(2) 箭头的大小为“3”，箭头形式采用实心闭合形式。

(3) 文字样式为“宋体”，文字的高度为“3”。

(4) 文字的垂直和水平位置均采用默认设置，文字偏移尺寸线的距离为“1”，文字对齐方式为“与尺寸线对齐”。

(5) 小数分隔符采用句点。

(6) 线性尺寸的单位格式设置为“小数”，精度设置为“0.00”。

(7) 其余样式参数均采用默认设置。

1. 新建图形文件

新建一个图形文件，图形样板选择“制图样板1.dwt”。

操作演示

2. 创建文字样式

创建一个名为“宋体”的文字样式，其设置参数如图 4—37 所示。

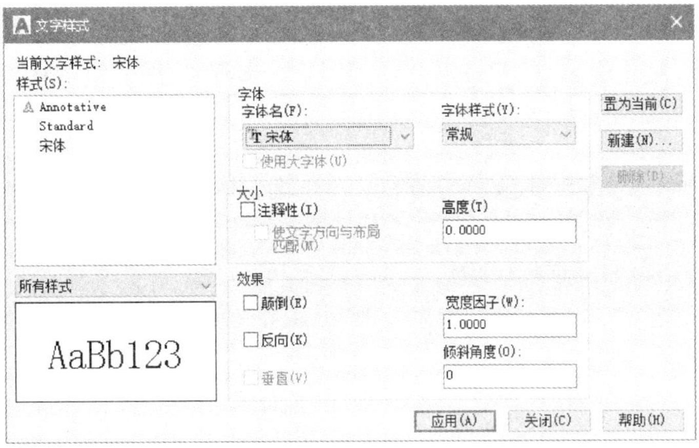

图 4—37　创建“宋体”文字样式

3. 创建标注样式

（1）单击“默认”→“注释”→“标注样式”按钮，系统弹出“标注样式管理器”对话框。

（2）单击对话框上的“新建（N）...”按钮，系统弹出“创建新标注样式”对话框，在“新样式名（N）”文本框中输入“线性尺寸”，如图 4—38 所示。

（3）单击“创建新标注样式”对话框的“继续”按钮，进入“新建标注样式：线性尺寸”对话框，设置“线”选项卡的参数，将“超出尺寸线（X）”设置为“2”，“起点偏移量（F）”设置为“0”，其他参数采用默认设置，如图 4—39 所示。

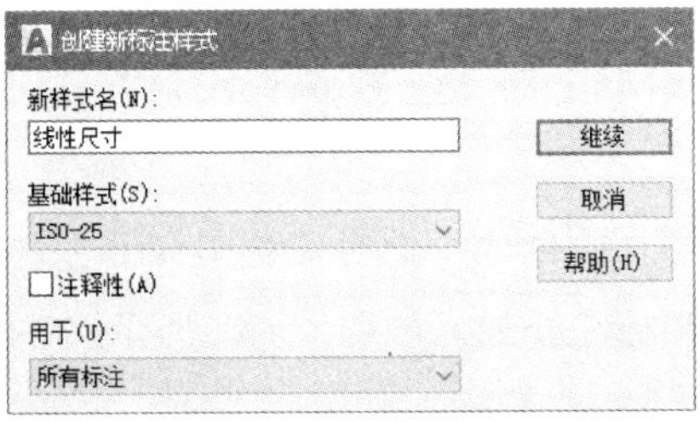

图 4—38　创建“线性尺寸”标注样式

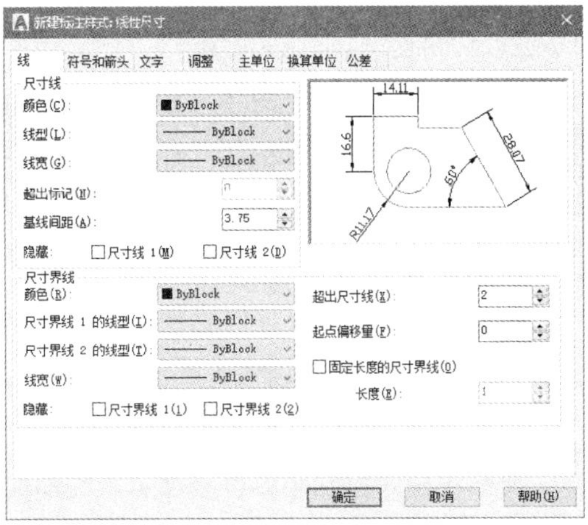

图 4—39　设置“线”选项卡的参数

（4）切换到“符号和箭头”选项卡，将“箭头大小（I）”设置为“3”，其他参数采用默认设置，如图 4—40 所示。

（5）切换到“文字”选项卡，将“文字样式（Y）”设置为“宋体”，“文字高度（T）”设置为“3”，“从尺寸线偏移（O）”设置为“1”，其他参数采用默认设置，如图 4—41 所示。

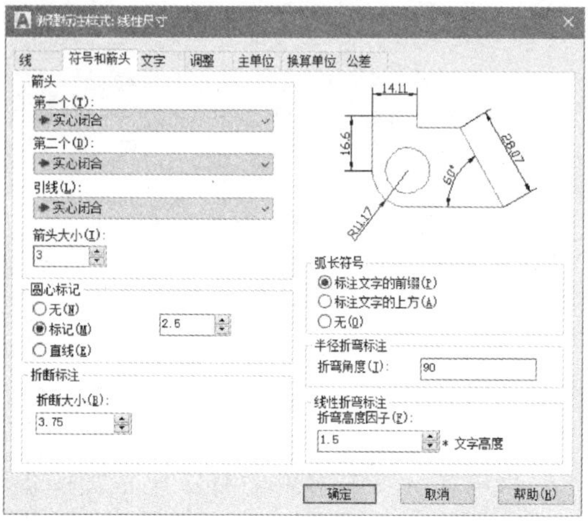

图 4—40　设置“符号和箭头”选项卡参数

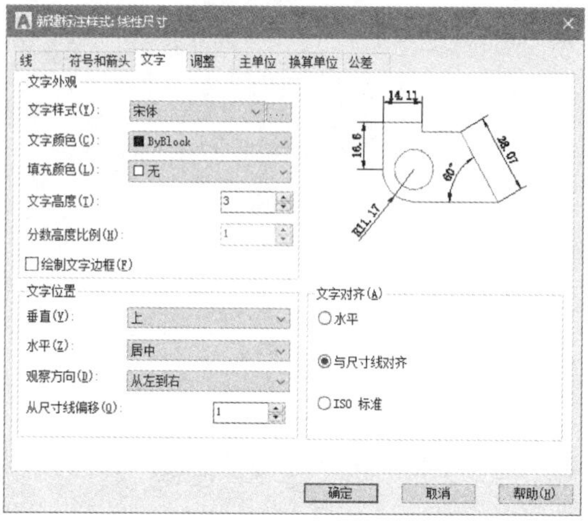

图 4—41　设置“文字”选项卡参数

提示　文字样式中选择的“宋体”样式就是第 2 步中创建的“宋体”样式，如果不创建新的文字样式，此处的“文字样式（Y）”下拉列表框中只提供一种样式“Standard”。

（6）切换到“主单位”选项卡，将“线性标注”区域的“单位格式（U）”设置为“小数”，“精度（P）”设置为“0.00”，其他参数采用默认设置，如图 4—42 所示。

（7）单击对话框上的“确定”按钮，标注样式设置完毕，系统返回“标注样式管理器”对话框，此时对话框的“样式（S）”列表中会增加一个“线性尺寸”样式，如图 4—43 所示。

4. 将“线性尺寸”标注样式置为当前标注样式

（1）选中“线性尺寸”标注样式，然后单击对话框上的“置为当前（U）”按钮，将“线性尺寸”标注样式设置为当前标注样式。

（2）单击对话框上的“关闭”按钮，结束标注样式的创建。此时，绘图区上方的文字样式和标注样式控制区内将会显示当前的文字样式和标注样式，如图 4—44 所示。

5. 保存设置

将文件另存为“制图样板 2. dwt”。

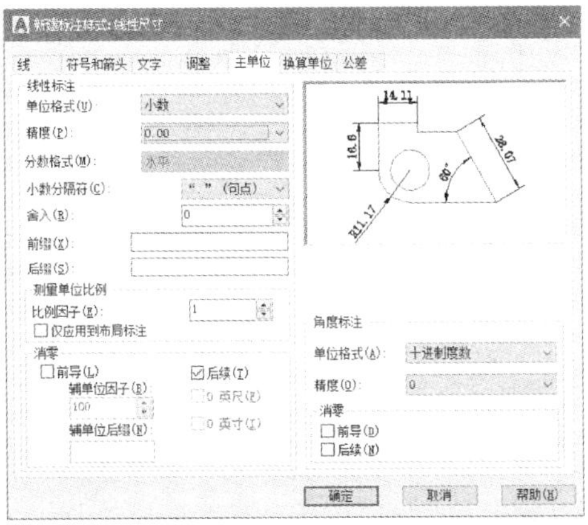

图 4—42　设置“主单位”选项卡参数

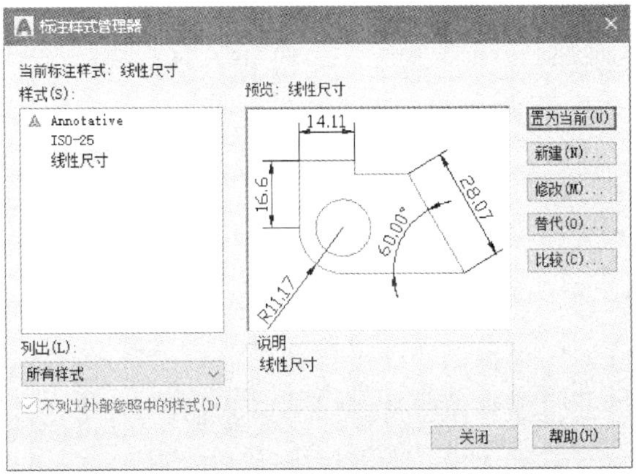

图 4—43　“线性尺寸”标注样式的创建结果

在使用该模板进行制图时，可以采用“线性尺寸”标注样式进行尺寸标注，如图 4—45 所示。

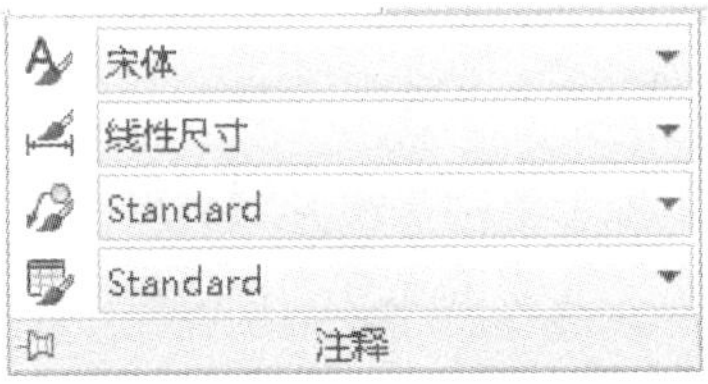

图 4—44　当前文字样式和标注样式

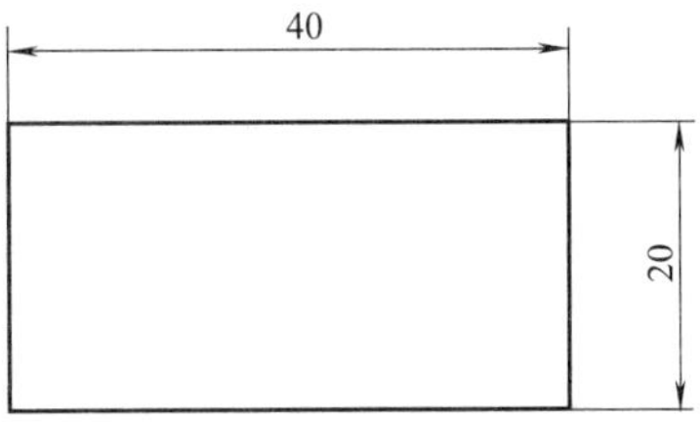

图 4—45　“线性尺寸”标注样式下的尺寸标注

巩固练习

1. 在创建标注样式前，为什么要先创建或修改文字样式？

2. 对上述实训任务中创建的“线性尺寸”标注样式进行修改，修改要求如下。

（1）将尺寸界线的“起点偏移量（F）”改为“1”。

（2）将箭头的类型改为“倾斜”。

（3）将尺寸线的“超出标记（N）”改为“2”。

（4）将文字位置的“从尺寸线偏移（O）”改为“2.5”。

利用修改后的标注样式进行尺寸标注后的显示样式如图 4—46 所示。

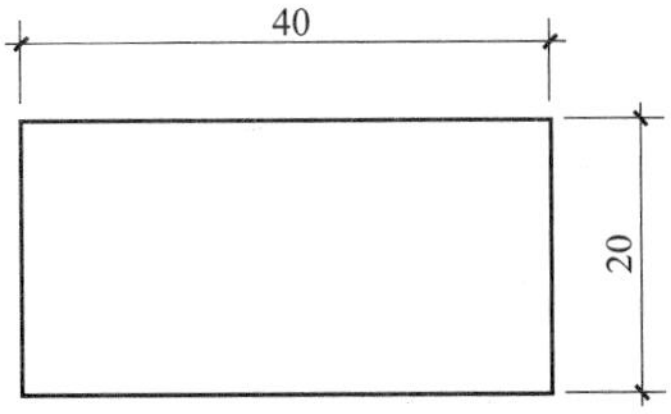

图 4—46　修改尺寸标注样式的练习

任务3 标注图形基本尺寸

学习目标

1. 掌握用“线性”和“对齐”命令标注尺寸的方法。
2. 掌握用“角度”命令标注尺寸的方法。
3. 掌握用“直径”和“半径”命令标注尺寸的方法。

任务分析

无论是一个简单的图形还是一个复杂的图形，都是由一系列直线段和圆弧等基本构图元素组成的。在工程绘图中，经常会为图形中的这些构图元素标注其相应的线性尺寸和角度尺寸等。为了满足标注尺寸的要求，AutoCAD 2018 提供了多种尺寸标注命令，如“线性”“对齐”“角度”“直径”和“半径”等命令。本任务将具体介绍有关这些标注命令的基础知识，并通过给图 4—47 和图 4—48 所示图形标注尺寸来介绍 AutoCAD 中常用标注命令的应用方法。

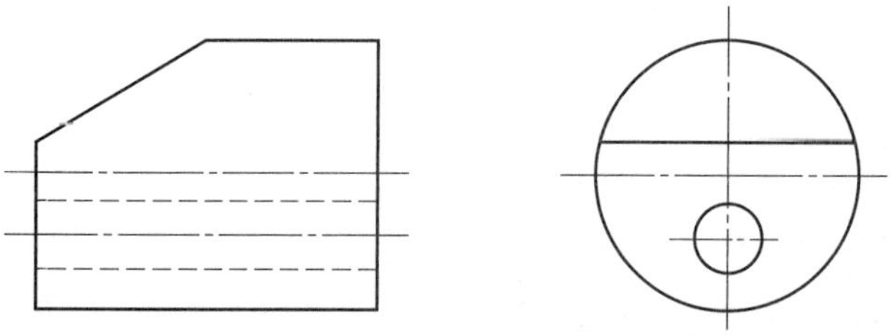

图 4—47　标注图形基本尺寸实例（一）

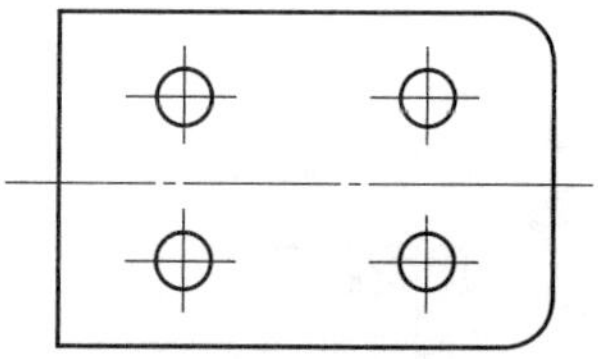

图 4—48　标注图形基本尺寸实例（二）

相关知识

1. “线性”命令

“线性”命令用于标注对象的线性距离或长度，可以进行水平标注和竖直标注。水平标注用于标注对象上两点在水平方向的距离，尺寸线沿水平方向放置；竖直标注用于标注对象上两点在竖直方向的距离，尺寸线沿竖直方向放置。在 AutoCAD 2018 中启动“线性”命令的方法主要有如下三种。

◇单击“默认”→“注释”→“线性”按钮 （单击“线性”按钮右侧的下拉箭头，可以打开“标注”菜单找到其他标注命令，如图 4—49 所示）。

◇选择菜单栏“标注”→“线性”命令。

◇在命令行输入“DIMLIN”，按回车键。

例 1　利用“线性”命令标注图 4—50 所示矩形的尺寸。

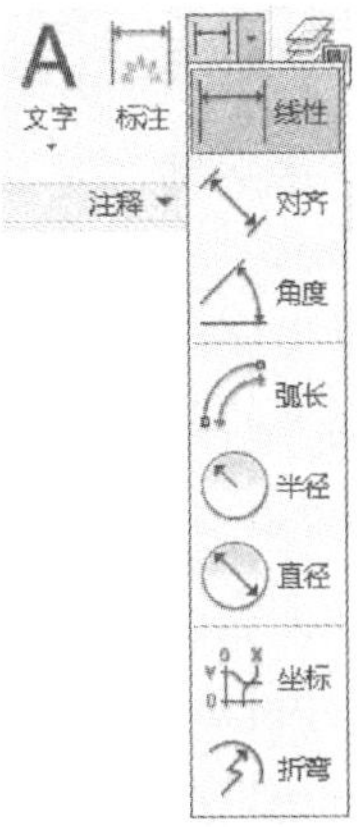

图 4—49　“标注”菜单

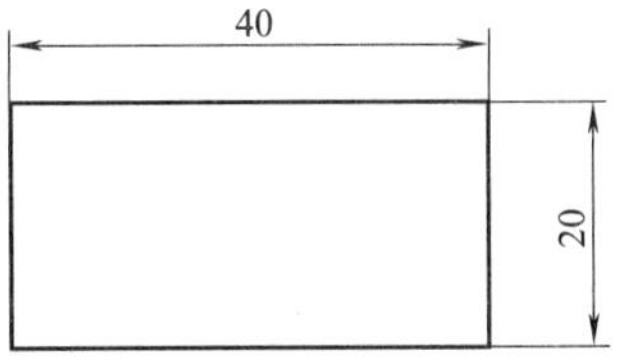

图 4—50　标注矩形尺寸

（1）新建一个图形文件，图形样板选择“制图样板 2. dwt”。

（2）按尺寸绘制矩形。

（3）利用上述任意一种方法启动“线性”命令，标注图形水平方向尺寸，系统给出如下提示。

命令：_dimlinear　　//启动“线性”命令

指定第一个尺寸界线原点或＜选择对象＞：

//捕捉矩形线框的左上顶点作为第一条尺寸界线的起点

指定第二条尺寸界线原点：

//捕捉矩形线框的右上顶点作为第二条尺寸界线的起点

指定尺寸线位置或

[多行文字(M)/文字(T)/角度(A)/水平(H)/垂直(V)/旋转(R)]：

//向上移动光标到适当位置，单击鼠标左键，确定尺寸界线的位置

标注文字 = 40

（4）用同样的方法标注竖直尺寸，标注结果如图 4—50 所示。

“线性”命令行中常用选项的介绍如下。

◇多行文字（M）：该选项用于利用文字编辑器对系统自动生成的标注文字进行修改。其中，带有底色的数字表示系统自动生成的标注文字，用户可以删除，然后输入新的数值，或在其前面、后面加入其他内容。

提示 删除带有底色的数字并输入其他数值后，会失去尺寸标注的关联性，即尺寸数字不随标注对象的改变而自动调整。

◇文字（T）：该选项用于使用户在命令行中输入新的尺寸文字。

2. “对齐”命令

“对齐”命令也用于标注对象的线性距离或长度，一般用于标注非水平和竖直方向上的线性尺寸，其尺寸线沿对象的方向放置。在 AutoCAD 2018 中启动“对齐”命令的方法主要有如下两种。

◇单击“默认”→“注释”→“对齐”按钮。

◇选择菜单栏“标注”→“对齐”命令。

例 2 标注图 4—51 所示直角三角形水平边和斜边的尺寸。

（1）新建一个图形文件，图形样板选择“制图样板 2. dwt”。

（2）按尺寸绘制三角形。

（3）利用“线性”命令标注三角形的水平尺寸。

（4）单击“默认”→“注释”→“对齐”按钮，标注直角三角形斜边的尺寸，系统给出如下提示。

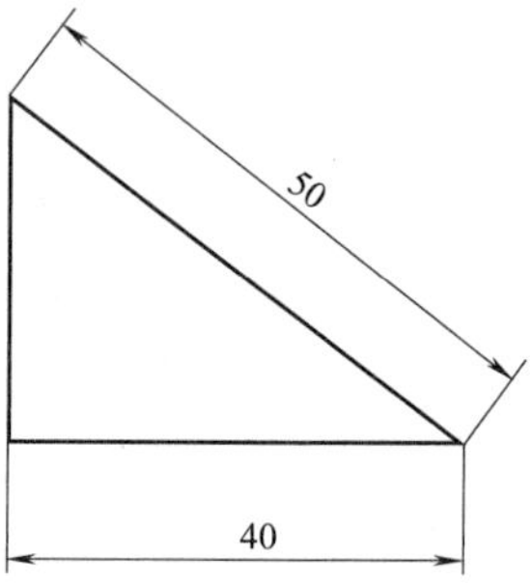

图 4—51 标注直角三角形的尺寸

```
命令：_dimaligned                                    //启动“对齐”命令
指定第一个尺寸界线原点或<选择对象>：
                    //捕捉直角三角形的左上顶点作为第一条尺寸界线的起点
指定第二条尺寸界线原点：
                    //捕捉直角三角形的右下顶点作为第二条尺寸界线的起点
指定尺寸线位置或
[多行文字(M)/文字(T)/角度(A)]：
                    //移动光标到适当位置，单击鼠标左键，确定尺寸线的位置
标注文字 = 50
```

标注结果如图 4—51 所示。

3. “角度”命令

“角度”命令常用于标注两条不平行直线间的角度。启动“角度”命令的方法有如下两种。

◇ 单击“默认”→“注释”→“角度”按钮。

◇ 选择菜单栏“标注”→“角度”命令。

例 3　标注图 4—52 所示等腰三角形的尺寸。

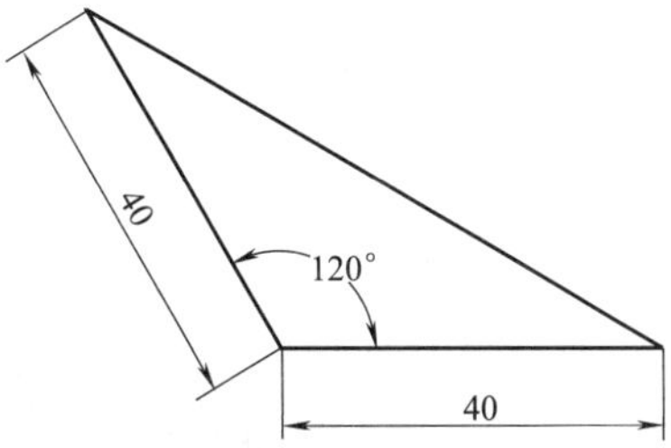

图 4—52　标注等腰三角形的尺寸

（1）创建角度样式

打开“制图样板 2. dwt”，单击“默认”→“注释”→“标注样式”按钮，打开“标注样式管理器”对话框，再单击其中的“新建（N）...”按钮，打开“创建新标注样式”对话框，以“线性尺寸”标注样式作为基础样式创建“角度尺寸”标注样式。在“文字”选项卡中的“文字对齐（A）”区域，选择“水平”（图 4—53），单击“确定”按钮，完成角度样式的创建，并将设置后的文件另存为“制图样板 3. dwt”。

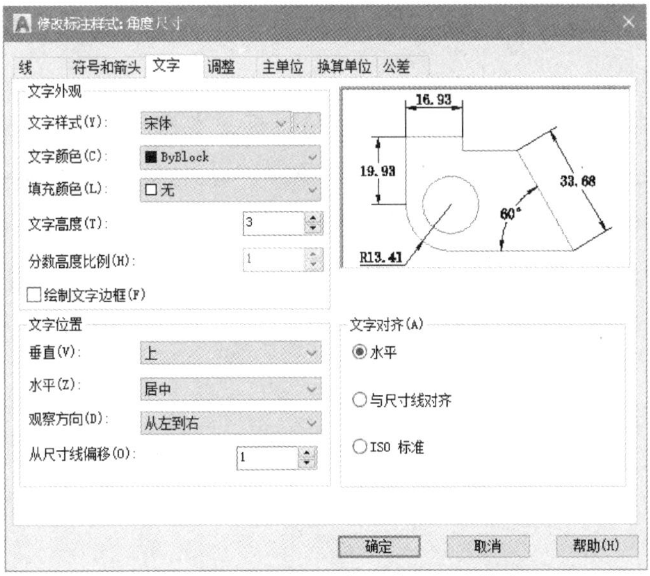

图 4—53　创建“角度尺寸”标注样式

（2）绘制三角形

新建一个图形文件，图形样板选择“制图样板 3. dwt”。将“粗实线”图层设置为当前图层，按照图 4—52 所示尺寸绘制等腰三角形，如图 4—54 所示。

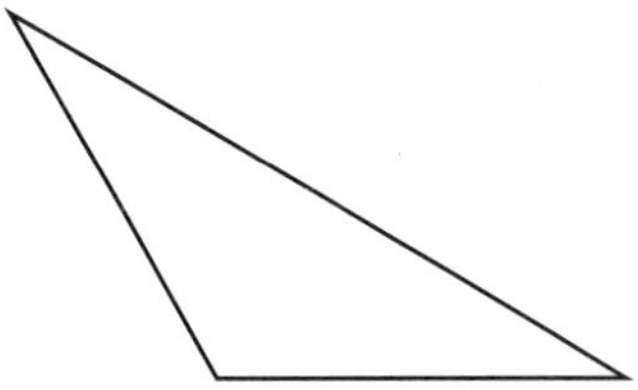

图 4—54　等腰三角形

（3）标注水平尺寸“40”

将“细实线”图层设置为当前图层，将“线性尺寸”标注样式设置为当前标注样式，利用“线性”命令标注水平尺寸“40”。

(4) 标注倾斜尺寸“40”

利用“对齐”命令标注倾斜尺寸“40”。

(5) 标注角度尺寸“120°”

将“角度尺寸”标注样式设置为当前标注样式，启动“角度”命令，系统给出如下提示。

```
命令：_dimangular                                   //启动“角度”命令
选择圆弧、圆、直线或 <指定顶点>：
                        //选择所标注角度的一条边作为尺寸的第一条尺寸界线
选择第二条直线：        //选择所标注角度的另一条边作为尺寸的第二条尺寸界线
指定标注弧线位置或 [多行文字(M)/文字(T)/角度(A)/象限点(Q)]：
                        //移动光标到适当位置，单击鼠标左键，定位尺寸线
标注文字 = 120
```

标注结果如图 4—52 所示。

4. “半径”命令

“半径”命令用于标注圆弧和圆的半径尺寸。标注半径尺寸时，其标注外观由圆弧或圆的大小、所指定尺寸线的位置以及各种系统变量的设置来确定。例如，尺寸线可以放置在圆弧曲线的内部或外部，标注文字可以放置在圆弧曲线的内部或外部，还可让标注文字与尺寸线对齐。启动“半径”命令的方法如下。

◇单击“默认”→“注释”→“半径”按钮。

◇选择菜单栏“标注”→“半径”命令。

例 4 标注图 4—55 所示图形的尺寸。

(1) 新建一个图形文件，图形样板选择“制图样板 3. dwt”。

(2) 将“粗实线”图层设置为当前图层，按照图 4—55 所示图形及尺寸绘制图形，如图 4—56 所示。

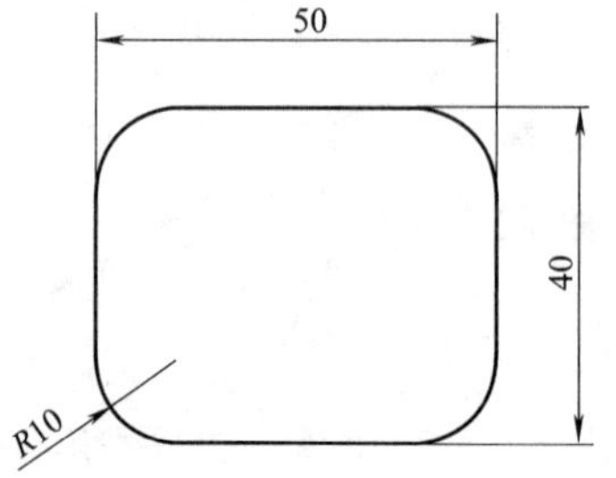

图 4—55 标注半径尺寸

图 4—56 倒圆角的矩形

（3）将“细实线”图层设置为当前图层，将“线性尺寸”标注样式设置为当前标注样式，利用“线性”命令标注尺寸“50”和“40”。

（4）单击“默认”→“注释”→“半径”按钮，启动“半径”命令，系统给出如下提示。

```
命令：_dimradius                                   //启动“半径”命令
选择圆弧或圆：                                     //选择圆弧作为标注对象
标注文字 = 10
指定尺寸线位置或[多行文字(M)/文字(T)/角度(A)]：
                        //移动光标到适当位置，单击鼠标左键，定位尺寸线
```

标注结果如图 4—55 所示。

5. “直径”命令

“直径”命令用于标注圆弧和圆的直径尺寸，其操作过程和方法与半径标注基本相同。启动“直径”命令的方法如下。

◇单击“默认”→“注释”→“直径”按钮。

◇选择菜单栏“标注”→“直径”命令。

例 5　利用“直径”命令标注图 4—57 所示圆的直径。

（1）新建一个图形文件，图形样板选择“制图样板 3. dwt”。

（2）将“粗实线”图层设置为当前图层，绘制直径为 40 mm 的粗实线圆。

（3）修改“线性尺寸”标注样式，具体为：在“调整”选项卡中的“调整选项（F）”区域，选中“文字和箭头”单选按钮，如图 4—58 所示。

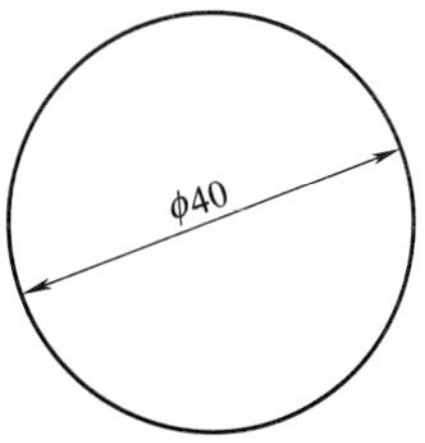

图 4—57　标注圆的直径

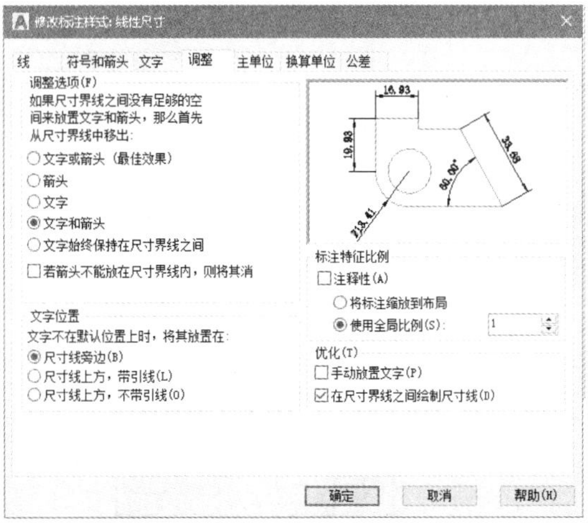

图 4—58　选中“文字和箭头”单选按钮

（4）将“线性尺寸”标注样式设置为当前标注样式。单击“默认”→“注释”→“直

径”按钮，启动“直径”命令，系统给出如下提示。

```
命令：_dimdiameter                                   //启动“直径”命令
选择圆弧或圆：                                       //选择圆作为标注对象
标注文字 = 40
指定尺寸线位置或[多行文字(M)/文字(T)/角度(A)]：
                          //移动光标到适当位置，单击鼠标左键，定位尺寸线
```

标注结果如图 4—57 所示。

提示

在“调整”选项卡中的“调整选项（F）”区域，如选中“文字或箭头（最佳效果）”单选按钮，则标注的直径尺寸如图 4—59 所示，这种标注不够规范。

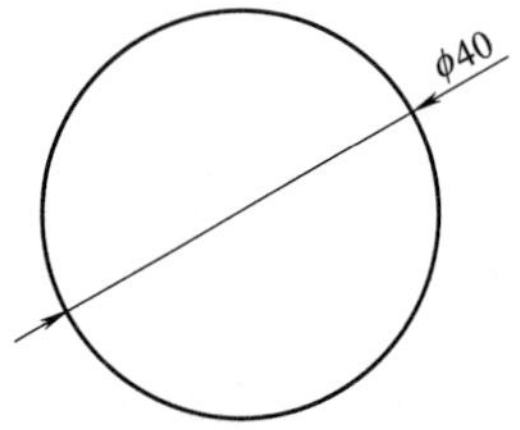

图 4—59 “文字或箭头（最佳效果）”的直径尺寸标注

实践操作

实训 3

实训要求：

针对本任务介绍的知识点，熟练掌握 AutoCAD 2018 中“线性”和“角度”标注命令的使用方法。

实训任务：

绘制图 4—60 所示图形，并利用“线性”命令和“角度”命令标注尺寸。

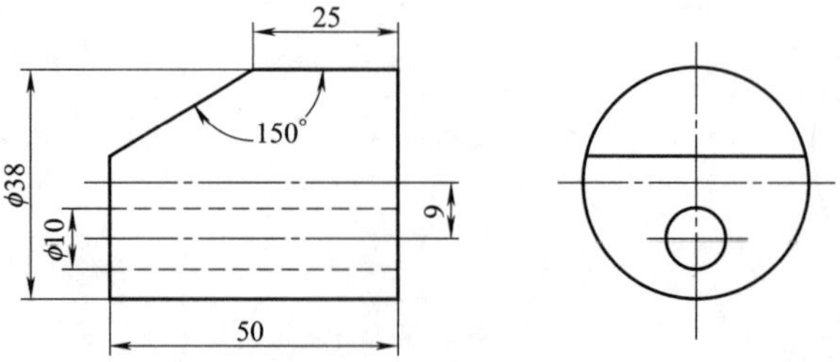

图 4—60 标注图形基本尺寸实例（一）

1. 新建图形文件

新建一个图形文件，图形样板选择“制图样板 3. dwt”。

2. 绘制图形

依照图 4—60 所示尺寸绘制图形，结果如图 4—61 所示。

操作演示

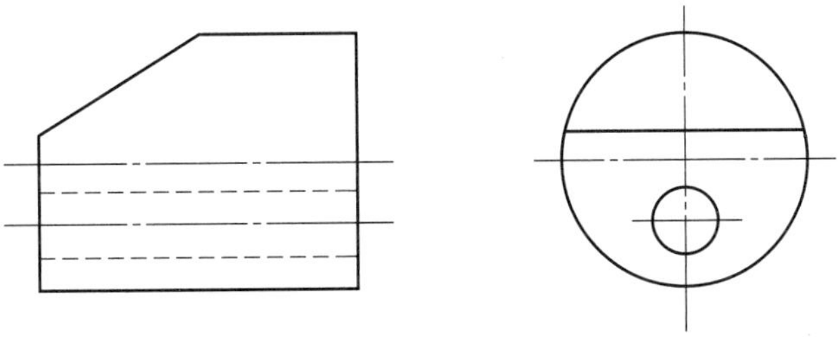

图 4—61　绘制图形

3. 标注尺寸“25”“9”和“50”

(1) 将“细实线”图层设置为当前图层。

(2) 将“线性尺寸”标注样式设置为当前标注样式。

(3) 启动“线性”命令，分别标注尺寸“25”“9”和“50”，如图 4—62 所示。

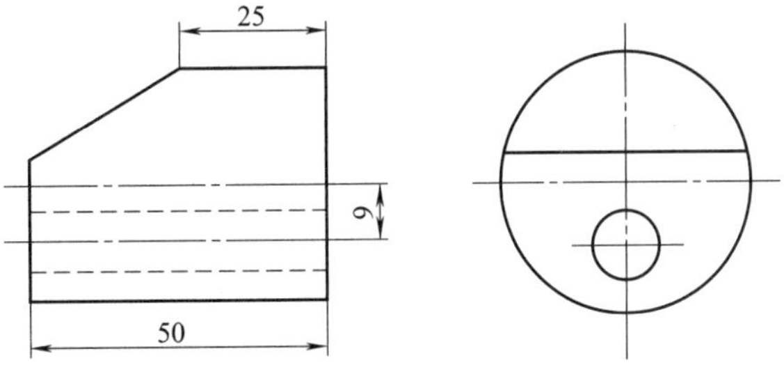

图 4—62　标注尺寸“25”“9”和“50”

4. 标注尺寸“ϕ38”和“ϕ10”

启动“线性”命令，标注尺寸“ϕ38”，系统给出如下提示。

```
命令：_dimlinear                                         //启动“线性”命令
指定第一个尺寸界线原点或 <选择对象>：                     //捕捉上面横线的左端点
指定第二条尺寸界线原点：                                  //捕捉下面横线的左端点
指定尺寸线位置或
[多行文字(M)/文字(T)/角度(A)/水平(H)/垂直(V)/旋转(R)]：T
                                      //输入“T”,按回车键切换到输入文字模式
输入标注文字 <38>：%%C38                          //输入“%%C38”,按回车键
指定尺寸线位置或
[多行文字(M)/文字(T)/角度(A)/水平(H)/垂直(V)/旋转(R)]：
                                      //移动光标到适当位置,单击鼠标左键,定位尺寸线
标注文字 = 38
```

按照标注“ϕ38”的方法标注“ϕ10”，直径标注结果如图 4—63 所示。

5. 标注角度“150°”

将“角度尺寸”标注样式设置为当前标注样式，启动“角度”命令，标注角度“150°”，系统给出如下提示。

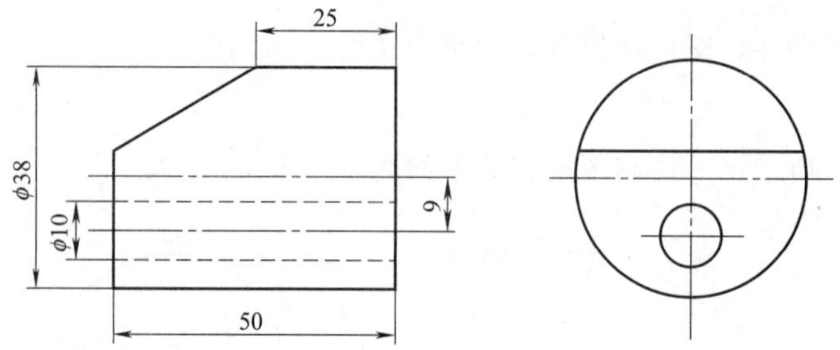

图 4—63　标注尺寸“ϕ38”和“ϕ10”

```
命令：_dimangular                                        //启动“角度”命令
选择圆弧、圆、直线或 <指定顶点>：                          //选择斜线
选择第二条直线：                                          //选择上方横线
指定标注弧线位置或[多行文字(M)/文字(T)/角度(A)/象限点(Q)]：
                              //向下移动光标到适当位置，单击鼠标左键，定位尺寸线
标注文字 = 150
```

角度尺寸“150°”标注结果如图 4—60 所示。

实训 4

实训要求：

针对本任务介绍的知识点，熟练掌握 AutoCAD 2018 中“直径”和“半径”标注命令的使用方法。

实训任务：

根据图 4—64，绘制图形并标注尺寸。

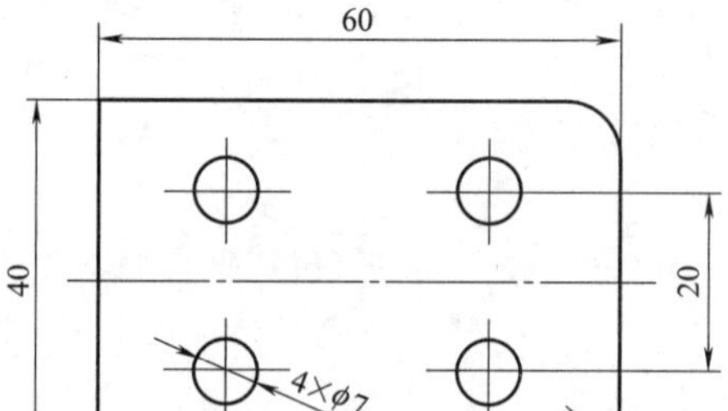

图 4—64　标注图形基本尺寸实例（二）

1. 新建图形文件

新建一个图形文件，图形样板选择“制图样板 3. dwt”。

操作演示

2. 绘制图形

依照图 4—64 所示尺寸绘制图形，结果如图 4—65 所示。

3. 标注线性尺寸

（1）将“细实线”图层设置为当前图层。

（2）将“线性尺寸”标注样式设置为当前标注样式。

（3）启动“线性”命令，标注长度尺寸“40”“60”“20”“15”和“30”，标注结果如图 4—66 所示。

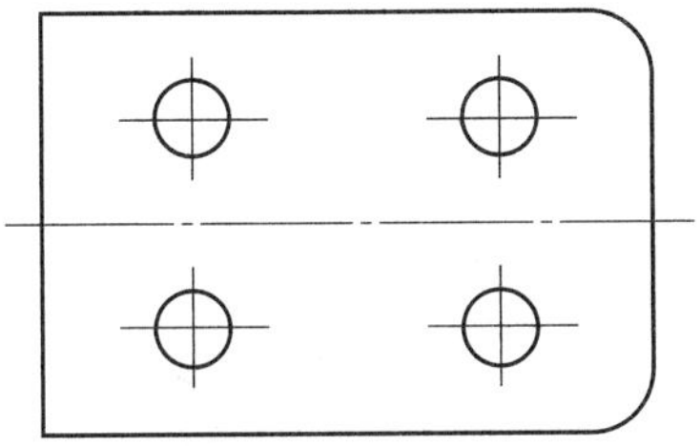

图 4—65　绘制图形

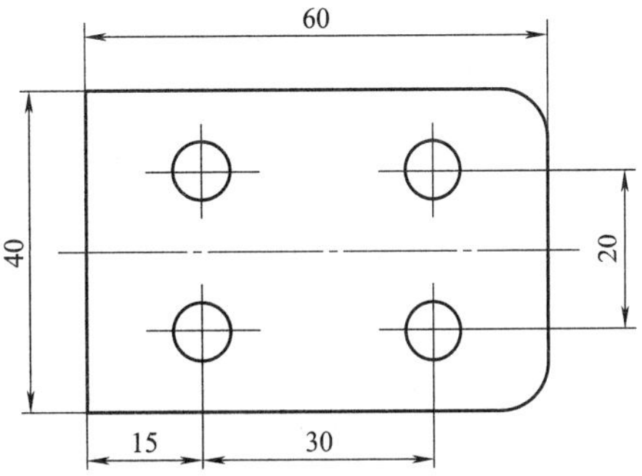

图 4—66　标注线性尺寸

4. 标注尺寸“*R*6”

（1）单击“默认”→“注释”→“半径”按钮，启动“半径”命令，系统给出如下提示。

命令：_dimradius	//启动“半径”命令
选择圆弧或圆：	//选择圆弧作为标注对象
标注文字 = 6	
指定尺寸线位置或[多行文字(M)/文字(T)/角度(A)]：	
	//移动光标到适当位置，单击鼠标左键，定位尺寸线

半径尺寸“*R*6”标注结果如图 4—67 所示。此时，字母“R”为正体。

（2）单击“默认”→“修改”→“分解”按钮，启动“分解”命令，系统给出如下提示。

命令：_explode	//启动“分解”命令
选择对象：找到 1 个	//拾取尺寸“R6”
选择对象：	//按回车键，结束分解操作

（3）双击“R6”，打开“文字编辑器”对话框，重新输入“R6”，将正体的“R”修改为斜体的“*R*”，如图 4—68 所示。

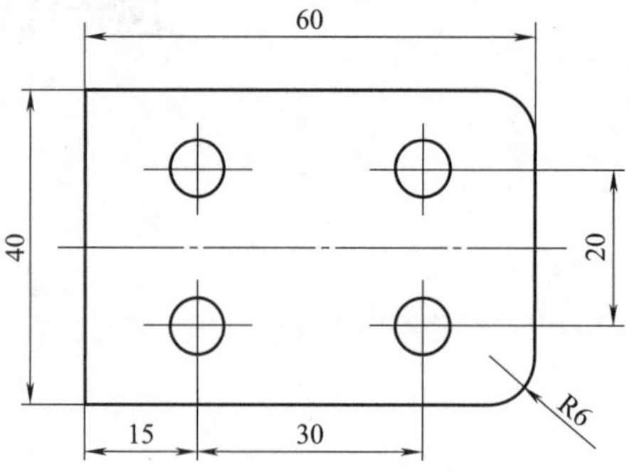

图 4—67　标注半径尺寸

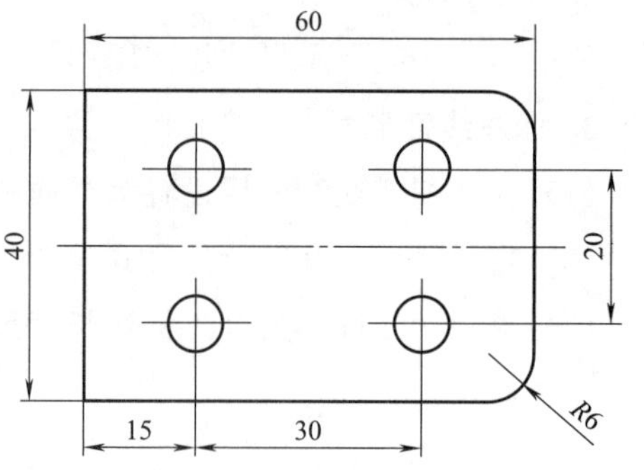

图 4—68　修改半径尺寸

5. 标注尺寸“4×ϕ7”

单击“默认”→“注释”→“直径”按钮，启动“直径”命令，系统给出如下提示。

命令：_dimdiameter　　//启动“直径”命令
选择圆弧或圆：　　//选择左下角的圆
标注文字 ＝ 7
指定尺寸线位置或［多行文字(M)/文字(T)/角度(A)］：T
　　//输入“T”，按回车键
输入标注文字 ＜7＞：4×%%C7　　//输入“4×%%C7”，并按回车键
指定尺寸线位置或［多行文字(M)/文字(T)/角度(A)］：
　　//移动光标到适当位置，单击鼠标左键，定位尺寸线

“4×ϕ7”标注结果如图 4—64 所示。

巩固练习

1. 绘制如图 4—69 所示图形，并标注尺寸。

【操作提示】

在标注尺寸“*R*18”和“ϕ20”时，可在“制图样板 3. dwt”的基础上设置新的标注样式“半径、直径引出标注”，在“调整”选项卡的“调整选项（F）”区域中选择“文字”，并将设置保存在该图形样板中。

2. 绘制如图 4—70 所示图形，并标注尺寸。

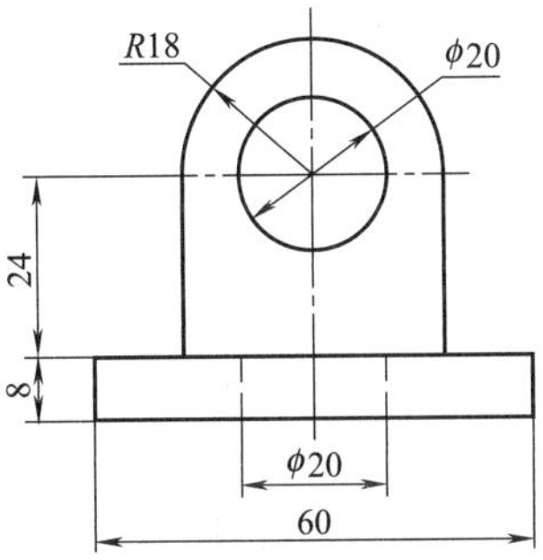

图 4—69　标注图形基本尺寸练习（一）

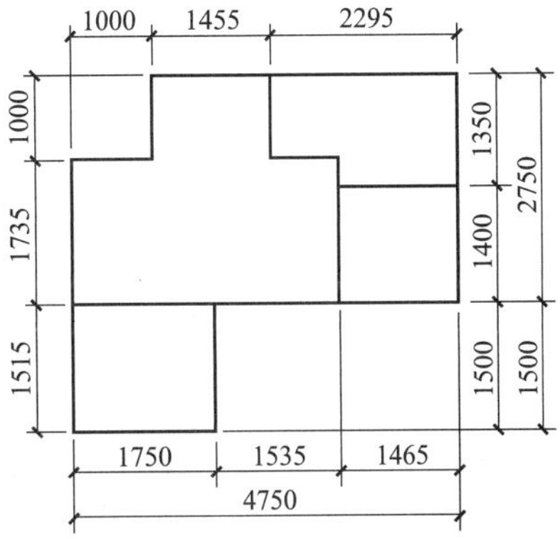

图 4—70　标注图形基本尺寸练习（二）

【操作提示】

标注样式设置要求如下。

（1）将尺寸界线的“超出尺寸线（X）”设置为“1.2”，“起点偏移量（F）”设置为“1.2”。

（2）将箭头的类型设置为“倾斜”。

（3）将尺寸线的“超出标记（N）”设置为“0”。

（4）将文字位置的“从尺寸线偏移（O）”设置为“1.5”。

（5）将线性标注的“精度（P）”设置为“0.00”。

（6）将“比例因子（E）”设置为“100”。

任务 4　标注公差

学习目标

1. 掌握引线的标注方法。
2. 掌握几何公差的标注方法。
3. 掌握尺寸公差的标注方法。

任务分析

在机械图样中，标注公差和标注说明文字是极为重要的。在 AutoCAD 2018 中提供了引线、几何公差和尺寸公差的标注功能来满足标注公差和说明文字的要求。本任务将具体介绍 AutoCAD 中有关公差和说明文字标注的基础知识，并通过标注如图 4—71 所示图形的公差和相关说明文字来掌握这些功能的使用方法。

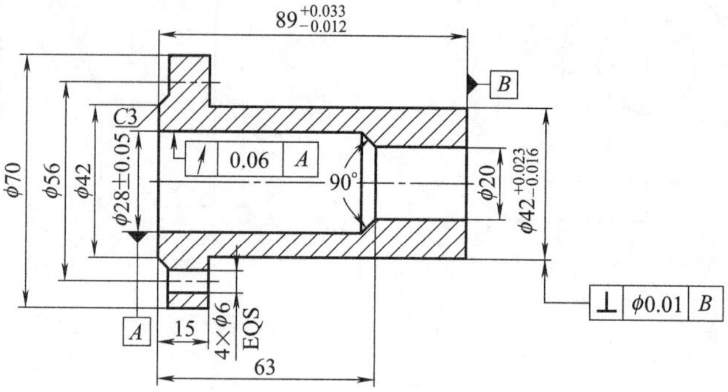

图 4—71 标注公差

相关知识

1. 引线标注

“快速引线”命令主要用以标注图形中的一些必要的注释和说明。在 AutoCAD 2018 中启动“快速引线”命令的方法为：在命令行中输入“LE（QLEADER）”，按回车键。

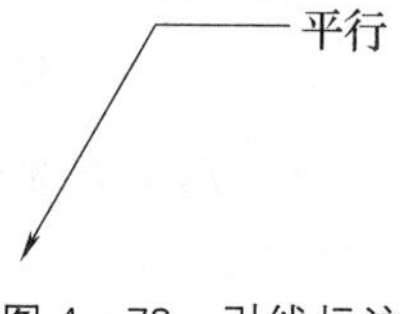

图 4—72 引线标注

例 利用“快速引线”命令创建引线标注，如图 4—72 所示。

在命令行中输入“LE（QLEADER）”，按回车键，启动“快速引线”命令，系统给出如下提示。

命令：QLEADER //启动“快速引线”命令

指定第一个引线点或［设置(S)］＜设置＞：

//在绘图区适当位置拾取一点作为第一个引线点

指定下一点： //沿 60°方向移动光标到适当位置，拾取第二点

指定下一点： //水平向右移动光标到适当位置，拾取第三点

指定文字宽度 ＜0＞： //按回车键

输入注释文字的第一行 ＜多行文字(M)＞：平行 //输入文字“平行”，按回车键

输入注释文字的下一行： //按回车键，结束操作

结果如图 4—72 所示。

提示 引线标注的箭头和文字样式的设置与当前尺寸标注样式相同。

命令行中“设置（S)”选项用于设置引线和注释的特性。当命令行提示“指定第一个引线点或[设置（S)]<设置>:”时，输入“S”，按回车键，可打开“引线设置”对话框，如图4—73所示。该对话框包括三个选项卡，每个选项卡的说明如下。

(1)“注释”选项卡

该选项卡主要用于设置引线注释的类型。选项卡上常用选项的功能介绍如下。

◇“多行文字（M)”单选按钮：该选项使用户能够在引线的末端加入多行文本。

◇“公差（T)”单选按钮：用于打开“形位公差”对话框，使用户可以方便地标注几何公差，如图4—74所示。在现行国家标准《产品几何技术规范（GPS）几何公差 形状、方向、位置和跳动公差标注》（GB/T 1182—2008）中，将旧标准的“形位公差”改为了“几何公差”。

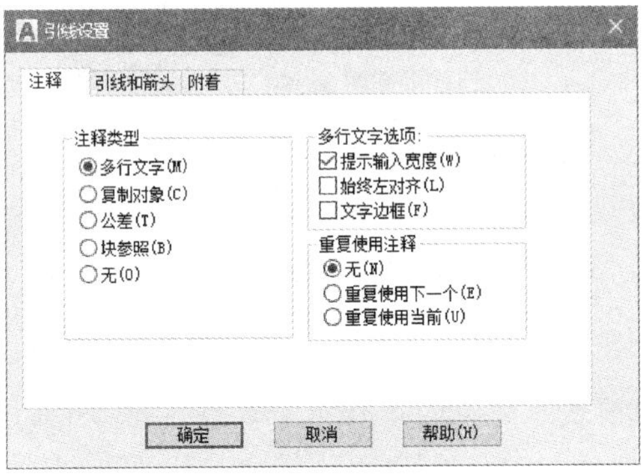

图4—73 “引线设置”对话框

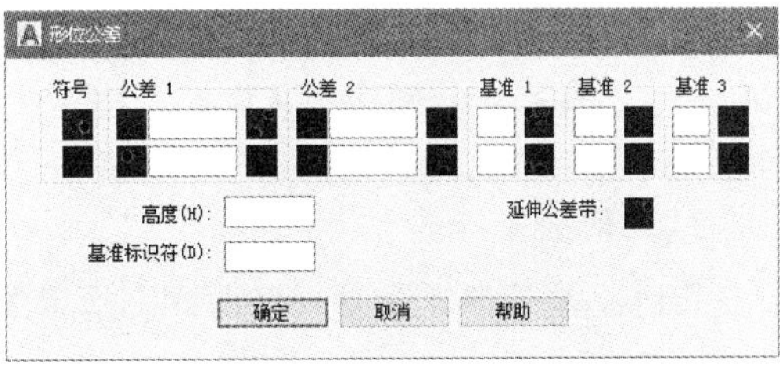

图4—74 “形位公差”对话框

◇“无（O)”单选按钮：引线末端不加入任何图形对象。

(2)“引线和箭头”选项卡

该选项卡（图4—75）用于控制引线及箭头的外观特征。选项卡上常用选项的功能介绍如下。

◇“直线（S)”单选按钮：用于控制引线为直线。

◇“最大值”文本框：用于设定引线的弯折点数，缺省值为“3”。

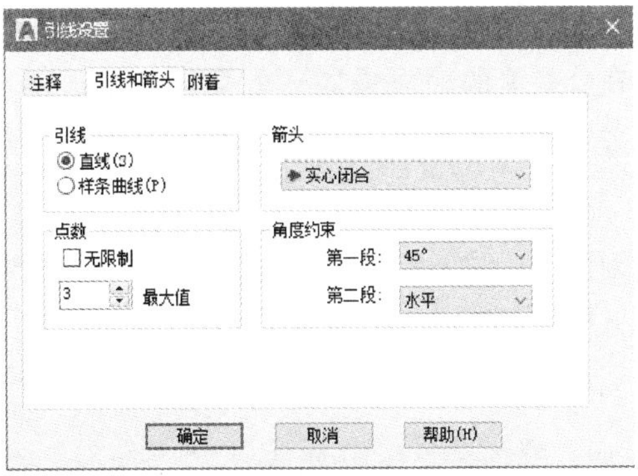

图4—75 “引线和箭头”选项卡

◇“箭头”下拉列表框：用于选择引线箭头的形式。

◇“第一段”下拉列表框：用于设置引线第一段的倾斜角度。如设置第一段倾斜 45°，如图 4—76 所示。

◇“第二段”下拉列表框：用于设置引线第二段的倾斜角度。如设置第二段为水平，如图 4—76 所示。

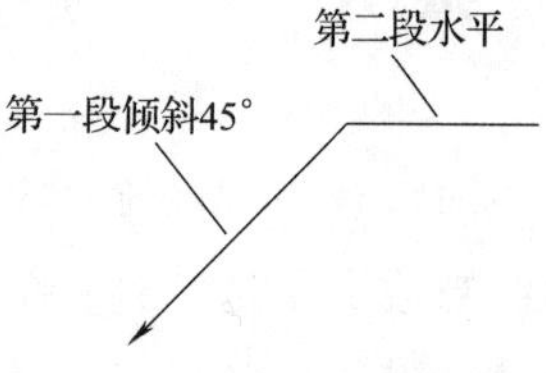

图 4—76 设置引线倾斜角

(3)“附着”选项卡

当用户指定引线注释为“多行文字（M)”时，“引线设置”对话框才显示“附着”选项卡，如图 4—77 所示。此选项卡可使用户设置多行文本附着于引线末端的位置，其功能如图 4—78 所示。

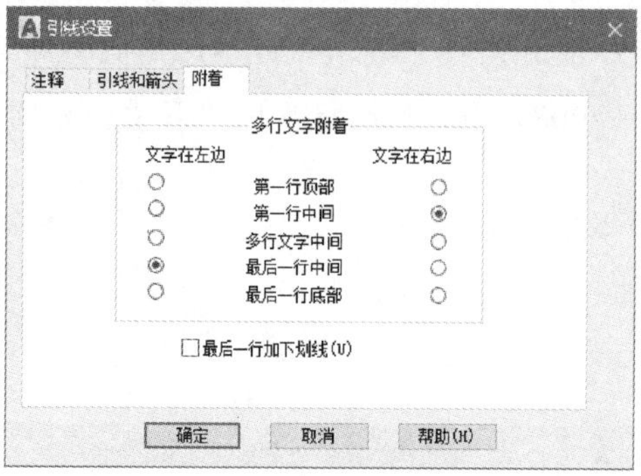

图 4—77 “附着”选项卡

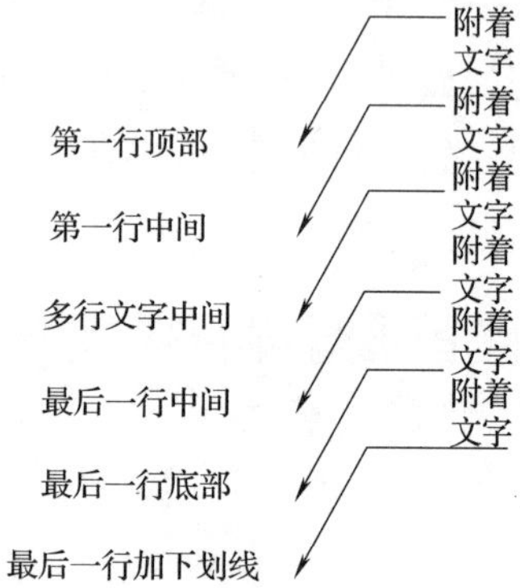

图 4—78 多行文本附着于引线末端的位置

2. **几何公差标注**

几何公差是指实际要素对图样上给定的理想形状、理想方位的允许变动全量。几何公差的特征控制框一般由两个或三个矩形框组成，第一个矩形框内放置几何公差的类型符号，如位置度、平行度、垂直度等符号；第二个矩形框内放置公差值，可根据需要在公差值的前面添加一个直径符号；第三个矩形框用于填写表示基准的字母，如图 4—79 所示。

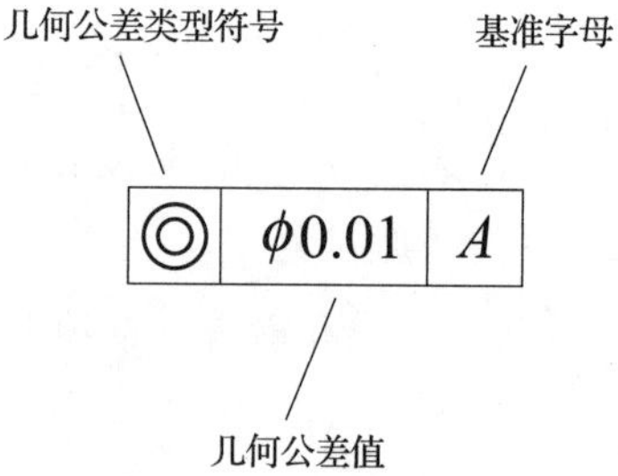

图 4—79 几何公差的组成

在 AutoCAD 2018 中标注几何公差的方法有两种，分别用于标注不带引线的几何公差和带引线的几何公差。其具体的标注方法如下。

(1) 不带引线的几何公差标注

1) 选择菜单栏“标注”→“公差”命令，打开“形位公差”对话框，如图 4—74 所示。

2) 在“形位公差”对话框的“符号”选项区单击小黑框■，系统弹出“特征符号”

对话框，如图 4—80 所示，通过该对话框可以选择几何公差符号。

3）在“公差 1”和“公差 2”选项区的白色文本框中可以输入几何公差值，单击文本框前面的小黑框■，系统会自动为公差值加上前缀“ϕ”，单击文本框后面的小黑框■，系统会弹出如图 4—81 所示的“附加符号”对话框，通过此对话框可以选择附加符号。

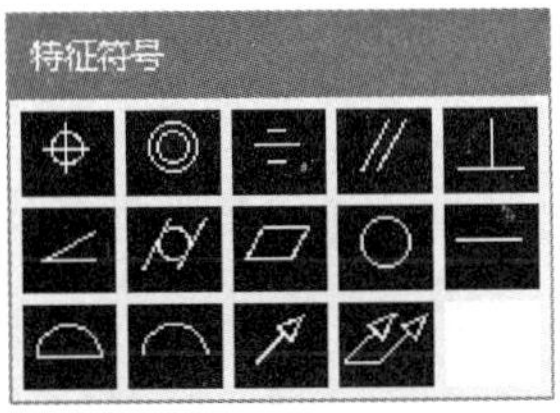

图 4—80　“特征符号”对话框

图 4—81　“附加符号”对话框

4）在“基准”选项区的白色文本框中可以输入基准符号，单击文本框后面的小黑框■，系统也会弹出“附加符号”对话框，通过此对话框可以选择附加符号。

5）输入完毕，单击“形位公差”对话框（图 4—74）上的“确定”按钮，即可保存几何公差的设置。

6）在命令行显示“输入公差位置：”的提示下，在绘图区适当位置拾取一点，定位几何公差框格的位置，即可标注不带引线的几何公差。

（2）带引线的几何公差标注

1）在命令行中输入“LE”，启动“快速引线”命令。

2）当命令行提示“指定第一个引线点或［设置（S）］＜设置＞：”时，输入“S”，按回车键，系统弹出“引线设置”对话框，选择对话框“注释”选项卡中的“公差（T）”选项，然后单击“确定”按钮。

3）在命令行的提示下设置引线的位置，完成后系统会弹出“形位公差”对话框，输入公差参数，单击对话框上的“确定”按钮，即可标注带引线的几何公差。

3. 尺寸公差标注

在图样中，有公差要求的尺寸常需要标注上极限偏差和下极限偏差，其标注形式主要有两种，如图 4—82 所示。

在 AutoCAD 2018 中标注尺寸公差的方法有多种，其中利用多行文字编辑器是最为方便快捷的，其使用方法如下。

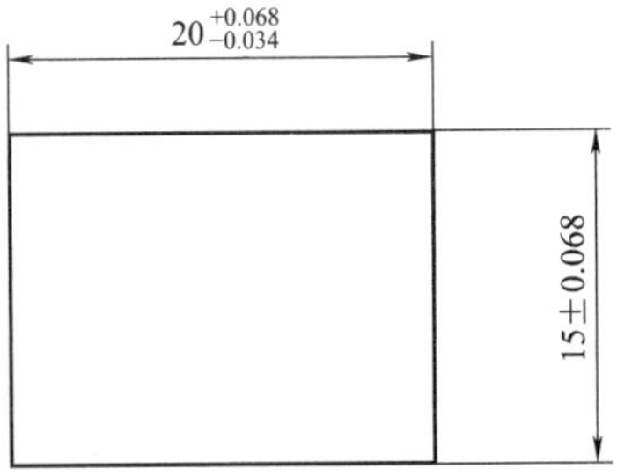

图 4—82　尺寸公差标注形式

（1）根据标注对象启动相应的标注命令（如“线性”“半径”“直径”命令等）。

（2）在命令行提示“指定尺寸线位置或［多行文字(M)/文字（T)/角度（A）……］”时，输入“M”，即选择提示中的“多行文字（M）”选项，然后按回车键，系统会弹出“文字编辑器”对话框。

（3）在弹出的编辑框中输入基本尺寸数字及公差。例如，要标注图 4—82 所示矩形的水平尺寸形式的公差，在输入公差时，要用“^”号将“＋0.068”和“－0.034”隔开，然后用鼠标选中“＋0.068^－0.034”，再单击对话框上的“堆叠”按钮，即可将公差的上下偏差叠放在一起。

（4）单击对话框上的“关闭文字编辑器”按钮，并在绘图区适当位置拾取一点，定位尺寸线位置，即可完成尺寸公差的标注。

实践操作

实训 5

实训要求：

针对本任务介绍的知识点，熟练掌握 AutoCAD 2018 中公差标注命令的使用方法。

实训任务：

绘制如图 4—71 所示图形，并标注尺寸及几何公差。

1. 新建图形文件

新建一个图形文件，图形样板选择“制图样板 3. dwt”。

操作演示

2. 绘制图形

依据图 4—71 所示尺寸绘制图形，结果如图 4—83 所示。

3. 标注尺寸“15”和“63”

（1）将“细实线”图层设置为当前图层。

（2）将“线性尺寸”标注样式设置为当前标注样式。

（3）利用“线性”命令分别标注长度为“15”和“63”的线性尺寸，标注结果如图 4—84 所示。

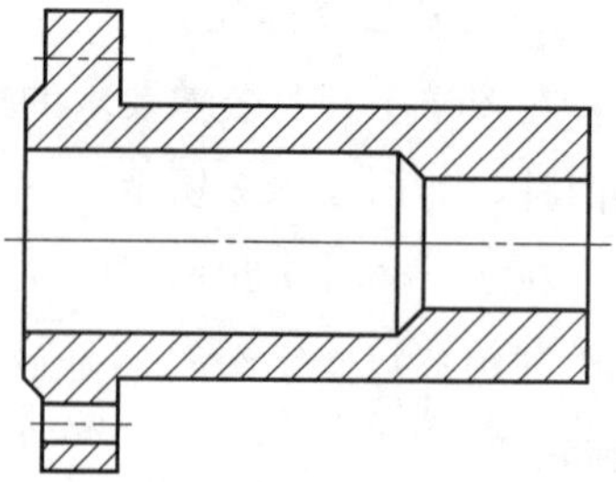

图 4—83　绘制图形

4. 标注尺寸“ϕ70”“ϕ56”“ϕ42”和“ϕ20”

（1）利用“线性”命令分别标注“70”“56”“42”和“20”，如图 4—85 所示。

（2）双击尺寸数字“70”，打开“文字编辑器”对话框，输入“%%C”，单击“关闭文字编辑器”按钮，完成对文字的修改，如图 4—86 所示。

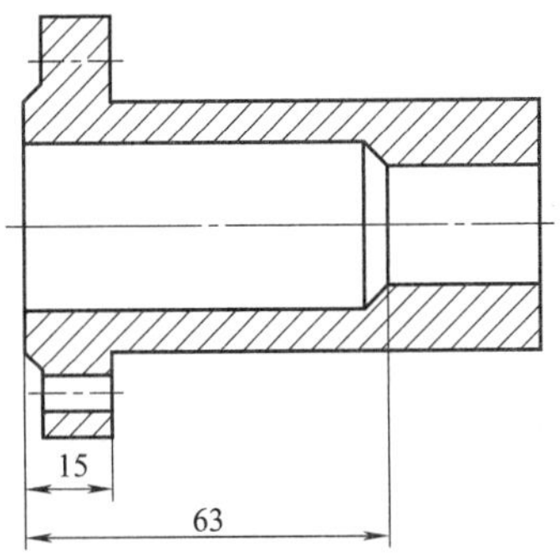

图 4—84　标注尺寸“15”和“63”

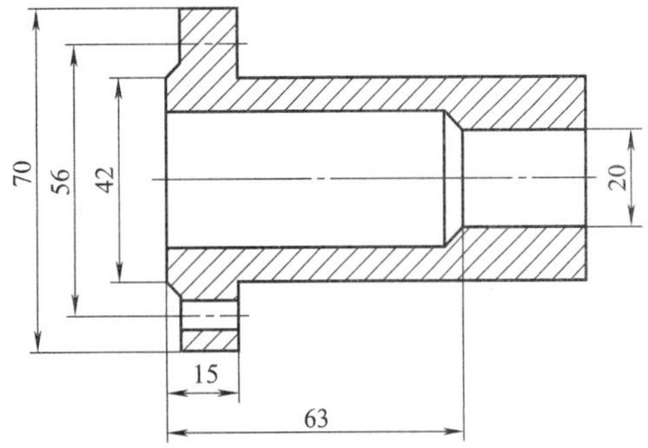

图 4—85　标注尺寸“70”“56”“42”和“20”

（3）用同样的方法修改尺寸数字“56”“42”和“20”，如图 4—87 所示。

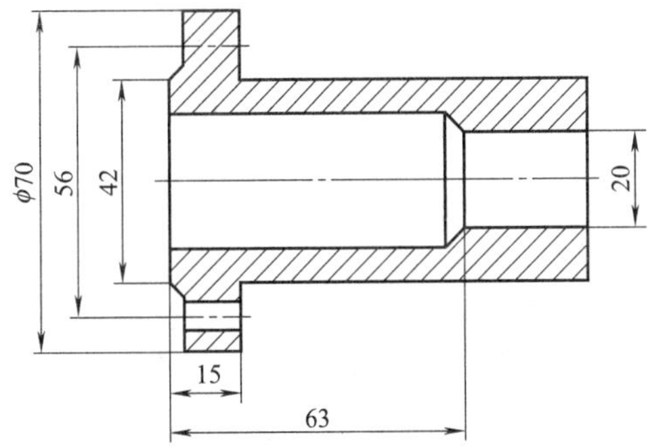

图 4—86　修改尺寸数字“70”的文字

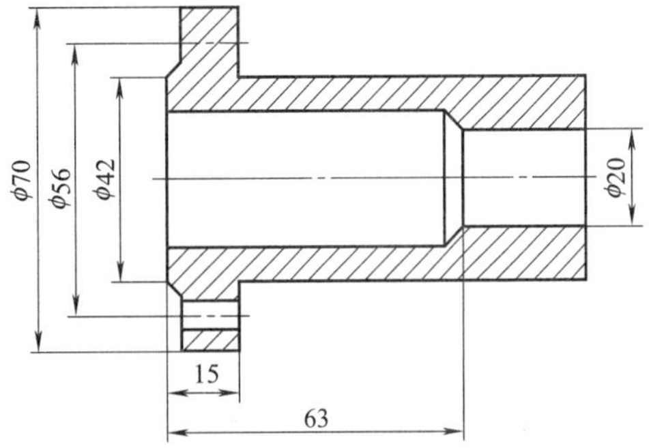

图 4—87　修改尺寸数字“56”
“42”和“20”的文字

5. 标注尺寸“4×ϕ6”

（1）利用“线性”命令标注尺寸“6”。

（2）双击尺寸数字“6”，打开“文字编辑器”对话框，输入“4×%%C”，单击“关闭文字编辑器”按钮，完成对文字的修改。

（3）利用“多行文字”命令在“4×ϕ6”右侧输入“EQS”，并利用“旋转”命令将其逆时针旋转 90°，然后利用“移动”命令将其移动到合适位置，效果如图 4—88 所示。

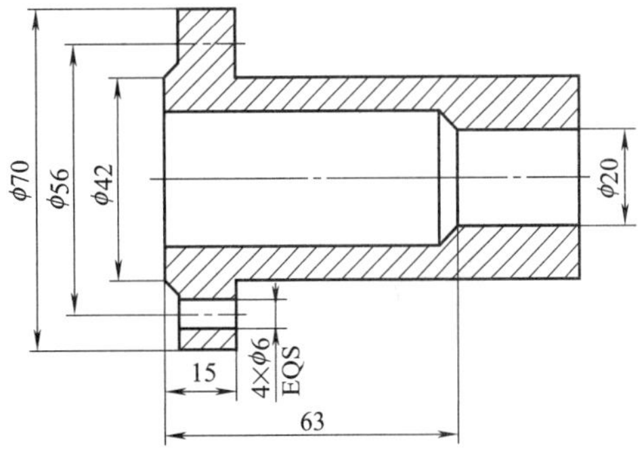

图 4—88　标注尺寸“4×ϕ6”

6. 标注长度尺寸“$89^{+0.033}_{-0.012}$”

启动“线性”命令，标注长度尺寸“$89^{+0.033}_{-0.012}$”。系统给出如下提示。

命令：_dimlinear　　//启动“线性”命令

指定第一个尺寸界线原点或＜选择对象＞：　　//捕捉左侧轮廓线的上端点

指定第二条尺寸界线原点：　　//捕捉右侧轮廓线的上端点

指定尺寸线位置或

[多行文字(M)/文字(T)/角度(A)/水平(H)/垂直(V)/旋转(R)]：M

//输入“M”，按回车键，系统弹出“文字编辑器”对话框，在其编辑框中输入“89＋0.033^－0.012”(图 4—89)，然后选中“＋0.033^－0.012”(图 4—90)，单击“文字编辑器”对话框上的“堆叠”按钮 $\frac{b}{a}$，编辑框内的文字内容变为如图 4—91 所示形式，单击“关闭文字编辑器”按钮，关闭“文字编辑器”对话框

指定尺寸线位置或

[多行文字(M)/文字(T)/角度(A)/水平(H)/垂直(V)/旋转(R)]：

//移动光标到适当位置，拾取一点，定位尺寸线

标注文字 = 89

“89$^{+0.033}_{-0.012}$” 的标注结果如图 4—92 所示。

图 4—89　输入标注内容

图 4—90　选中公差文字

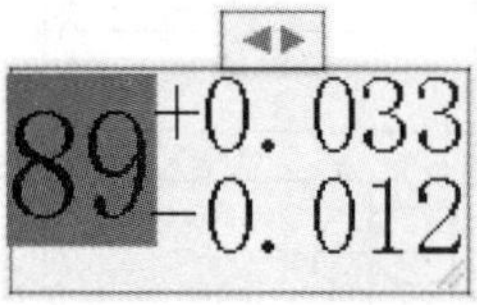

图 4—91　文字堆叠结果

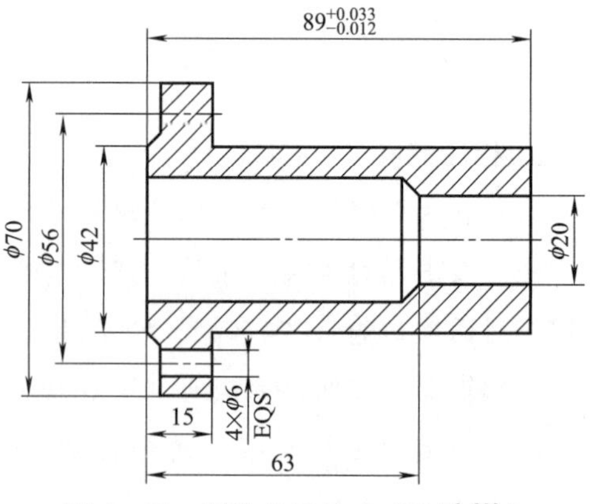

图 4—92　标注长度尺寸“89$^{+0.033}_{-0.012}$”

7. 标注直径尺寸“$\phi42^{+0.023}_{-0.016}$”

(1) 利用“线性”命令标注尺寸“42”，如图 4—93a 所示。

(2) 双击尺寸数字“42”，打开文字编辑框，如图 4—93b 所示。

(3) 在“42”前面输入直径符号“ϕ”，如图 4—93c 所示。

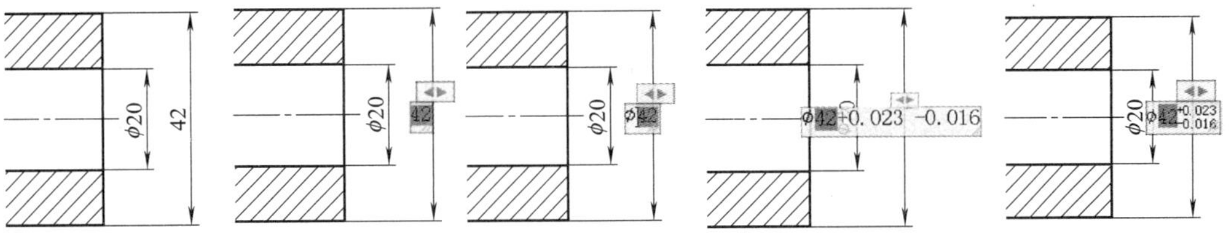

a)　b)　c)　d)　e)

图 4—93　标注直径尺寸“$\phi42^{+0.023}_{-0.016}$”

a）标注尺寸“42”　b）打开文字编辑框　c）输入“ϕ”　d）输入“＋0.023＾－0.016”　e）堆叠上下极限偏差

（4）在“42”后面输入“＋0.023＾－0.016”，如图 4—93d 所示。

（5）单击“文字编辑器”对话框上的“堆叠”按钮 b/a，编辑框内的文字内容变为如图 4—93e 所示形式。

（6）单击“文字编辑器”对话框上的“关闭文字编辑器”按钮，完成尺寸“$\phi42^{+0.023}_{-0.016}$”的标注，如图 4—94 所示。

8. 标注直径尺寸“$\phi28\pm0.05$”

（1）利用“线性”命令标注尺寸“28”。

（2）双击尺寸数字“28”，打开文字编辑框，在“28”前面输入直径符号“ϕ”，在“28”后面输入“±0.05”，结果如图 4—95 所示。

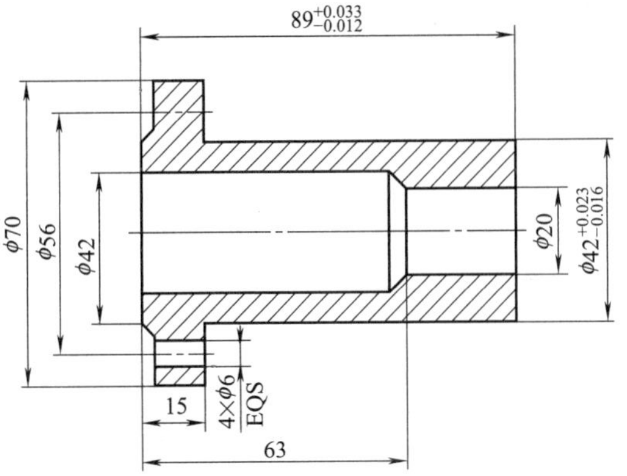

图 4—94　“$\phi42^{+0.023}_{-0.016}$”的标注结果

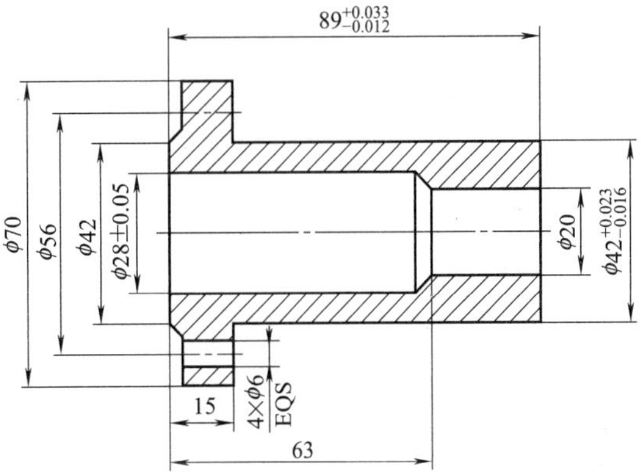

图 4—95　标注直径尺寸“$\phi28\pm0.05$”

提示

在输入符号“±”时，可单击“文字编辑器”对话框上的“符号”按钮@，在其弹出的下拉菜单中选择“正/负%%p”即可。

9. 标注角度尺寸“90°”

（1）将“角度尺寸”标注样式设置为当前标注样式。

（2）利用“角度”命令标注角度尺寸 90°，标注结果如图 4—96 所示。

10. 标注倒角尺寸“*C*3”

在命令行中输入“QLEADER”，按回车键，启动“快速引线”命令，标注倒角尺寸“*C*3”，系统给出如下提示。

命令：QLEADER　　//启动“快速引线”命令
指定第一个引线点或［设置(S)］＜设置＞：S
　　//输入“S”，按回车键，弹出“引线设置”对话框，分别按图4—97、图4—98和图4—99设置各选项卡中的参数，设置完毕单击对话框上的“确定”按钮关闭对话框
指定第一个引线点或［设置(S)］＜设置＞：
　　//捕捉图4—100中的*A*点作为引线第一点
指定下一点：　　//沿45°向下移动光标到适当位置拾取一点作为引线第二点
指定下一点：　　//水平向左移动光标到适当位置拾取一点作为引线第三点
指定文字宽度：0　　//按回车键
输入注释文字的第一行＜多行文字(M)＞：C3　　//输入“C3”，按回车键
输入注释文字的下一行：　　//按回车键

采用引线标注后的文字“C”为正体，双击文字“C3”，打开“文字编辑器”对话框，将正体“C”修改为斜体“*C*”，标注结果如图4—100所示。

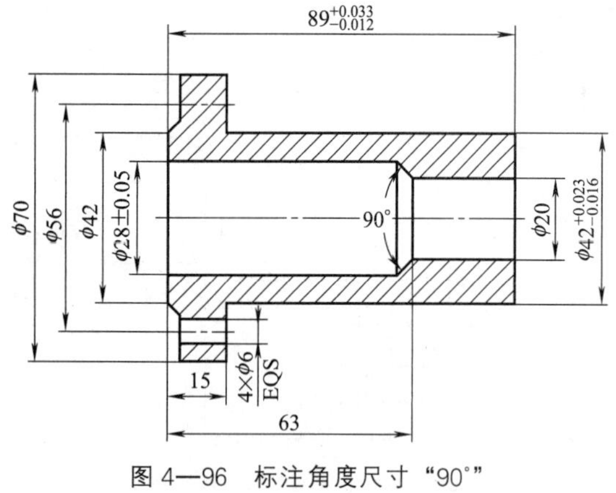

图4—96　标注角度尺寸“90°”

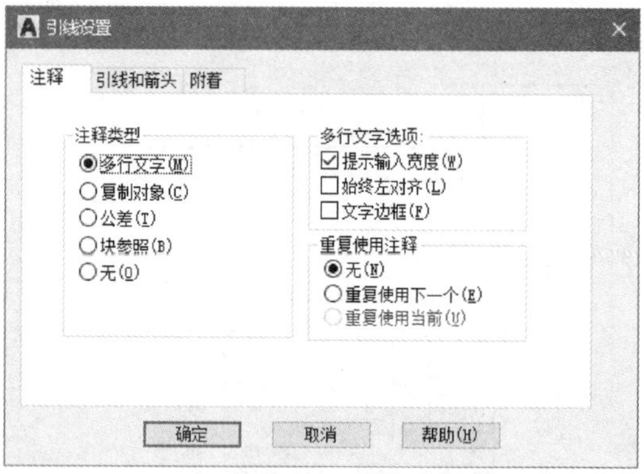

图4—97　设置“注释”选项卡

11. 标注基准

（1）绘制基准“*B*”的基准符号

按照图4—101所示尺寸绘制基准符号，并移动到图样的适当位置，如图4—102所示。

（2）绘制基准“*A*”的基准符号

绘制基准“*A*”的基准符号时，基准符号的引线要和“$\phi 28\pm0.05$”的尺寸线对齐，如图4—102所示。

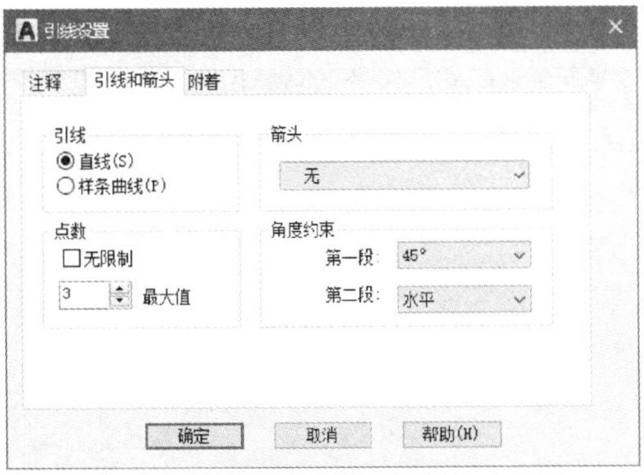

图 4—98 设置“引线和箭头”选项卡

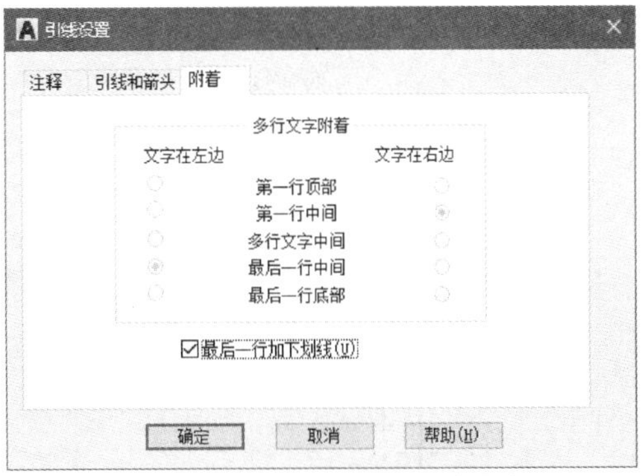

图 4—99 设置“附着”选项卡

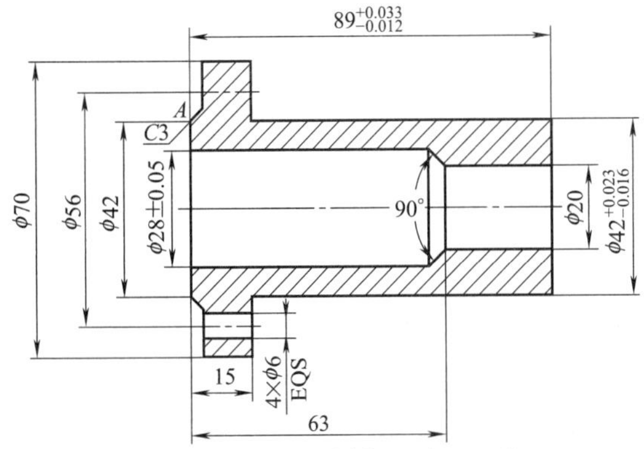

图 4—100 标注倒角尺寸“C3”

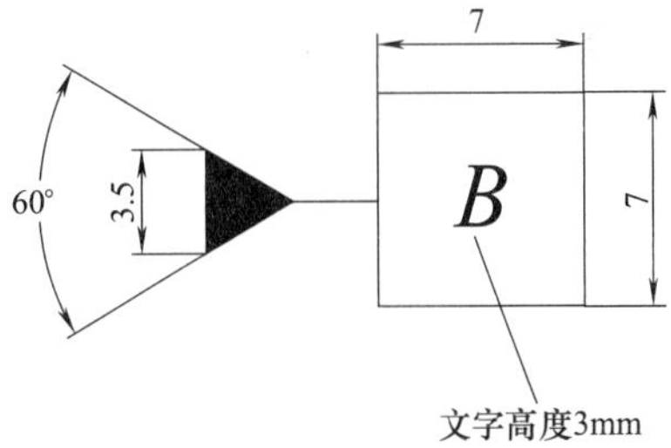

图 4—101 基准符号“B”的格式及尺寸

12. **标注几何公差**

（1）标注垂直度公差

在命令行中输入“QLEADER”并按回车键，启动“快速引线”命令，标注垂直度公差，系统给出如下提示。

命令：QLEADER　　//启动“快速引线”命令

指定第一个引线点或［设置(S)］<设置>：S

//输入“S”，按回车键，系统弹出“引线设置”对话框，分别按图 4—103 和图 4—104 设置各选项卡中的参数，设置完毕单击对话框上的“确定”按钮关闭对话框

指定第一个引线点或［设置(S)］<设置>：

//拾取“$\phi 42^{+0.023}_{-0.016}$”尺寸线的下端点作为引线第一点

指定下一点：　　//竖直向下移动光标到适当位置拾取一点作为引线第二点

指定下一点：

//水平向右移动光标到适当位置拾取一点作为引线第三点，此时系统弹出“形位公差”对话框，按图 4—105 设置好参数后。单击“确定”按钮关闭对话框

垂直度公差的标注结果如图 4—106 所示。

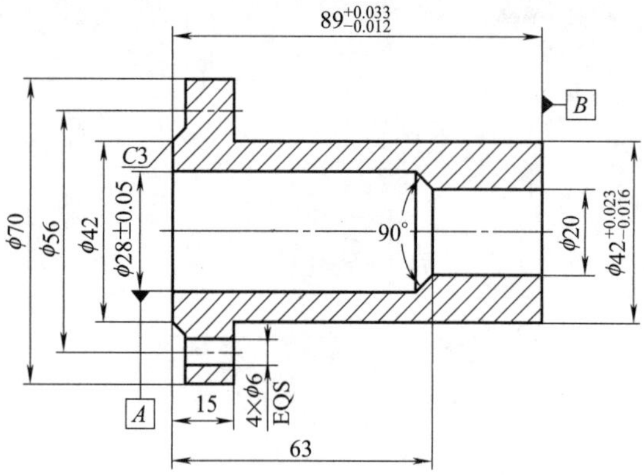

图 4—102　标注基准

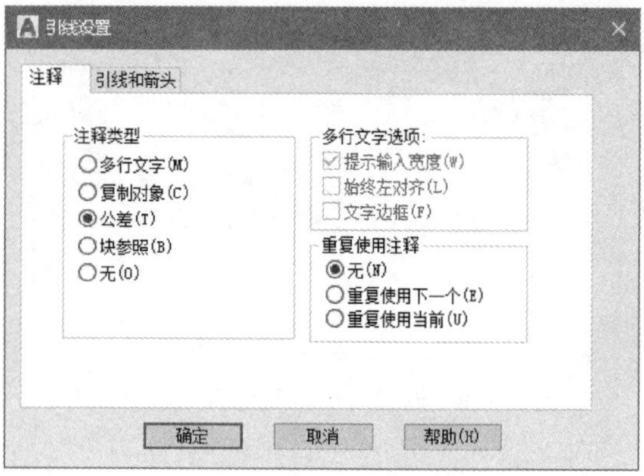

图 4—103　设置“注释”选项卡

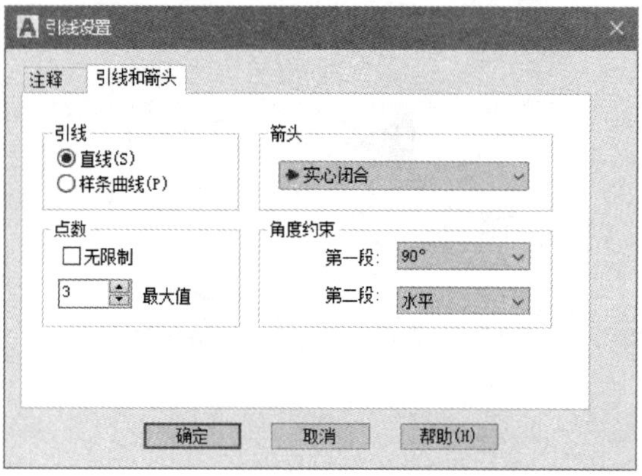

图 4—104　设置“引线和箭头”选项卡

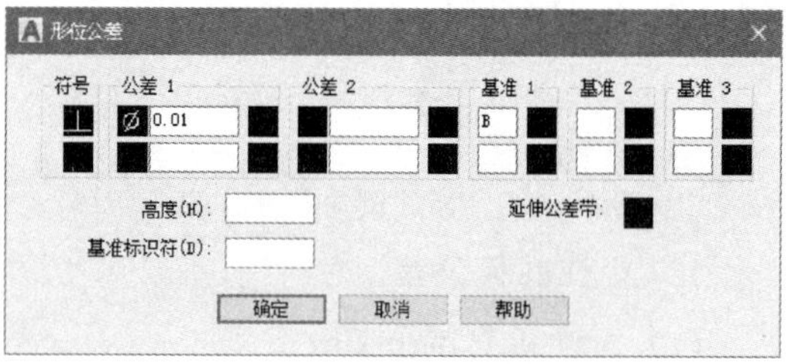

图 4—105　设置几何公差参数

（2）标注径向圆跳动公差

重复“快速引线”命令，标注径向圆跳动公差，如图 4—107 所示。至此，本实训任务完成。

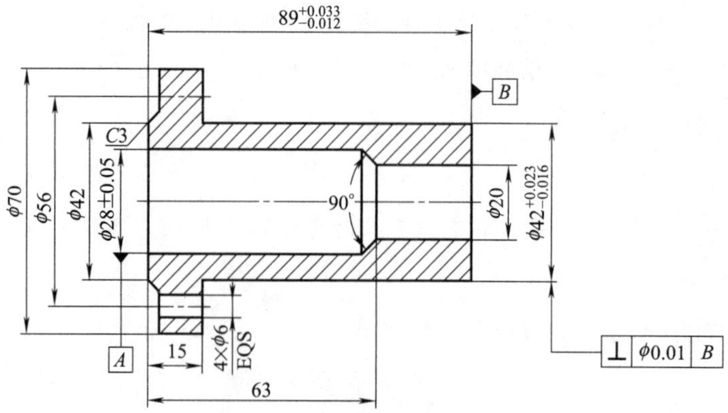

图 4—106　标注垂直度公差

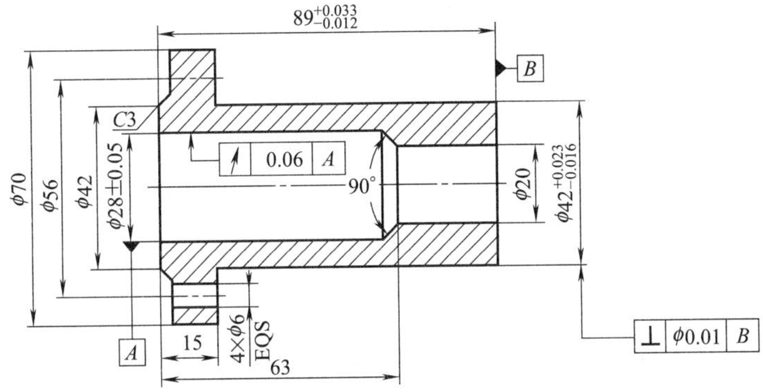

图 4—107　标注径向圆跳动公差

巩固练习

1. 绘制图 4—108 所示图形，并标注尺寸及其公差、几何公差和基准等。

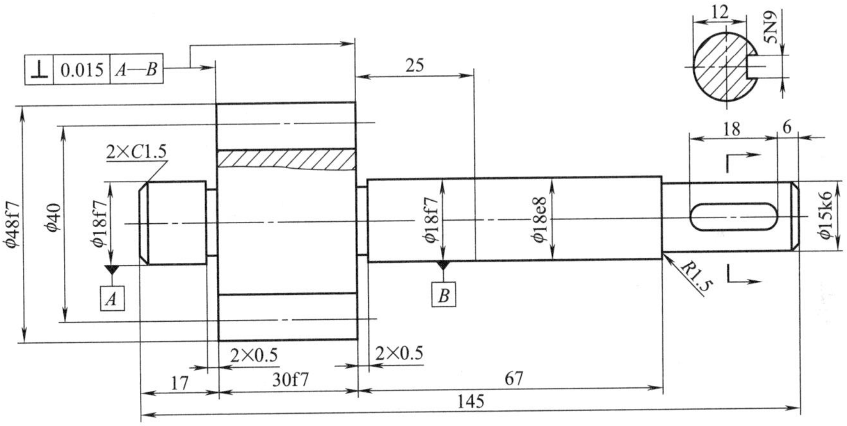

图 4—108　标注图形公差练习（一）

2. 绘制图 4—109 所示图形，并标注尺寸及其公差、几何公差和基准等。

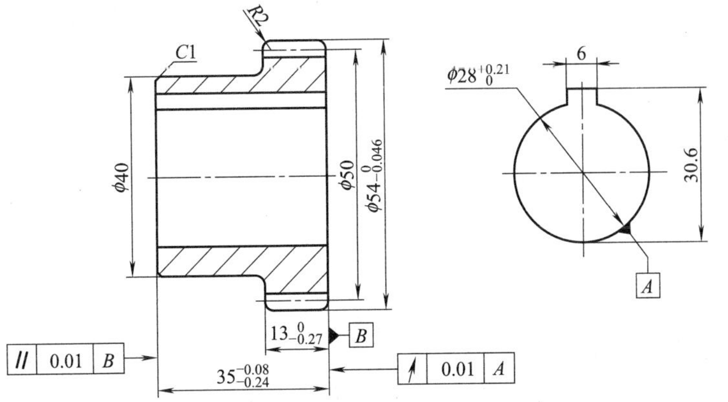

图 4—109　标注图形公差练习（二）

项目五　图块及其属性

任务 1　图块基本操作

学习目标

掌握图块的创建、插入和分解方法。

任务分析

在制图过程中，经常会发现一个复杂的图形中含有很多重复的部分。例如，在一张建筑平面图中可能会包含很多相同的门和窗，在一张机械图样中可能会包含许多相同的符号（如表面结构代号、基准符号等）或图形（如螺栓、垫圈等）。对于这些重复的单元，若一一绘制会比较麻烦。

AutoCAD 2018 提供了“图块”操作功能，可以事先把图形中重复的单元创建成块保存起来，使用它们时就可以多次插入到当前图形中，避免了大量的重复性绘制工作，提高了绘图效率，也节省了存储空间。本任务将具体介绍 AutoCAD 中有关图块的基础知识（如图块的创建、插入、分解），并通过绘制如图 5—1 所示图形来掌握图块的应用方法。

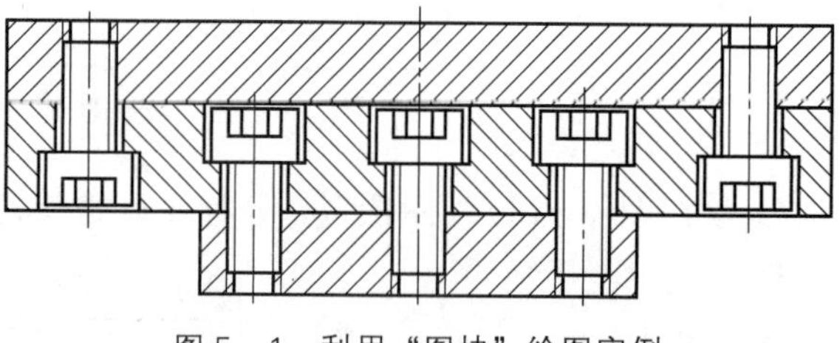

图 5—1　利用“图块”绘图实例

相关知识

1. 图块的创建

所谓“图块”，指的是将多个图形元素组合在一起，形成一个整体的图形单元。用户可以将这个图形单元作为单一的图形对象进行编辑和使用。图块主要由块名、组成块的对象、用于插入块的基点坐标值或相关的属性数据等组成元素构成。

（1）启动图块创建命令的方法

启动图块创建命令的方法主要有如下三种。

◇ 单击“默认”→“块”→“创建”按钮。

◇ 选择菜单栏“绘图”→“块”→“创建”命令。

◇ 在命令行中输入“B（或 BLOCK）”，按回车键。

（2）创建图块的方法

1）利用上述任意一种方法启动图块创建命令，系统会弹出“块定义”对话框，如图5—2 所示。

2）在对话框的“名称（N）”文本框中输入块的名称。

3）在对话框的“基点”选项组中，用户可以单击“拾取点（K）”按钮，切换到绘图窗口中选取插入基点，也可以通过输入插入基点的 X、Y、Z 的坐标来确定基点的位置。

4）在对话框的“对象”选项组中，单击“选择对象（T）”按钮，可切换到绘图窗口中选择构成图块的图形对象。

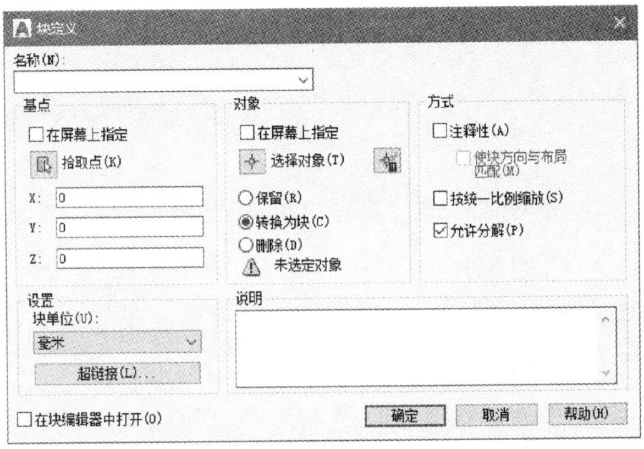

图 5—2 “块定义”对话框

5）单击对话框上的“确定”按钮，完成图块的创建。

“块定义”对话框中常用选项的功能介绍如下。

◇“保留（R）”单选按钮：选择该选项后，所选图形对象仍然保留且属性不变。

◇“转换为块（C）”单选按钮：选择该选项后，所选图形对象转换为图块。

◇“删除（D）”单选按钮：选择该选项后，所选图形对象被删除。

2. 图块的插入

创建图块后，在需要的时候就可以利用图块插入命令将它插入到当前的图形中。

（1）启动图块插入命令的方法

启动图块插入命令的方法主要有如下三种。

◇ 单击“默认”→“块”→“插入”按钮。

◇ 选择菜单栏“插入”→“块”命令。

◇ 在命令行中输入“I（或 INSERT）”，按回车键。

（2）插入图块的方法一

1）选择菜单栏“插入”→“块”命令，或在命令行中输入“I（或 INSERT）”并按回车键，系统弹出“插入”对话框，如图 5—3 所示。

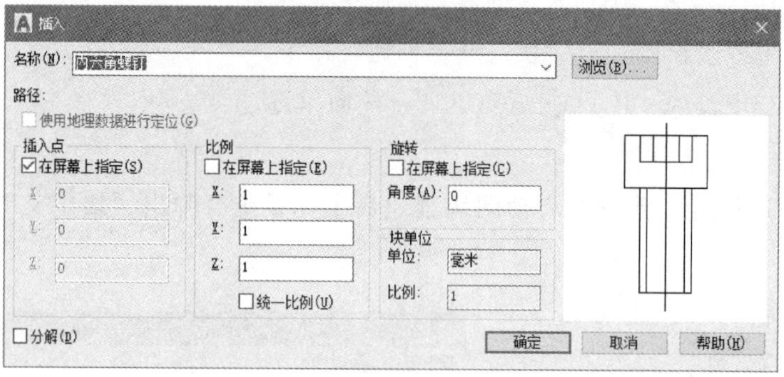

图 5—3 “插入”对话框

2）在对话框的“名称（N）”下拉列表框中选择要插入块的名称。

3）在对话框的“插入点”选项组中，可直接输入 X、Y、Z 坐标来给出插入点（注意输入坐标后不要按回车键）；也可以通过选中“在屏幕上指定（S）”复选框，在绘图区指定插入点的位置。

4）若在“插入点”选项组中直接输入了插入点的坐标，则直接单击对话框上的“确定”按钮即可插入图块；若选择在屏幕上指定插入点，则需单击“确定”按钮后，返回绘图区，在适当位置拾取块的插入点。

“插入”对话框中常用选项的功能介绍如下。

◇“比例”选项组：该选项组用于指定块的缩放比例，用户可以直接输入块的 X、Y、Z 方向的比例因子，也可以利用鼠标在绘图窗口中指定块的缩放比例。

◇“旋转”选项组：该选项组用于指定块的旋转角度。在插入块时，用户可以按照设置的角度旋转图块。

◇“分解（D）”复选框：该选项用于将插入的图块分解为一个个单独的对象。

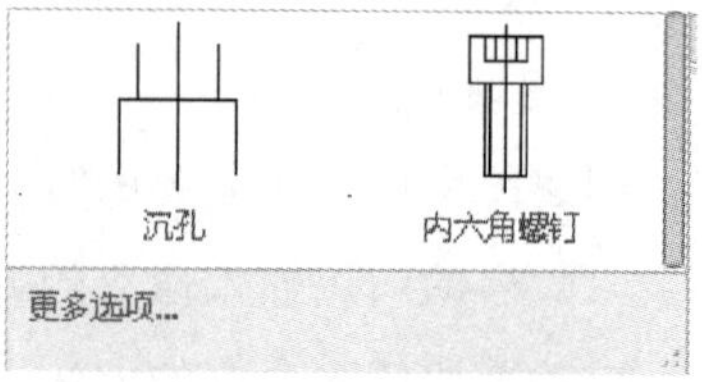

图 5—4 “插入”列表窗口

（3）插入图块的方法二

单击“默认”→“块”→“插入”按钮，在功能区下方会弹出一个列表窗口，里面有已定义好的块的图形和名称，如图 5—4 所示。选择要插入块的名称，系统给出如下提示。

命令：_-INSERT 输入块名或［?］＜内六角螺钉＞：内六角螺钉

单位：毫米　转换：1.0000

指定插入点或［基点(B)/比例(S)/X/Y/Z/旋转(R)］：_Scale 指定 XYZ 轴的比例因子 ＜1＞：1 指定插入点或［基点(B)/比例(S)/X/Y/Z/旋转(R)］：_Rotate

指定旋转角度 ＜0＞：0

指定插入点或［基点(B)/比例(S)/X/Y/Z/旋转(R)］：

//移动光标到块插入的位置，单击鼠标左键，即可插入图块

命令行中常用输入选项的含义如下。

◇ 基点（B）：用于重新设置图块的基点。

◇ 比例（S）：用于设置插入图块的比例因子。

◇ *X*/*Y*/*Z*：用于设置 *X*、*Y* 和 *Z* 中某一个方向的比例因子。

3. 图块的分解

当创建图块后，AutoCAD 系统会将图块作为单个的对象进行处理，只能对整个图块进行编辑。如果需要编辑组成块的某个对象，则需要将组成块的对象分解成单一个体。图块分解的方法有以下两种。

（1）插入图块时，在“插入”对话框中选择“分解（D）”复选框，然后再进行图块插入操作。

（2）插入图块后，利用“分解”命令分解图块。

实践操作

实训 1

实训要求：

针对本任务介绍的知识点，熟练掌握 AutoCAD 2018 中图块的创建、插入与分解方法。

实训任务：

利用“图块”功能完成图 5—1 所示图形的绘制。

1. 分析图形

图 5—1 所示装配图的形体由上板、中板、下板和内六角螺钉组成，如图 5—5 所示。绘图时，可分别绘制各个零件的图形并创建成块，然后将块进行叠加得到装配图。

操作演示

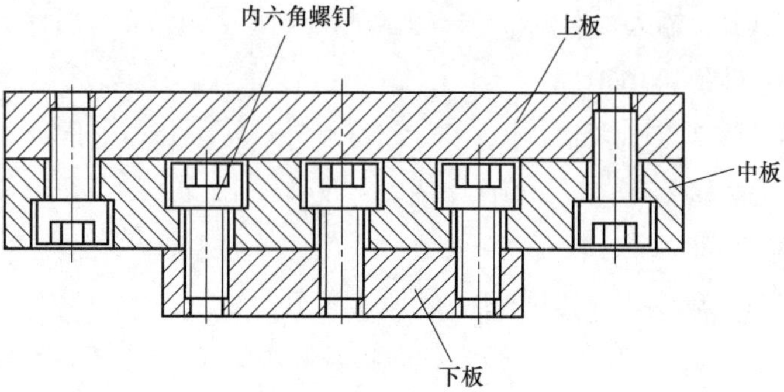

图 5—5　图形分析

2. 新建图形文件

新建一个图形文件，图形样板选择“制图样板 3. dwt”。

3. 绘制内六角螺钉，并创建图块

（1）按照图 5—6 所示形状及尺寸绘制内六角螺钉，结果如图 5—7 所示。

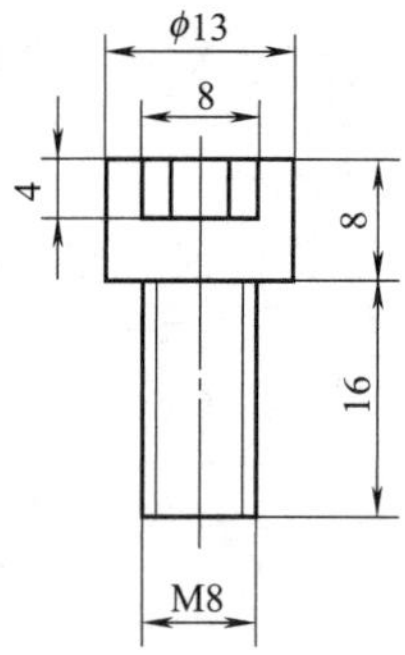

图 5—6　内六角螺钉的形状及尺寸

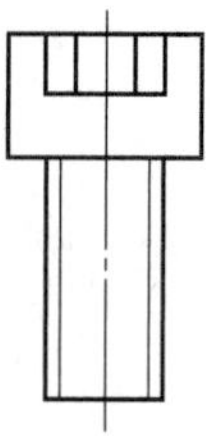

图 5—7　绘制内六角螺钉

（2）单击“默认”→“块”→“创建”按钮，打开“块定义”对话框。

（3）在对话框的“名称（N）”文本框中输入图块的名称“内六角螺钉”。

（4）单击“块定义”对话框上的“拾取点（K）”按钮，返回绘图区，捕捉如图 5—8 所示的点 A 作为图块的插入基点。基点确定后，系统返回“块定义”对话框。

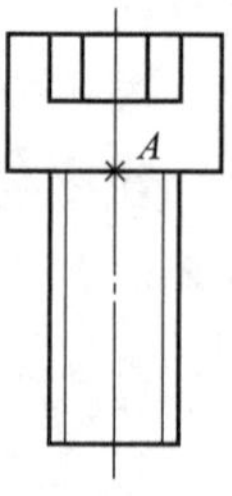

图 5—8　选择块的插入基点

（5）单击对话框上的“选择对象（T）”按钮，再次返回绘图区，框选整个内六角螺钉作为插入对象。

（6）按回车键，返回“块定义”对话框。“内六角螺钉”图块的各项参数设置如图 5—9 所示。

（7）单击“块定义”对话框上的“确定”按钮，完成图块的定义。

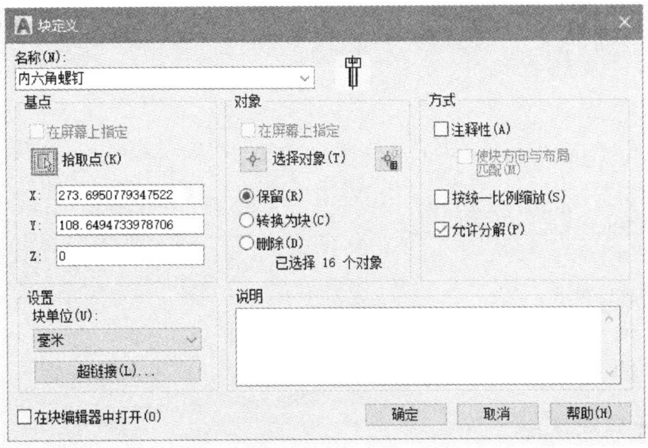

图 5—9　“内六角螺钉”图块的参数设置

4. 绘制上板，并创建图块

（1）按照图 5—10 所示形状及尺寸绘制上板，如图 5—11 所示。

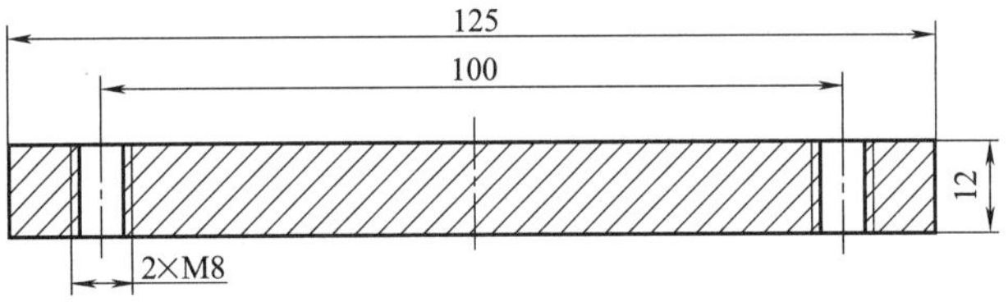

图 5—10　上板的形状及尺寸

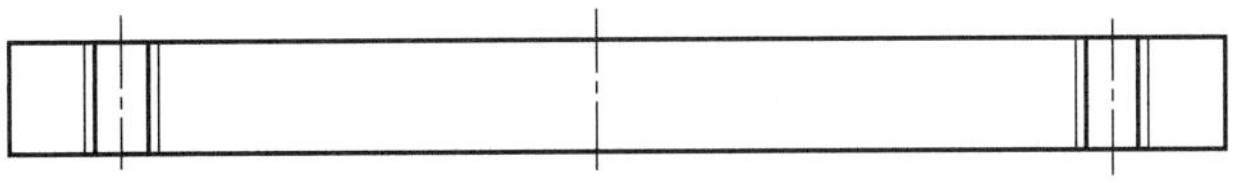

图 5—11　绘制上板

提示　因为绘制装配图时，剖面线需要重新绘制，所以在此先不画剖面线。

（2）单击“默认”→“块”→“创建”按钮，打开“块定义”对话框。

（3）在对话框的“名称（N）”文本框中输入图块的名称“上板”。

（4）单击“块定义”对话框上的“拾取点（K）”按钮，返回绘图区，捕捉如图 5—12 所示的中点作为图块的插入基点。基点确定后，系统返回“块定义”对话框。

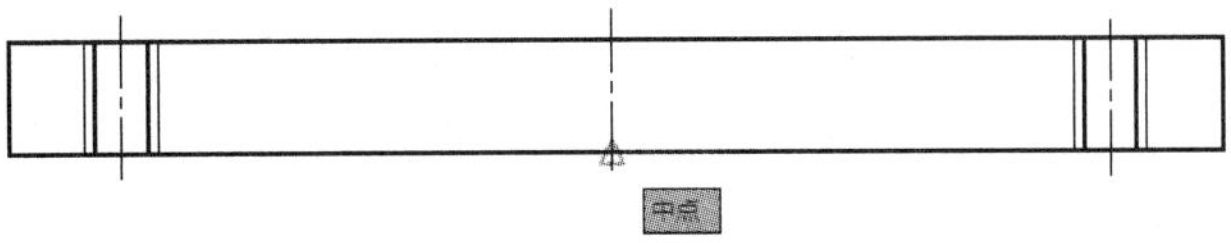

图 5—12　捕捉“上板”的插入基点

（5）单击对话框上的“选择对象（T）”按钮，再次返回绘图区，框选整个上板作为插入对象。

（6）按回车键，返回“块定义”对话框。“上板”图块的各项参数设置如图 5—13 所示。

（7）单击“块定义”对话框上的“确定”按钮，完成图块的定义。

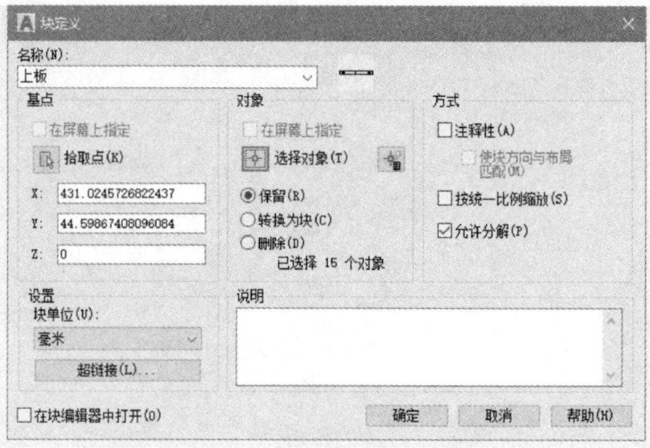

图 5—13　“上板”图块的参数设置

5. 绘制下板，并创建图块

（1）按照图 5—14 所示形状及尺寸绘制下板，如图 5—15 所示。

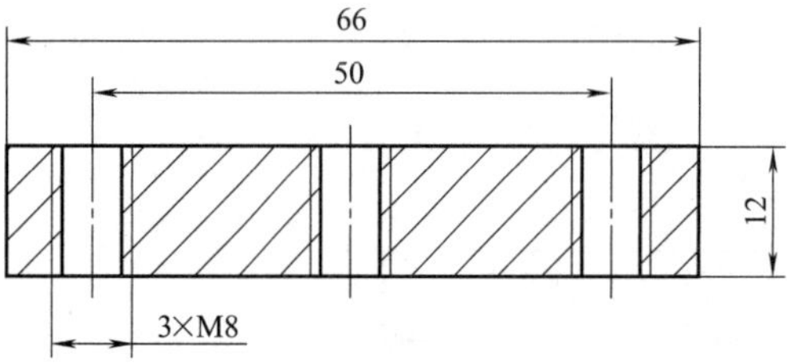

图 5—14　下板的形状及尺寸

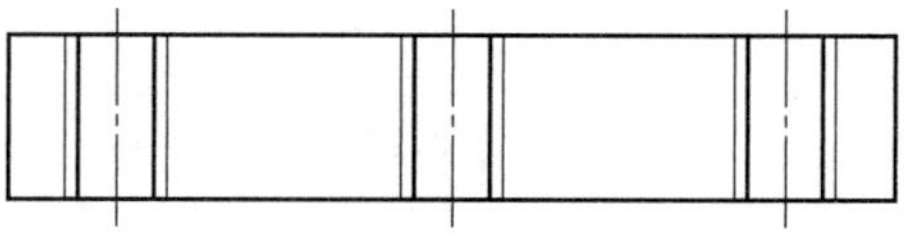

图 5—15　绘制下板

（2）将下板创建为图块，名称为“下板”，插入基点选择图形上轮廓线的中点，各项参数设置如图 5—16 所示。

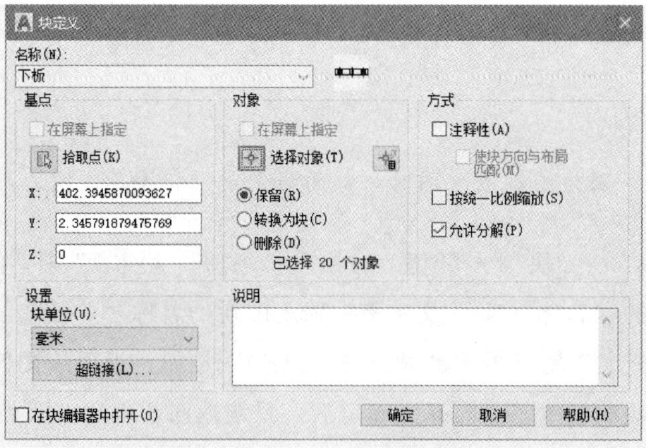

图 5—16　“下板”图块的参数设置

6. 绘制中板，并创建图块

（1）按照图 5—17 所示形状及尺寸绘制中板，如图 5—18 所示。

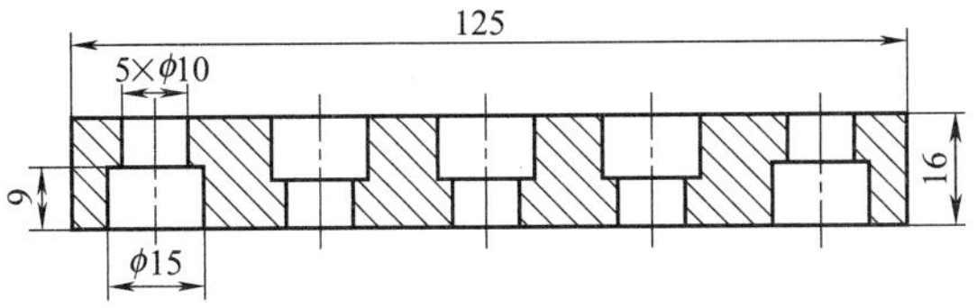

图 5—17　中板的形状及尺寸

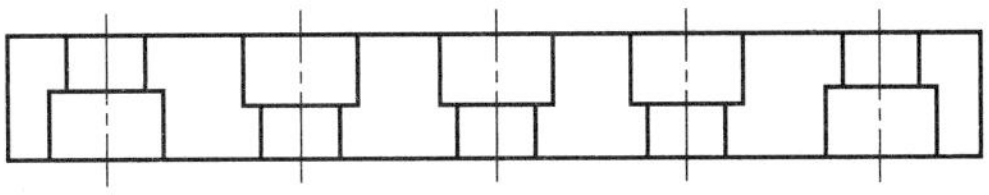

图 5—18　绘制中板

（2）将中板创建为图块，名称为“中板”，插入基点选择图形上轮廓线的中点，各项参数设置如图 5—19 所示。

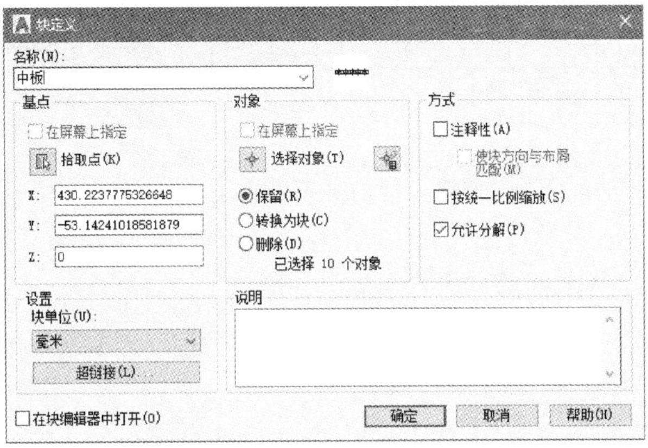

图 5—19　“中板”图块的参数设置

提示　在绘制中板时，沉孔结构多次出现，绘图时也可以将其创建为图块，以提高绘图效率。

7. 绘制装配图

（1）插入“中板”图块

1）单击“默认”→“块”→“插入”按钮，打开“插入”列表窗口，如图 5—20 所示。

2）单击“中板”图标，屏幕中显示出一个跟随光标移动的“中板”图块（图 5—21），

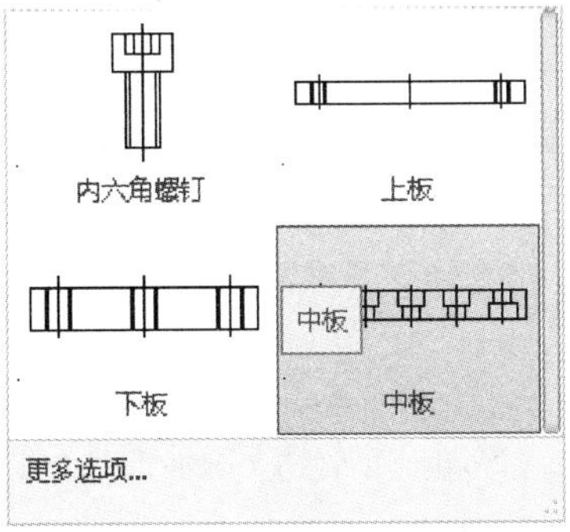

图 5—20　“插入”列表窗口

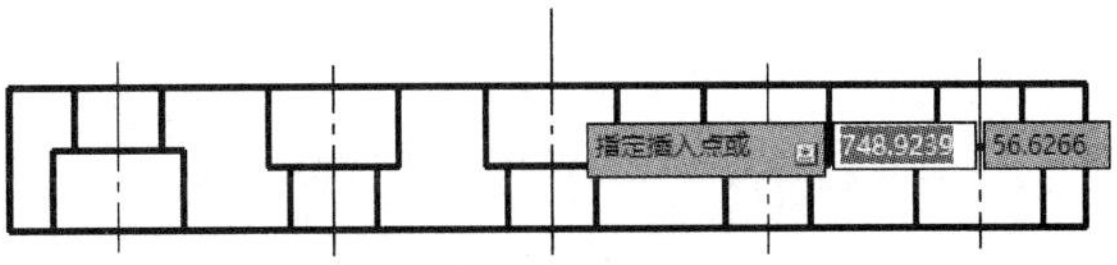

图 5—21　插入“中板”图块

在屏幕的适当位置单击，完成“中板”图块的插入。

（2）插入“下板”图块

按照同样的方法插入“下板”图块。插入图块时要注意，应使“下板”图块的插入基点与中板下轮廓线的中点重合，如图 5—22 所示。

（3）插入“上板”图块

重复上步操作，插入“上板”图块，如图 5—23 所示。

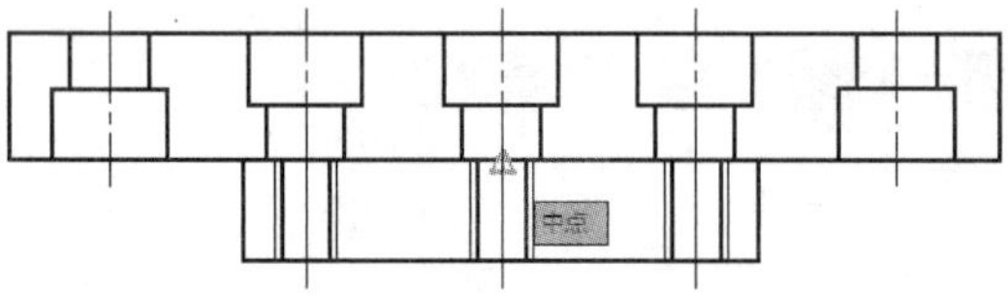

图 5—22　插入“下板”图块

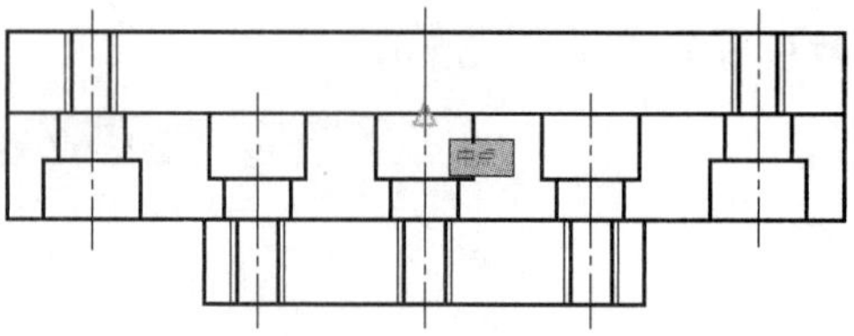

图 5—23　插入“上板”图块

（4）插入中板与下板之间的“内六角螺钉”图块

1）单击“默认”→“块”→“插入”按钮，打开“插入”列表窗口，单击“内六角螺钉”图标。

2）捕捉中间沉孔台阶的中点，单击鼠标左键，完成插入，如图 5—24 所示。

3）用同样的方法插入连接下板与中板的其他两个内六角螺钉，如图 5—25 所示。

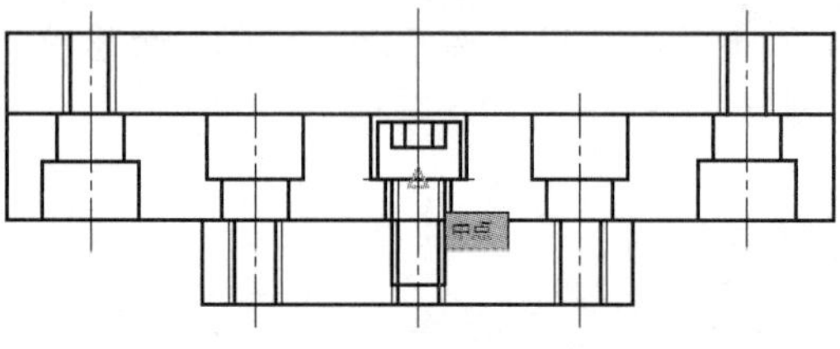

图 5—24　插入中间的“内六角螺钉”图块

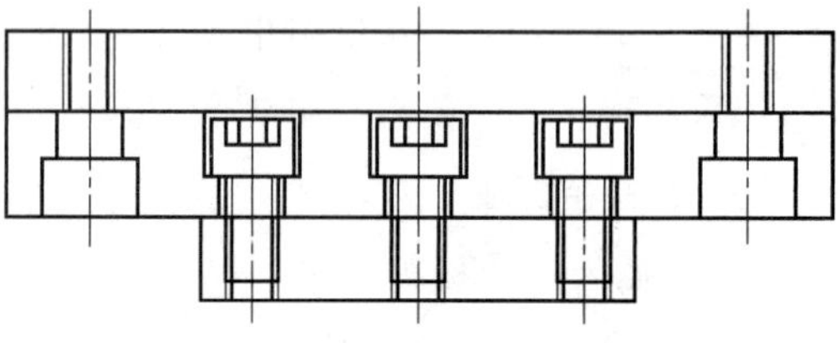

图 5—25　插入其他两个内六角螺钉

（5）插入上板与中板之间的“内六角螺钉”图块

1）插入左侧“内六角螺钉”图块

单击“默认”→“块”→“插入”按钮，打开“插入”列表窗口，单击“内六角螺钉”图标，系统给出如下提示。

命令：_-INSERT 输入块名或［?］＜内六角螺钉＞：内六角螺钉

单位：毫米　转换：1.0000

指定插入点或［基点(B)/比例(S)/X/Y/Z/旋转(R)］：_Scale 指定 XYZ 轴的比例因子 ＜1＞：1 指定插入点或［基点(B)/比例(S)/X/Y/Z/旋转(R)］：_Rotate

指定旋转角度 <0>：0

指定插入点或［基点(B)/比例(S)/X/Y/Z/旋转(R)］：R　　//输入“R”，按回车键

指定旋转角度 <0>：180

//输入“180”，按回车键，“内六角螺钉”图块旋转 180°，如图 5—26 所示

指定插入点或［基点(B)/比例(S)/X/Y/Z/旋转(R)］：

//捕捉中板左侧沉孔台阶的中点，单击鼠标左键，完成图块的插入

左侧内六角螺钉的插入结果如图 5—27 所示。

图 5—26　“内六角螺钉”图块旋转 180°

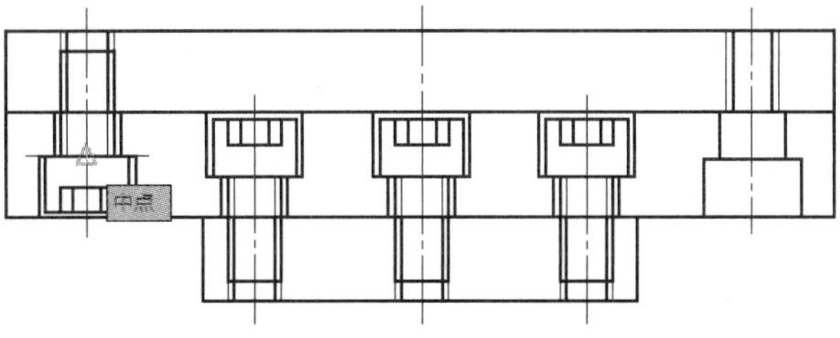

图 5—27　插入左侧“内六角螺钉”图块

2）插入右侧“内六角螺钉”图块

用同样的方法插入右侧“内六角螺钉”图块，如图 5—28 所示。

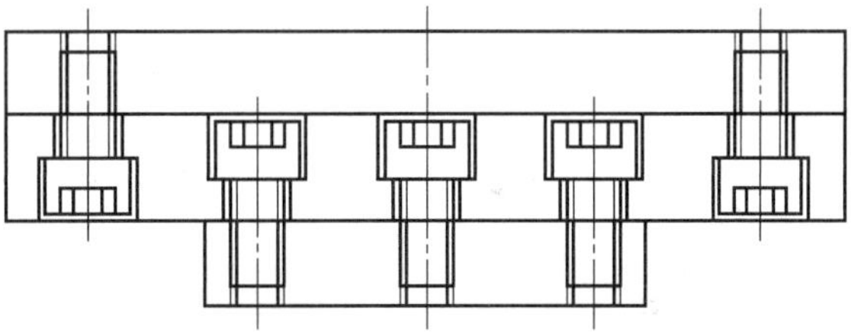
图 5—28　插入右侧“内六角螺钉”图块

8. **整理装配图**

（1）分解图形，删除重叠的细点画线以及贯穿螺钉的粗实线，使之符合国家标准的规定，结果如图 5—29 所示。

（2）填充剖面线，完成绘图，如图 5—30 所示。

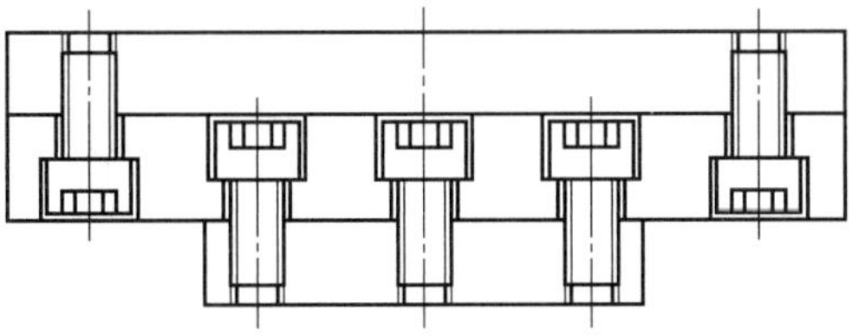
图 5—29　修剪图线

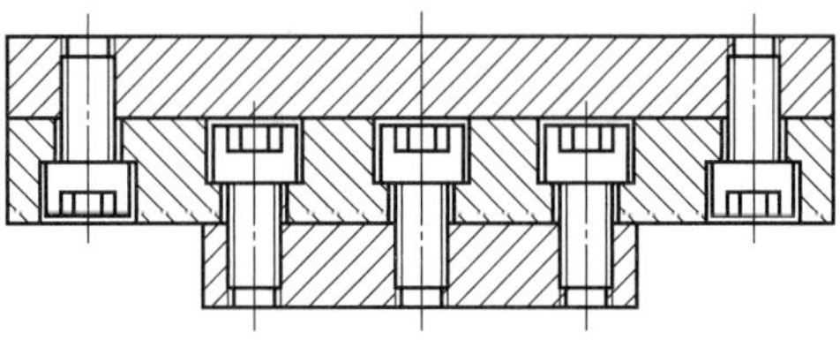
图 5—30　填充剖面线

巩固练习

1. 简述图块的特点，并举例说明创建图块和插入图块的一般操作步骤。

2. 分别绘制图 5—31 至图 5—35 所示图形并创建成图块，按一定顺序插入图块，完成如图 5—36 所示图形。

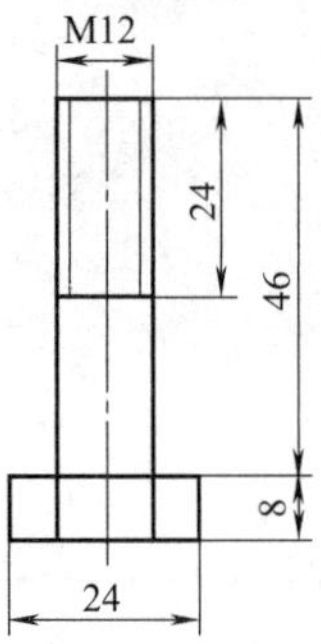

图 5—31　螺栓

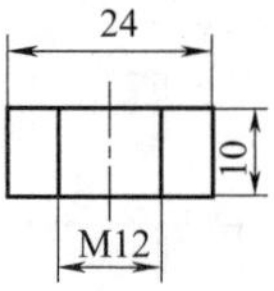

图 5—32　螺母

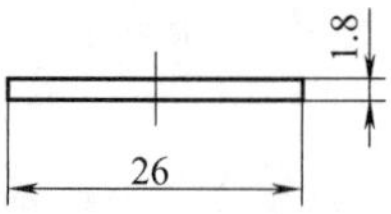

图 5—33　平垫圈

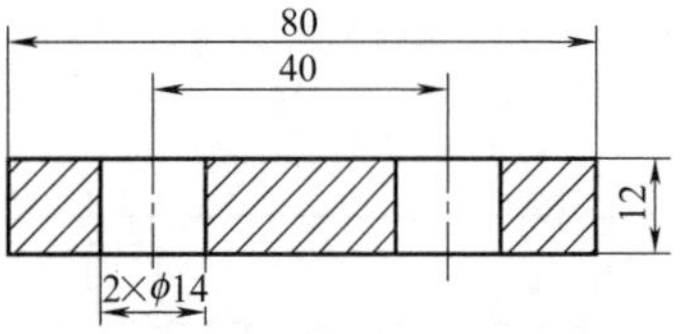

图 5—34　上连接板

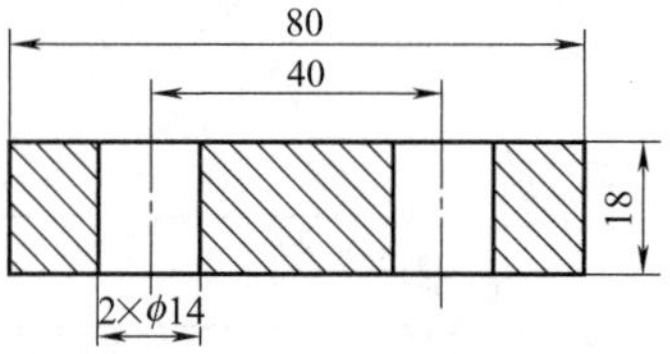

图 5—35　下连接板

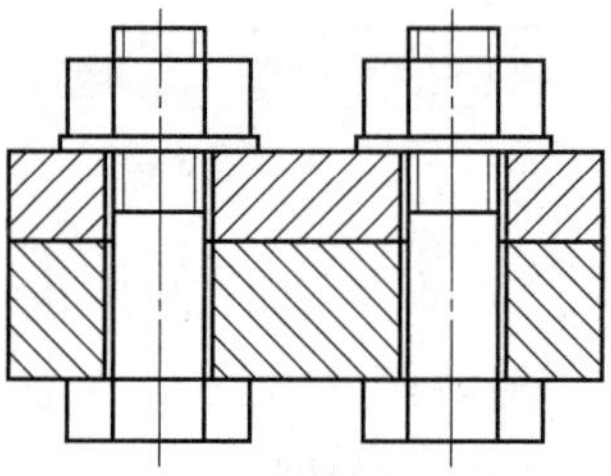

图 5—36　螺栓零件图

任务 2　图块属性操作

学习目标

掌握图块属性的创建与修改方法。

任务分析

在制图过程中，经常遇到图形中的一些重复单元虽具有相同的形状，但其表达的含义不尽相同。为加以区别，需要在重复单元上标注文字信息以表达该单元的特殊属性。例如，机械图样标注中表面结构符号上注释的表面粗糙度值、基准符号中标注的基准字母以及电路图中带有标号的电阻等。

对于这些带有文字信息的重复单元，AutoCAD 2018 也提供了相应的简便创建命令，即图块属性创建命令以及属性修改命令等。本任务将具体介绍图块属性的创建与修改方法，并通过绘制图 5—37 所示图形来掌握带有属性的图块的创建方法。

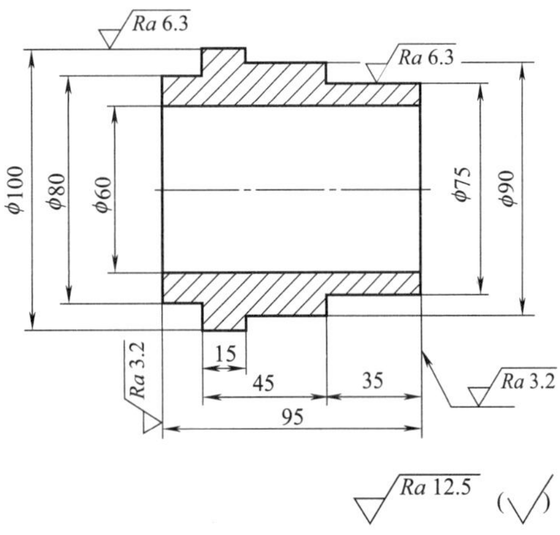

图 5—37　空心台阶轴

相关知识

1. 图块属性的创建

图块属性是附加在图块上的文字信息，在 AutoCAD 2018 中经常利用图块属性来预定义文字的位置、内容或缺省值等。在插入图块时，输入不同的文字信息，可以使相同的图块表达不同的信息。

启动图块“定义属性”命令的方法主要有如下三种。

◇ 单击“默认”→“块”→“定义属性”按钮。

◇ 选择菜单栏“绘图”→“块”→“定义属性”命令。

◇ 在命令行中输入“ATT（ATTDEF）”，按回车键。

利用上述任意一种方法启动“定义属性”命令，系统弹出“属性定义”对话框，如图 5—38 所示。

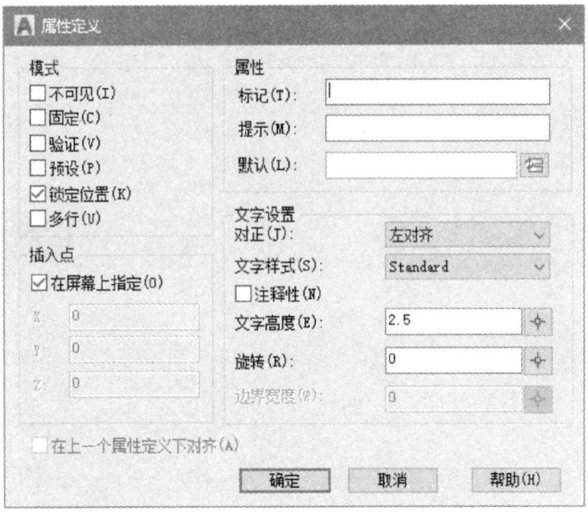

图 5—38　“属性定义”对话框

其“属性”选项组中常用选项的介绍如下。

◇“标记（T）”文本框：用于输入块的属性标记。

◇“提示（M）”文本框：用于输入插入块时系统显示的提示信息。

◇“默认（L）”文本框：用于输入块的属性值。

“文字设置”选项组中常用选项的介绍如下。

◇“对正（J）”下拉列表框：用于选择属性文本相对属性插入点的排列方式（如左上、居中等）。

◇“文字样式（S）”下拉列表框：用于选择属性文本的文字样式。

◇“文字高度（E)”文本框：用于输入属性文本文字的高度值。

◇“旋转（R)”文本框：用于输入属性文本的旋转角度。

例 1 绘制矩形线框并通过定义“表面结构代号”属性标注图形的表面结构代号，如图 5—39 所示。

（1）新建一个图形文件，图形样板选择“制图样板 3. dwt”。

（2）将“粗实线”图层设置为当前图层，按图 5—40 所示尺寸要求绘制矩形线框。

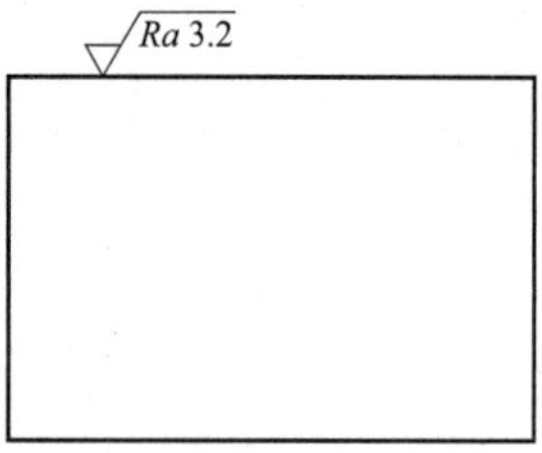

图 5—39 定义属性练习

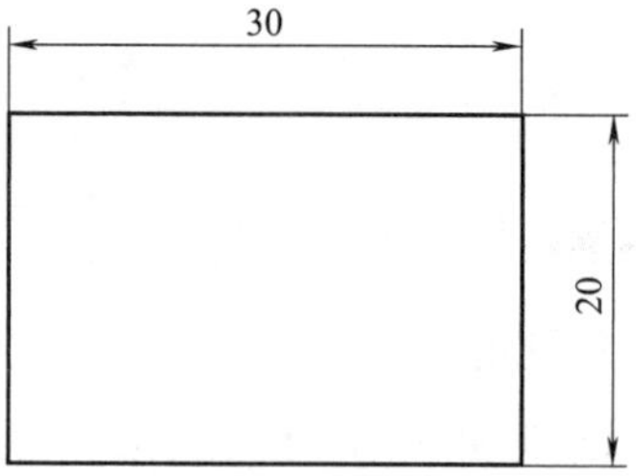

图 5—40 绘制矩形

（3）将“细实线”图层设置为当前图层，根据图 5—41 所示尺寸绘制表面结构符号。

（4）单击“默认”→“块”→“定义属性”按钮，打开“属性定义”对话框。在“标记（T）”文本框中输入“RA”（图 5—42)，“提示（M）”文本框中输入“表面结构代号”，“默认（L）”文本框中输入“Ra”，并设置文字样式为“宋体”，文字高度为“5”，其他采用默认设置。然后单击“确定”按钮，将“RA”放置在水平直线下边的适当位置，如图 5—43 所示。

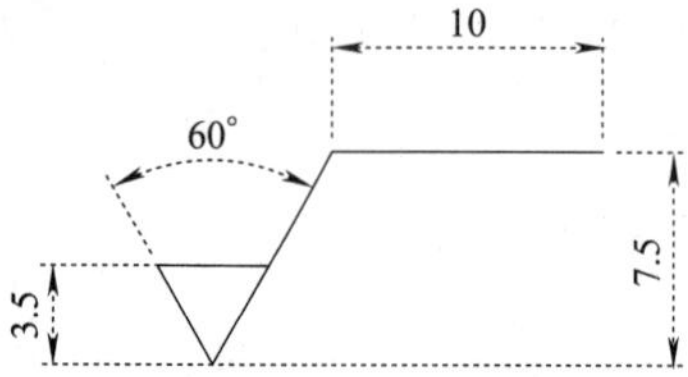

图 5—41 表面结构符号

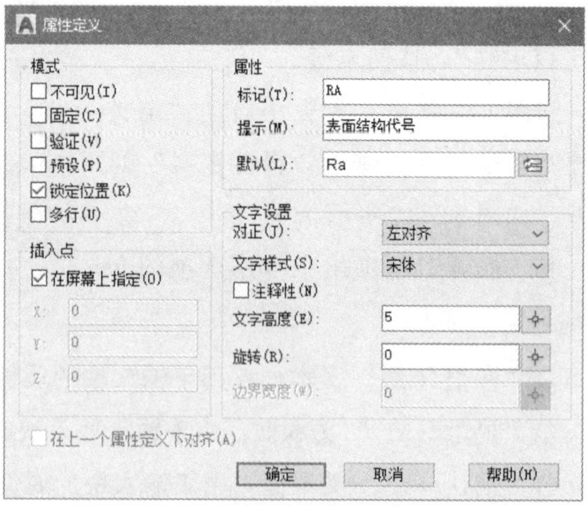

图 5—42 在“属性定义”对话框中填写标记内容

（5）重复“定义属性”命令，打开“属性定义”对话框，在“标记（T）”文本框中输入“3. 2”，将表面粗糙度参数“3. 2”放置在“RA”右侧适当位置，与“RA”保持 1 个数字字符的间距，如图 5—44 所示。

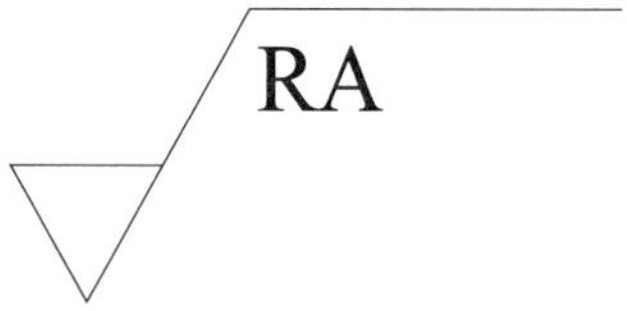

图 5—43 定义块的属性“RA”

图 5—44 定义块的属性“3.2”

（6）单击“默认”→“块”→“创建”按钮，打开“块定义”对话框，在“名称（N）”文本框中输入“表面结构代号”，单击“拾取点（K）”按钮后捕捉三角形符号的下端点，单击“选择对象（T）”按钮后框选图 5—44 所示图形，按回车键，返回“块定义”对话框，单击“确定”按钮，将其定义为带属性的块。

（7）单击“默认”→“块”→“插入”按钮，选择要插入的图块“表面结构代号”，捕捉插入点后单击鼠标左键，系统弹出“编辑属性”对话框，在“3.2”的文本框中重新输入“3.2”，在“RA”的文本框中输入“Ra”（图 5—45），单击“确定”按钮完成插入，结果如图 5—46 所示。此时的“Ra”为正体，要想使其变为斜体，还需要对图块的属性进行修改。

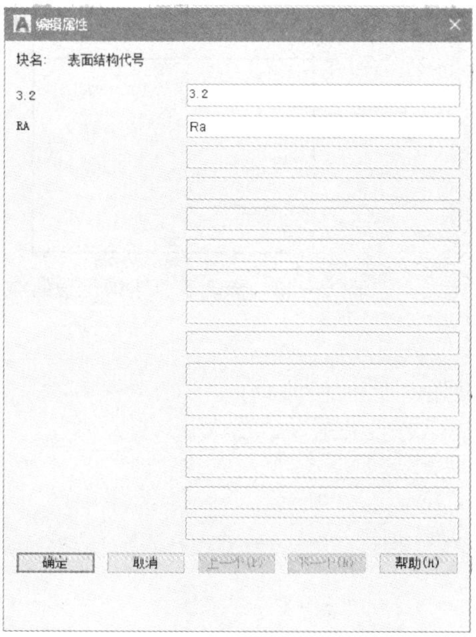

图 5—45 “编辑属性”对话框

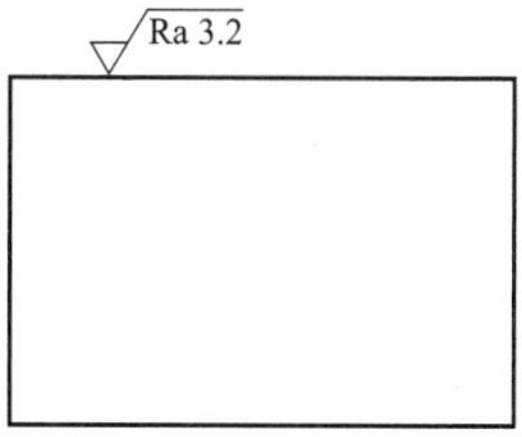

图 5—46 插入表面结构代号

2. 图块属性的编辑

当图块被插入到图形中后，用户还可以对图块的属性进行编辑，如改变文字的内容、高度、旋转角度和倾斜角度等。启动编辑图块属性命令的方法主要有如下三种。

◇单击“默认”→“块”→“单个”按钮。

◇选择菜单栏“修改”→“对象”→“属性”→“单个”命令。

例 2 将图 5—46 中的表面结构代号中的“Ra”改为斜体，将“3.2”改为“6.3”。

（1）单击“默认”→“块”→“单个”按钮，打开“增强属性编辑器”对话框，如图 5—47 所示。选择“3.2”，在下方的“值（V）”文本框中输入“6.3”，单击“应用（A）”按钮。

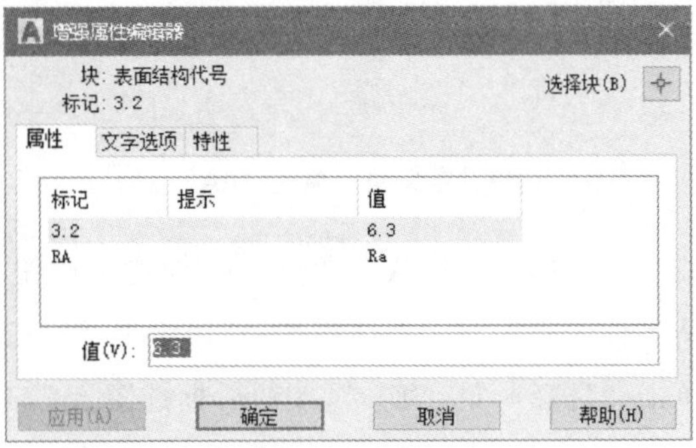

图 5—47 “增强属性编辑器”对话框

（2）选择“Ra”，然后切换到“文字选项”选项卡，设置倾斜角度为“15”，如图 5—48 所示，单击“确定”按钮，修改结果如图 5—49 所示。

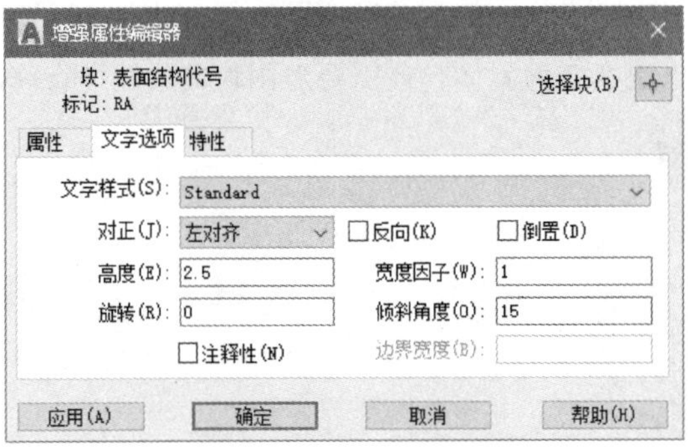

图 5—48 修改“Ra”的倾斜角度

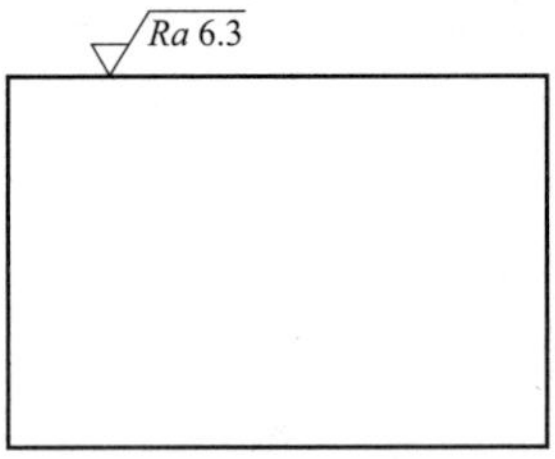

图 5—49 修改表面结构代号的结果

实践操作

实训 2

实训要求：

针对本任务介绍的知识点，熟练掌握 AutoCAD 2018 中带有属性的图块的创建、插入与编辑方法。

实训任务：

绘制如图 5—37 所示图形，要求将表面结构代号创建成带有属性的图块并插入到图形中。

1. 新建图形文件

新建一个图形文件，图形样板选择“制图样板 3. dwt”。

操作演示

2. 绘制图形

根据图 5—37 所示尺寸绘制空心台阶轴的图形，如图 5—50 所示。

3. 标注尺寸

对“线性尺寸”标注样式进行修改，具体如下：将箭头大小和文字高度设置为“5”。综合利用尺寸标注命令对上步所绘制的空心台阶轴进行标注，结果如图5—51所示。

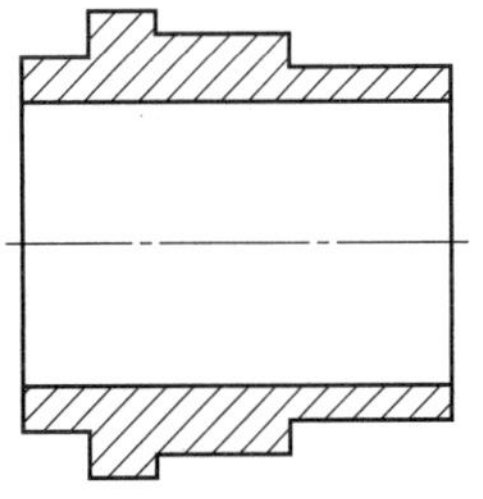

图 5—50　空心台阶轴的图形

4. 创建“表面结构代号”图块

(1) 按照图 5—52 所示尺寸绘制表面结构符号。

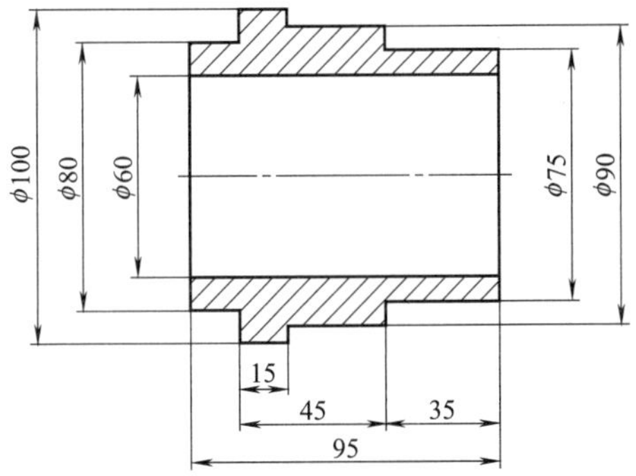

图 5—51　空心台阶轴尺寸标注结果

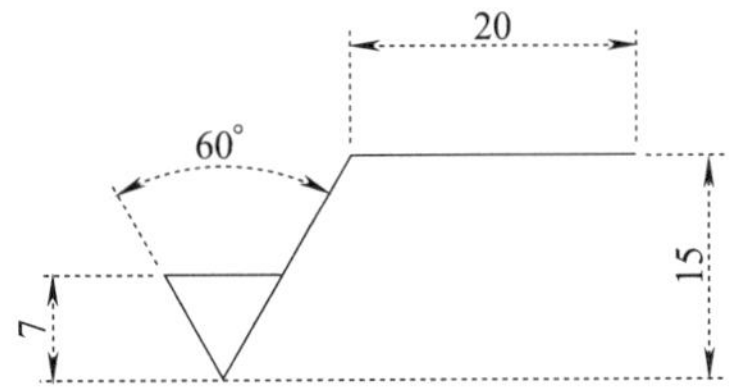

图 5—52　绘制表面结构符号

提示　表面结构符号的大小与尺寸数字标注的大小有关，具体可查阅有关国家标准。

(2) 单击“默认”→“块”→“定义属性”按钮，弹出“属性定义”对话框。

(3) 在“属性”选项组的“标记（T）”文本框中输入“RA”，“提示（M）”文本框中输入“表面结构代号”，“默认（L）”文本框中输入“Ra”；在“文字设置”选项组中，设置文字的对正方式为“左对齐”，文字样式为“宋体”，文字高度为“5”，如图 5—53 所示。

(4) 单击“属性定义”对话框上的“确定”按钮，返回绘图区，并移动光标到适当位置，单击鼠标左键插入“RA”属性标记，如图 5—54 所示。

(5) 重复“定义属性”命令，打开“属性定义”对话框。在“标记（T）”文本框中输入“6.3”，“提示（M）”文本框中输入“表面粗糙度参数值”，“默认（L）”文本框中输入“6.3”；在“文字设置”选项组中，设置文字的对正方式为“左对齐”，文字样式为

“宋体”，文字高度为“5”，如图 5—55 所示。单击“确定”按钮，返回绘图区，将“6.3”属性标记插入到适当位置，如图 5—56 所示。

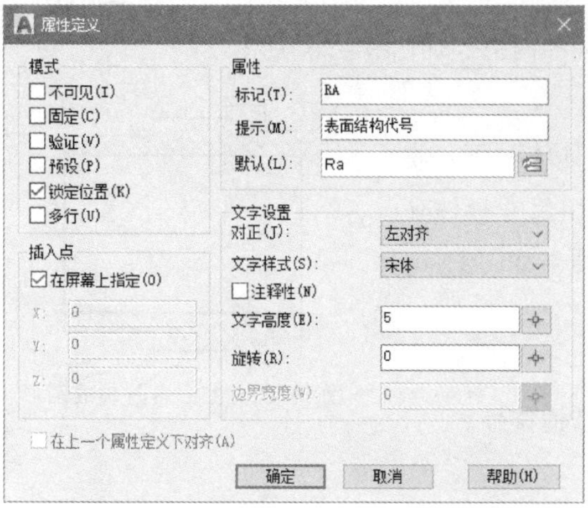

图 5—53　设置属性标记“RA”的相关参数

图 5—54　插入“RA”属性标记

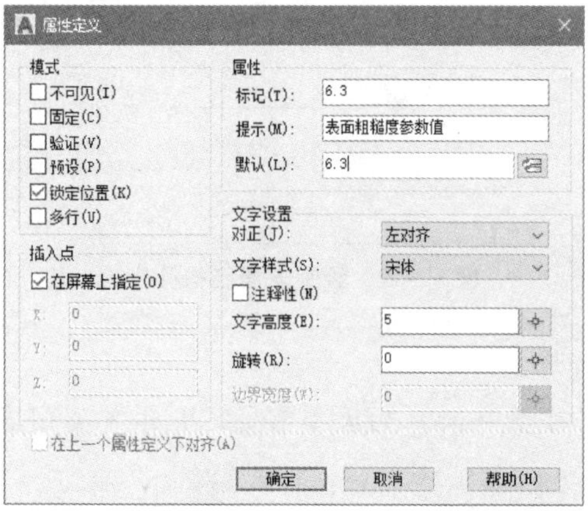

图 5—55　设置属性标记“6.3”的相关参数

图 5—56　插入“6.3”属性标记

(6) 单击“默认”→“块”→“创建”按钮，打开“块定义”对话框，在“名称（N）”文本框中输入“表面结构代号”（图 5—57），单击“拾取点（K）”按钮捕捉三角形符号的下端点（图 5—58），单击“选择对象（T）”按钮后框选所绘制的表面结构符号及属性标记（图 5—59）。

(7) 按回车键，返回“块定义”对话框，单击“确定”按钮，返回绘图区，完成块的定义。

5. 标注 ϕ100mm 外圆柱面的表面结构代号

(1) 单击“默认”→“块”→“插入”按钮，选择要插入的图块“表面结构代号”，捕捉插入点（图 5—60），单击鼠标左键，系统弹出“编辑属性”对话框，如图 5—61 所示。

在“输入粗糙度参数符号”文本框中显示“Ra”，在“表面粗糙度参数值”文本框中显示“6.3”。如需要改为其他符号或数值，可以在文本框中重新输入；如不需要修改，可单击“确定”按钮，完成图块的插入。此时的“Ra”为正体。

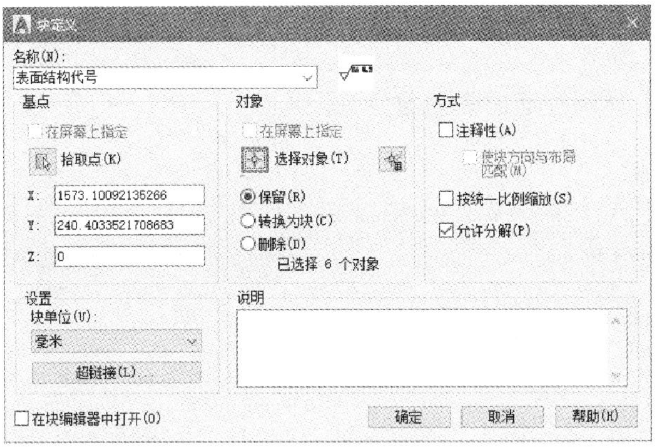

图 5—57　创建“表面结构代号”图块

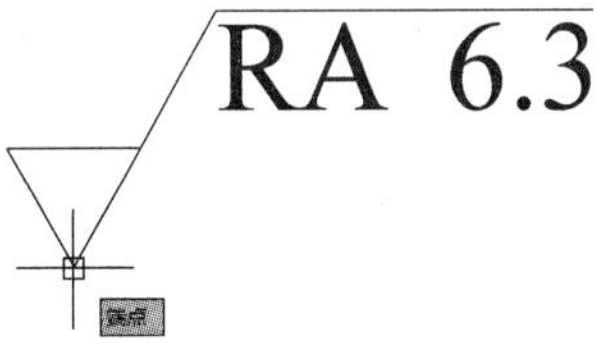

图 5—58　拾取图块的插入基点

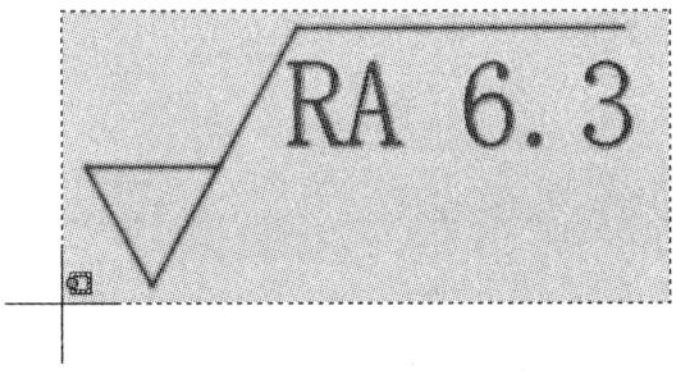

图 5—59　框选对象

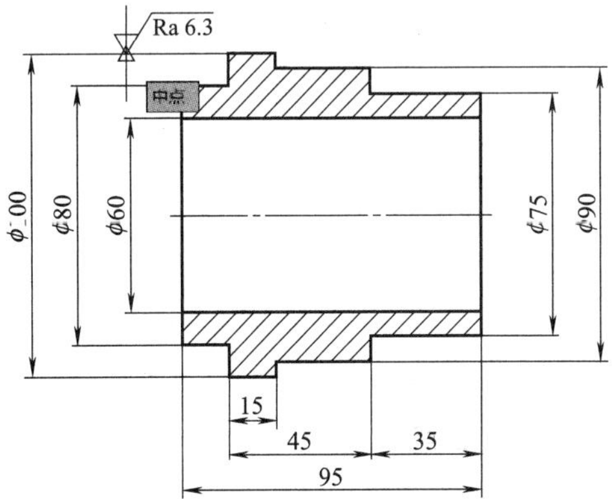

图 5—60　捕捉图块的插入点

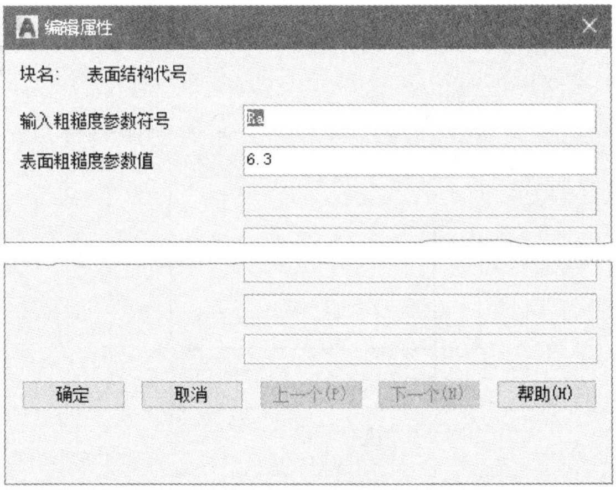

图 5—61　“编辑属性”对话框

（2）单击“默认”→“块”→“单个”按钮，然后单击要修改属性的图块，打开“增强属性编辑器”对话框，如图 5—62 所示。选择“Ra”，然后切换到“文字选项”选项卡，设置倾斜角度为“15”，如图 5—63 所示，单击“确定”按钮，修改结果如图 5—64 所示。

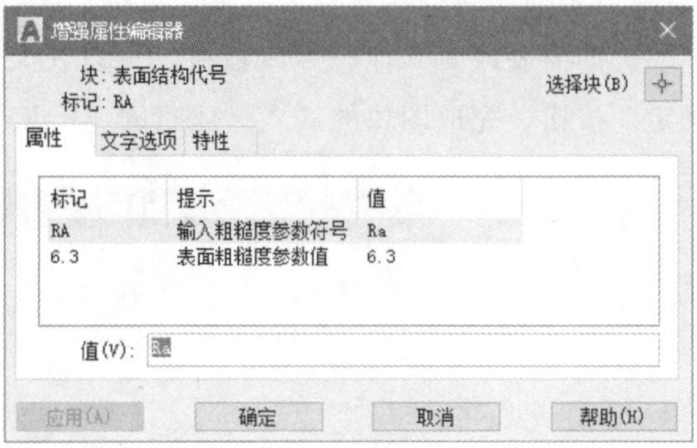

图 5—62 “增强属性编辑器”对话框

6. 标注 ϕ75 mm 外圆柱面的表面结构代号

（1）用“复制”命令标注 ϕ75 mm 外圆柱面的表面结构代号

ϕ75 mm 外圆柱面的表面结构代号与 ϕ100 mm 外圆柱面的表面结构代号相同，可以用“复制”命令完成，如图 5—65a 所示。

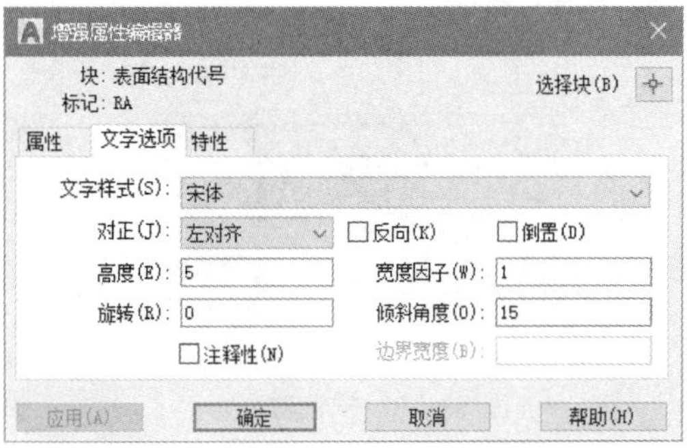

图 5—63 在“文字选项”选项卡中修改文字的倾斜角度

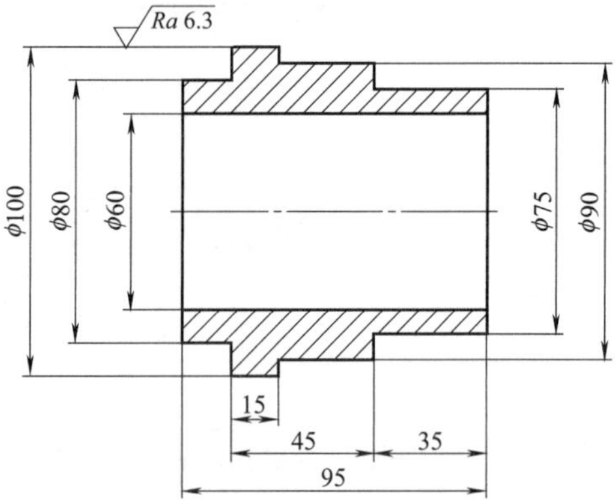

图 5—64 修改后的表面结构代号

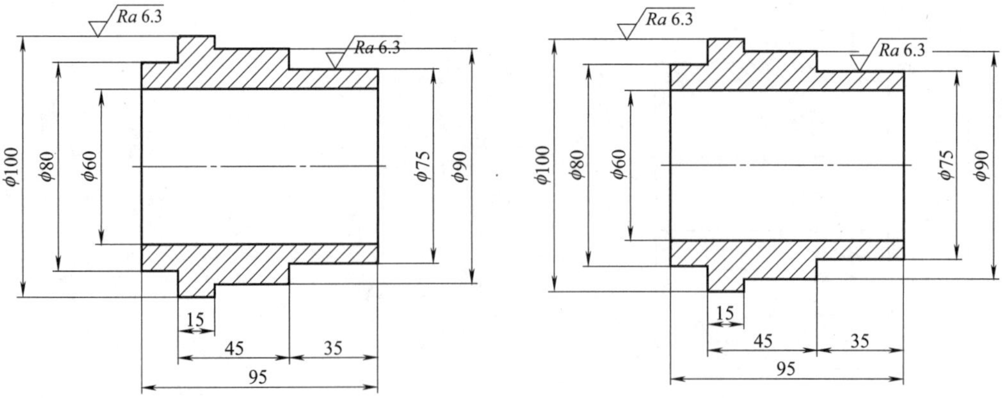

a) b)

图 5—65 标注 ϕ75 mm 外圆柱面的表面结构代号

a）尺寸界线打断前 b）尺寸界线打断后

（2）打断“$\phi 90$”的上尺寸界线

由于该表面结构代号与“$\phi 90$”的上尺寸界线重叠，需要将尺寸界线打断。具体方法是：首先用“分解”命令将“$\phi 90$”的尺寸标注分解，然后用“打断”命令将上边的尺寸界线打断，如图 5—65b 所示。

7. **标注零件左端面的表面结构代号**

（1）单击“默认”→“块”→“插入”按钮，系统给出如下提示。

命令：_-INSERT 输入块名或 [?]：表面结构代号

//启动图块插入命令，选择要插入的图块“表面结构代号”

单位：毫米　转换：1.0000

指定插入点或 [基点(B)/比例(S)/X/Y/Z/旋转(R)]：_Scale 指定 XYZ 轴的比例因子 <1>：1 指定插入点或 [基点(B)/比例(S)/X/Y/Z/旋转(R)]：_Rotate

指定旋转角度 <0>：0

指定插入点或 [基点(B)/比例(S)/X/Y/Z/旋转(R)]：R

//输入“R”，启动“旋转”选项

指定旋转角度 <0>：90　　//输入“90”，按回车键

指定插入点或 [基点(B)/比例(S)/X/Y/Z/旋转(R)]：

//捕捉尺寸“95”左侧尺寸界线上的某一点，单击鼠标左键

标注结果如图 5—66 所示，此时的表面粗糙度参数值为“6.3”，需要修改为“3.2”。

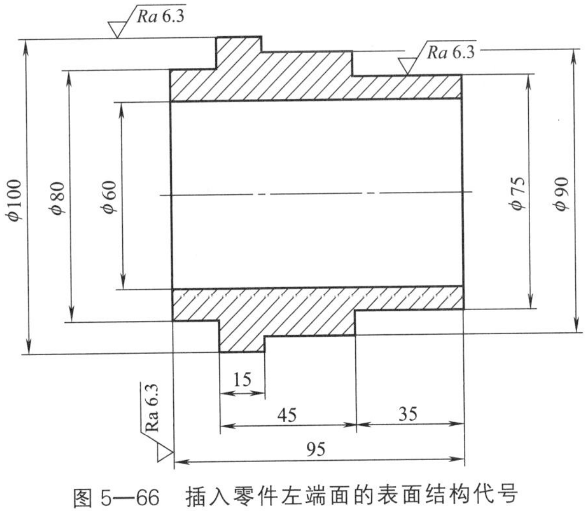

图 5—66　插入零件左端面的表面结构代号

（2）单击“默认”→“块”→“单个”按钮，然后单击要修改属性的图块，打开“增强属性编辑器”对话框，如图 5—67 所示。选择“6.3”，将其值修改为“3.2”；选择

“Ra”，然后切换到“文字选项”选项卡，设置倾斜角度为“15”，如图 5—68 所示。单击“确定”按钮，修改结果如图 5—69 所示。

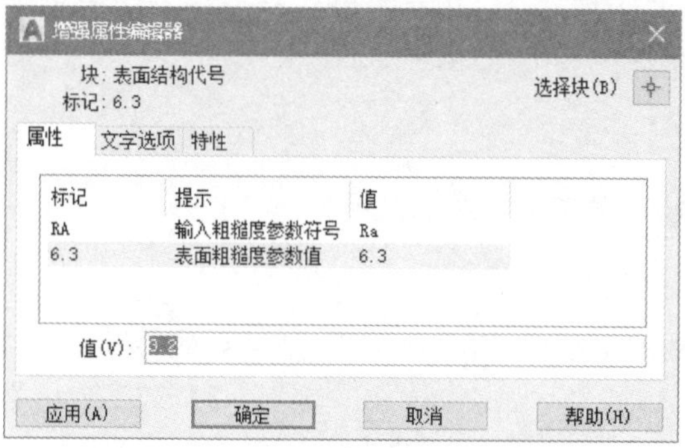

图 5—67　修改表面粗糙度参数值

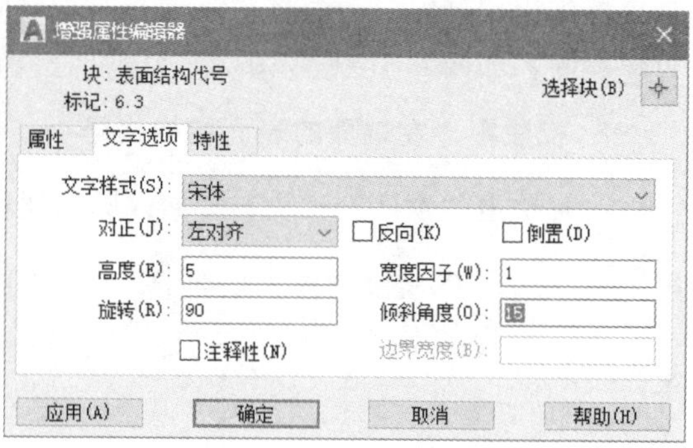

图 5—68　修改“Ra”为斜体字

8. **标注零件右端面的表面结构代号**

（1）绘制引线

零件右端面的表面结构代号采用的是引线标注的方法，需要在零件右端轮廓线或其延长线上绘制一条引线。具体方法是：在命令行中输入“LE（QLEADER）”后按回车键，启动“快速引线”命令；捕捉尺寸“95”右侧尺寸界线上的适当点，单击鼠标左键；向右下方移动光标，单击鼠标左键，完成斜引线的绘制；水平移动光标到适当位置，单击鼠标左键，完成水平引线的绘制；单击鼠标右键或按 Esc 键退出命令，完成没有附加文字的引线绘制，如图 5—70 所示。

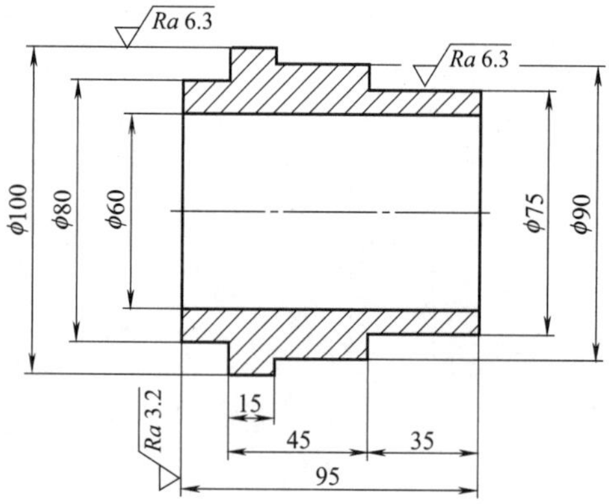

图 5—69　修改零件左端面的表面结构代号

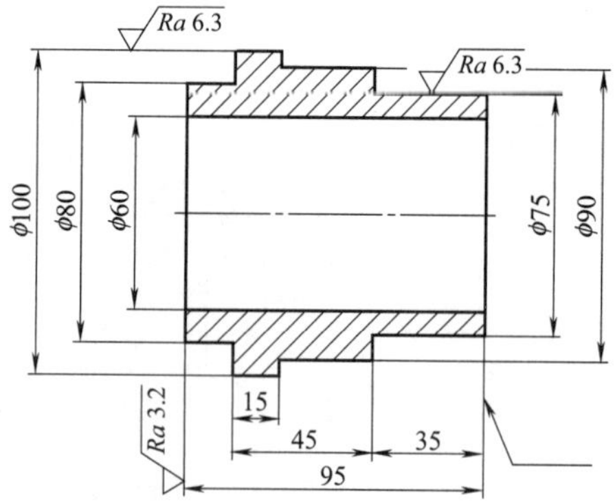

图 5—70　绘制引线

（2）绘制表面结构代号

零件右端面的表面结构代号与左端面相同，但方向不同。可以用“复制”和“旋转”命令完成该表面结构代号的标注。首先用“复制”命令将零件左端面的表面结构代号复制到水平引线上，如图 5—71 所示；然后用“旋转”命令将表面结构代号顺时针旋转 90°，完成该表面结构代号的标注，如图 5—72 所示。

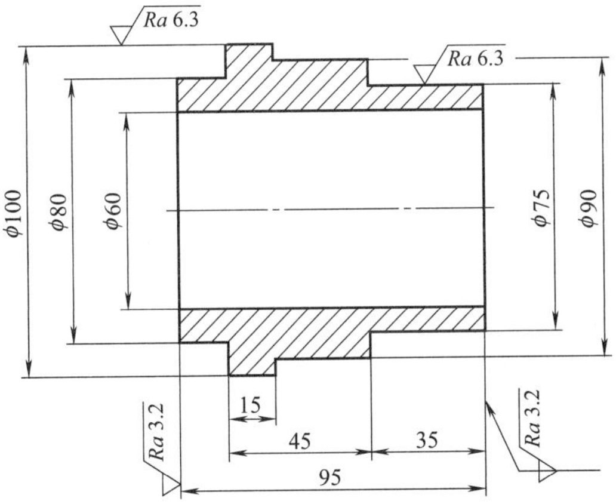

图 5—71　复制表面结构代号

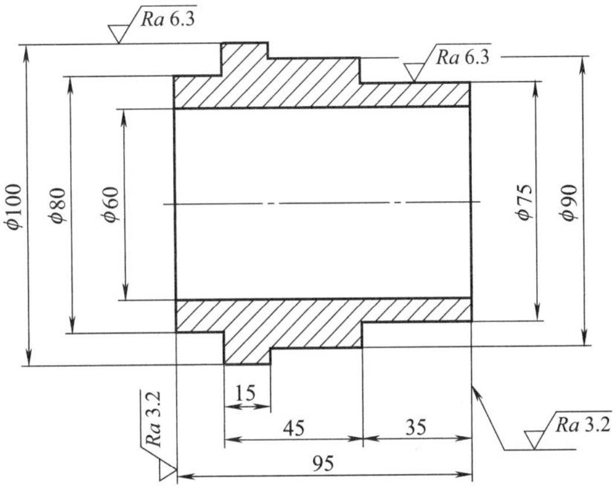

图 5—72　旋转表面结构代号

9. **绘制其余表面的表面结构代号**

该零件图上，除上述所标注的表面结构代号外，其余各表面的表面结构代号集中标注在图形的右下方。该符号由三部分组成，如图 5—73 所示。

图 5—73 所示符号中，由于表面结构代号的基本符号发生变化，所以不能用前面创建的图块进行插入和编辑，需要重新绘制。具体步骤如下。

（1）用“复制”命令将图 5—52 所示表面结构符号进行复制。

（2）将符号上部的横线拉长 5 mm，如图 5—74 所示。

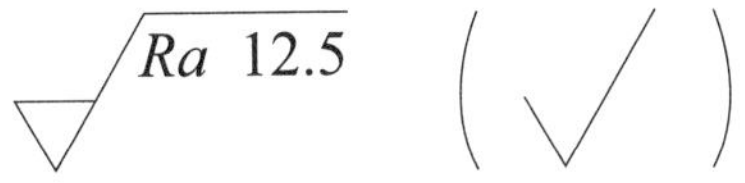

图 5—73　其余表面的表面结构代号

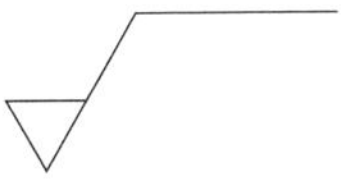
图 5—74　拉长表面结构符号上方的横线

（3）输入文字“*Ra* 12.5”，注意将“*Ra*”设置成斜体，如图 5—75 所示。

（4）绘制两段合适半径（*R*18 mm）的圆弧，如图 5—76 所示。

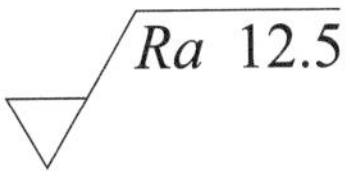

图 5—75　输入表面粗糙度参数符号及数值

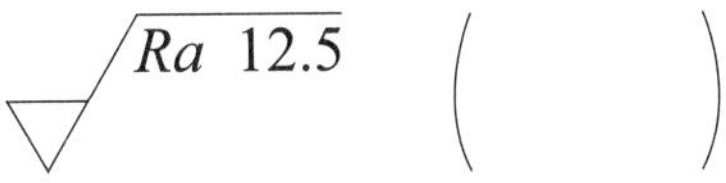

图 5—76　绘制两段圆弧

（5）绘制两段圆弧之间的表面结构符号，如图 5—77 所示。至此，本任务完成。

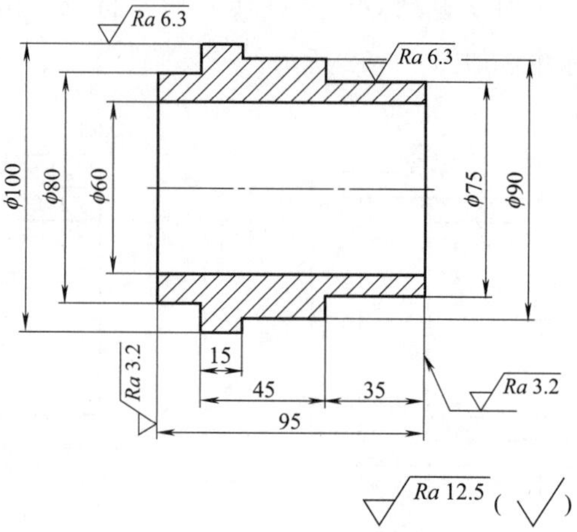

图 5—77　绘制其余表面的表面结构代号

巩固练习

1. 简述图块的属性特点，并举例说明修改图块属性的方法。

2. 将图 5—78 所示图形创建成图块，并将其插入到图 5—79 中，结果如图 5—80 所示。

图 5—78　定义带属性的图块

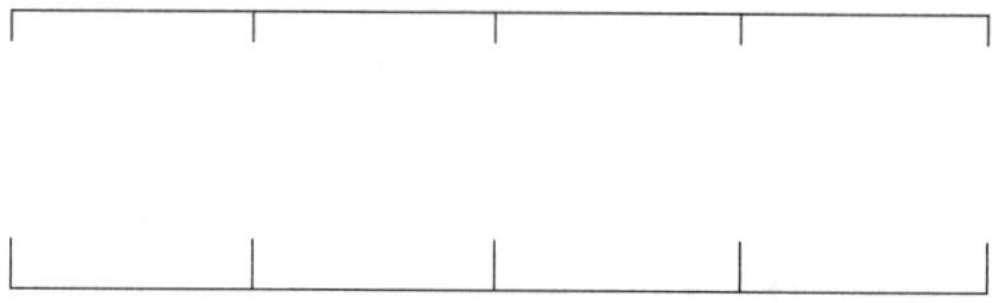

图 5—79　待插入图块的图形

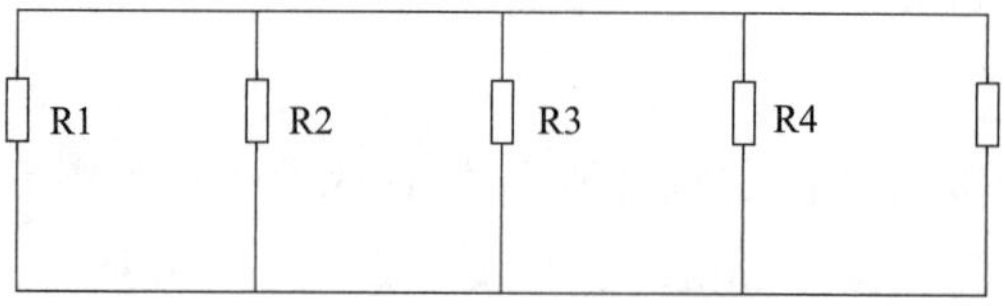

图 5—80　插入结果

项目六　综合实训

任务1　绘制门窗

实训任务

综合利用 AutoCAD 2018 提供的绘图命令，按照“1：100”的绘图比例，完成如图6—1所示楼房立面图的绘制（不标注尺寸线）。其中，窗和门的细节尺寸分别如图6—2和

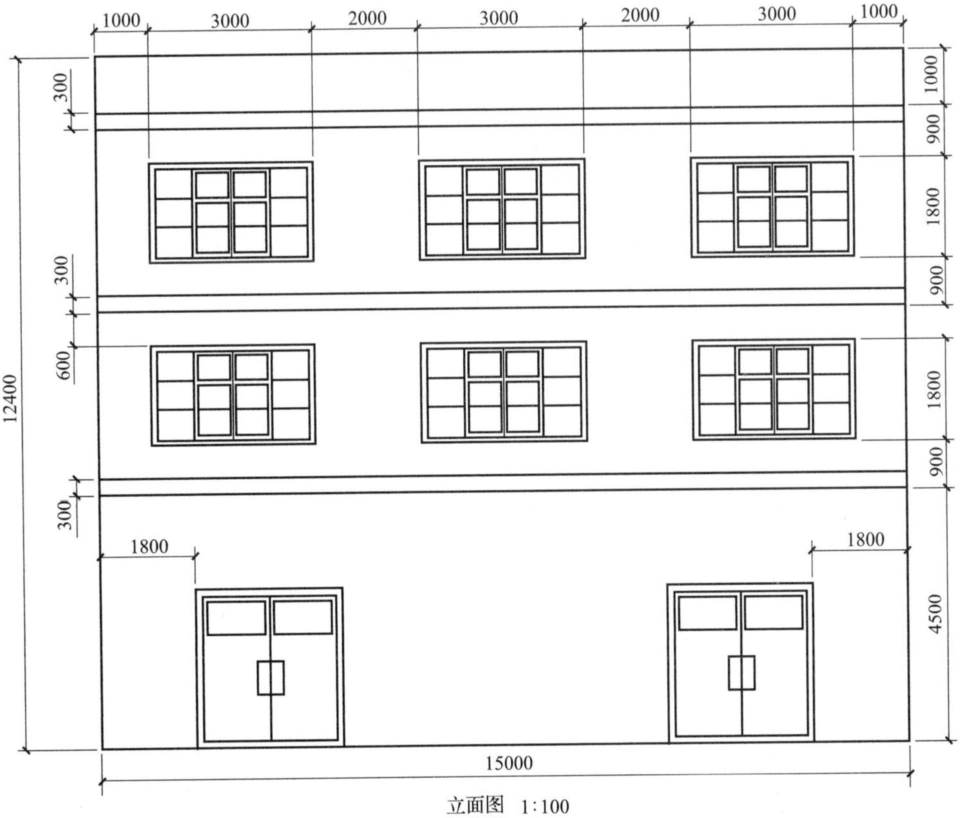

图6—1　楼房立面图

图 6—3 所示。

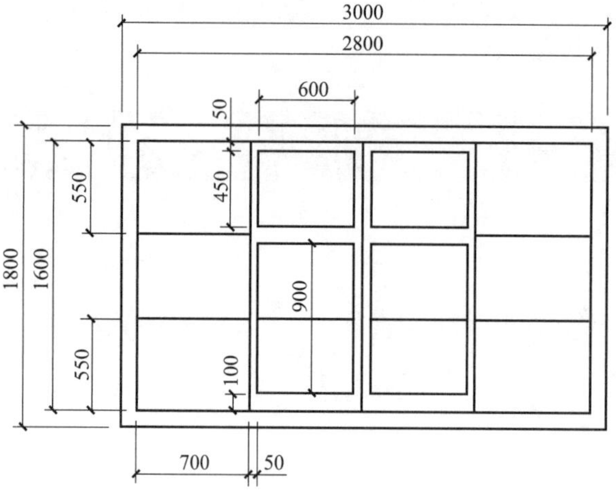

窗 1:100

图 6—2 窗

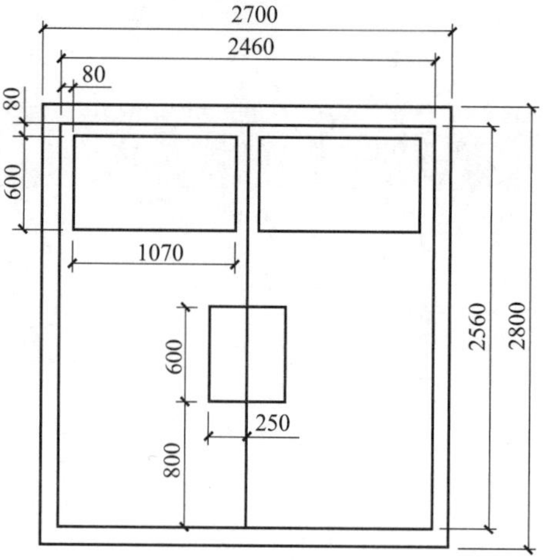

门 1:100

图 6—3 门

实践操作

1. 分析图形

楼房立面图由外墙、窗和门组成，绘图时可先绘制窗和门，再绘制外墙，然后用“复制”命令将窗和门粘贴在外墙上。

操作演示

2. 绘制窗

（1）新建一个图形文件，图形样板选择“制图样板 1.dwt”，开启“正交”模式。

（2）将“粗实线”图层设置为当前图层。

（3）单击“默认”→“绘图”→“矩形”按钮，启动“矩形”命令，绘制窗的外侧矩形框，系统给出如下提示。

命令：_rectang //启动“矩形”命令

指定第一个角点或[倒角(C)/标高(E)/圆角(F)/厚度(T)/宽度(W)]：

//在绘图区适当位置拾取一点

指定另一个角点或[面积(A)/尺寸(D)/旋转(R)]：D //输入“D”，按回车键

指定矩形的长度 <10.0000>：30 //输入矩形长度“30”，按回车键

指定矩形的宽度 <10.0000>：18 //输入矩形宽度“18”，按回车键

指定另一个角点或[面积(A)/尺寸(D)/旋转(R)]：

//向右下方移动光标，单击鼠标左键，定位矩形

绘制结果如图 6—4 所示。

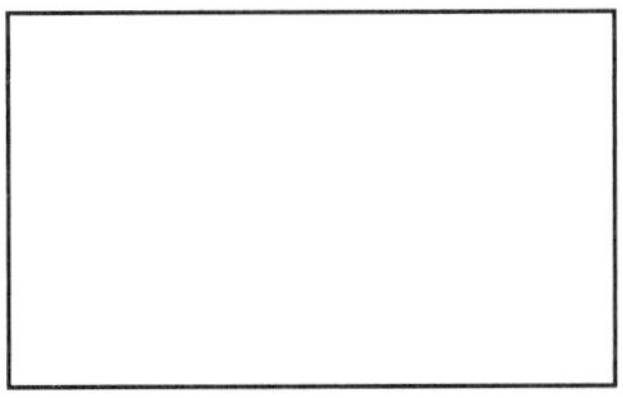

图 6—4　绘制窗的外侧矩形框

提示　本任务的绘图比例是 1∶100，绘图时所依据的尺寸＝图样标注尺寸/100。

（4）单击“默认”→“修改”→“偏移”按钮，将图 6—4 所示矩形框整体向里偏移 1 mm，系统给出如下提示。

命令：_offset　　//启动“偏移”命令
当前设置：删除源＝否　图层＝源　OFFSETGAPTYPE＝0
指定偏移距离或［通过(T)/删除(E)/图层(L)］＜通过＞：1
//输入偏移距离“1”，按回车键
选择要偏移的对象，或［退出(E)/放弃(U)］＜退出＞：　//选择图 6—4 所示矩形框
指定要偏移的那一侧上的点，或［退出(E)/多个(M)/放弃(U)］＜退出＞：
//在图 6—4 所示矩形框所包围的区域内单击鼠标左键拾取一点，结果如图 6—5 所示
选择要偏移的对象，或［退出(E)/放弃(U)］＜退出＞：　//按回车键，结束命令

（5）单击“默认”→“修改”→“分解”按钮，启动“分解”命令，对图 6—5 中的两个矩形框进行分解（为后面的编辑操作做准备）。

（6）单击“默认”→“修改”→“偏移”按钮，将图 6—6 中的 a 边向下偏移 5.5 mm，b 边向右偏移 7 mm，结果如图 6—7 所示。

图 6—5　偏移窗的外侧矩形框

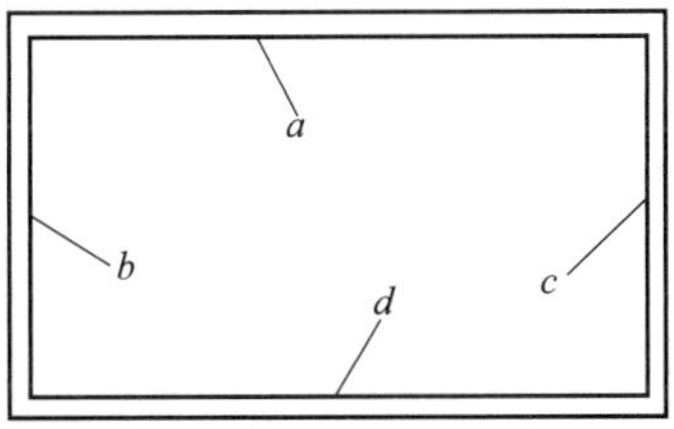

图 6—6　待偏移的 a、b、c、d 边

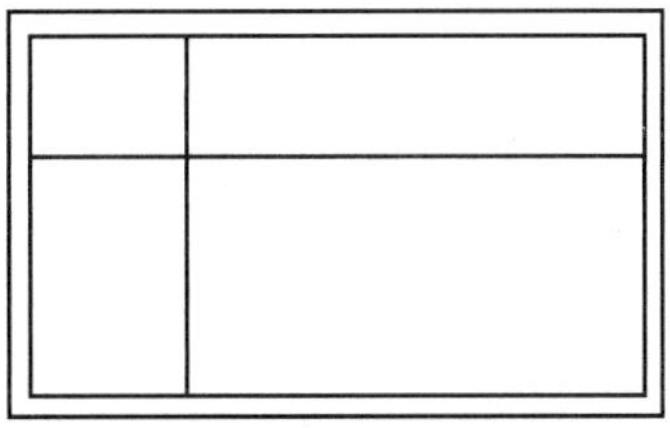

图 6—7　偏移 a 边和 b 边

(7) 重复“偏移”命令，将图 6—6 中的 *c* 边向左偏移 7 mm，*d* 边向上偏移 5.5 mm，结果如图 6—8 所示。

(8) 重复“偏移”命令，将图 6—9 中的 *e* 边向下偏移 0.5 mm，*f* 边向右偏移 0.5 mm，*g* 边向左偏移 0.5 mm，*h* 边向上偏移 1 mm，结果如图 6—10 所示。

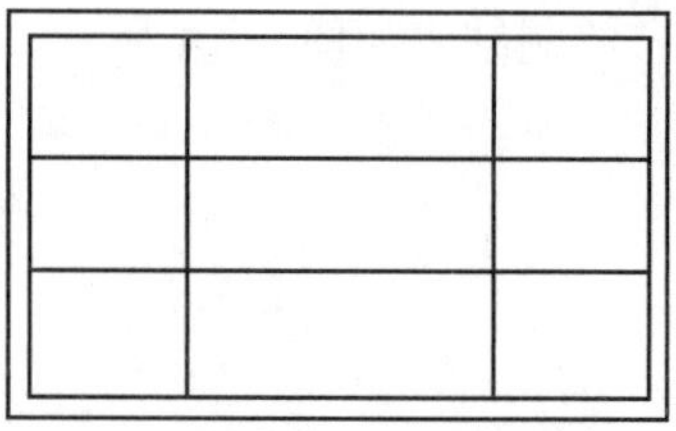
图 6—8　偏移 *c* 边和 *d* 边

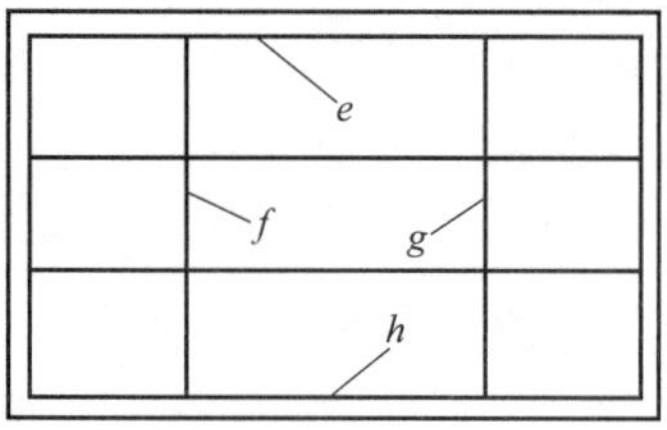

图 6—9　待偏移的 *e*、*f*、*g*、*h* 边

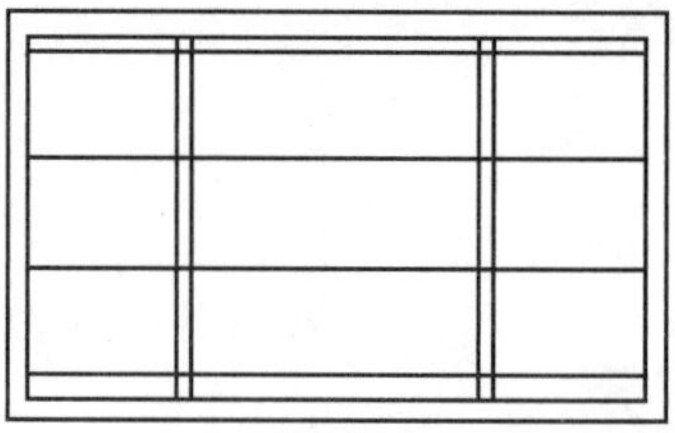
图 6—10　*e*、*f*、*g*、*h* 边偏移结果

(9) 单击“默认”→“绘图”→“矩形”按钮，启动“矩形”命令，绘制矩形线框，系统给出如下提示。

```
命令：_rectang                                       //启动“矩形”命令
指定第一个角点或[倒角(C)/标高(E)/圆角(F)/厚度(T)/宽度(W)]:
                               //捕捉 A 点(图 6—11)作为矩形第一个角点
指定另一个角点或[面积(A)/尺寸(D)/旋转(R)]:D           //输入“D”,按回车键
指定矩形的长度:6                               //输入矩形长度“6”,按回车键
指定矩形的宽度:4.5                           //输入矩形宽度“4.5”,按回车键
指定另一个角点或[面积(A)/尺寸(D)/旋转(R)]:
                              //向右下方移动光标,单击鼠标左键,定位矩形
命令:                                  //直接按回车键,重复“矩形”命令
RECTANG
指定第一个角点或[倒角(C)/标高(E)/圆角(F)/厚度(T)/宽度(W)]:
                             //捕捉 B 点(图 6—11)作为矩形的第一个角点
指定另一个角点或[面积(A)/尺寸(D)/旋转(R)]:D           //输入“D”,按回车键
指定矩形的长度 <6.0000>:                //按回车键,采用默认长度“6”
指定矩形的宽度 <4.5000>:               //按回车键,采用默认宽度“4.5”
指定另一个角点或[面积(A)/尺寸(D)/旋转(R)]:
                              //向左下方移动光标,单击鼠标左键,定位矩形
命令:                                      //按回车键,重复“矩形”命令
RECTANG
```

指定第一个角点或［倒角(C)/标高(E)/圆角(F)/厚度(T)/宽度(W)］：

//捕捉 *C* 点(图 6—11)作为矩形的第一个角点

指定另一个角点或［面积(A)/尺寸(D)/旋转(R)］：D　　//输入“D”，按回车键

指定矩形的长度＜6.0000＞：　　//按回车键，采用默认长度“6”

指定矩形的宽度＜4.5000＞：9　　//输入宽度值“9”，按回车键

指定另一个角点或［面积(A)/尺寸(D)/旋转(R)］：

//向左上方移动光标，单击鼠标左键，定位矩形

命令：　　//按回车键，重复“矩形”命令

RECTANG

指定第一个角点或［倒角(C)/标高(E)/圆角(F)/厚度(T)/宽度(W)］：

//捕捉 *D* 点(图 6—11)作为矩形的第一个角点

指定另一个角点或［面积(A)/尺寸(D)/旋转(R)］：D　　//输入“D”，按回车键

指定矩形的长度＜6.0000＞：　　//按回车键，采用默认长度“6”

指定矩形的宽度＜9.0000＞：　　//按回车键，采用默认宽度“9”

指定另一个角点或［面积(A)/尺寸(D)/旋转(R)］：

//向右上方移动光标，单击鼠标左键，定位矩形

绘制结果如图 6—12 所示。

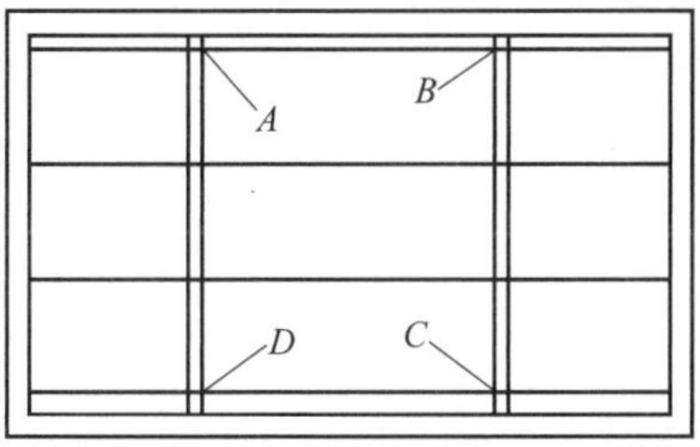

图 6—11　待捕捉点

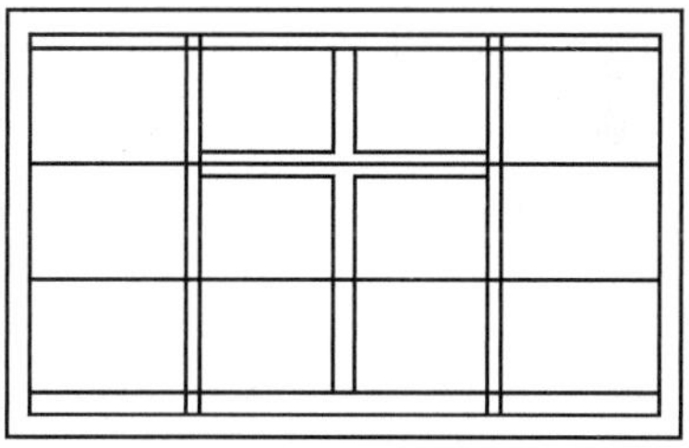

图 6—12　四个矩形的绘制结果

(10) 单击“默认”→“修改”→“删除”按钮，启动“删除”命令，删除图 6—13 中的 *j*、*k*、*m* 和 *n* 边，结果如图 6—14 所示。

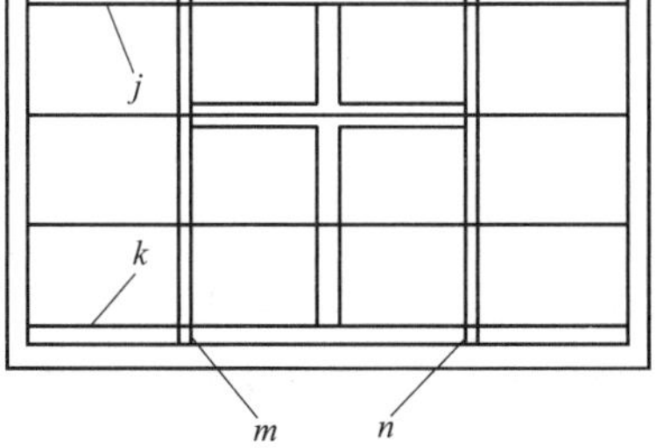

图 6—13　待删除的 *j*、*k*、*m* 和 *n* 边

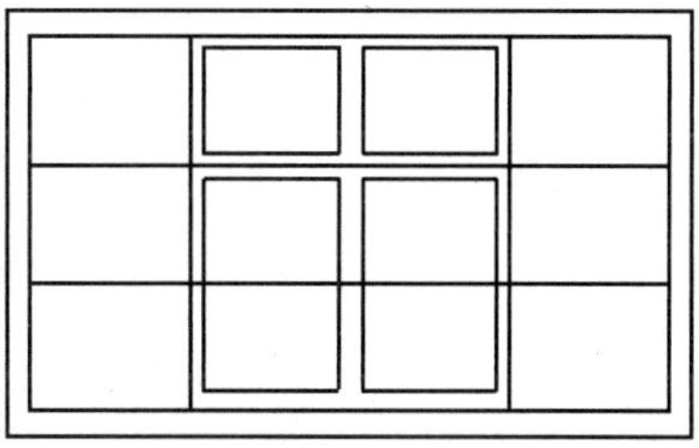

图 6—14　删除 *j*、*k*、*m* 和 *n* 边后的结果

提示 选择上述待删除边时，可将光标移至图6—13中字母 j、k、m、n 指引线指向的位置，然后单击鼠标左键即可。

（11）单击“默认”→“修改”→“修剪”按钮，启动“修剪”命令，剪除图6—15中的 p、q、r 和 s 边，系统给出如下提示。

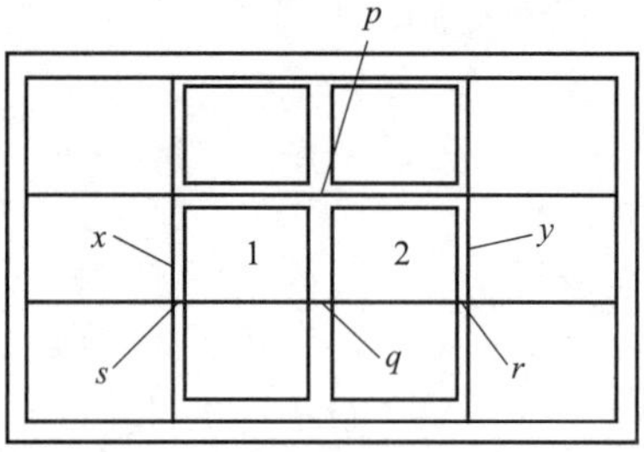

图6—15 待修剪的 p、q、r 和 s 边

```
命令：_trim                                          //启动“修剪”命令
当前设置:投影=UCS,边=延伸
选择剪切边...
选择对象或 <全部选择>： 找到 1 个
                                   //选择图6—15中的x边作为第一修剪边
选择对象:找到1个,总计2个
                                   //选择图6—15中的y边作为第二修剪边
选择对象：                                   //按回车键,结束修剪边的选择
选择要修剪的对象,或按住 Shift 键选择要延伸的对象,或
[栏选(F)/窗交(C)/投影(P)/边(E)/删除(R)/放弃(U)]:
                                                //选择图6—15中的p边
选择要修剪的对象,或按住 Shift 键选择要延伸的对象,或
[栏选(F)/窗交(C)/投影(P)/边(E)/删除(R)/放弃(U)]：    //按回车键,结束操作
命令：                                     //按回车键,重复“修剪”命令
TRIM
当前设置:投影=UCS,边=延伸
选择剪切边...
选择对象或 <全部选择>： 找到 1 个                   //选择图6—15中的x边
选择对象：找到 1 个,总计 2 个                       //选择图6—15中的y边
选择对象：找到 1 个,总计 3 个                  //选择图6—15中的矩形框1
```

选择对象：找到 1 个，总计 4 个　　//选择图 6—15 中的矩形框 2
选择对象：　　//按回车键，结束修剪边的选择
选择要修剪的对象，或按住 Shift 键选择要延伸的对象，或
[栏选(F)/窗交(C)/投影(P)/边(E)/删除(R)/放弃(U)]：
　　//选择图 6—15 中的 s 边
选择要修剪的对象，或按住 Shift 键选择要延伸的对象，或
[栏选(F)/窗交(C)/投影(P)/边(E)/删除(R)/放弃(U)]：
　　//选择图 6—15 中的 q 边
选择要修剪的对象，或按住 Shift 键选择要延伸的对象，或
[栏选(F)/窗交(C)/投影(P)/边(E)/删除(R)/放弃(U)]：
　　//选择图 6—15 中的 r 边
选择要修剪的对象，或按住 Shift 键选择要延伸的对象，或
[栏选(F)/窗交(C)/投影(P)/边(E)/删除(R)/放弃(U)]：　　//按回车键，结束操作

修剪结果如图 6—16 所示。

(12) 启动“偏移”命令，将图 6—15 中的线段 x 向右偏移 7 mm，结果如图 6—17 所示。至此，完成窗的绘制。

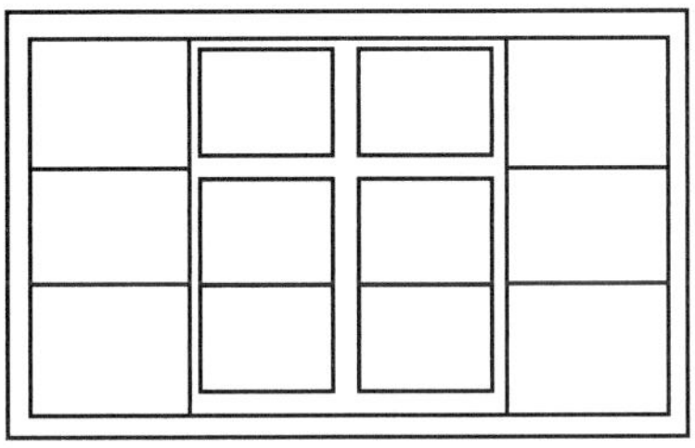

图 6—16　修剪结果

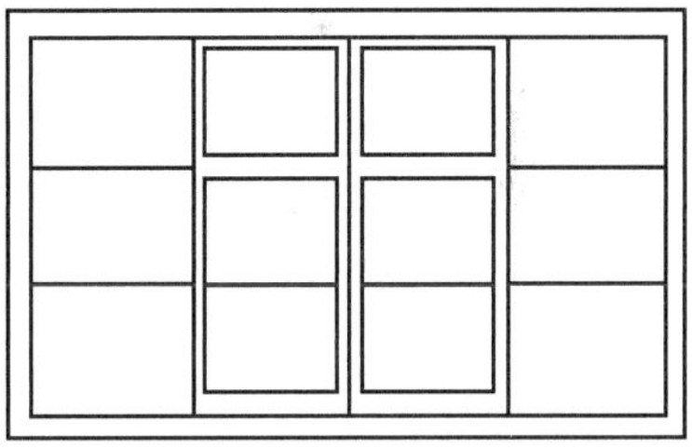

图 6—17　偏移结果

3. 绘制门

(1) 单击“默认”→“绘图”→“矩形”按钮，启动“矩形”命令，绘制矩形框，系统给出如下提示。

命令：_rectang　　//启动“矩形”命令
指定第一个角点或 [倒角(C)/标高(E)/圆角(F)/厚度(T)/宽度(W)]：
　　//在绘图区适当位置拾取一点作为矩形第一个角点
指定另一个角点或 [面积(A)/尺寸(D)/旋转(R)]：D　　//输入“D”，按回车键
指定矩形的长度 <6.0000>：27　　//输入长度值“27”，按回车键
指定矩形的宽度 <9.0000>：28　　//输入宽度值“28”，按回车键

指定另一个角点或[面积(A)/尺寸(D)/旋转(R)]:
//向右下方移动光标,单击鼠标左键,定位矩形

绘制结果如图 6—18 所示。

(2) 单击“默认”→“修改”→“偏移”按钮，启动“偏移”命令，将图 6—18 所示矩形向里偏移 1.2 mm，偏移结果如图 6—19 所示。

图 6—18　绘制门的外侧矩形框

图 6—19　偏移门的外侧矩形框

(3) 单击“默认”→“修改”→“分解”按钮，启动“分解”命令，对图 6—19 中的两个矩形框进行分解（为后面的编辑操作做准备）。

(4) 单击“默认”→“修改”→“偏移”按钮，启动“偏移”命令，将图 6—20 中的 *a* 边向下偏移 0.8 mm，*b* 边向右偏移 0.8 mm，*c* 边向左偏移 0.8 mm，结果如图 6—21 所示。

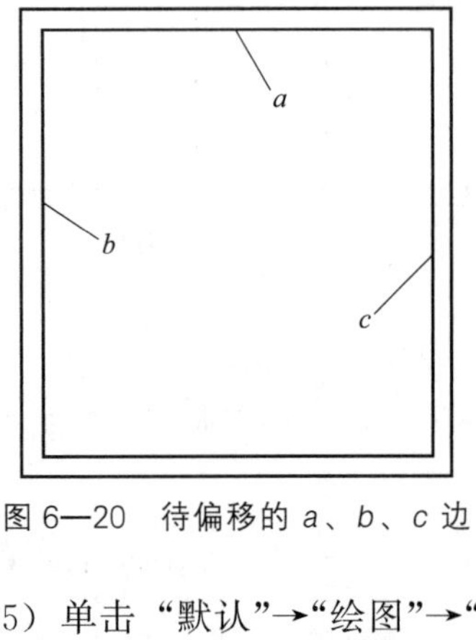

图 6—20　待偏移的 a、b、c 边

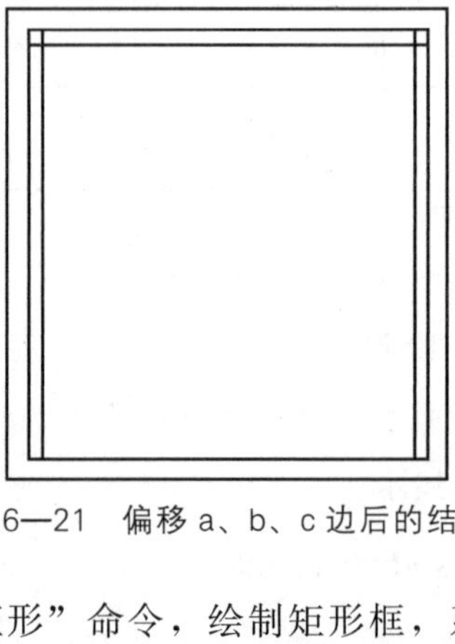

图 6—21　偏移 a、b、c 边后的结果

(5) 单击“默认”→“绘图”→“矩形”按钮，启动“矩形”命令，绘制矩形框，系统给出如下提示。

命令：_rectang　//启动“矩形”命令
指定第一个角点或[倒角(C)/标高(E)/圆角(F)/厚度(T)/宽度(W)]:
//捕捉 A 点(图 6—22)

指定另一个角点或［面积(A)/尺寸(D)/旋转(R)］：D　　　　//输入“D”，按回车键
指定矩形的长度 <27.0000>：10.7　　　　//输入矩形长度“10.7”，按回车键
指定矩形的宽度 <28.0000>：6　　　　//输入矩形宽度“6”，按回车键
指定另一个角点或［面积(A)/尺寸(D)/旋转(R)］：
　　　　//向右下方移动光标，单击鼠标左键，定位矩形
命令：　　　　//按回车键，重复“矩形”命令
RECTANG
指定第一个角点或［倒角(C)/标高(E)/圆角(F)/厚度(T)/宽度(W)］：
　　　　//捕捉 *B* 点（图 6—22）
指定另一个角点或［面积(A)/尺寸(D)/旋转(R)］：D　　　　//输入“D”，按回车键
指定矩形的长度 <10.7000>：　　　　//按回车键，采用默认的长度
指定矩形的宽度 <6.0000>：　　　　//按回车键，采用默认的宽度
指定另一个角点或［面积(A)/尺寸(D)/旋转(R)］：
　　　　//向左下方移动光标，单击鼠标左键，定位矩形

绘制结果如图 6—23 所示。

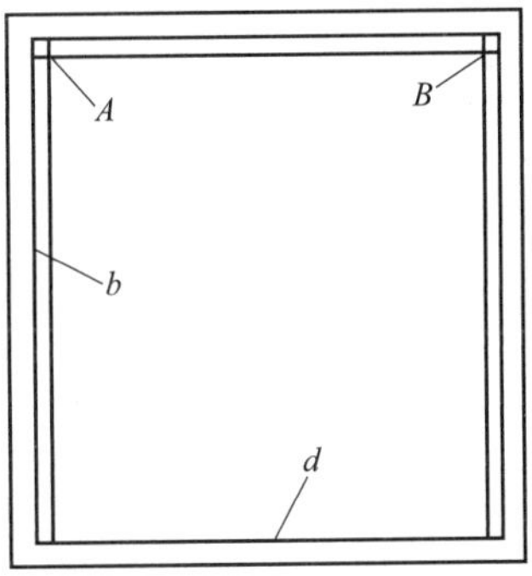

图 6—22　待选择对象

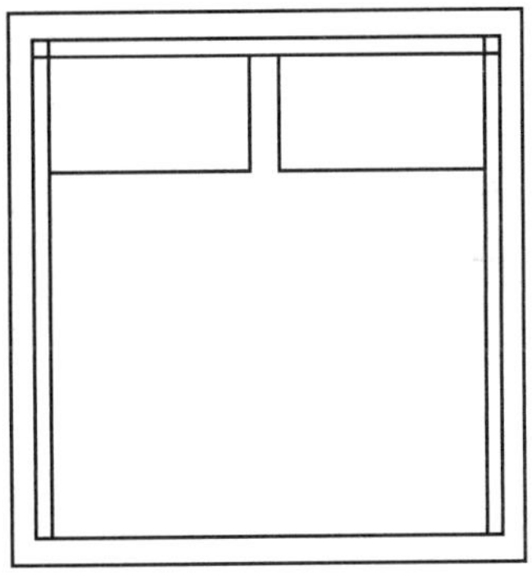
图 6—23　绘制 10.7 mm×6 mm 的小矩形

（6）启动“偏移”命令，将图 6—22 中的 *b* 边分别向右偏移 9.8 mm、12.3 mm 和 14.8 mm，然后将 *d* 边分别向上偏移 8 mm 和 14 mm，偏移结果如图 6—24 所示。

（7）启动“修剪”命令，对上步偏移边进行修剪，结果如图 6—25 所示。

（8）单击“默认”→“修改”→“删除”按钮，启动“删除”命令，删除图 6—25 中的多余图线，结果如图 6—26 所示。

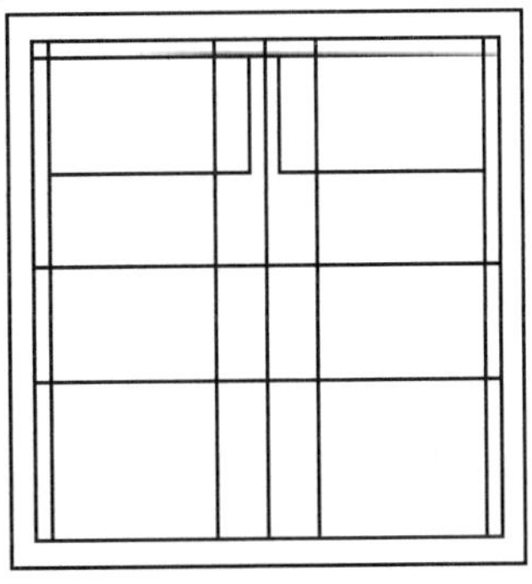
图 6—24　*b* 边和 *d* 边的偏移结果

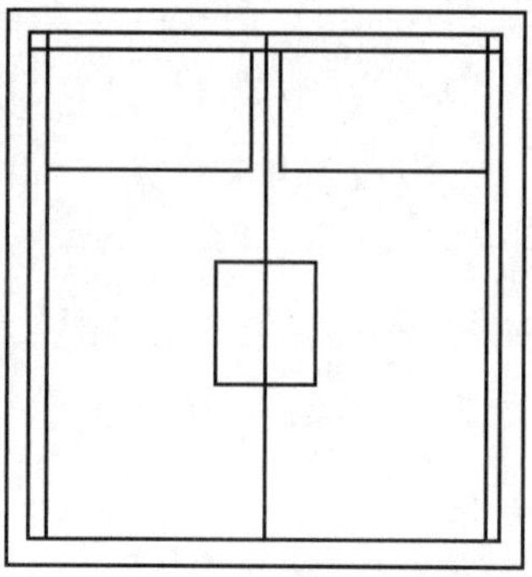

图 6—25 修剪结果

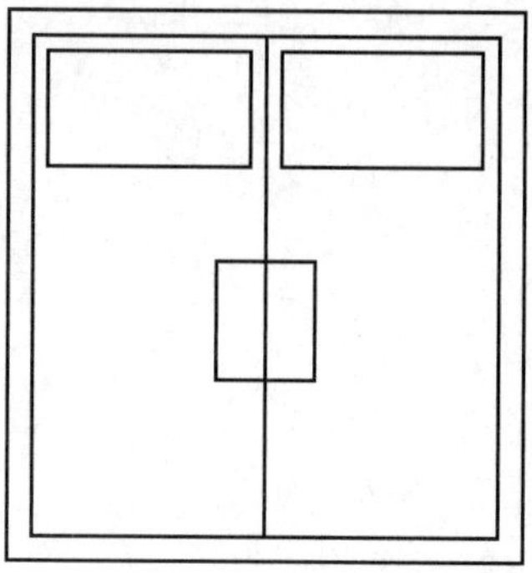

图 6—26 删除结果

4. 绘制外墙

(1) 启动“矩形”命令，在绘图区适当位置绘制长为 150 mm，宽为 124 mm 的矩形外墙框，结果如图 6—27 所示。

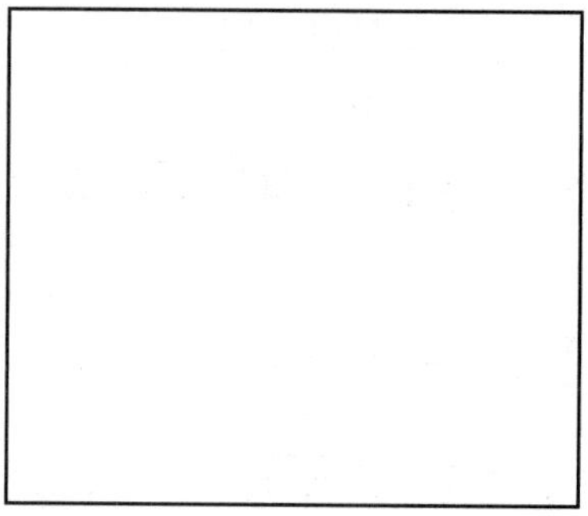

图 6—27 绘制 150 mm×124 mm 的矩形外墙框

(2) 启动“分解”命令，对图 6—27 所示矩形进行分解。

(3) 启动“偏移”命令，将图 6—27 所示矩形的顶边分别向下偏移 10 mm、13 mm、43 mm、46 mm、76 mm、79 mm，结果如图 6—28 所示。

5. 粘贴窗

(1) 绘制窗的定位辅助线

启动“偏移”命令，将图 6—28 所示外墙矩形框的左侧边分别向右偏移 10 mm、60 mm 和 110 mm，然后将矩形框的顶边分别向下偏移 19 mm 和 52 mm，结果如图 6—29 所示。

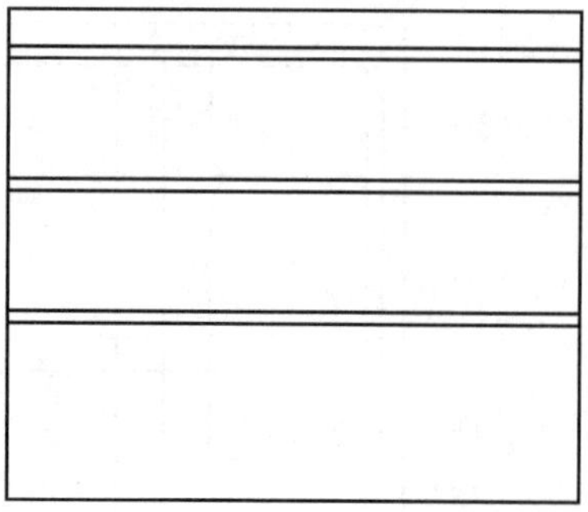

图 6—28 偏移顶边

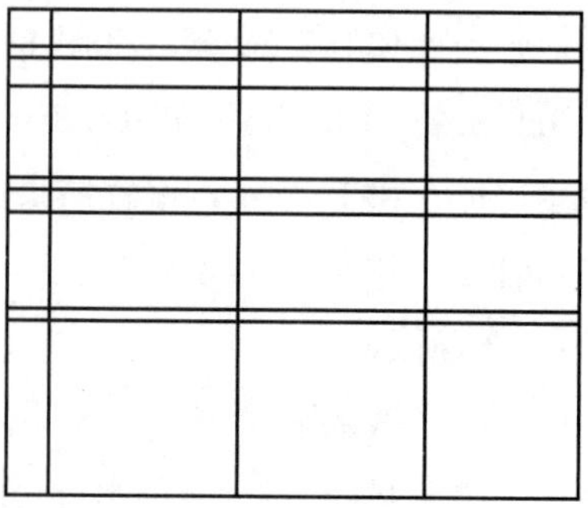

图 6—29 偏移矩形框左侧边和顶边

（2）复制窗

单击“默认”→“修改”→“复制”按钮，启动“复制”命令，复制先前绘制的窗到指定位置，系统给出如下提示。

```
命令：_copy                                          //启动“复制”命令
选择对象：指定对角点：找到 37 个                       //选择窗，如图 6—30 所示
选择对象：                                           //按回车键，结束对象选择
当前设置：  复制模式＝多个
指定基点或［位移(D)/模式(O)］<位移>：
                                    //捕捉如图 6—31 所示端点作为复制基点
指定第二个点或 <使用第一个点作为位移>：
                                    //捕捉如图 6—32 所示交点 A 作为目标点
指定第二个点或［退出(E)/放弃(U)］<退出>：
                                    //捕捉如图 6—32 所示交点 B 作为目标点
指定第二个点或［退出(E)/放弃(U)］<退出>：
                                    //捕捉如图 6—32 所示交点 C 作为目标点
指定第二个点或［退出(E)/放弃(U)］<退出>：
                                    //捕捉如图 6—32 所示交点 D 作为目标点
指定第二个点或［退出(E)/放弃(U)］<退出>：
                                    //捕捉如图 6—32 所示交点 E 作为目标点
指定第二个点或［退出(E)/放弃(U)］<退出>：
                                    //捕捉如图 6—32 所示交点 F 作为目标点
指定第二个点或［退出(E)/放弃(U)］<退出>：          //按回车键，结束操作
```

复制结果如图 6—33 所示。

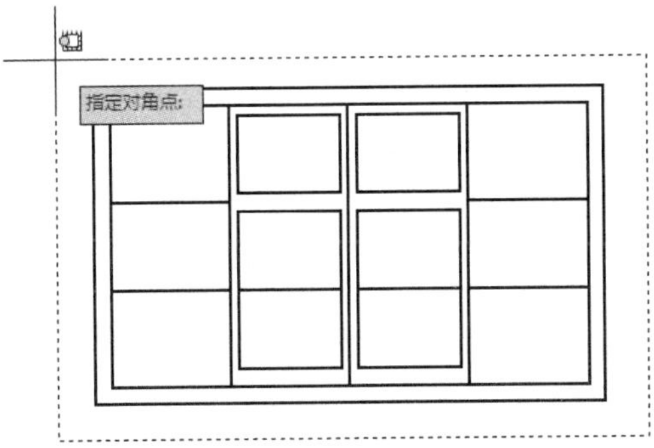

图 6—30　选择窗的结果

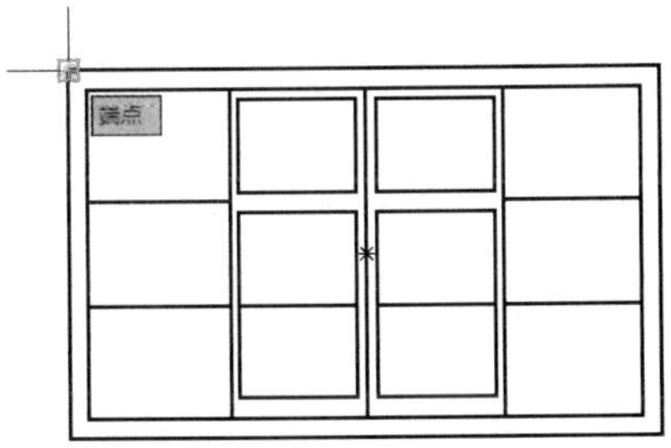

图 6—31　捕捉窗的复制基点

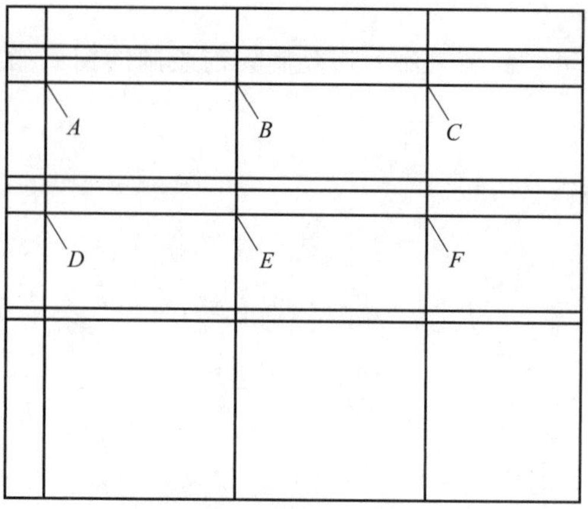

图 6—32　复制窗的目标点

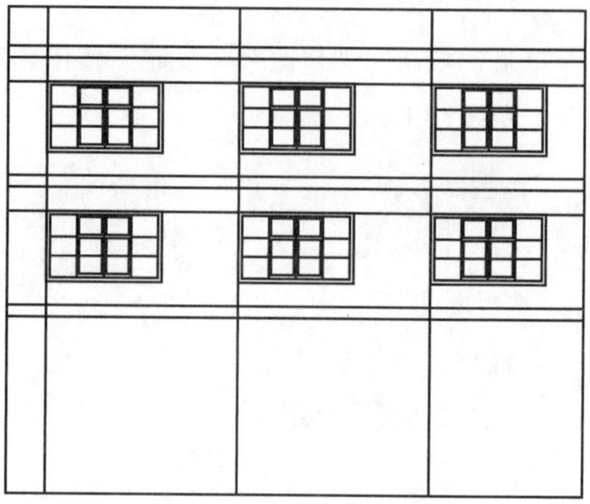

图 6—33　窗的复制结果

（3）删除作图辅助线

启动“删除”命令，删除作图辅助线，结果如图 6—34 所示。

提示　选择这五条定位辅助线时，应将光标移动到线段上没有与其他对象重合的地方，单击鼠标左键进行选择。

6. 粘贴门

（1）绘制门的定位辅助线

启动“偏移”命令，将外墙矩形框的左侧边向右偏移 18 mm，右侧边向左偏移 18 mm，结果如图 6—35 所示。

图 6—34　删除作图辅助线

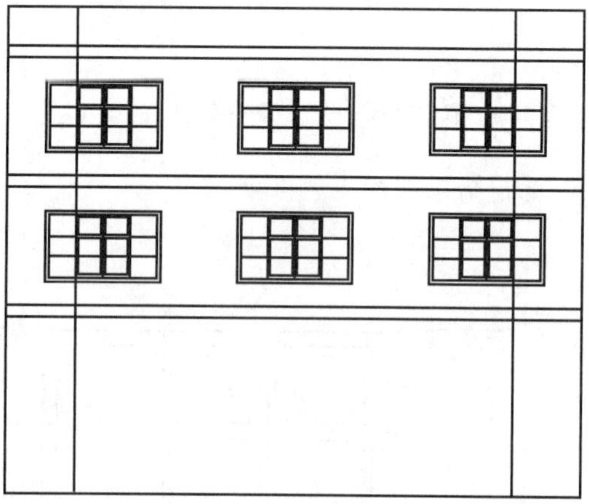

图 6—35　绘制门的定位辅助线

（2）复制门

启动“复制”命令，复制先前绘制的门到适当位置，系统给出如下提示。

命令：_copy　　//启动“复制”命令
选择对象：指定对角点：找到 15 个　　//窗选门
选择对象：　　//按回车键，结束对象选择
当前设置：　复制模式 = 多个
指定基点或[位移(D)/模式(O)]＜位移＞：　　//捕捉门的左下端点(图 6—36)
指定第二个点或＜使用第一个点作为位移＞：
　　//捕捉图 6—35 中左侧辅助线与外墙矩形框底边的交点
指定第二个点或[退出(E)/放弃(U)]＜退出＞：　　//按回车键，结束操作
命令：　　//按回车键，重复“复制”命令
COPY
选择对象：指定对角点：找到 15 个　　//窗选门
选择对象：　　//按回车键，结束对象选择
当前设置：　复制模式 = 多个
指定基点或[位移(D)/模式(O)]＜位移＞：　　//捕捉门的右下端点(图 6—37)
指定第二个点或＜使用第一个点作为位移＞：
　　//捕捉图 6—35 中右侧辅助线与外墙矩形框底边的交点
指定第二个点或[退出(E)/放弃(U)]＜退出＞：　　//按回车键，结束操作

复制结果如图 6—38 所示。

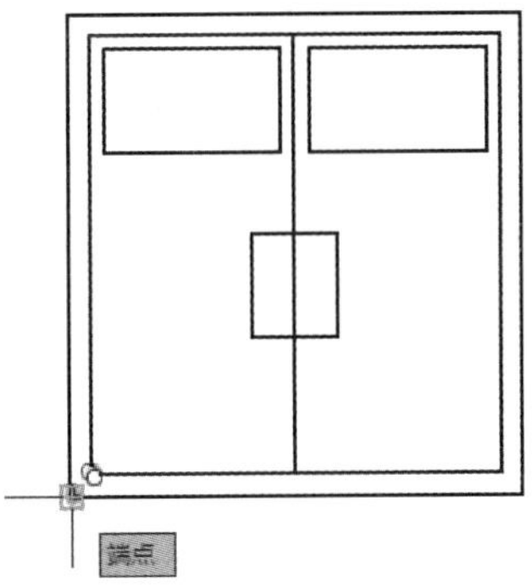

图 6—36　捕捉门的左下端点

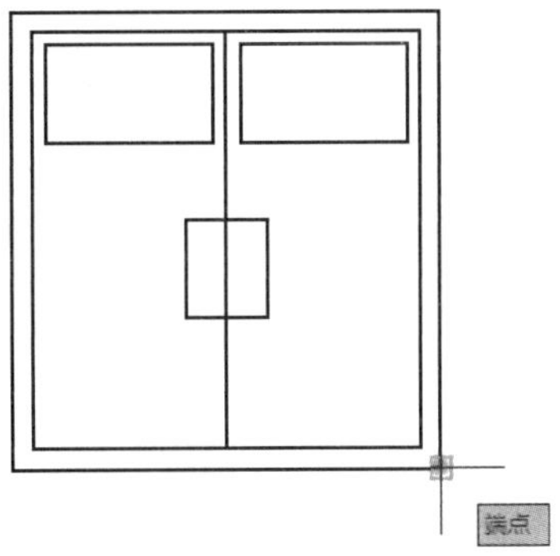

图 6—37　捕捉门的右下端点

(3) 删除作图辅助线

启动“删除”命令，删除作图辅助线，结果如图 6—39 所示。至此，本任务完成。

图 6—38　门的复制结果

图 6—39　删除作图辅助线

巩固练习

按“1∶100”的绘图比例完成图 6—40 所示一层建筑平面图（不标注尺寸），其中窗、门和台阶的尺寸分别如图 6—41、图 6—42 和图 6—43 所示。

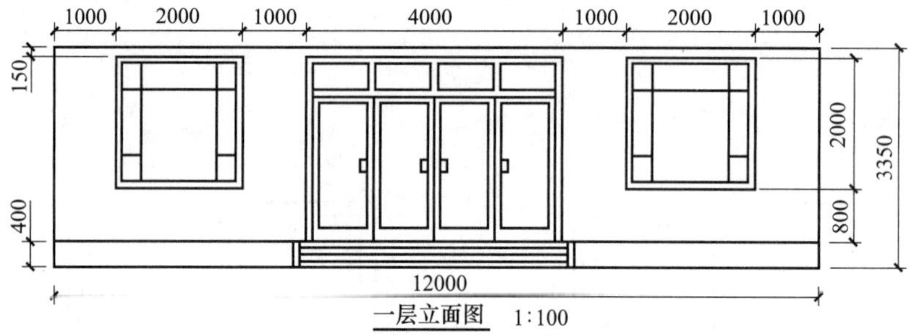

图 6—40　一层建筑平面图

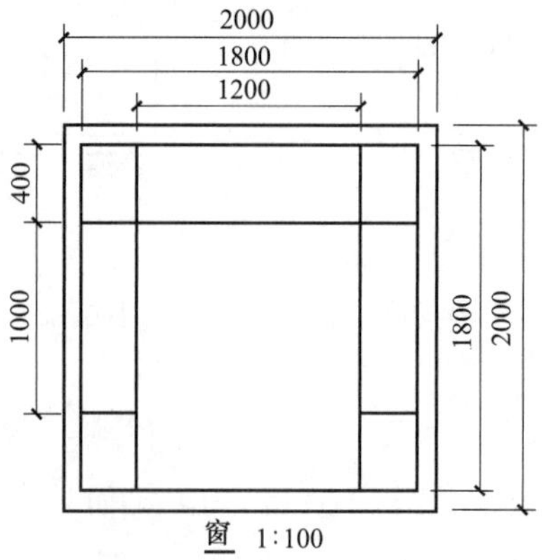

图 6—41　窗

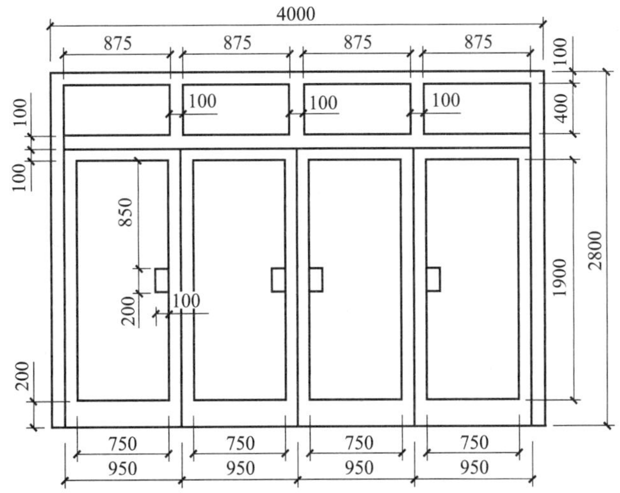

图 6—42　门

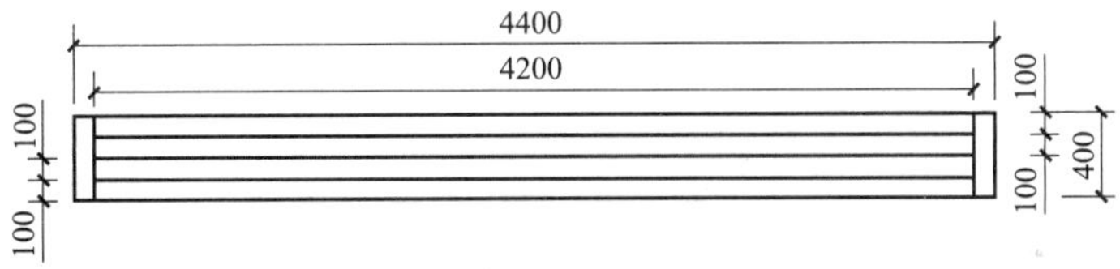

图 6—43　台阶

任务 2　绘制支架

实训任务

综合利用绘图命令绘制如图 6—44 所示支架，并标注尺寸。

实践操作

操作演示

1. 分析图形

如图 6—45 所示，支架分为支腿、平台、方形支架和半圆形支架四部

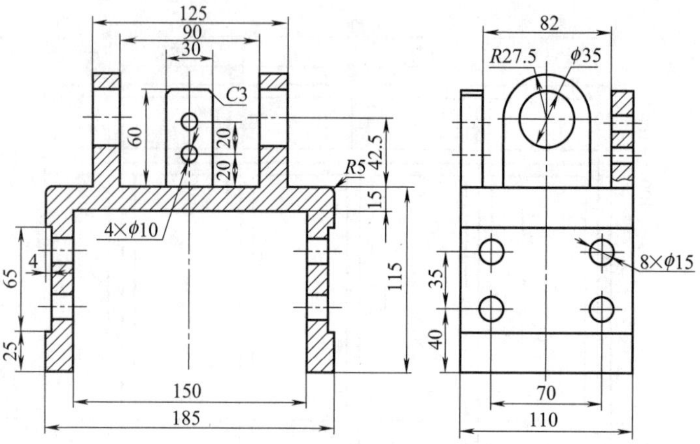

图 6—44　支架

分。在支腿上有凹槽和圆孔，在平台上有倒圆角，在半圆形支架上有圆孔，在方形支架上有圆孔和倒角。绘图时，可以先绘制平台和支腿，再绘制方形支架和半圆形支架，最后填充剖面线和标注尺寸。

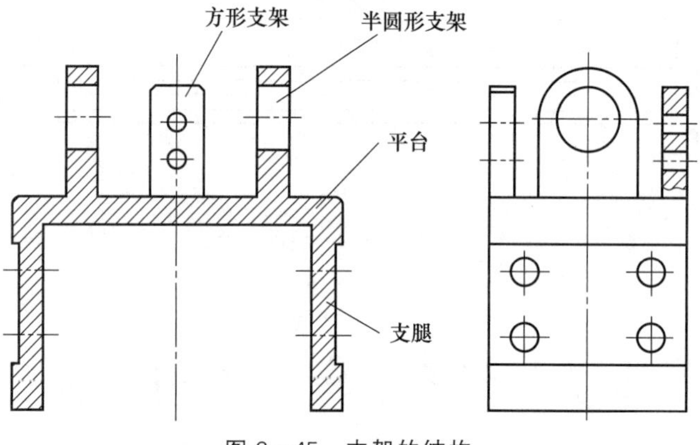

图 6—45　支架的结构

2. 新建图形文件

（1）新建一个图形文件，图形样板选择“制图样板 1. dwt”。

（2）将“动态输入”“极轴追踪”“对象捕捉追踪”“对象捕捉”“显示线宽”等辅助绘图工具设置为开启状态。

（3）选择菜单栏“工具”→“选项板”→“特性”，打开“特性”选项板，将“线型比例”设置为“0. 5”，如图 6—46 所示。

3. 绘制作图基准线

（1）将“粗实线”图层设置为当前图层，绘制平台的上轮廓线（横向基准线），如图 6—47 所示。

(2) 将“细点画线”图层设置为当前图层，绘制对称中心线（竖直基准线），如图6—47所示。

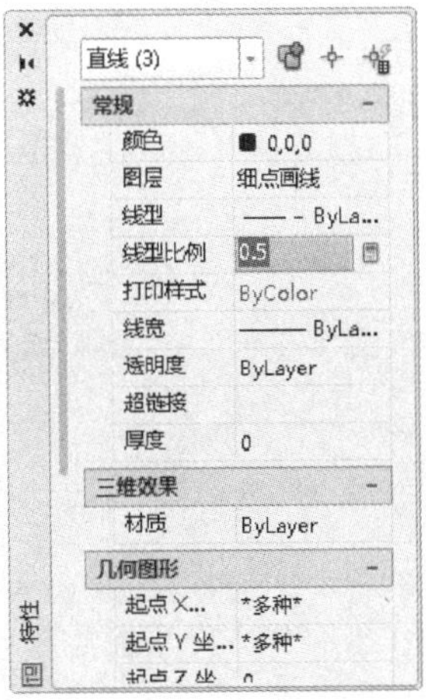

图6—46 设置“线型比例”

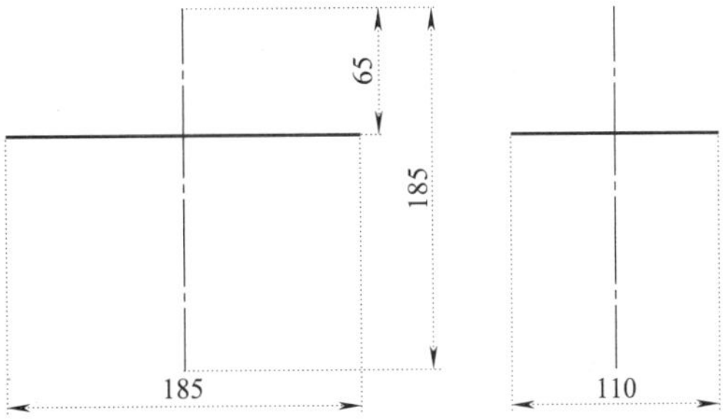

图6—47 绘制作图基准线

4. 绘制平台与支腿的大致轮廓

(1) 绘制主视图上的大致轮廓

将“粗实线”图层设置为当前图层，单击“默认”→“绘图”→“直线”按钮，启动“直线”命令，系统给出如下提示。

```
命令：_line                                          //启动“直线”命令
指定第一个点：        //捕捉主视图上横向基准线的左端点(图 6—47)，单击鼠标左键
指定下一点或［放弃(U)］：115                //竖直向下移动光标，输入“115”，按回车键
指定下一点或［放弃(U)］：17.5               //水平向右移动光标，输入“17.5”，按回车键
指定下一点或［闭合(C)/放弃(U)］：100
                                            //竖直向上移动光标，输入“100”，按回车键
指定下一点或［闭合(C)/放弃(U)］：150
                                            //水平向右移动光标，输入“150”，按回车键
指定下一点或［闭合(C)/放弃(U)］：100
                                            //竖直向下移动光标，输入“100”，按回车键
指定下一点或［闭合(C)/放弃(U)］：17.5
                                           //水平向右移动光标，输入“17.5”，按回车键
指定下一点或［闭合(C)/放弃(U)］：
```

//竖直向上移动光标，捕捉横向基准线的右端点

指定下一点或[闭合(C)/放弃(U)]：　　//按回车键，结束直线的绘制

绘制结果如图 6—48 所示。

(2) 绘制左视图上的大致轮廓

启动“直线”命令，系统给出如下提示。

命令：_line　　//启动“直线”命令

指定第一个点：　　//捕捉 *A* 点(图 6—49)，单击鼠标左键

指定下一点或[放弃(U)]：

//捕捉 *B* 点，水平移动光标到 *A* 点正下方(图 6—50)，单击鼠标左键

指定下一点或[放弃(U)]：

//捕捉 *C* 点，竖直移动光标到 *B* 点正右方(图 6—51)，单击鼠标左键

指定下一点或[闭合(C)/放弃(U)]：　　//捕捉 *C* 点(图 6—52)，单击鼠标左键

指定下一点或[闭合(C)/放弃(U)]：　　//按回车键，结束直线的绘制

绘制结果如图 6—53 所示。

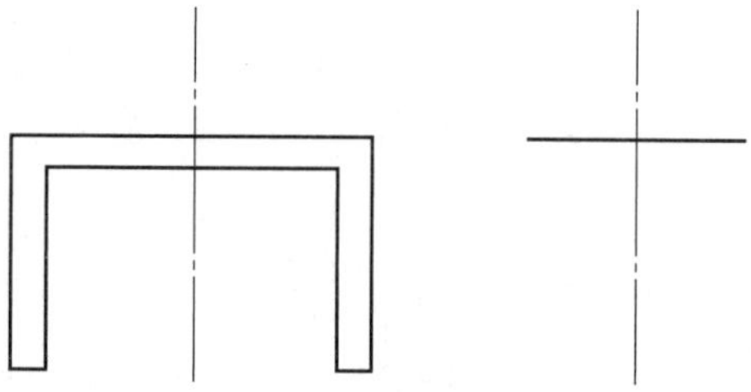

图 6—48　绘制主视图上的大致轮廓

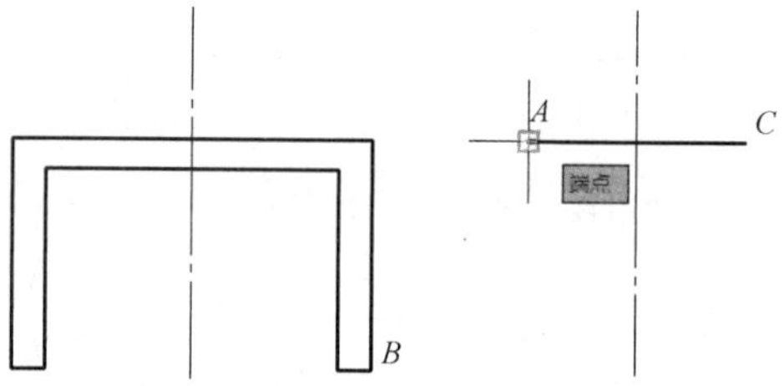

图 6—49　捕捉 *A* 点

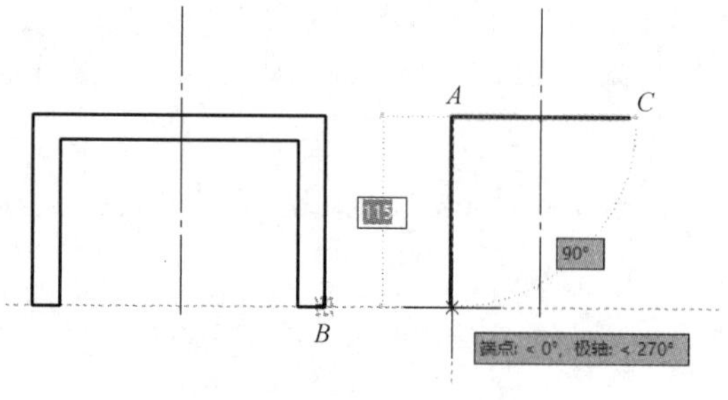

图 6—50　捕捉过 *B* 点水平线与过 *A* 点竖直线的交点

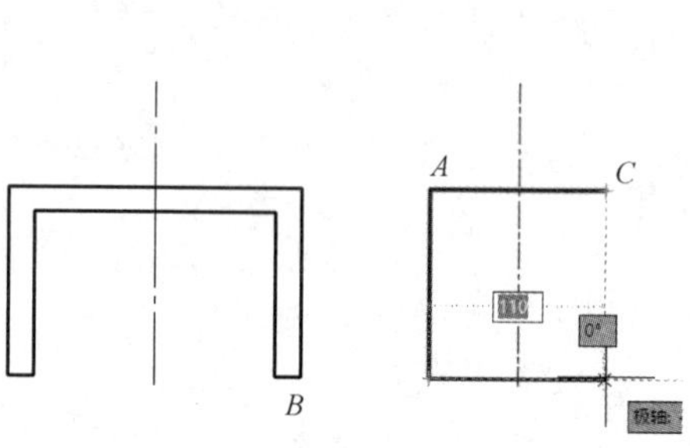

图 6—51　捕捉过 *B* 点水平线与过 *C* 点竖直线的交点

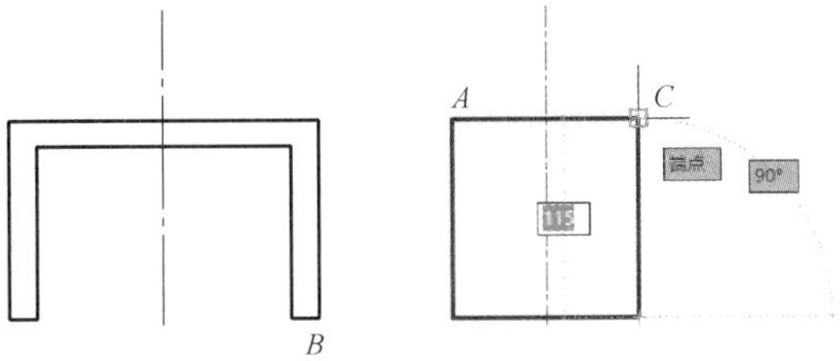

图 6—52　捕捉 C 点

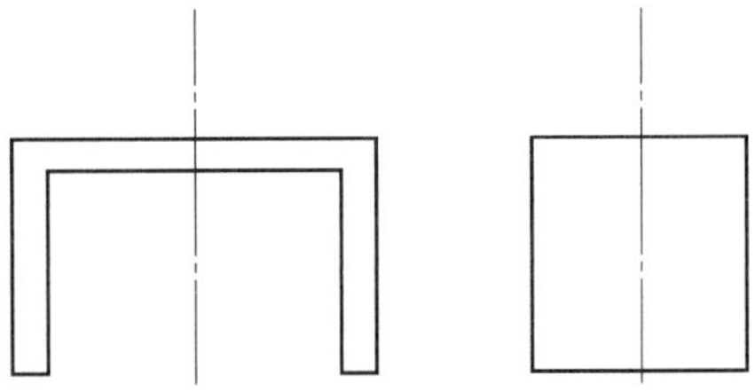

图 6—53　绘制左视图上的大致轮廓

5. 绘制支腿上的凹槽

（1）绘制支腿上右侧的凹槽

启动“直线”命令，系统给出如下提示。

```
命令：_line                                                //启动“直线”命令
指定第一个点：25   //捕捉 B 点(图 6—54),竖直向上移动光标,输入“25”,按回车键
指定下一点或[放弃(U)]：4                    //水平向左移动光标,输入“4”,按回车键
指定下一点或[放弃(U)]：65                  //竖直向上移动光标,输入“65”,按回车键
指定下一点或[闭合(C)/放弃(U)]：
                      //水平向右移动光标,捕捉与右侧轮廓线的交点,按回车键
指定下一点或[闭合(C)/放弃(U)]：                     //按回车键,结束直线的绘制
```

绘制结果如图 6—54 所示。

（2）绘制支腿上左侧的凹槽

利用“镜像”命令，绘制支腿上左侧的凹槽，如图 6—55 所示。

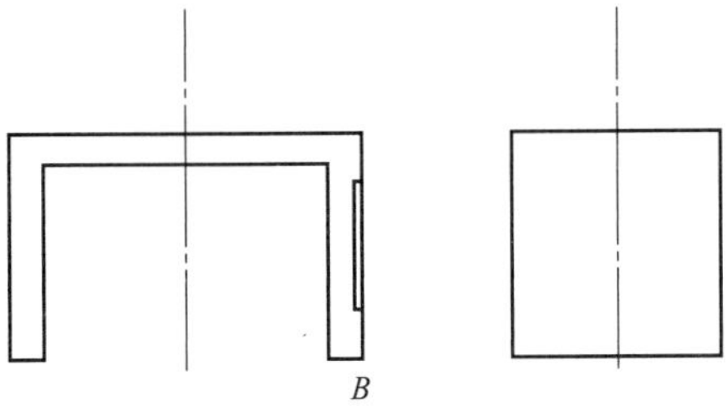

图 6—54　绘制支腿上右侧的凹槽

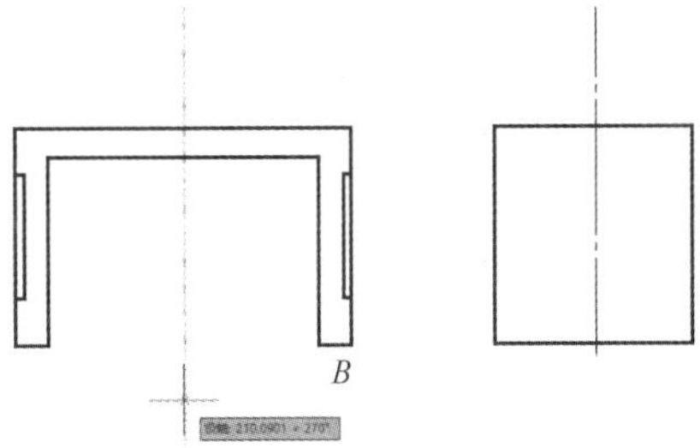

图 6—55　绘制支腿上左侧的凹槽

（3）修剪凹槽处的多余图线

利用“修剪”命令，修剪凹槽处的多余图线，如图 6—56 中主视图所示。

（4）补画左视图上的缺线

凹槽在左视图上的投影为两条横线，利用“直线”命令绘制这两条横线，如图6—56

中左视图所示。

6. 绘制“8×ϕ15”孔

（1）将左视图上的竖直中心线分别向左和向右偏移 35 mm，如图 6—57 所示。

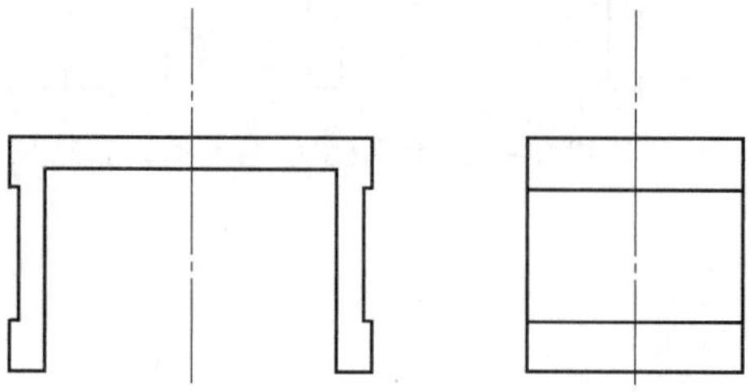

图 6—56　完成凹槽绘制

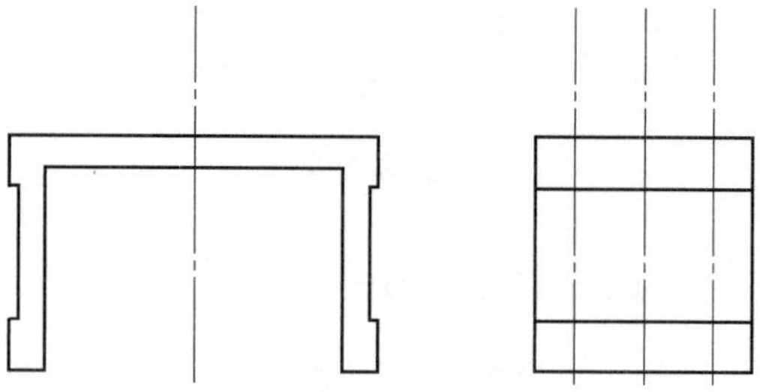

图 6—57　偏移竖直中心线

（2）将最下面的轮廓线分别向上偏移 40 mm 和 75 mm。然后选中这两条偏移的粗实线，单击“默认”→“图层”→“图层”列表框，选择“细点画线”图层，将选中的粗实线修改为细点画线，如图 6—58 所示。按下 Esc 键退出选择。

（3）利用“圆”命令绘制“8×ϕ15”圆，如图 6—59 所示。

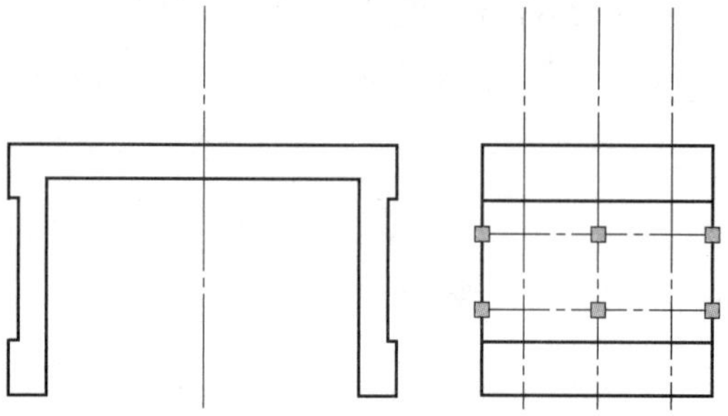

图 6—58　绘制“8×ϕ15”圆的水平中心线

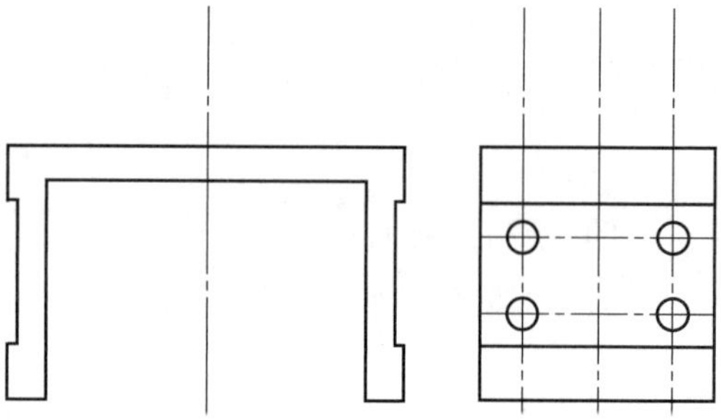

图 6—59　绘制“8×ϕ15”圆

提示

绘制左视图四个 ϕ15mm 圆时，可以先用“圆”命令绘制一个圆，然后用“复制”命令绘制其他三个圆。

（4）由于“8×ϕ15”圆相对整个图形来说结构比较小，应该用细实线绘制其中心线。作图时，可以先用细实线重新绘制“8×ϕ15”圆的中心线，然后删除已绘制的细点画线，其结果如图 6—60 所示。

（5）绘制“8×ϕ15”孔在主视图上的投影。绘制时，先绘制中心线，再绘制轮廓线，结果如图 6—61 所示。

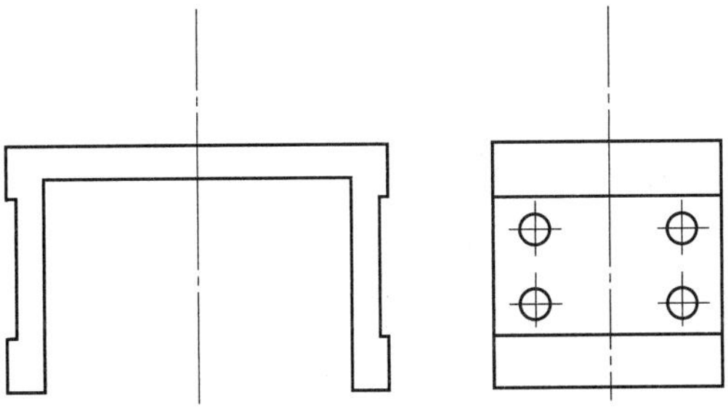

图 6—60　绘制“8 × ϕ15”圆的中心线

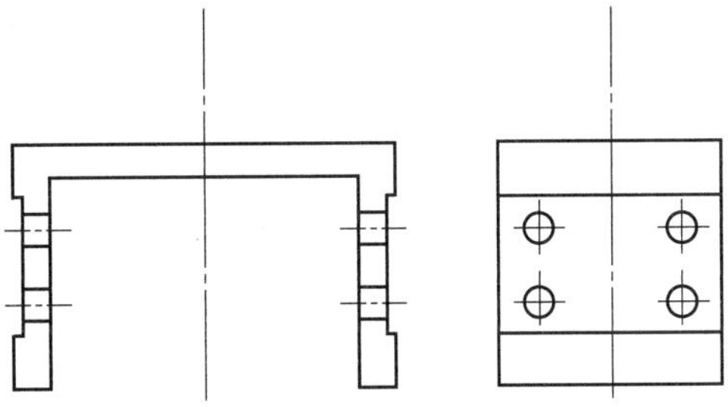

图 6—61　绘制“8 × ϕ15”孔在主视图上的投影

提示

1）绘制细点画线时，如果所绘制的细点画线显示不出“点”，这说明该图线的线型比例太大，可以对图线的线型比例进行修改。

2）修改线型比例的方法是：选中需修改线型比例的图线，单击鼠标右键，弹出右键快捷菜单（图 6—62），单击其中的“特性”选项，弹出“特性”选项板（图 6—63）。在“特性”选项板中显示出了每一个图形对象的基本特性、几何特性以及其他特性等，用户可以通过此选项板查看和修改图形对象的内部特性。

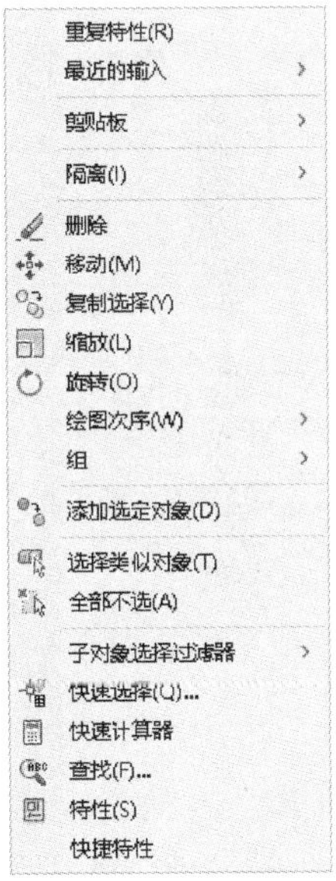

图 6—62　右键快捷菜单

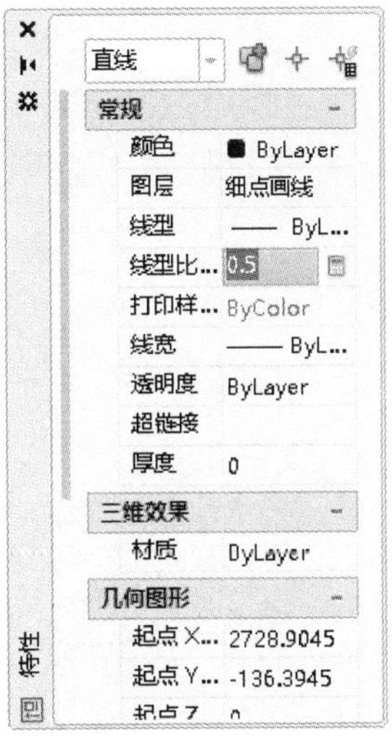

图 6—63　“特性”选项板

7. 绘制方形支架

（1）绘制方形支架的主视图

1）将“粗实线”图层设置为当前图层，启动“直线”命令，捕捉 D 点（图 6—64）。

2）水平向左移动光标，输入“15”，单击鼠标左键。

3）竖直向上移动光标，输入“60”，单击鼠标左键。

4）水平向右移动光标，输入“30”，单击鼠标左键。

5）竖直向下移动光标，捕捉与平台上侧水平轮廓线的交点，单击鼠标左键。

绘制结果如图 6—64 所示。

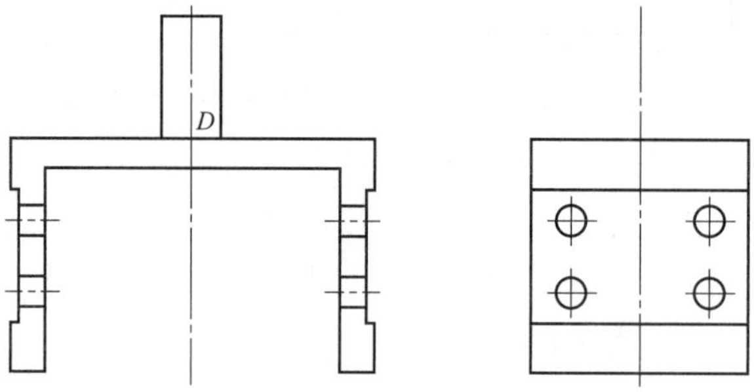

图 6—64　绘制方形支架的大致轮廓

6）启动“倒角”命令，系统给出如下提示。

命令：_chamfer　　//启动“倒角”命令

（“修剪”模式）当前倒角距离 1=0.0000，距离 2=0.0000

选择第一条直线或［放弃(U)/多段线(P)/距离(D)/角度(A)/修剪(T)/方式(E)/多个(M)］：D　　//单击命令窗口的“距离(D)”

指定 第一个 倒角距离 <0.0000>：3　　//输入“3”，按回车键

指定 第二个 倒角距离 <3.0000>：　　//按回车键

选择第一条直线或［放弃(U)/多段线(P)/距离(D)/角度(A)/修剪(T)/方式(E)/多个(M)］：M　　//单击命令窗口的“多个(M)”

选择第一条直线或［放弃(U)/多段线(P)/距离(D)/角度(A)/修剪(T)/方式(E)/多个(M)］：　　//选择某一侧倒角的一条边

选择第二条直线，或按住 Shift 键选择直线以应用角点或［距离(D)/角度(A)/方法(M)］：　　//选择倒角的另一条边

选择第一条直线或［放弃(U)/多段线(P)/距离(D)/角度(A)/修剪(T)/方式(E)/多个(M)］：　　//选择第二个倒角的某一条边

选择第二条直线，或按住 Shift 键选择直线以应用角点或［距离(D)/角度(A)/方法(M)］：　　//选择第二个倒角的另一条边

选择第一条直线或［放弃(U)/多段线(P)/距离(D)/角度(A)/修剪(T)/方式(E)/多个(M)］：　　//按回车键，结束倒角的绘制

绘制结果如图 6—65 所示。

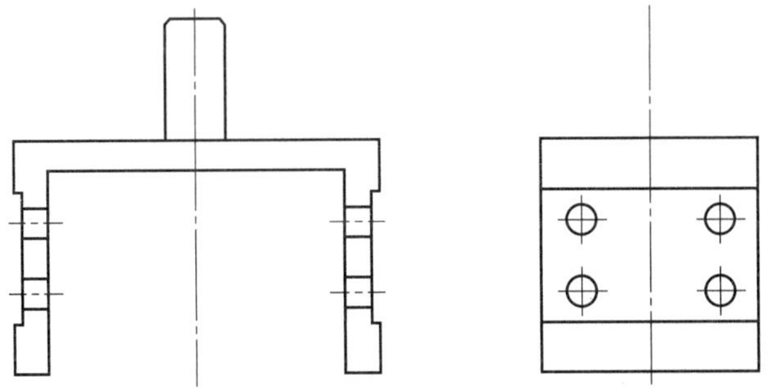

图 6—65 倒角

7）绘制主视图上的两个"ϕ10"孔及其中心线，如图 6—66 所示。

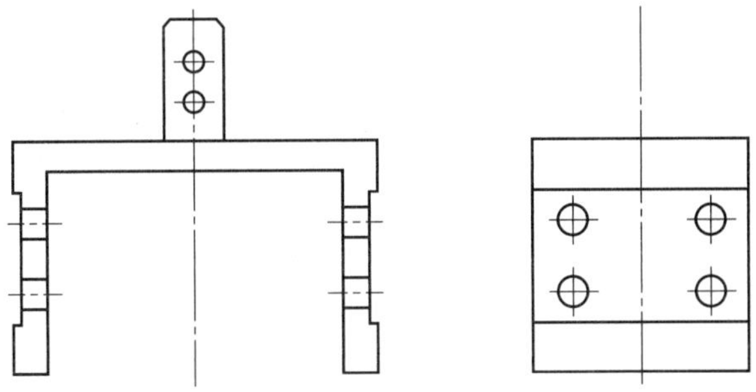

图 6—66 绘制两个"ϕ10"孔

(2）绘制方形支架的左视图

1）绘制前面和后面的方形支架在左视图上的外轮廓，如图 6—67 所示。

2）绘制前面和后面方形支架上的"ϕ10"孔在左视图上的轴线，如图 6—67 所示。

3）绘制前面方形支架上的"ϕ10"孔在左视图上的轮廓线，如图 6—67 所示。

4）绘制后面方形支架上的倒角在左视图上的投影，如图 6—67 所示。

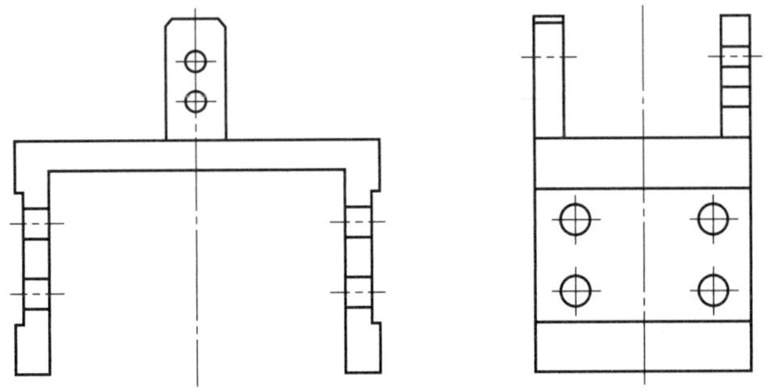

图 6—67 绘制方形支架左视图

5）绘制左视图上局部剖视图的波浪线。将"细实线"图层设置为当前图层，启动

“样条曲线拟合”命令，系统给出如下提示。

命令：_SPLINE　　//启动“样条曲线拟合”命令
当前设置：方式＝拟合　节点＝弦
指定第一个点或［方式(M)/节点(K)/对象(O)］：_M
输入样条曲线创建方式［拟合(F)/控制点(CV)］＜拟合＞：_FIT
当前设置：方式＝拟合　节点＝弦
指定第一个点或［方式(M)/节点(K)/对象(O)］：
//捕捉 E 点(图 6—68)，单击鼠标左键
输入下一个点或［起点切向(T)/公差(L)］：
//在适当位置捕捉第二点，单击鼠标左键
输入下一个点或［端点相切(T)/公差(L)/放弃(U)］：
//在适当位置捕捉第三点，单击鼠标左键
输入下一个点或［端点相切(T)/公差(L)/放弃(U)/闭合(C)］：
//在适当位置捕捉第四点，单击鼠标左键
输入下一个点或［端点相切(T)/公差(L)/放弃(U)/闭合(C)］：
//捕捉 F 点(图 6—68)，单击鼠标左键
输入下一个点或［端点相切(T)/公差(L)/放弃(U)/闭合(C)］：
//按回车键，结束样条曲线的绘制

绘制结果如图 6—68 所示。

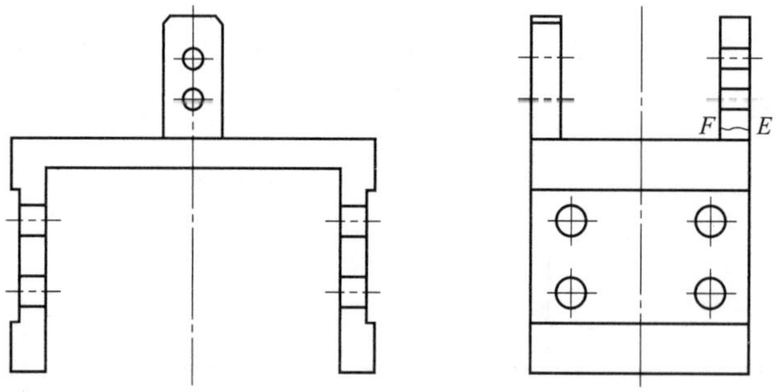

图 6—68　绘制波浪线

8. 绘制半圆形支架

(1) 绘制半圆形支架的左视图

1) 将“细点画线”图层设置为当前图层，启动“直线”命令，捕捉 G 点（图 6—69），竖直向上移动光标，输入“42.5”，按回车键。水平向右移动光标，输入“65”，按回车键，所绘图形如图 6—69 所示。

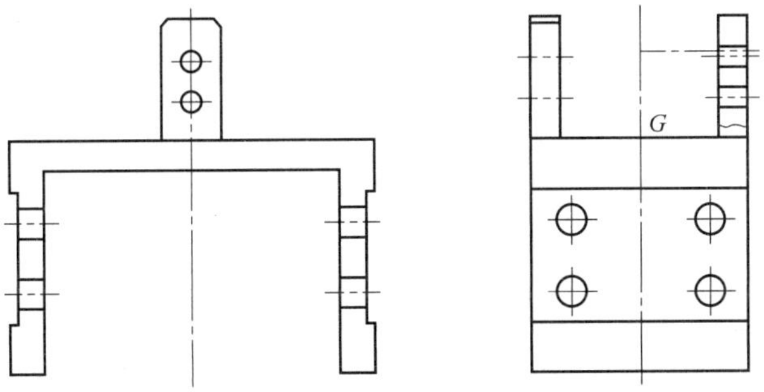

图 6—69　绘制半圆形支架的水平中心线

2）选中刚绘制的水平中心线，单击其中点，水平移动光标，将水平中心线的中点，水平拖动到与图形的竖直中心线重合的位置，如图 6—70 所示。

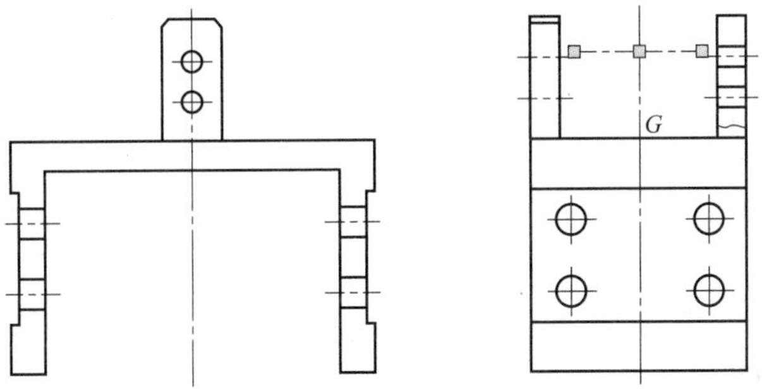

图 6—70　拖动水平中心线

3）将“粗实线”图层设置为当前图层，启动“圆”命令，绘制“*R*27.5”和“ϕ35”圆，如图 6—71 所示。

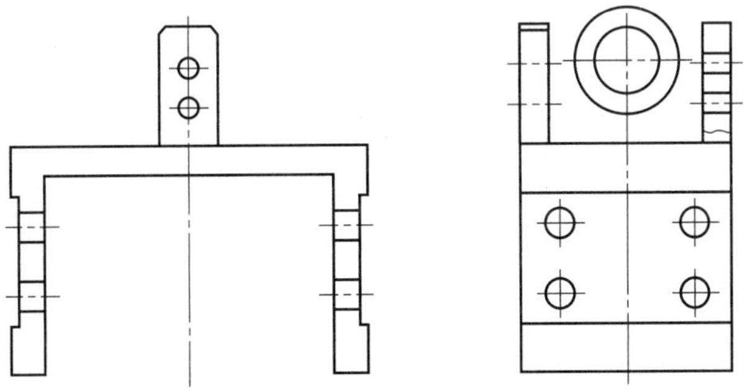

图 6—71　绘制“*R*27.5”和“ϕ35”圆

4）过“*R*27.5”圆的左侧象限点和右侧象限点向下绘制两条竖线，如图 6—72 所示。

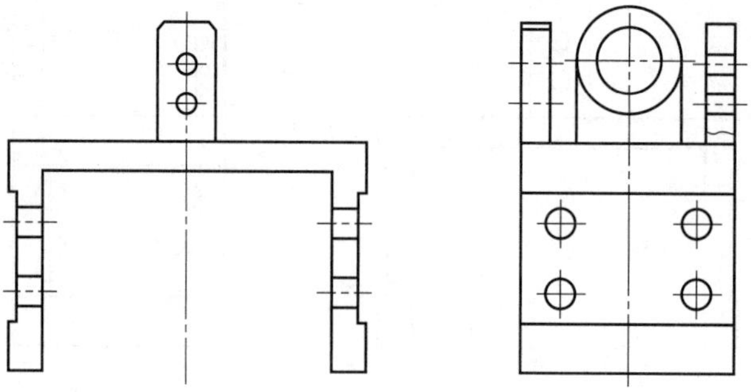

图 6—72　绘制竖直轮廓线

5）启动“修剪”命令，修剪掉“$R27.5$”圆的下面半个轮廓圆，如图 6—73 所示。

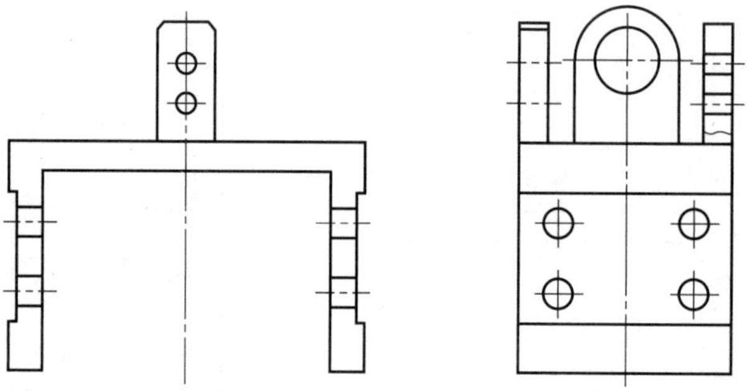

图 6—73　删除“$R27.5$”圆的下半部分

6）选中竖直中心线，单击上面的端点，竖直向上移动光标，输入“10”，向上延长竖直中心线，如图 6—74 所示。

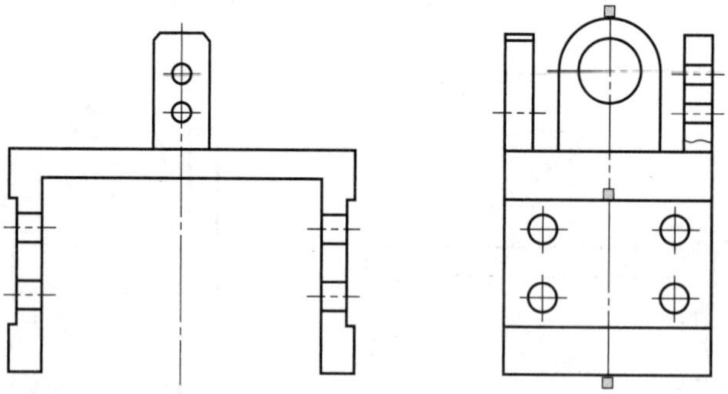

图 6—74　向上延长竖直中心线

（2）绘制半圆形支架的主视图

1）启动“直线”命令，捕捉 D 点（图 6—75），向左移动光标，输入“62.5”，按回车键。然后向上移动光标，同时捕捉过“$R27.5$”半圆的上象限点的水平追踪线，在交点处单击鼠标左键，如图 6—75 所示。

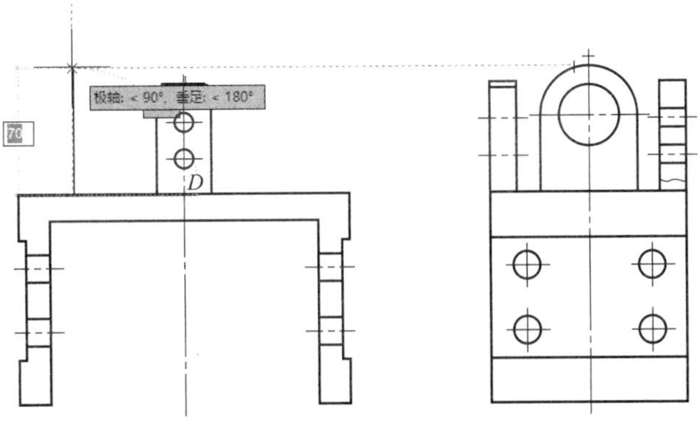

图 6—75　绘制左侧半圆形支架主视图（一）

2）水平向右移动光标，输入“17.5”，按回车键。然后竖直向下移动光标，捕捉与平台上侧水平轮廓线的交点，单击鼠标左键，完成绘制。按回车键，结束“直线”命令，绘制结果如图 6—76 所示。

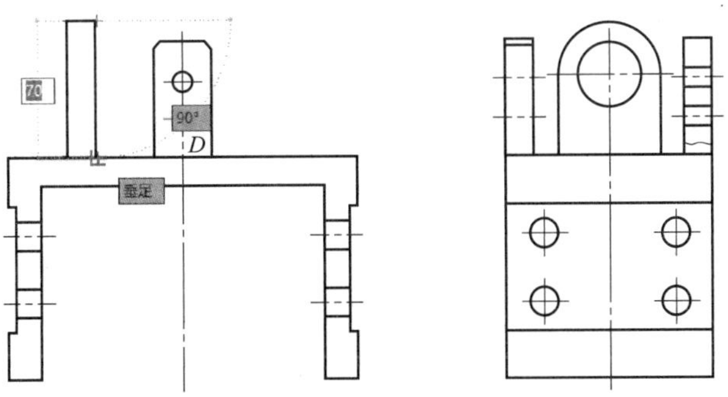

图 6—76　绘制左侧半圆形支架主视图（二）

3）启动“镜像”命令，绘制右侧半圆形支架主视图，结果如图 6—77 所示。

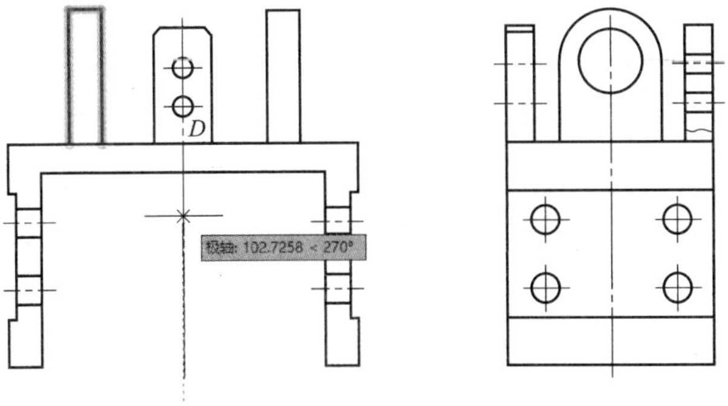

图 6—77　绘制右侧半圆形支架主视图

4）启动“修剪”命令，删除半圆形支架与平台间的多余轮廓线，如图 6—78 所示。

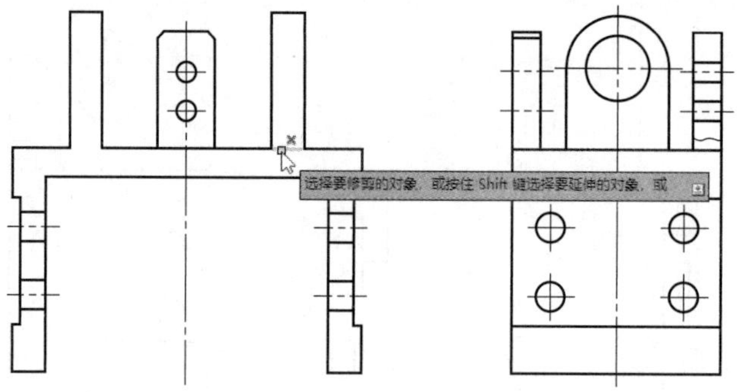

图 6—78　删除半圆形支架与平台间的多余轮廓线

5）将“细点画线”图层设置为当前图层，绘制“$\phi35$”孔的轴线。将“粗实线”图层设置为当前图层，绘制孔的轮廓线。绘图结果如图 6—79 所示。

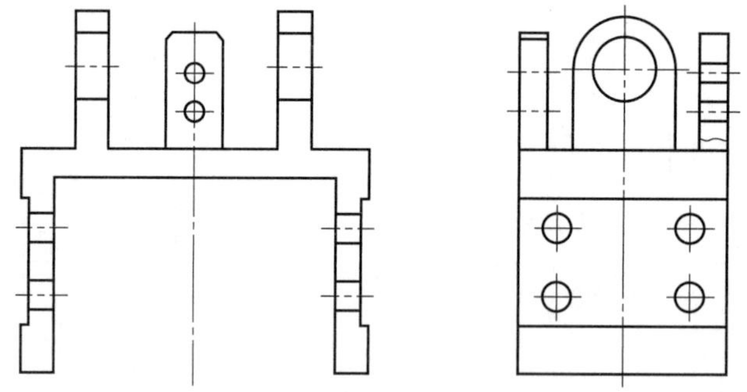

图 6—79　绘制“$\phi35$”孔的轴线和轮廓线

9. 检查图形

检查图形，发现漏画了平台两侧的“$R5$”圆角。启动“圆角”命令，对平台两侧进行倒圆角，结果如图 6—80 所示。整理图形，用“打断于点”命令将主视图和左视图上的细点画线在适当位置打断，使其线段处与轮廓线（及其他图线）相交。

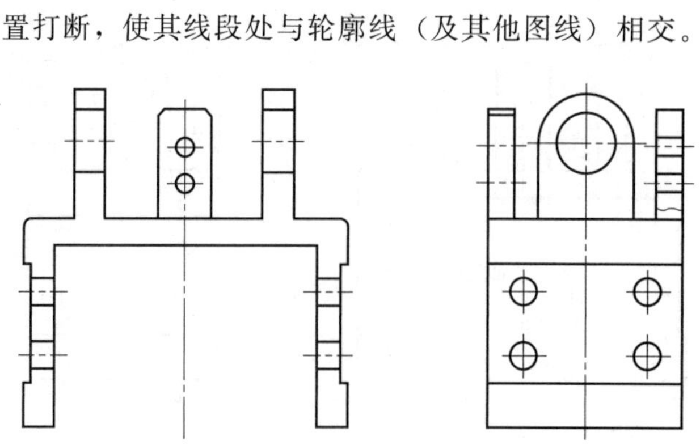

图 6—80　平台倒圆角

10. 填充剖面线

（1）将“细实线”图层设置为当前图层，启动“图案填充”命令，填充图案选择“ANSI31”，填充图案比例设为“1.5”，其他参数采用默认设置。

（2）选择主视图要填充的区域。

（3）选择左视图要填充的区域。

填充结果如图 6—81 所示。

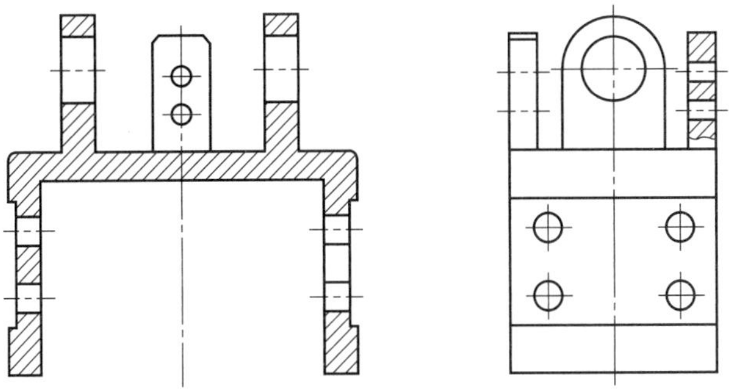

图 6—81　填充剖面线

11. 标注尺寸

（1）设置标注样式

1）选择菜单栏“格式”→“标注样式”命令，打开“标注样式管理器”对话框，新建一个名为“线性尺寸”的标注样式。打开“新建标注样式：线性尺寸”对话框，设置“超出尺寸线（X）”为“2”，“起点偏移量（F）”为“0”，“箭头大小（I）”为“6”，“文字高度（T）”为“7”，“从尺寸线偏移（O）”为“1”，“小数分隔符（C）”为“句点”。其他参数采用默认设置。

2）以“线性尺寸”标注样式为基础样式，新建一个名为“半径与直径”的标注样式，在“调整”选项卡中选中“文字”单选按钮，其他参数与“线性尺寸”标注样式相同。

（2）标注线性尺寸

将“线性尺寸”标注样式设置为当前标注样式，标注线性尺寸，如图 6—82 所示。

（3）标注直径、半径和倒圆角尺寸

1）将“半径与直径”标注样式设置为当前标注样式，标注尺寸“ϕ35”。选中该尺寸，将尺寸数字移到图形外面，如图 6—83 所示。

2）标注尺寸“*R*5”“*R*27.5”，并将正体“R”修改为斜体“*R*”，如图 6—83 所示。

3）标注尺寸“ϕ10”，修改为“4×ϕ10”；标注尺寸“ϕ15”，修改为“8×ϕ15”，如图 6—83 所示。

（4）标注倒角尺寸“*C*3”

在命令行中输入“QLEADER”，按回车键，启动“快速引线”命令，输入“S”，打

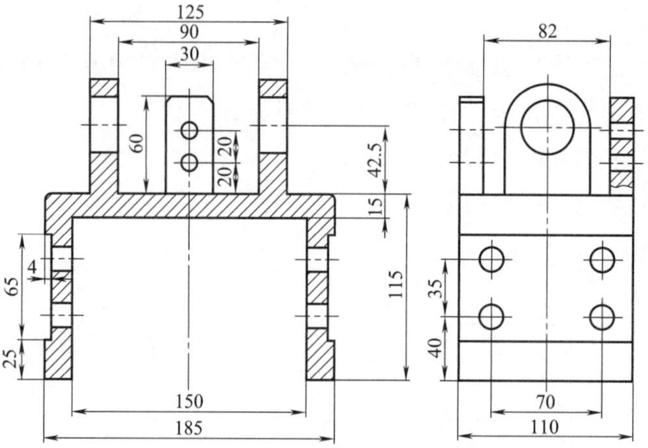

图 6—82　标注线性尺寸

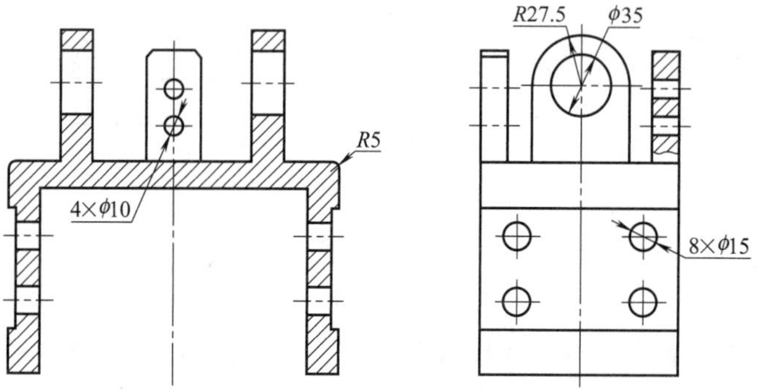

图 6—83　标注半径、直径和倒圆角尺寸

开“引线设置”对话框。在其“引线和箭头”选项卡中将“箭头”设置为“无”，将“角度约束”区域的“第一段”设置为“45°”，“第二段”设置为“水平”。在“附着”选项卡中勾选“最后一行加下划线”复选框。按照命令行的提示标注倒角的尺寸“C3”，结果如图 6—84 所示。至此，本任务完成。

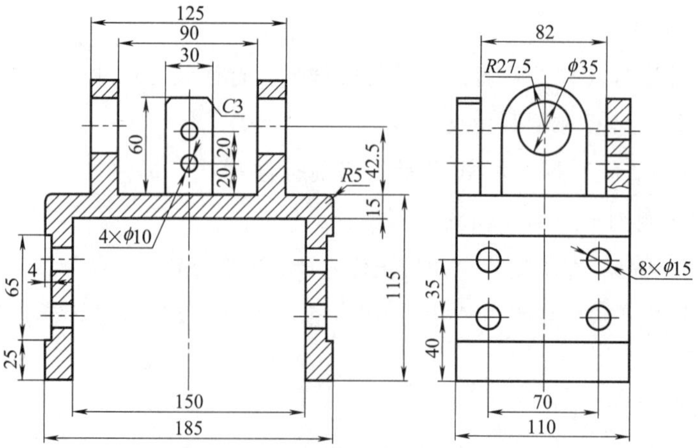

图 6—84　标注倒角

巩固练习

绘制如图 6—85 所示图形并标注尺寸。

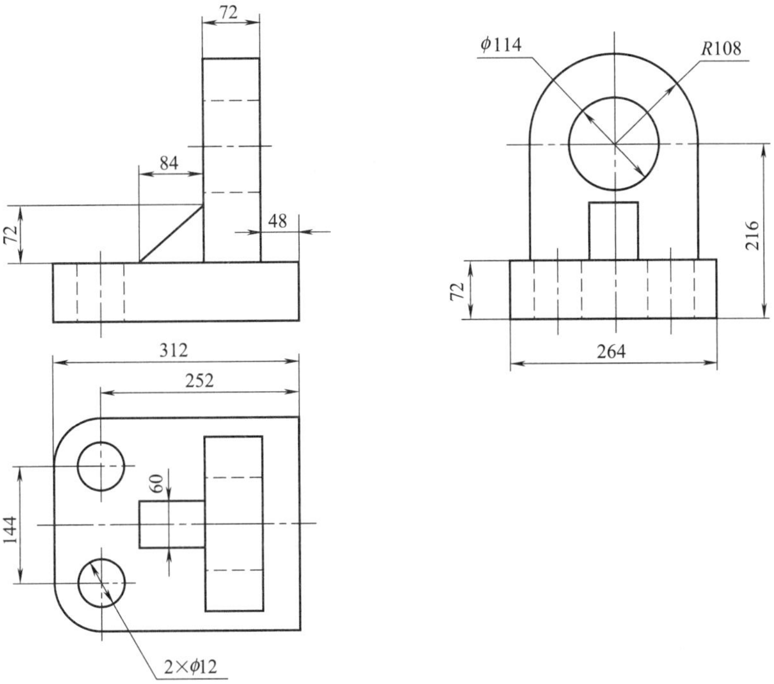

图 6—85　支承座

任务 3　绘制“家居一角”平面图

实训任务

综合利用 AutoCAD 2018 提供的绘图命令，按照“1∶10”的绘图比例，绘制如图 6—86 所示“家居一角”平面图。其中，沙发、茶几、小矮柜的细节尺寸分别如图 6—87、图 6—88 和图 6—89 所示。

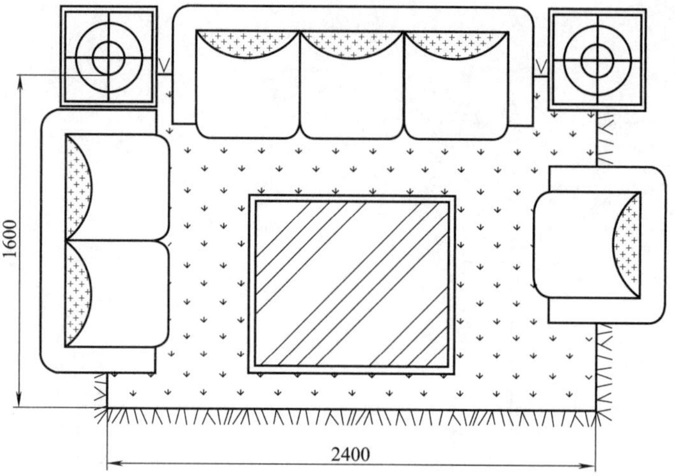

图 6—86 “家居一角”平面图

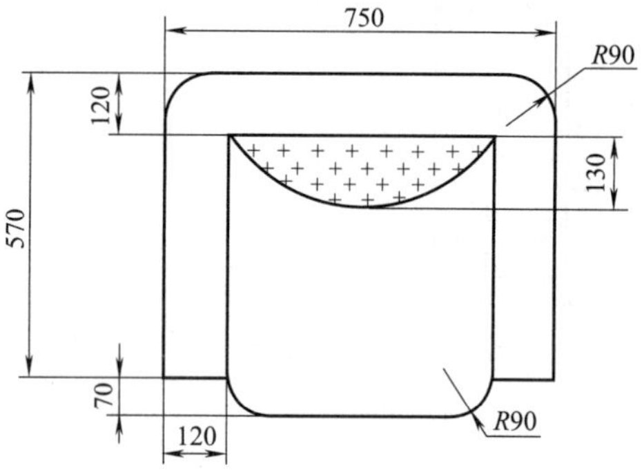

图 6—87 沙发

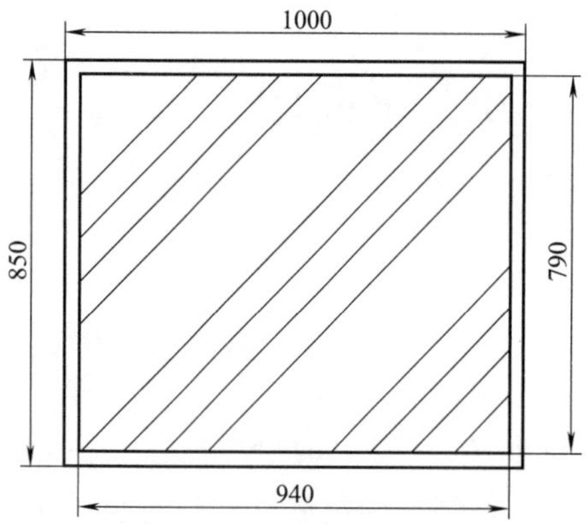

图 6—88 茶几

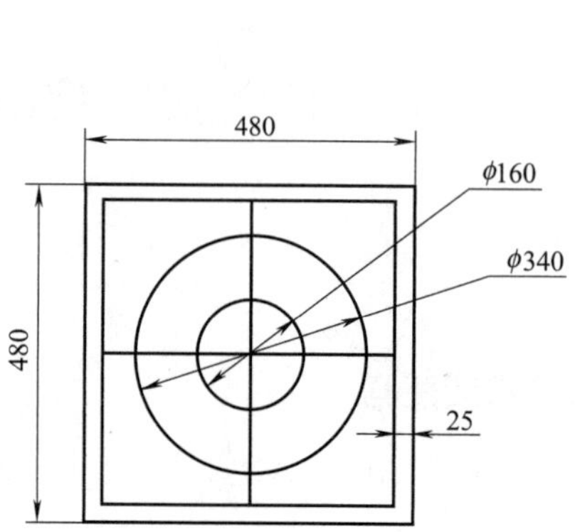

图 6—89 小矮柜

实践操作

操作演示

1. 新建图形文件

（1）新建一个图形文件，图形样板选择“制图样板 1. dwt”。

（2）将“动态输入”“极轴追踪”“对象捕捉追踪”“对象捕捉”“显示线宽”等辅助绘图工具设置为开启状态。

2. 绘制单座式沙发

（1）将“粗实线”图层设置为当前图层。

（2）单击“默认”→“绘图”→“矩形”按钮，启动“矩形”命令，绘制沙发的外轮廓，系统给出如下提示。

```
命令：_rectang                                            //启动“矩形”命令
指定第一个角点或[倒角(C)/标高(E)/圆角(F)/厚度(T)/宽度(W)]：
                                 //在绘图区适当位置拾取一点，作为矩形的第一个角点
指定另一个角点或[面积(A)/尺寸(D)/旋转(R)]：@75,57
                              //输入另一个角点的相对坐标值“@75,57”，按回车键
```

绘制结果如图 6—90 所示。

提示　本任务的绘图比例是 1∶10。

（3）单击“默认”→“修改”→“偏移”按钮，启动“偏移”命令，将图 6—90 所示的矩形向内偏移 12 mm，结果如图 6—91 所示。

（4）单击“默认”→“修改”→“分解”按钮，启动“分解”命令，对图 6—91 所示的两个矩形进行分解。

（5）单击“默认”→“修改”→“偏移”按钮，启动“偏移”命令，将图 6—91 中的直线 AB 向下偏移 7 mm，CD 向下偏移 13 mm，结果如图 6—92 所示。

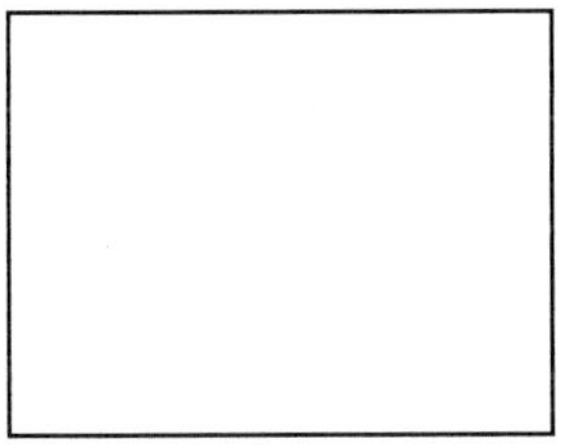

图 6—90　绘制沙发的外轮廓

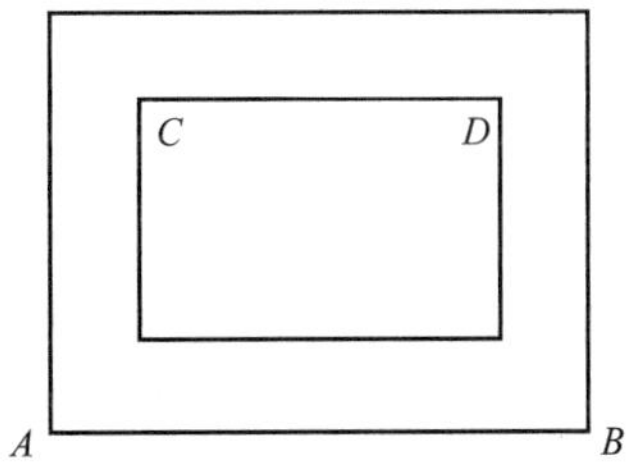

图 6—91　矩形偏移结果

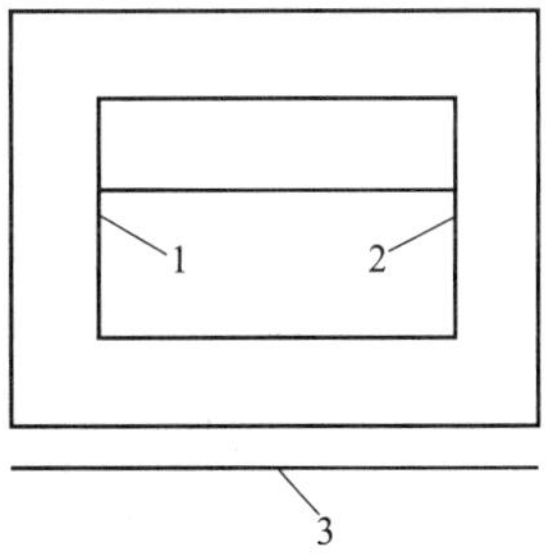

图 6—92　直线偏移结果

(6) 单击“默认”→“修改”→“延伸”按钮，启动“延伸”命令，将图 6—92 中的直线 1、2 延伸至直线 3，系统给出如下提示。

```
命令：_extend                                          //启动“延伸”命令
当前设置:投影=UCS,边=延伸
选择边界的边...
选择对象或 <全部选择>： 找到 1 个         //选择直线 3(图 6—92)作为延伸边界
选择对象：                                            //按回车键,结束边界拾取
选择要延伸的对象,或按住 Shift 键选择要修剪的对象,或
[栏选(F)/窗交(C)/投影(P)/边(E)/放弃(U)]：
                                          //选择直线 1(图 6—92)作为延伸对象
选择要延伸的对象,或按住 Shift 键选择要修剪的对象,或
[栏选(F)/窗交(C)/投影(P)/边(E)/放弃(U)]：
                                          //选择直线 2(图 6—92)作为延伸对象
选择要延伸的对象,或按住 Shift 键选择要修剪的对象,或
[栏选(F)/窗交(C)/投影(P)/边(E)/放弃(U)]：           //按回车键,结束延伸操作
```

直线延伸结果如图 6—93 所示。

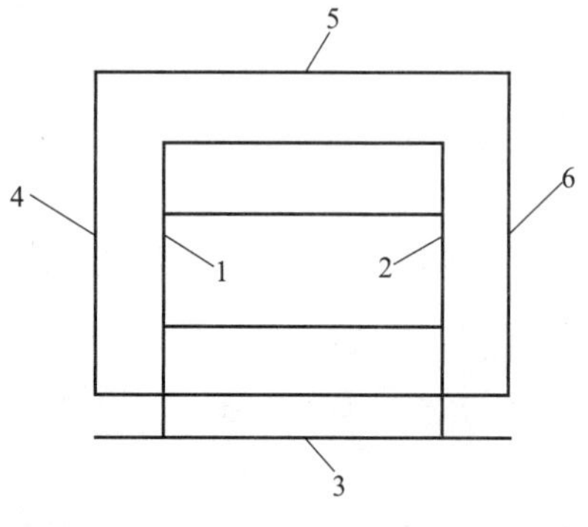

图 6—93　直线延伸结果

(7) 单击“默认”→“修改”→“圆角”按钮，启动“圆角”命令，系统给出如下提示。

```
命令：_fillet                                          //启动“圆角”命令
当前设置：模式=修剪,半径=0.0000
选择第一个对象或[放弃(U)/多段线(P)/半径(R)/修剪(T)/多个(M)]：R
                                    //输入“R”,激活“半径”选项,按回车键
指定圆角半径 <9.0000>：9                               ///输入“9”,按回车键
```

选择第一个对象或[放弃(U)/多段线(P)/半径(R)/修剪(T)/多个(M)]：M

//输入“M”,激活“多个”选项,按回车键

选择第一个对象或[放弃(U)/多段线(P)/半径(R)/修剪(T)/多个(M)]：

//选择直线 3(图 6—93)

选择第二个对象,或按住 Shift 键选择要应用角点的对象：

//选择直线 1(图 6—93)

选择第一个对象或[放弃(U)/多段线(P)/半径(R)/修剪(T)/多个(M)]：

//选择直线 3(图 6—93)

选择第二个对象,或按住 Shift 键选择要应用角点的对象：

//选择直线 2(图 6—93)

选择第一个对象,或按住 Shift 键选择要应用角点的对象：

//选择直线 4(图 6—93)

选择第二个对象或[放弃(U)/多段线(P)/半径(R)/修剪(T)/多个(M)]：

//选择直线 5(图 6—93)

选择第一个对象,或按住 Shift 键选择要应用角点的对象：

//选择直线 5(图 6—93)

选择第二个对象或[放弃(U)/多段线(P)/半径(R)/修剪(T)/多个(M)]：

//选择直线 6(图 6—93)

选择第一个对象或[放弃(U)/多段线(P)/半径(R)/修剪(T)/多个(M)]：

//按回车键,结束倒圆角操作

倒圆角后的结果如图 6—94 所示。

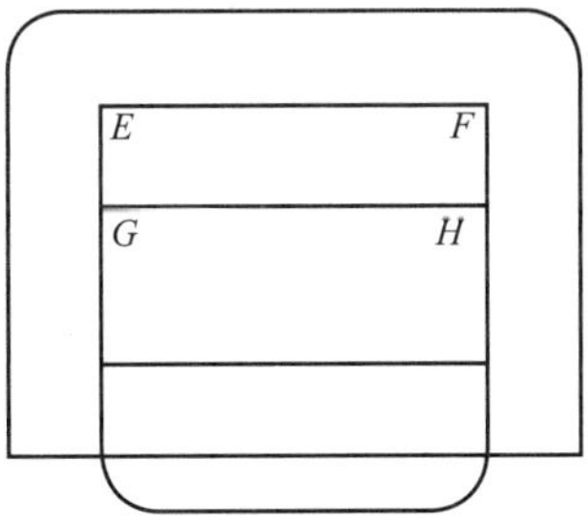

图 6—94 倒圆角后的结果

(8) 单击“默认”→“绘图”→“圆弧”按钮，启动“圆弧（三点）”命令，绘制沙发的靠背，系统给出如下提示。

```
命令：_arc                                          //启动"圆弧"命令
指定圆弧的起点或[圆心(C)]：                         //拾取图 6—94 所示端点 E
指定圆弧的第二个点或[圆心(C)/端点(E)]：//拾取图 6—94 所示直线 GH 的中点
指定圆弧的端点：                                    //拾取图 6—94 所示端点 F
```

圆弧绘制结果如图 6—95 所示。

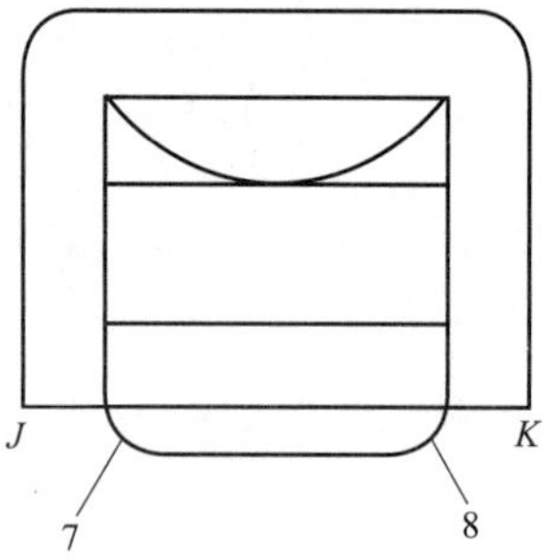

图 6—95　绘制沙发靠背

(9) 单击“默认”→“修改”→“修剪”按钮，启动“修剪”命令，修剪图 6—95 所示圆弧 7 和圆弧 8 之间的直线，系统给出如下提示。

```
命令：_trim                                         //启动"修剪"命令
当前设置：投影=UCS，边=延伸
选择剪切边...
选择对象或 <全部选择>： 找到 1 个                  //拾取图 6—95 中的圆弧 7
选择对象：找到 1 个，总计 2 个                      //拾取图 6—95 中的圆弧 8
选择对象：                          //按回车键，结束修剪边界的拾取
选择要修剪的对象，或按住 Shift 键选择要延伸的对象，或
[栏选(F)/窗交(C)/投影(P)/边(E)/删除(R)/放弃(U)]：
                                              //拾取图 6—95 中的线段 JK
选择要修剪的对象，或按住 Shift 键选择要延伸的对象，或
[栏选(F)/窗交(C)/投影(P)/边(E)/删除(R)/放弃(U)]：
                                              //按回车键，结束修剪操作
```

修剪结果如图 6—96 所示。

(10) 单击“默认”→“修改”→“删除”按钮，启动“删除”命令，删除图 6—96 中的线段 *GH* 和 *PQ*，结果如图 6—97 所示。

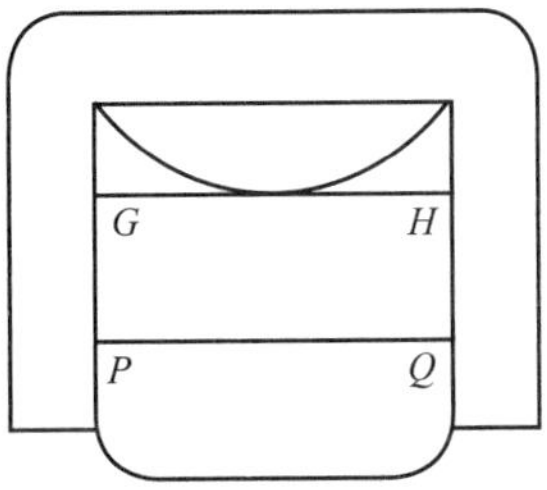

图 6—96　修剪圆弧间的直线

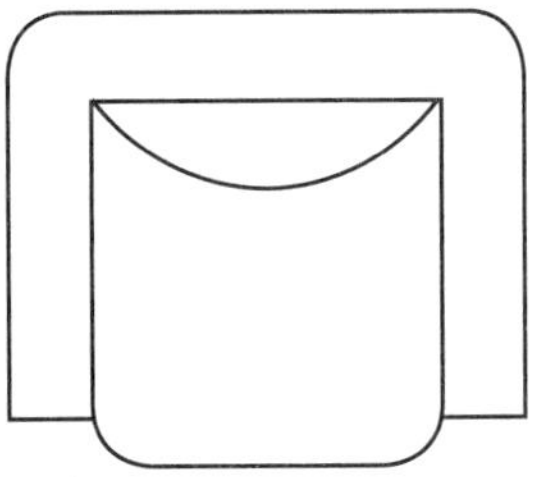

图 6—97　删除多余线段

（11）沙发靠背图案填充

1）单击“默认”→“绘图”→“图案填充”按钮，激活“图案填充”命令，在功能区弹出“图案填充创建”对话框。在对话框的“图案”区域选择“CROSS”，在“特性”区域的“填充图案比例”栏填写“0.5”，其他参数采用默认设置，如图 6—98 所示。

图 6—98　图案填充参数设置

2）在待填充区域单击鼠标左键，选择图案填充区域，然后单击“关闭图案填充创建”按钮，结束图案填充，结果如图 6—99 所示。

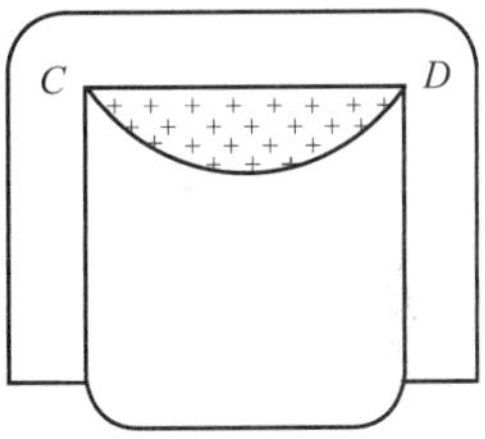

图 6—99　沙发靠背图案填充

3. 绘制双座式和三座式沙发

（1）单击“默认”→“修改”→“复制”按钮，启动“复制”命令，复制单座式沙发，系统给出如下提示。

命令：_copy　　//启动“复制”命令
选择对象：指定对角点：找到 17 个　　//框选图 6—99 所示图形
选择对象：　　//按回车键，结束对象选择
当前设置：　复制模式＝多个
指定基点或[位移(D)/模式(O)] <位移>：
//拾取图 6—99 所示线段 *CD* 的中点作为复制基点
指定第二个点或 <使用第一个点作为位移>：90
//水平向左移动光标，输入“90”，按回车键
指定第二个点或[退出(E)/放弃(U)] <退出>：90
//水平向右移动光标，输入“90”，按回车键
指定第二个点或[退出(E)/放弃(U)] <退出>：　　//按回车键，结束复制操作

复制结果如图 6—100 所示。

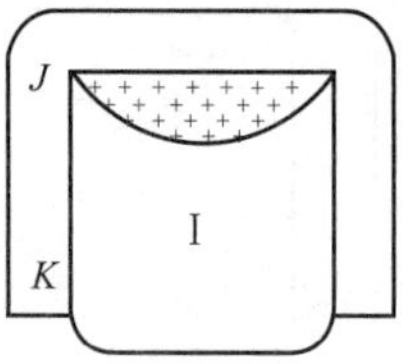

图 6—100　复制结果

（2）单击“默认”→“修改”→“镜像”按钮，启动“镜像”命令，对图 6—100 中的沙发Ⅲ进行镜像，系统给出如下提示。

命令：_mirror	//启动“镜像”命令
选择对象：指定对角点：找到 17 个	//框选图 6—100 中的沙发Ⅲ
选择对象：	//按回车键，结束对象选取
指定对称线的第一点：	//拾取端点 *M*（图 6—100）作为对称线第一点
指定对称线的第二点：	//拾取端点 *N*（图 6—100）作为对称线第二点
要删除源对象吗？[是(Y)/否(N)] <N>：	//按回车键，完成镜像操作

镜像操作结果如图 6—101 所示。

（3）单击“默认”→“修改”→“删除”按钮，启动“删除”命令，将图 6—101 中的多余图线删除，结果如图 6—102 所示。

（4）重复“镜像”命令，将沙发Ⅰ以 *JK* 为对称线（图 6—100）进行第一次镜像操作，结果如图 6—103 所示。

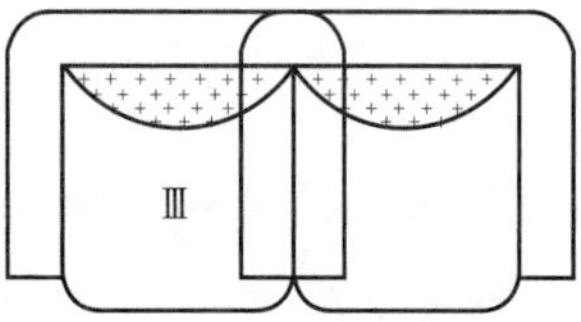

图 6—101　镜像单座式沙发

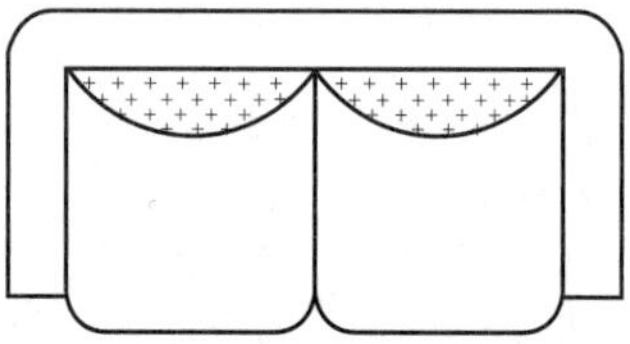

图 6—102　删除多余线条

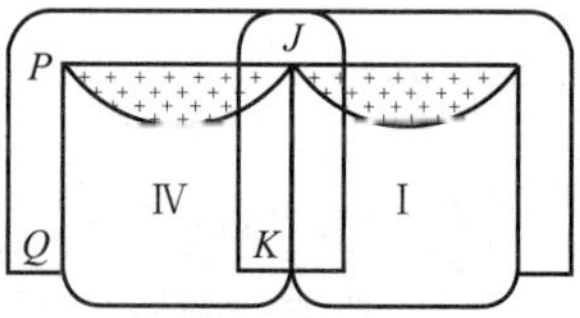

图 6—103　第一次镜像结果

（5）重复“镜像”命令，将沙发Ⅳ以 *PQ* 为对称线（图 6—103）进行第二次镜像操作，结果如图 6—104 所示。

（6）单击“默认”→“修改”→“删除”按钮，启动“删除”命令，将图 6—104 中的多余图线删除，结果如图 6—105 所示。

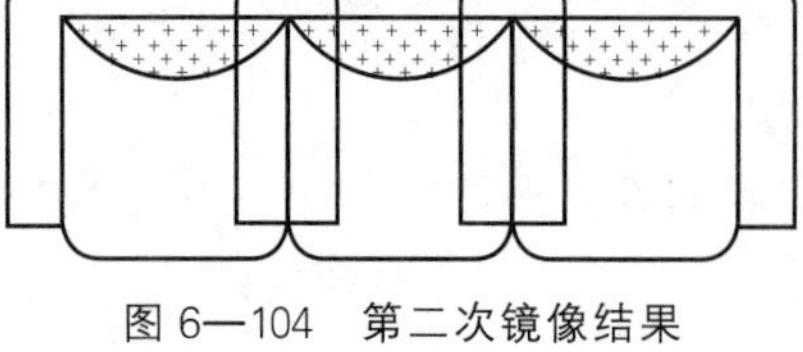

图 6—104　第二次镜像结果

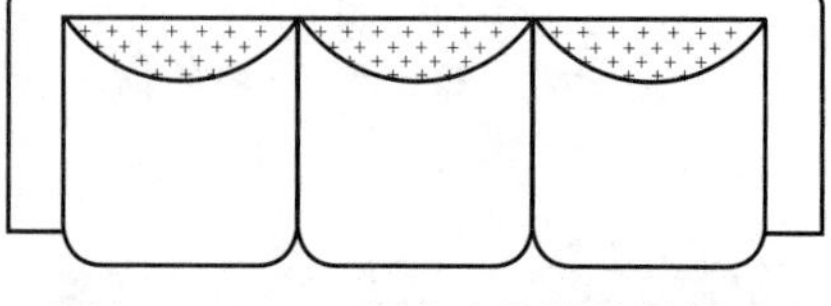

图 6—105　三座式沙发的绘制结果

4. 绘制小矮柜

(1) 单击“默认”→“绘图”→“正多边形”按钮，启动“正多边形”命令，绘制小矮柜的轮廓，系统给出如下提示。

```
命令：_polygon 输入侧面数 <4>：                    //按回车键，采用系统默认值“4”
指定正多边形的中心点或[边(E)]：                     //在绘图区适当位置拾取一点
输入选项[内接于圆(I)/外切于圆(C)] <I>：C            //输入“C”，按回车键
指定圆的半径：24                    //输入“24”，按回车键，完成正多边形的绘制
```

正四边形绘制结果如图 6—106 所示。

(2) 单击“默认”→“修改”→“偏移”按钮，启动“偏移”命令，将图 6—106 所示正四边形向内偏移 2.5 mm，偏移结果如图 6—107 所示。

图 6—106　绘制边长为 48 mm 的正四边形

图 6—107　向内偏移正四边形

(3) 单击“默认”→“绘图”→“直线”按钮，启动“直线”命令，分别以偏移所得的正四边形的四个边的中点为直线的端点，绘制水平中线和垂直中线，结果如图 6—108 所示。

(4) 单击“默认”→“绘图”→“圆”按钮，启动“圆”命令，以图 6—108 中的两条中线的交点为圆心，绘制半径分别为 8 mm 和 17 mm 的圆，结果如图 6—109 所示。

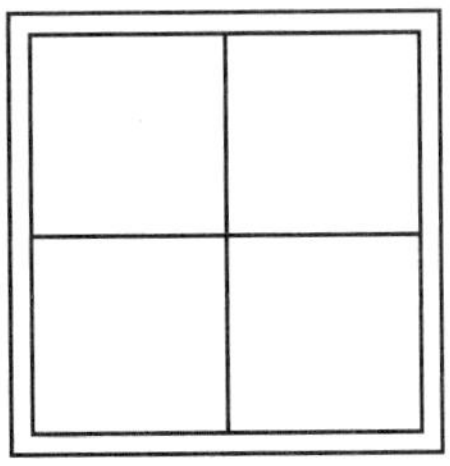

图 6—108　绘制中线

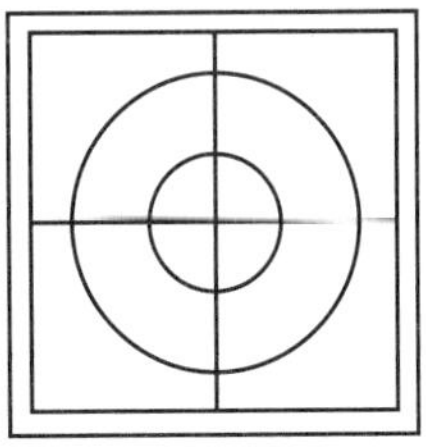

图 6—109　绘制同心圆

5. 绘制茶几

(1) 单击“默认”→“绘图”→“矩形”按钮，启动“矩形”命令，绘制茶几的轮廓，系统给出如下提示。

```
命令：_rectang                                              //启动"矩形"命令
指定第一个角点或[倒角(C)/标高(E)/圆角(F)/厚度(T)/宽度(W)]：
                              //在绘图区适当位置拾取一点作为矩形的第一个角点
指定另一个角点或[面积(A)/尺寸(D)/旋转(R)]：@100,85
                              //输入另一个角点的相对坐标值"@100,85"，按回车键
```

矩形绘制结果如图 6—110 所示。

(2) 单击"默认"→"修改"→"偏移"按钮，启动"偏移"命令，将图 6—110 所示的矩形向内偏移 3 mm，结果如图 6—111 所示。

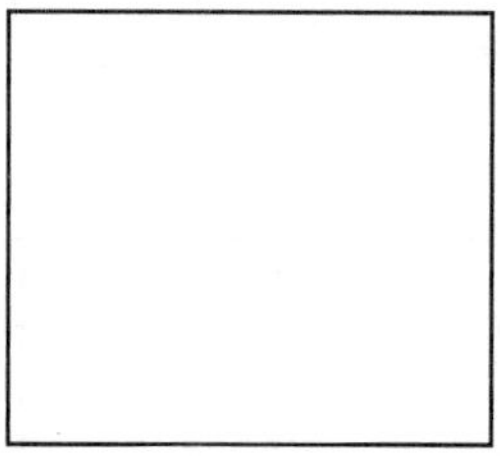

图 6—110　绘制茶几外轮廓

图 6—111　向内偏移茶几外轮廓

(3) 单击"默认"→"绘图"→"图案填充"按钮，激活"图案填充"命令，在功能区弹出"图案填充创建"对话框。在对话框的"图案"区域选择"ANSI34"，在"特性"区域的"填充图案比例"栏填写"2"，其他参数采用默认设置。

(4) 在待填充区域单击鼠标左键，选择图案填充区域，然后单击"关闭图案填充创建"按钮，结束图案填充，结果如图 6—112 所示。

(5) 单击"默认"→"绘图"→"直线"按钮，启动"直线"命令，过左右两边棱线的中点绘制一条水平中线 AB，如图 6—113 所示。AB 主要用作后续布置家具的定位线。

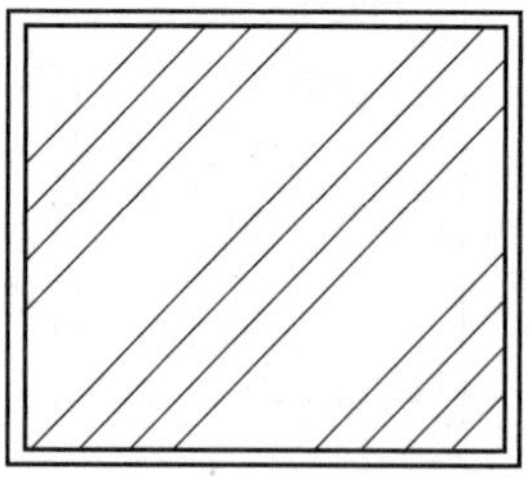

图 6—112　茶几填充图案

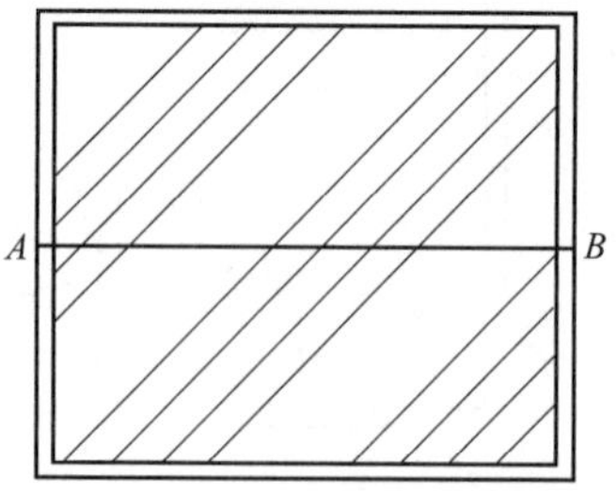

图 6—113　绘制水平中线 AB

6. 绘制地毯轮廓

(1) 单击"默认"→"绘图"→"矩形"按钮，启动"矩形"命令，绘制地毯轮廓，系统给出如下提示。

命令：_rectang　//启动“矩形”命令
指定第一个角点或[倒角(C)/标高(E)/圆角(F)/厚度(T)/宽度(W)]：
//在绘图区适当位置拾取一点作为矩形的第一个角点
指定另一个角点或[面积(A)/尺寸(D)/旋转(R)]：@240,160
//输入“@240,160”，按回车键，完成矩形绘制

地毯轮廓绘制结果如图 6—114 所示。

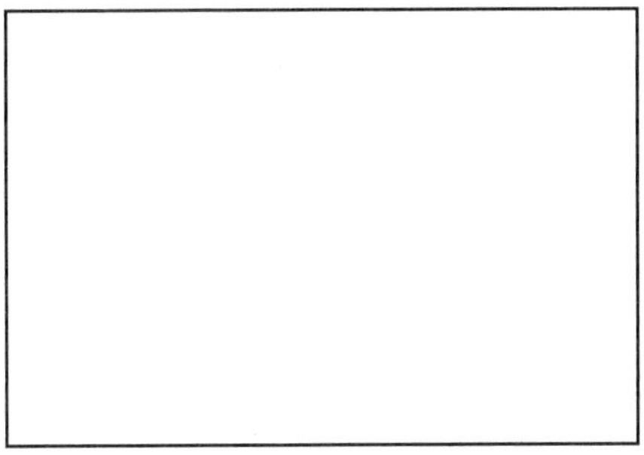

图 6—114　绘制地毯轮廓

提示　为节省作图时间，避免不必要的“删除”工作，地毯上的图案、毛边等可在完成家具布置后再绘制。

(2) 单击“默认”→“绘图”→“直线”按钮，启动“直线”命令，过左右两边棱线的中点绘制一条水平中线 *CD*，如图 6—115 所示。*CD* 主要用作后续布置家具的定位线。

7. 布置家具

(1) 布置三座式沙发

1) 在三座式沙发上绘制定位线 *GH*，如图 6—116 所示，*G* 点和 *H* 点分别为沙发坐垫直线棱边的中点。

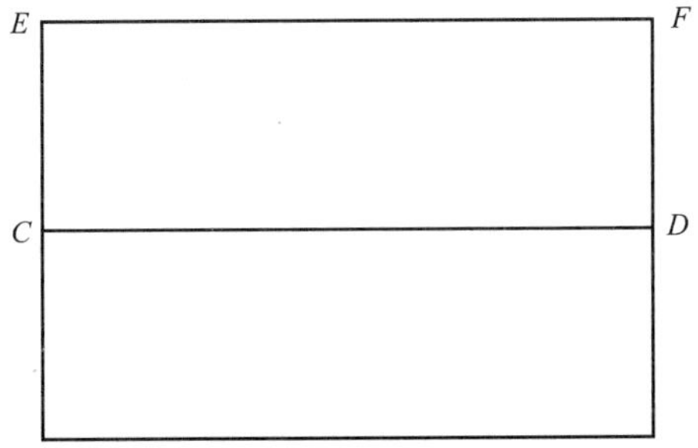

图 6—115　绘制水平中线 *CD*

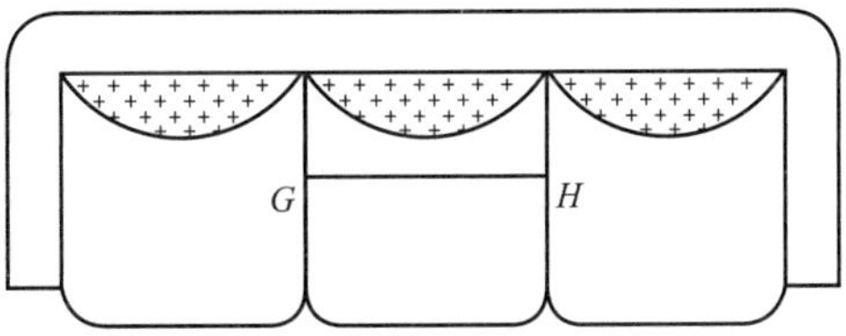

图 6—116　绘制定位线 *GH*

2）单击“默认”→“修改”→“移动”按钮，启动“移动”命令，移动图 6—116 所示的三座式沙发，系统给出如下提示。

```
命令：_move                                        //启动“移动”命令
选择对象：指定对角点：找到 36 个                    //框选图 6—116 所示三座式沙发
选择对象：                                          //按回车键，结束移动对象的选择
指定基点或[位移(D)] <位移>：
                                    //拾取图 6—116 中线段 GH 的中点作为移动基点
指定第二个点或 <使用第一个点作为位移>：
                                    //拾取图 6—115 中线段 EF 的中点作为移动目标点
```

三座式沙发移动结果如图 6—117 所示。

（2）布置单座式沙发

1）在单座式沙发上绘制定位线 JK，如图 6—118 所示，J 点和 K 点分别为沙发坐垫直线棱边的中点。

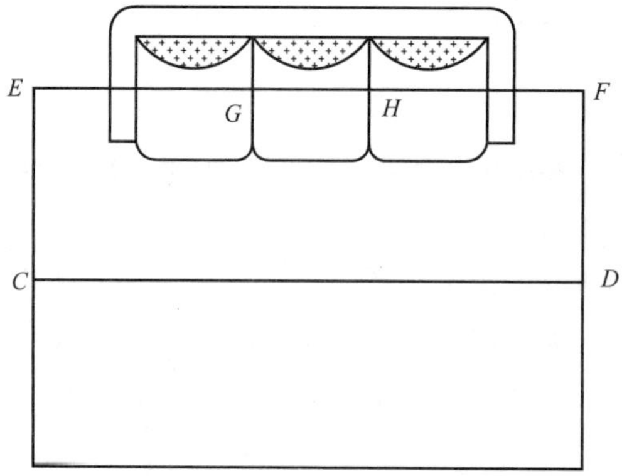

图 6—117　布置三座式沙发

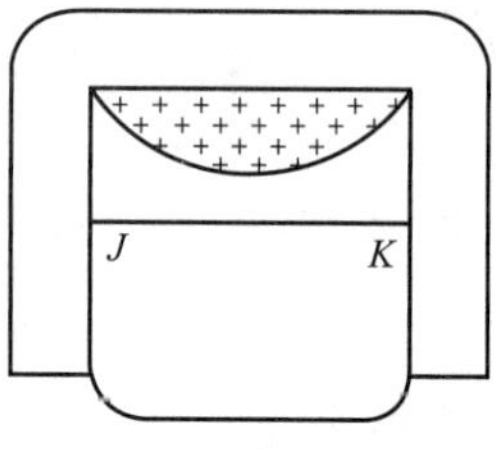

图 6—118　绘制定位线 JK

2）单击“默认”→“修改”→“移动”按钮，启动“移动”命令，以图 6—118 中线段 JK 的中点为移动基点，以图 6—117 中的点 D 为移动目标点，移动单座式沙发，结果如图 6—119 所示。

3）单击“默认”→“修改”→“旋转”按钮，启动“旋转”命令，将单座式沙发绕 D 点顺时针旋转 90°，结果如图 6—120 所示。

（3）布置双座式沙发

1）单击“默认”→“修改”→“移动”按钮，启动“移动”命令，捕捉双座式沙发中间竖线的中点 M（图 6—121）作为移动基点，以图 6—120 中的点 C 为移动目标点，移动双座式沙发，如图 6—122 所示。

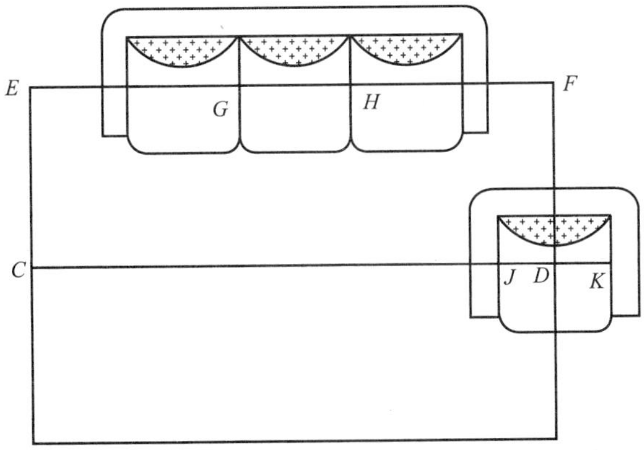

图 6—119　移动单座式沙发

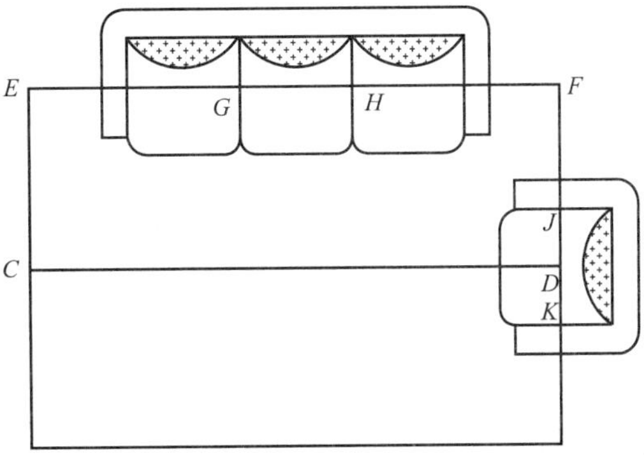

图 6—120　旋转单座式沙发

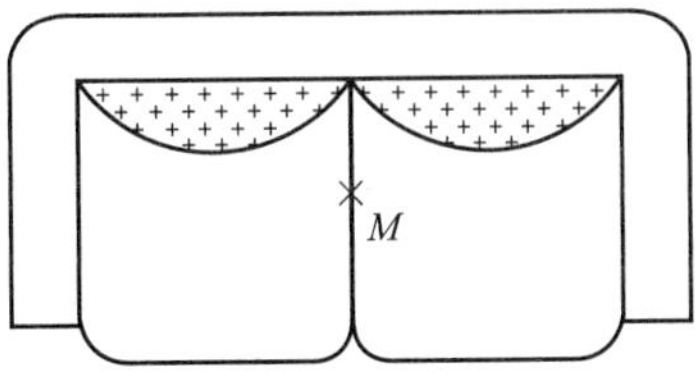

图 6—121　捕捉“中点” M

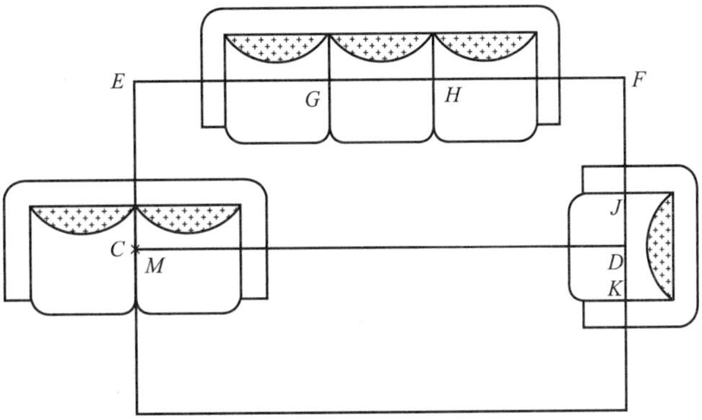

图 6—122　移动双座式沙发

2）单击“默认”→“修改”→“旋转”按钮，启动“旋转”命令，将双座式沙发绕 C 点逆时针旋转 90°，结果如图 6—123 所示。

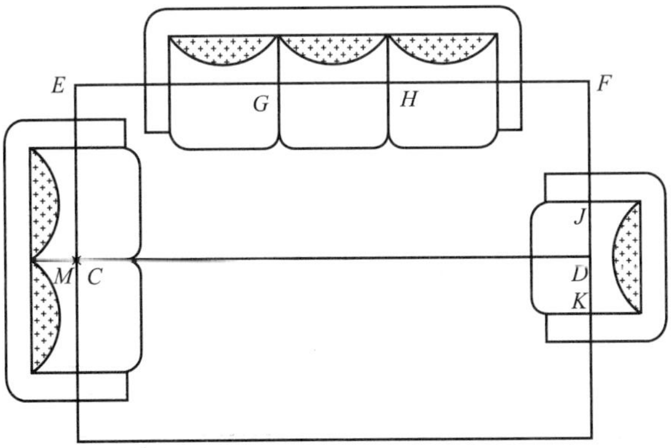

图 6—123　旋转双座式沙发

（4）布置小矮柜

1）单击“默认”→“修改”→“移动”按钮，启动“移动”命令，捕捉小矮柜上小圆与竖直中线的交点 N（图 6—124）作为移动基点，以图 6—123 中的点 E 为移动目标点，移动小矮柜，结果如图 6—125 所示。

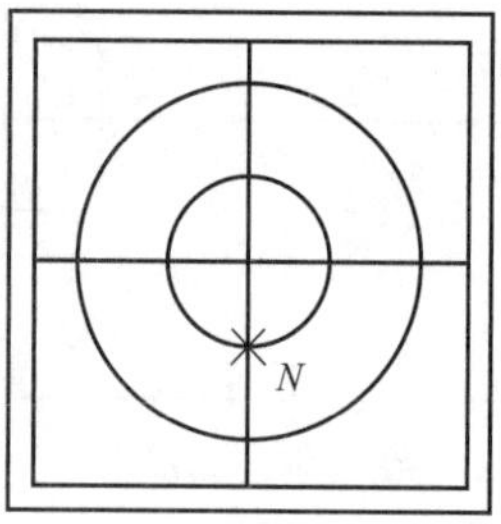

图 6—124　捕捉中点 N

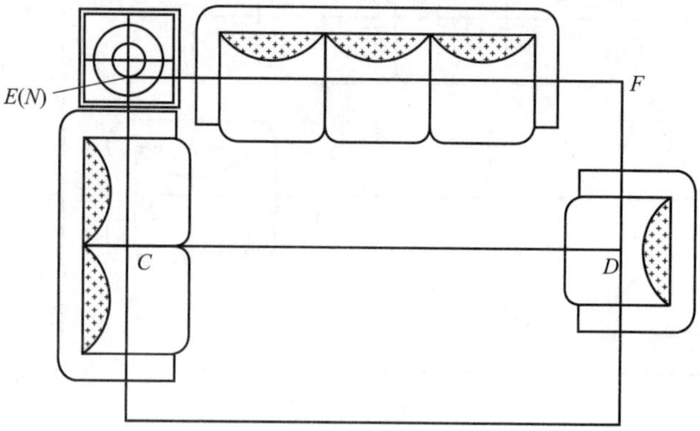

图 6—125　移动小矮柜

2）单击“默认”→“修改”→“镜像”按钮，启动“镜像”命令，捕捉地毯上边的中点作为对称线的第一点，向下（或向上）竖直移动光标在适当位置单击作为对称线的第二点，镜像左边的小矮柜，结果如图 6—126 所示。

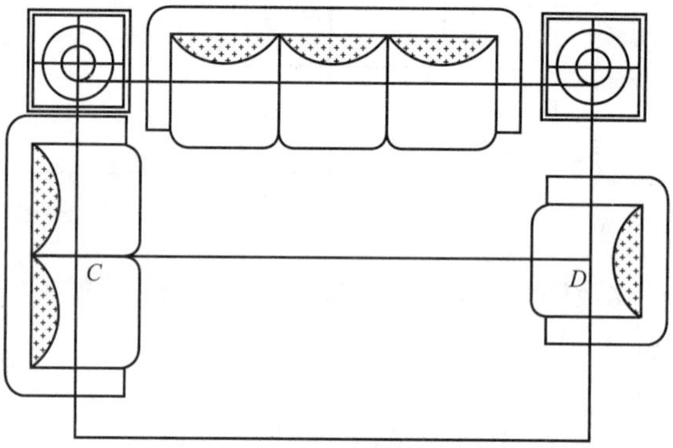

图 6—126　镜像小矮柜

（5）布置茶几

1）单击“默认”→“修改”→“移动”按钮，启动“移动”命令，捕捉茶几上水平中线 AB 的中点（图 6—127）作为移动基点，以直线段 CD（图 6—126）的中点作为移动目标点，移动茶几，结果如图 6—128 所示。

2）图 6—128 中茶几的位置还不符合要求，需要向下移动 20 mm。再次启动“移动”命令，将茶几垂直向下移动 20 mm，结果如图 6—129 所示。

（6）修剪图形

1）修剪地毯多余线段

单击“默认”→“修改”→“修剪”按钮，启动“修剪”命令，修剪地毯轮廓线的多余线段，结果如图 6—130 所示。

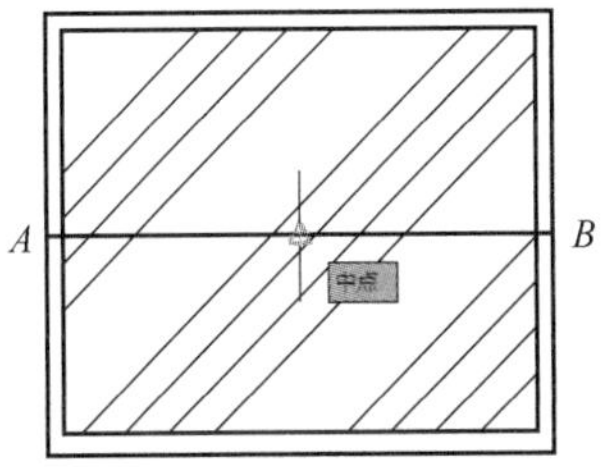

图 6—127 捕捉茶几水平中线 *AB* 的中点

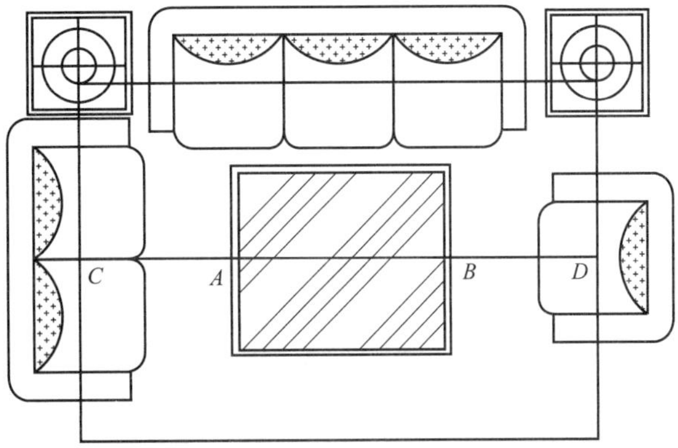

图 6—128 移动茶几

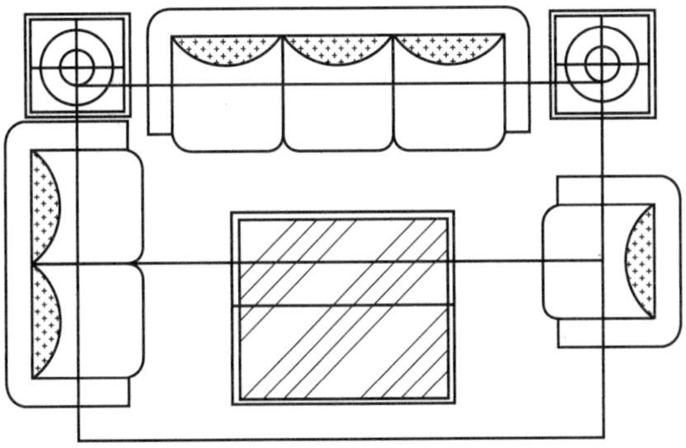

图 6—129 调整茶几位置

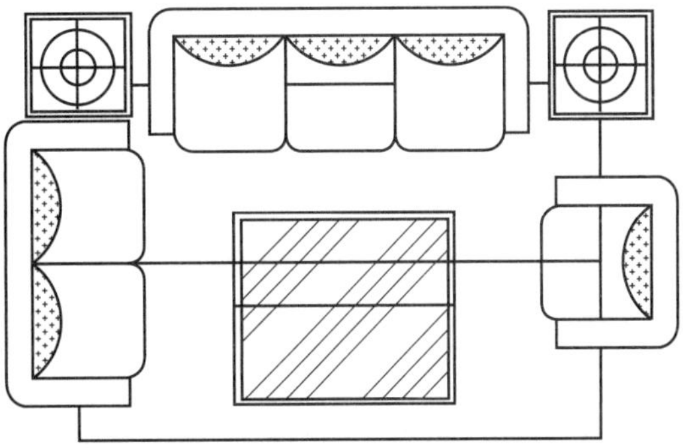

图 6—130 修剪多余线段

2）删除家具上的定位线

单击“默认”→“修改”→“删除”按钮，启动“删除”命令，删除用于家具定位的定位线，结果如图 6—131 所示。

8. 完成地毯的绘制

（1）填充地毯

1）将“细实线”图层设置为当前图层。

2）单击“默认”→“绘图”→“图案填充”按钮，启动“图案填充”命令，在功能区弹出“图案填充创建”对话框。在对话框的“图案”区域选择“GRASS”，在“特性”区域的“填充图案比例”栏填写“0.5”，其他参数采用默认设置。

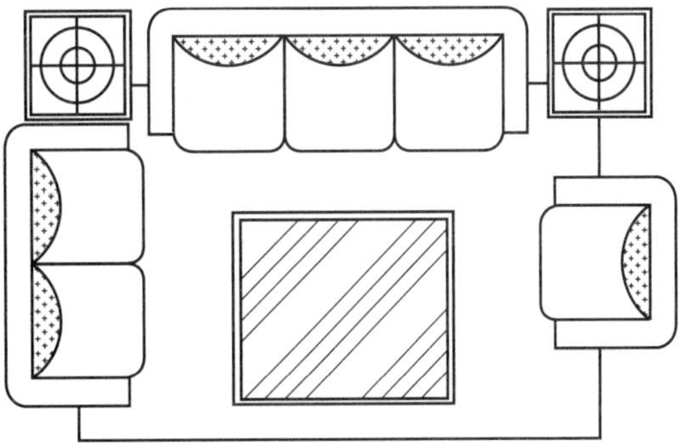

图 6—131 删除定位线

3）在待填充区域单击鼠标左键，选择图案填充区域，然后单击“关闭图案填充创建”按钮，结束图案填充，结果如图 6—132 所示。

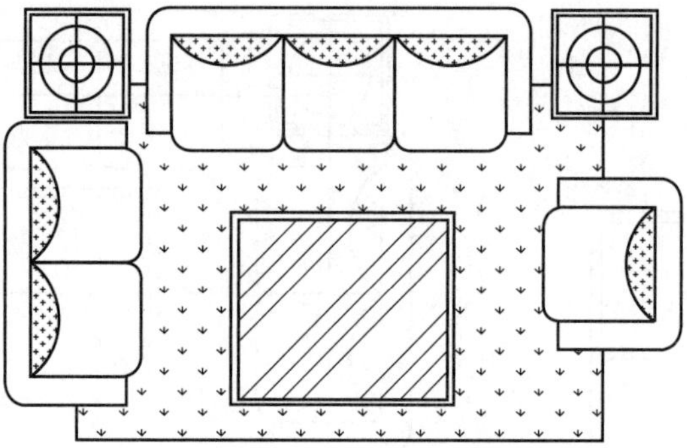

图 6—132　填充地毯

（2）绘制地毯的毛边

1）绘制一个长 60 mm，宽 7 mm 的矩形框，如图 6—133a 所示。

2）启动“图案填充”命令，图案选择“ANSI31”，填充图案比例设置为“1”，填充图 6—133a 所示矩形框，效果如图 6—133b 所示。

3）启动“分解”命令，将填充的剖面线分解成单条直线。

4）选中分解后的剖面线，拖动直线的端点到适当位置，形成地毯的毛边，效果如图 6—133c所示。

5）利用“复制”“旋转”等命令，将绘制的毛边粘贴到地毯的框线上，如图 6—134 所示。至此，“家居一角”绘制完毕。

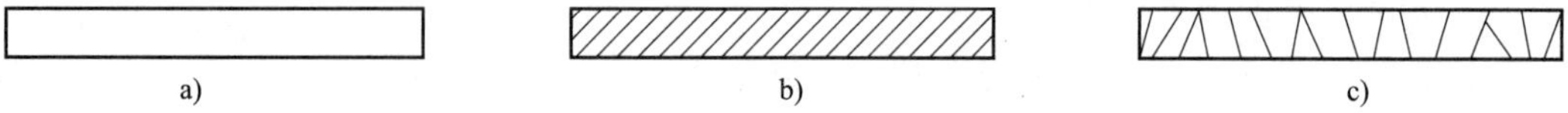

图 6—133　绘制部分地毯毛边线

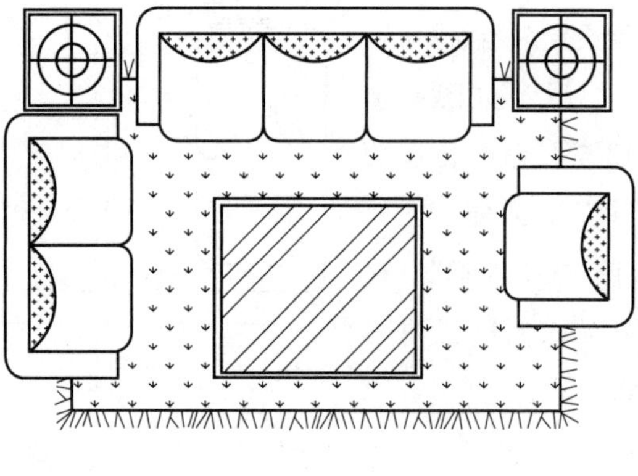

图 6—134　绘制地毯毛边

巩固练习

综合利用绘图命令，按照实训中的定位方式，按“1：10”的绘图比例绘制如图 6—135 所示的客厅平面图，其中沙发、靠椅、大茶几和矮柜的尺寸分别如图 6—136、图 6—137、图 6—138 和图 6—139 所示。

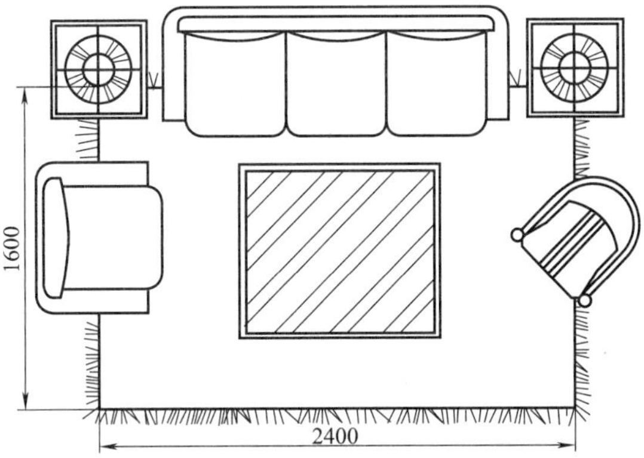

图 6—135　客厅平面图

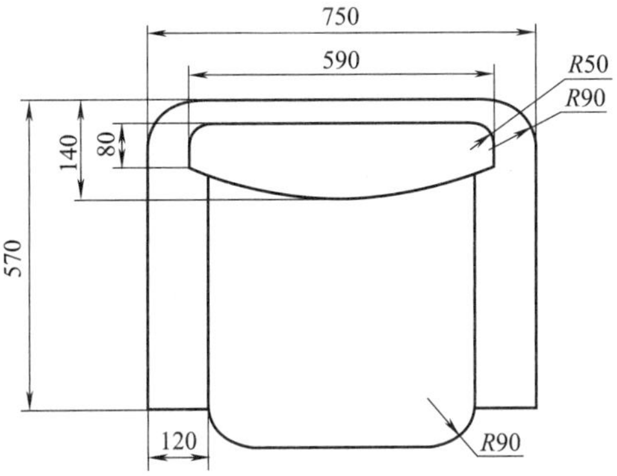

图 6—136　沙发

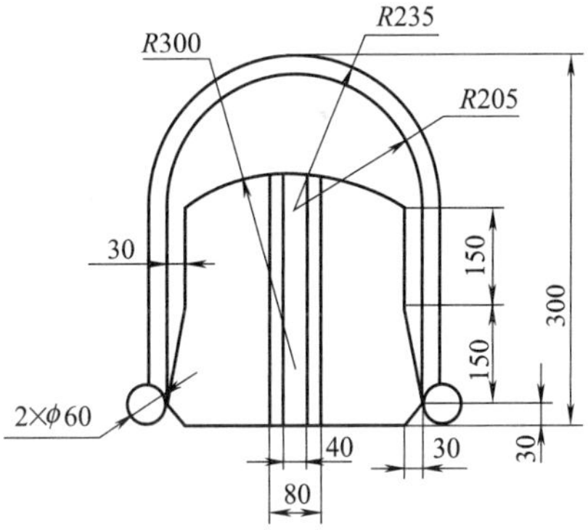

图 6—137　靠椅

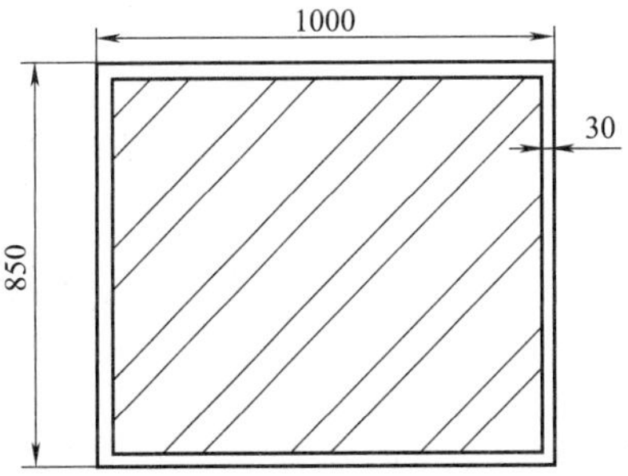

图 6—138　大茶几

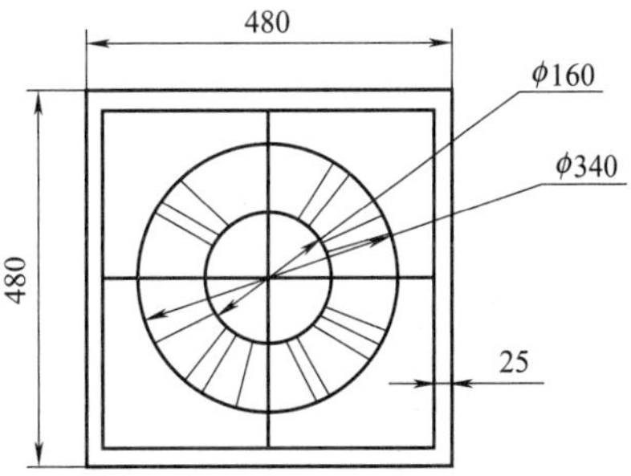

图 6—139　矮柜

任务4 绘制端盖

实训任务

综合利用绘图命令，按照“1：1”的绘图比例，绘制如图6—140所示端盖，并标注尺寸。

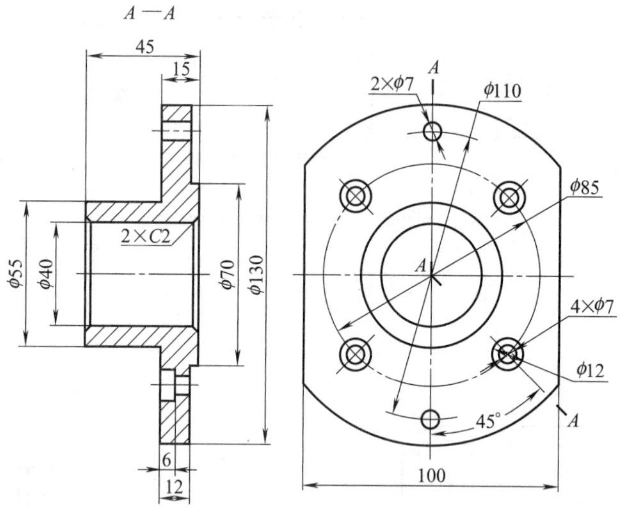

图6—140 端盖

实践操作

1. 分析图形

端盖由法兰盘、圆柱和凸台组成，法兰盘的右侧是凸台，左侧是圆柱。在法兰盘上有圆柱销孔和沉孔，在零件中心有大圆柱孔，两端倒角，如图6—141所示。

2. 新建图形文件

（1）新建一个图形文件，图形样板选择“制图样板1.dwt”。

（2）将“动态输入”“极轴追踪”“对象捕捉追踪”“对象捕捉”“显示线宽”等辅助绘图工具设置为开启状态。

操作演示

（3）选择菜单栏“工具”→“选项板”→“特性”，打开“特性”选项板，将“线型比例”设置为“0.5”。

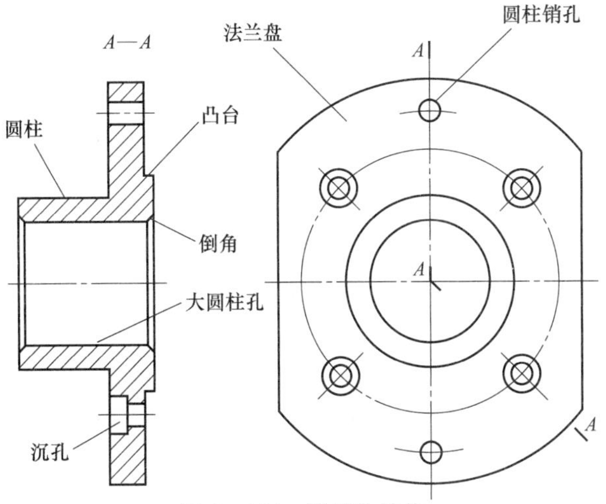

图 6—141　端盖的结构

3. 绘制作图基准线

（1）将“细点画线”图层设置为当前图层，绘制主视图上的水平基准线和左视图上的两条基准线，如图 6—142 所示。

（2）将“粗实线”图层设置为当前图层，绘制法兰盘右侧的轮廓线，以此作为主视图长度方向的作图基准线，如图 6—142 所示。

4. 绘制法兰盘

（1）绘制法兰盘的主视图（图 6—143）

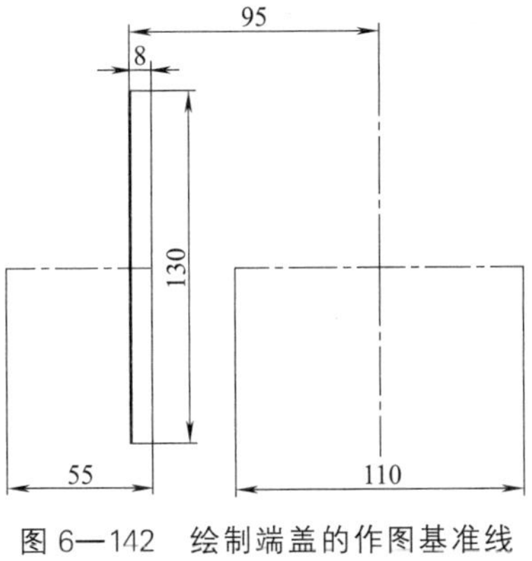

图 6—142　绘制端盖的作图基准线

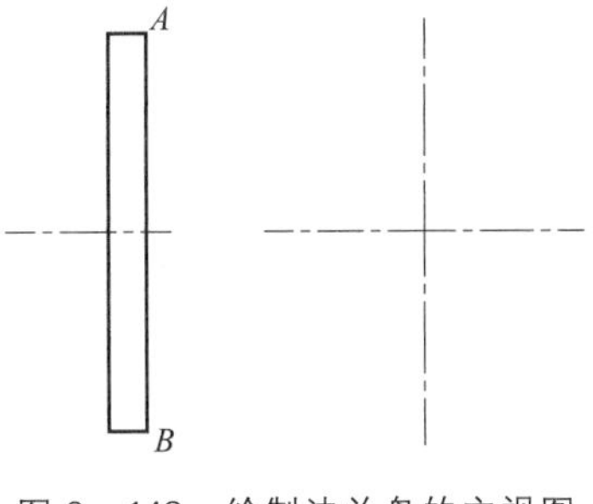

图 6—143　绘制法兰盘的主视图

1）启动“直线”命令，捕捉 A 点，单击鼠标左键，将 A 点作为绘制直线的第一点。水平向左移动光标，输入“12”，按回车键，绘制一条长 12 mm 的横线。

2）竖直向下移动光标，追踪过 B 点的水平线，在交点处单击鼠标左键，绘制一条与 AB 等长的竖直线。

3）水平向右移动光标，捕捉 B 点，单击鼠标左键，绘制一条横线。按回车键，结束直线绘制。

（2）绘制法兰盘的左视图

1）启动“圆（圆心、半径）”命令，捕捉左视图上两中心线的交点 C（图 6—144），单击鼠标左键确定圆的中心。

2）输入“65”，按回车键。绘制结果如图 6—144 所示。

3）启动“偏移”命令，将左视图的竖直中心线分别向左和向右偏移 50 mm，如图 6—145 所示。

4）选中两条刚偏移的细点画线，单击“默认”→“图层”→“图层”列表框，选择“粗实线”图层，将选中的两条细点画线修改为粗实线，如图 6—146 所示。

5）启动“修剪”命令，修剪多余图线，结果如图 6—147 所示。

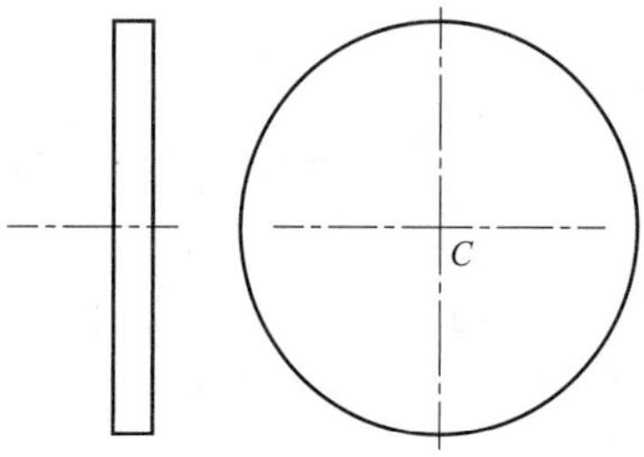

图 6—144　绘制“ϕ130”圆

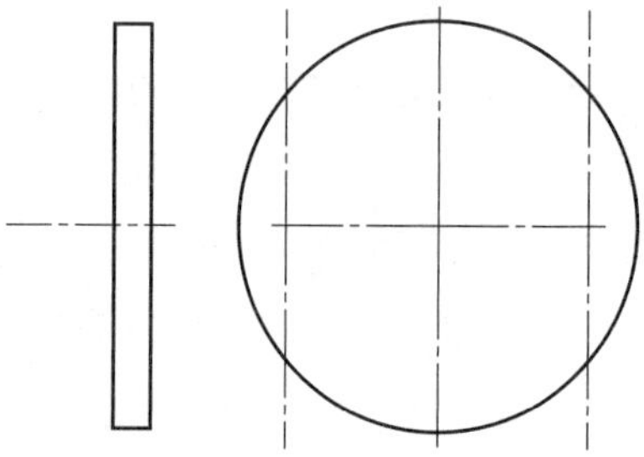
图 6—145　偏移竖直中心线

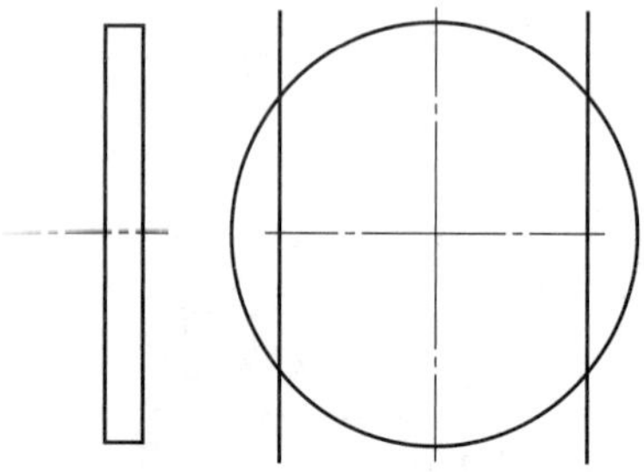
图 6—146　修改图线的图层

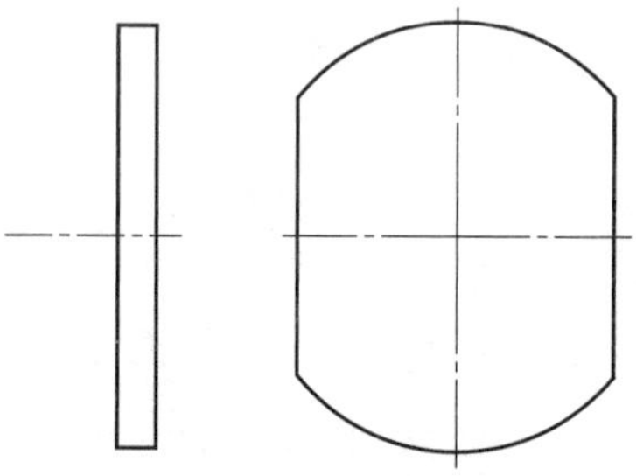
图 6—147　修剪多余图线

5. 绘制凸台（图 6—148）

（1）启动“直线”命令，捕捉 D 点，竖直向上移动光标，输入“35”，单击鼠标左键。

（2）水平向右移动光标，输入“3”，单击鼠标左键。

（3）竖直向下移动光标，输入“70”，单击鼠标左键。

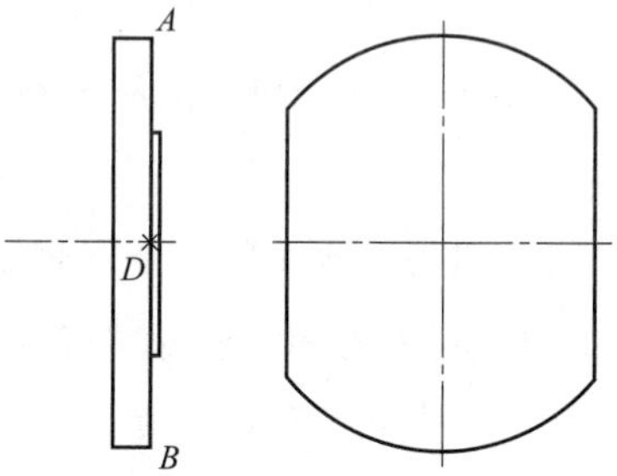

图 6—148　绘制凸台

(4) 水平向左移动光标，捕捉与线段 AB 的交点，单击鼠标左键。

(5) 按回车键，结束“直线”命令。

6. **绘制圆柱**

(1) 绘制圆柱的主视图（图 6—149）

1) 启动“直线”命令，捕捉 E 点，竖直向上移动光标，输入“27.5”，单击鼠标左键。

2) 水平向左移动光标，输入“30”，单击鼠标左键。

3) 竖直向下移动光标，输入“55”，单击鼠标左键。

4) 水平向右移动光标，捕捉与线段 FG 的交点，单击鼠标左键。

5) 按回车键，结束“直线”命令。

(2) 绘制圆柱的左视图（图 6—149）

启动“圆（圆心、半径）”命令，捕捉 C 点作为圆心，输入“27.5”，按回车键，完成“ϕ55”圆的绘制。也可以通过捕捉追踪主视图上圆柱的相关图形要素完成圆的绘制。

(3) 修剪多余图线

启动“修剪”命令，单击鼠标右键进入快速修剪模式，捕捉要修剪的线段，单击鼠标左键完成修剪，按回车键结束“修剪”命令，修剪结果如图 6—150 所示。

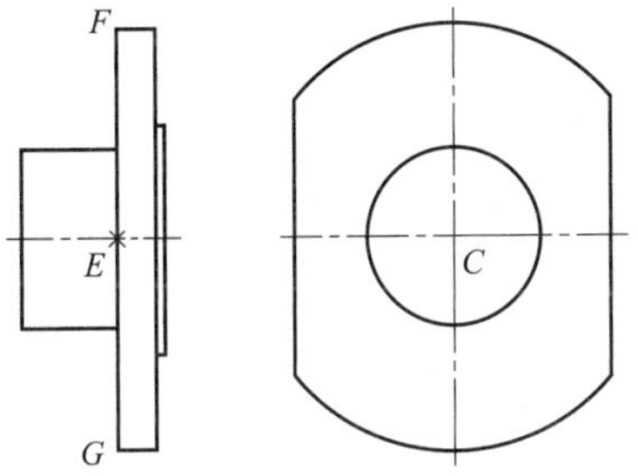

图 6—149　绘制圆柱

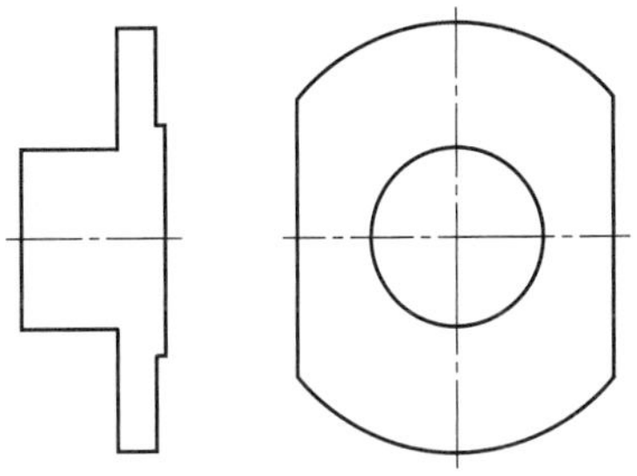

图 6—150　修剪主视图的多余图线

7. **绘制“ϕ40”孔**

(1) 绘制“ϕ40”孔的左视图

启动“圆（圆心、半径）”命令，捕捉左视图上两中心线的交点 C 作为圆心，单击鼠标左键，输入“20”，按回车键，完成“ϕ40”孔左视图的绘制，如图 6—151 所示。

(2) 绘制“ϕ40”孔的主视图

1) 启动“直线”命令，捕捉左视图上的 H 点，水平向左移动光标，捕捉与线段 JK 的交点，单击鼠标左键。继续水平向左移动光标，捕捉与主视图最左侧轮廓线的交点，单击鼠标左键，绘制直线 MN，如图 6—151 所示。

2) 启动“镜像”命令，选择直线 MN 作为镜像对象，选择水平对称线作为镜像对称线，按回车键完成镜像，结果如图 6—152 所示。

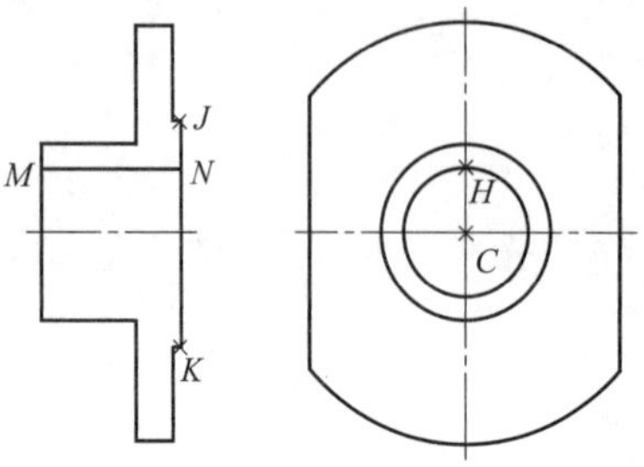

图 6—151 绘制“ϕ40”孔

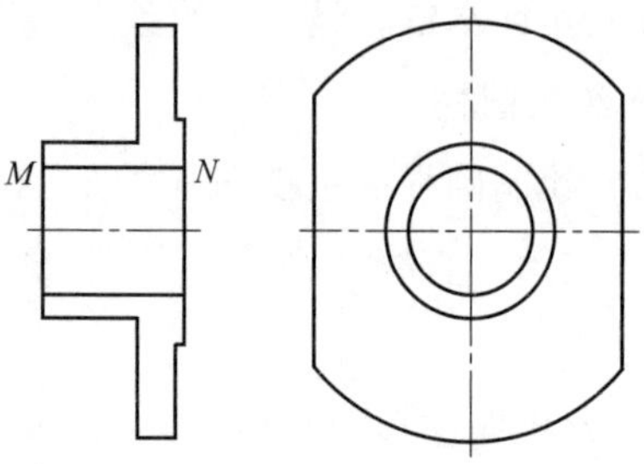

图 6—152 镜像“ϕ40”孔的轮廓线

8. 绘制“2×ϕ7”孔

（1）在左视图上绘制上方“ϕ7”孔的中心线

1）将“细实线”图层设置为当前图层。

提示 因为中心线较短，故用细实线而不是用细点画线绘制。

2）启动“圆”命令，以左视图上两中心线的交点 *C* 为圆心绘制一个直径为 110 mm 的细实线圆，如图 6—153 所示。

3）启动“打断”命令，选择“ϕ110”细实线圆，在左侧适当位置单击鼠标左键，确定第一个打断点。向右移动光标到适当位置，单击鼠标左键，确定第二个打断点，结果如图 6—154 所示。

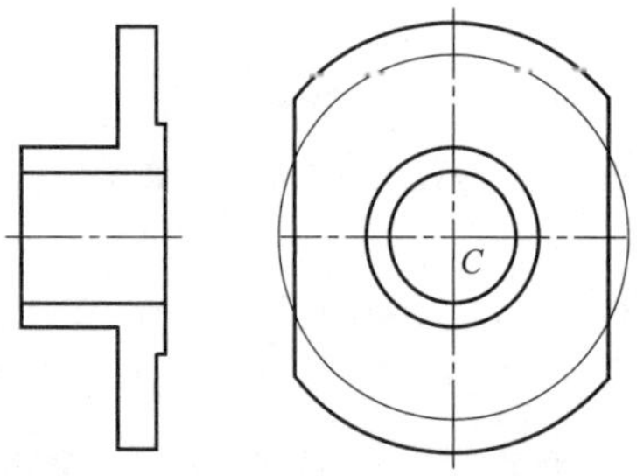

图 6—153 绘制 ϕ110 mm 细实线圆

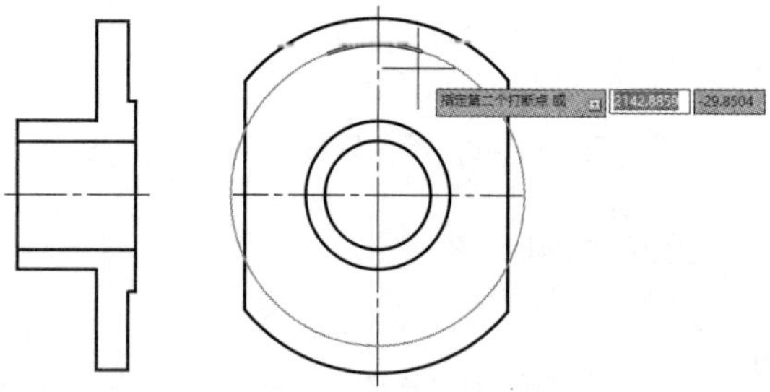

图 6—154 删除多余圆弧

（2）绘制上方“ϕ7”圆

将“粗实线”图层设置为当前图层，启动“圆”命令，绘制上方“ϕ7”圆，如图 6—155 所示。

（3）镜像“ϕ7”圆及其中心线

启动“镜像”命令，选择上方“ϕ7”圆及其中心线作为镜像对象，以水平对称线作为镜像对称线，得到下方“$\phi7$”圆及其中心线，结果如图 6—156 所示。

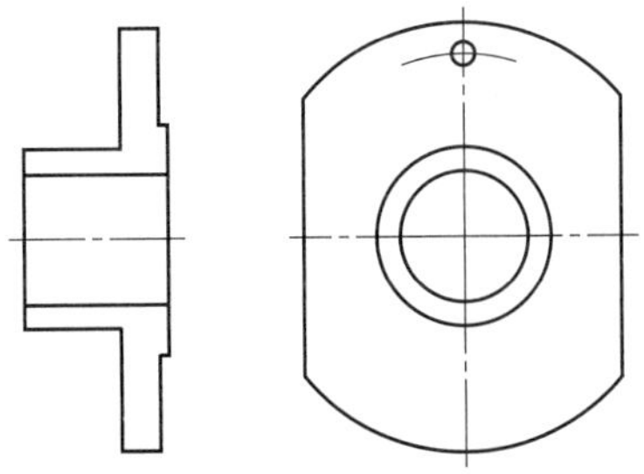

图 6—155　绘制上方“$\phi7$”圆

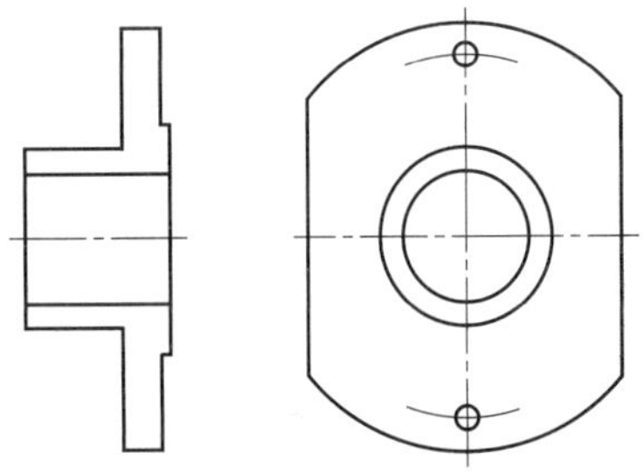

图 6—156　用“镜像”命令绘制下方“$\phi7$”圆

（4）绘制主视图上的“$\phi7$”孔

1）将“细点画线”图层设置为当前图层。启动“直线”命令，在主视图上绘制上方“$\phi7$”孔的轴线，如图 6—157 所示。

2）将“粗实线”图层设置为当前图层，启动“直线”命令，在主视图上绘制“$\phi7$”孔的轮廓线，如图 6—157 所示。

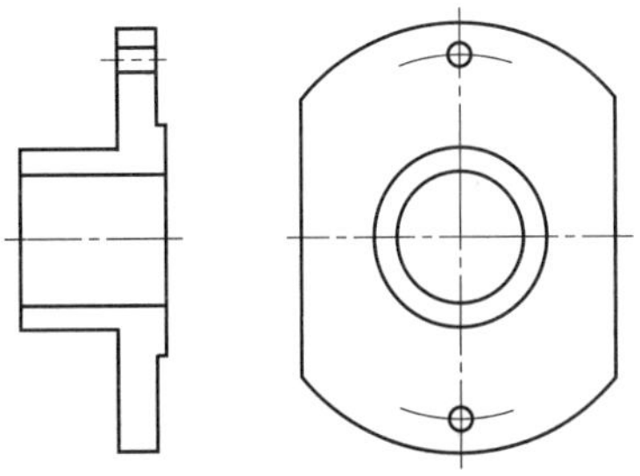

图 6—157　绘制主视图上的“$\phi7$”孔

9. 绘制沉孔

（1）绘制沉孔的左视图

1）将“细点画线”图层设置为当前图层，启动“圆”命令，以 C 点为圆心绘制“$\phi85$”圆，如图 6—158 所示。

2）将“细实线”图层设置为当前图层，启动“直线”命令，过 C 点绘制一条 45°斜线，如图 6—159 所示。

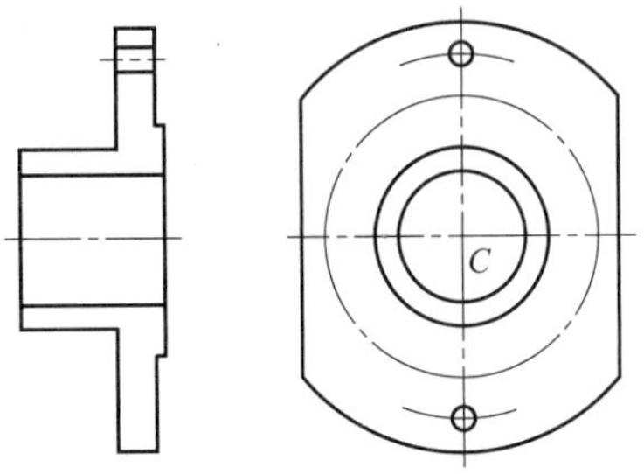

图 6—158　绘制“$\phi85$”细点画线圆

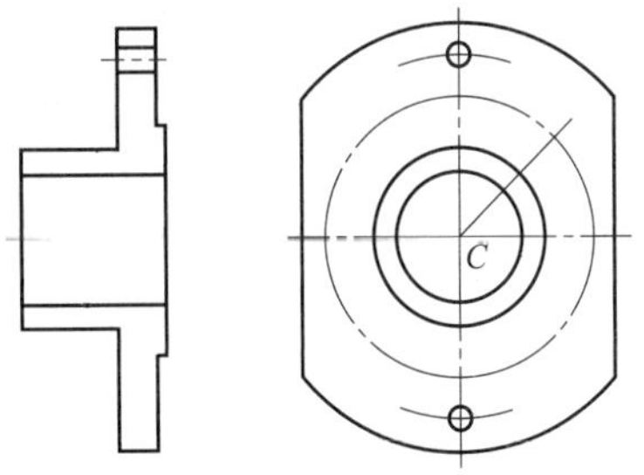

图 6—159　绘制沉孔的斜中心线

3）启动“打断”命令，修剪斜中心线的长度。选中该直线，单击中点，将中点移动到圆心位置，如图 6—160 所示。

4）将“粗实线”图层设置为当前图层，启动“圆”命令，绘制“$\phi12$”和“$\phi7$”圆，如图 6—161 所示。

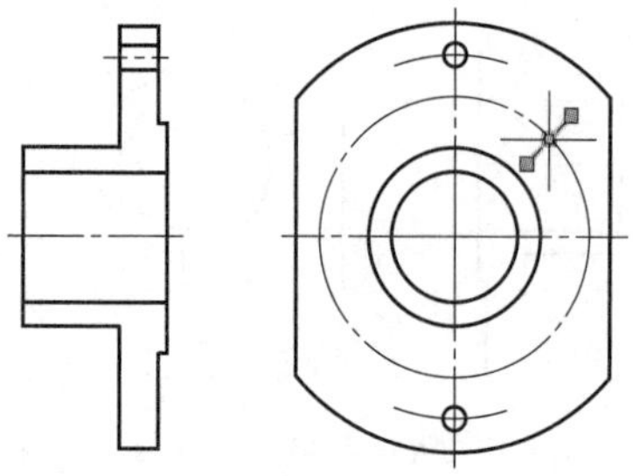

图 6—160　修剪斜中心线的长度

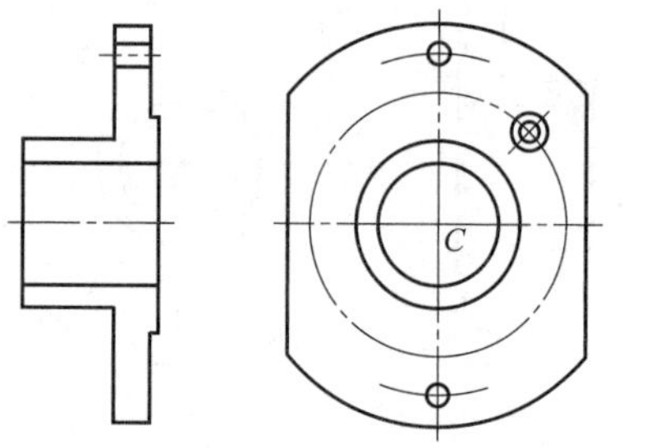

图 6—161　绘制“ϕ12”和“ϕ7”圆

5）单击“默认”→“修改”→“环形阵列”按钮，系统给出如下提示。

命令：_arraypolar　　//启动“环形阵列”命令
选择对象：指定对角点：找到 3 个　　//选择“ϕ12”圆、“ϕ7”圆和斜中心线
选择对象：　　//按回车键，结束选择
类型＝极轴　关联＝是
指定阵列的中心点或[基点(B)/旋转轴(A)]：　　//捕捉圆心 C(图 6—161)
选择夹点以编辑阵列或[关联(AS)/基点(B)/项目(I)/项目间角度(A)/填充角度(F)/行(ROW)/层(L)/旋转项目(ROT)/退出(X)]＜退出＞：I
　　//输入“I”，激活“项目”选项
输入阵列中的项目数或[表达式(E)]＜6＞：4
　　//输入项目数“4”，按回车键
选择夹点以编辑阵列或[关联(AS)/基点(B)/项目(I)/项目间角度(A)/填充角度(F)/行(ROW)/层(L)/旋转项目(ROT)/退出(X)]＜退出＞：
　　//按回车键，结束环形阵列操作

环形阵列结果如图 6—162 所示。

（2）绘制沉孔的主视图

1）将“细实线”图层设置为当前图层，启动“直线”命令，捕捉左视图上“ϕ85”细点画线圆的下方象限点，向左水平移动光标，在适当位置单击鼠标左键确定直线的起点。再次水平向左移动光标，在适当位置单击鼠标左键确定直线的终点。绘制结果如图 6—163 所示。

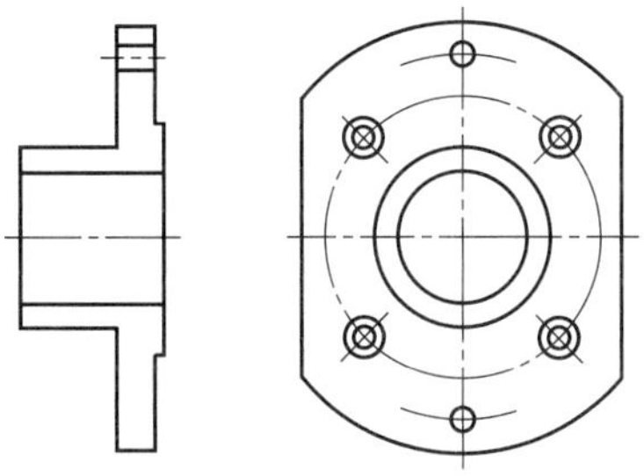

图 6—162　环形阵列沉孔

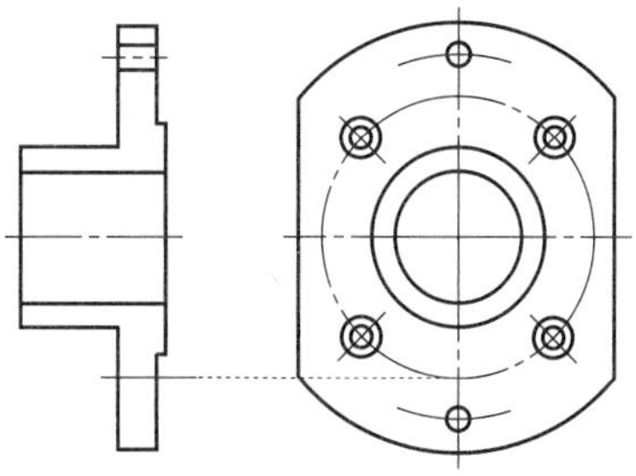

图 6—163　在主视图上绘制沉孔轴线

提示　此处因为图形较小，故用细实线绘制轴线。

2）将“粗实线”图层设置为当前图层，启动“直线”命令，捕捉 P 点（图 6—164），向上竖直移动光标，输入“6”，按回车键。水平向右移动光标，输入“6”，按回车键。竖直向下移动光标，输入“2.5”，按回车键。水平向右移动光标，捕捉水平直线与右侧竖直轮廓线的交点，单击鼠标左键，按回车键，结束“直线”命令。绘制结果如图 6—164 所示。

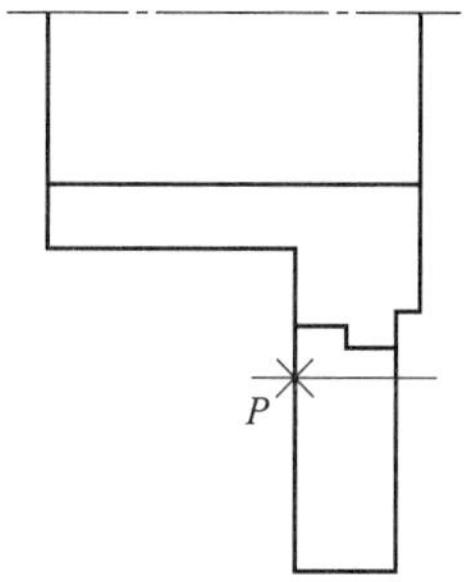

图 6—164　绘制沉孔轮廓线

3）启动“镜像”命令，以沉孔轴线为对称线镜像沉孔轮廓，结果如图 6—165 所示。

4）拖动沉孔台阶处的轮廓线，使其延伸到与轴线相交处，如图 6—166 所示。

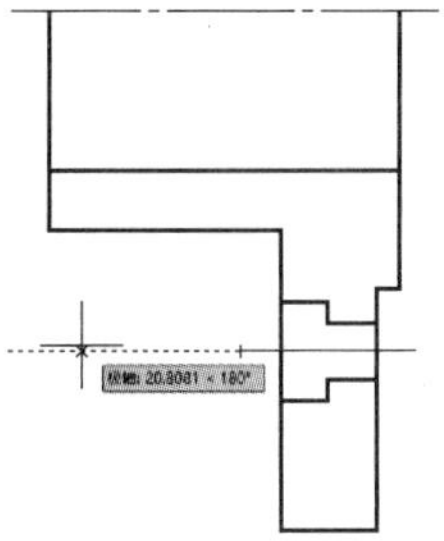

图 6—165　镜像沉孔轮廓

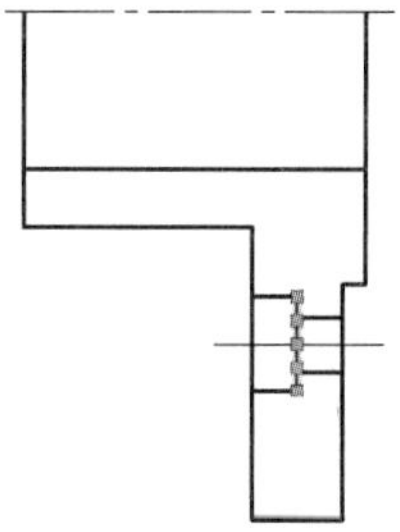

图 6—166　延伸台阶处的轮廓线

10. 绘制倒角

（1）倒角

启动“倒角”命令，系统给出如下提示。

命令：_chamfer　　//启动“倒角”命令

（“修剪”模式）当前倒角距离 1=0.0000，距离 2=0.0000

选择第一条直线或[放弃(U)/多段线(P)/距离(D)/角度(A)/修剪(T)/方式(E)/多个(M)]:T　　//单击命令窗口的“修剪(T)”,启动“修剪”选项

输入修剪模式选项[修剪(T)/不修剪(N)]＜修剪＞: N　　//单击命令窗口的“不修剪(N)”,选择不修剪边

选择第一条直线或[放弃(U)/多段线(P)/距离(D)/角度(A)/修剪(T)/方式(E)/多个(M)]:D　　//单击命令窗口的“距离(D)”,启动“距离”选项

指定 第一个 倒角距离 ＜0.0000＞: 2　　//输入“2”,按回车键

指定 第二个 倒角距离 ＜2.0000＞:　　//按回车键

选择第一条直线或[放弃(U)/多段线(P)/距离(D)/角度(A)/修剪(T)/方式(E)/多个(M)]:M　　//单击命令窗口的“多个(M)”,启动“多个”选项

选择第一条直线或[放弃(U)/多段线(P)/距离(D)/角度(A)/修剪(T)/方式(E)/多个(M)]:　　//选择某一处倒角的一条边

选择第二条直线,或按住 Shift 键选择直线以应用角点或[距离(D)/角度(A)/方法(M)]:　　//选择倒角的另一条边,完成一处倒角

……　　//重复上述操作,完成另外三处倒角

选择第一条直线或[放弃(U)/多段线(P)/距离(D)/角度(A)/修剪(T)/方式(E)/多个(M)]:　　//按回车键,结束“倒角”命令

倒角结果如图 6—167 所示。

(2) 修剪多余图线

启动“修剪”命令,对多余的图线进行修剪,修剪结果如图 6—168 所示。

(3) 补画倒角的轮廓线

将“粗实线”图层设置为当前图层,启动“直线”命令,绘制倒角后形成的轮廓线,如图 6—169 所示。

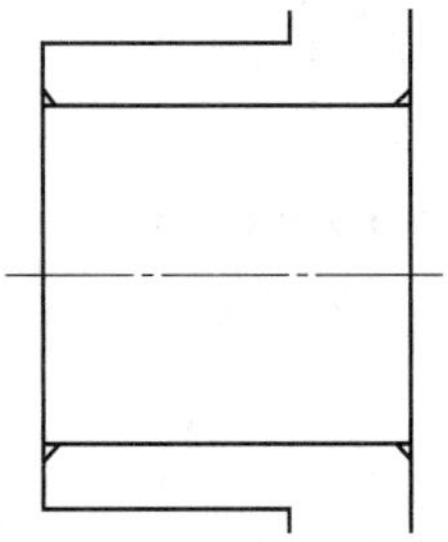

图 6—167　倒角结果

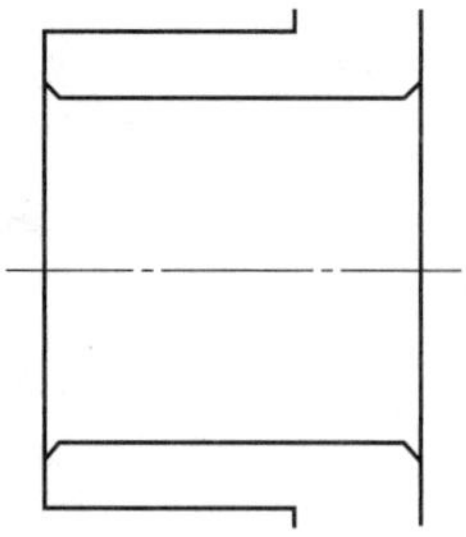

图 6—168　修剪倒角的多余图线

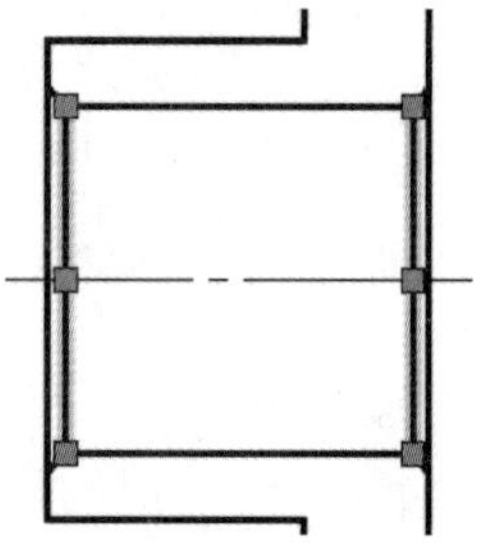

图 6—169　绘制倒角后形成的轮廓线

11. 填充剖面线和绘制剖切符号

(1) 填充剖面线

1）将“细实线”图层设置为当前图层，启动“图案填充”命令，填充图案选择“ANSI31”，填充图案比例设为“1.5”。

2）选择要填充的区域。填充结果如图 6—170 所示。

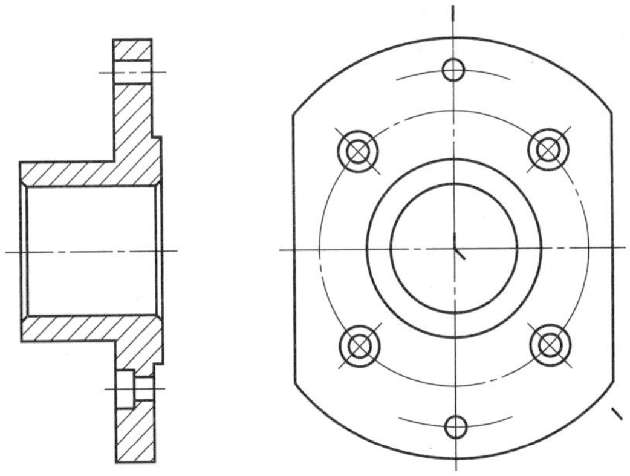

图 6—170　填充剖面线和绘制剖切符号

（2）绘制剖切符号

将“粗实线”图层设置为当前图层，启动“直线”命令，在左视图上绘制剖切符号，如图 6—170 所示。剖切符号的长度为 5 mm。

12. 标注尺寸和剖视图名称

（1）设置标注样式

1）选择菜单栏“格式”→“标注样式”命令，打开“标注样式管理器”对话框，新建一个名为“线性尺寸”的标注样式。打开“新建标注样式：线性尺寸”对话框，设置“超出尺寸线（X）”为“2”，“起点偏移量（F）”为“0”，“箭头大小（I）”为“4.5”，“文字高度（T）”为“5”，“从尺寸线偏移（O）”为“1”。其他参数采用默认设置。

2）以“线性尺寸”标注样式为基础样式，新建一个名为“直径、角度”的标注样式，在“文字”选项卡中选中“水平”单选按钮，在“调整”选项卡中选中“文字”单选按钮，其他参数与“线性尺寸”标注样式相同。

（2）标注线性尺寸

将“细实线”图层设置为当前图层，将“线性尺寸”标注样式设置为当前标注样式，标注线性尺寸，并按国家标准的有关规定修订文字，如图 6—171 所示。

（3）标注直径尺寸和角度尺寸

将“直径、角度”标注样式设置为当前标注样式，标注直径尺寸和角度尺寸，并按国家标准的有关规定修订文字，如图 6—172 所示。

（4）标注倒角

在命令行中输入“QLEADER”，按回车键，启动“快速引线”命令，输入“S”，打

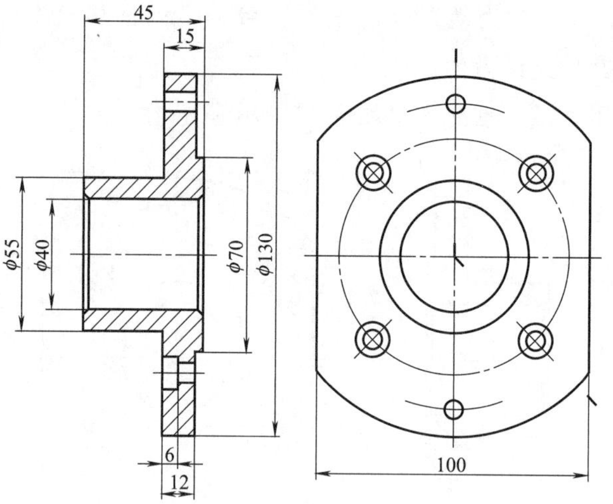

图 6—171 标注线性尺寸

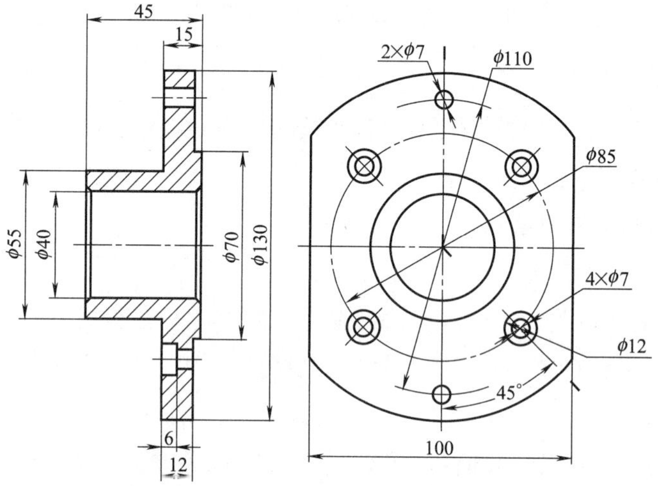

图 6—172 标注直径尺寸和角度尺寸

开“引线设置”对话框。在其“引线和箭头”选项卡中将“箭头”设置为“无”，将“角度约束”区域的“第一段”设置为“45°”，“第二段”设置为“水平”。在“附着”选项卡中勾选“最后一行加下划线”复选框。按照命令行的提示标注倒角尺寸“2×*C*2”，标注结果如图 6—173 所示。

（5）标注剖视图名称

启动“多行文字”命令，文字高度设置为“5”，字体采用“宋体”，样式采用“斜体”，在主视图上方输入“*A*—*A*”，在左视图的剖切符号附近输入“*A*”，如图 6—173 所示。

13. 整理图形

（1）启动“打断”命令，修改左视图上“2×ϕ7”圆过长的中心线。

（2）启动“打断于点”命令，修改图中细点画线，使其符合国家标准的规定。

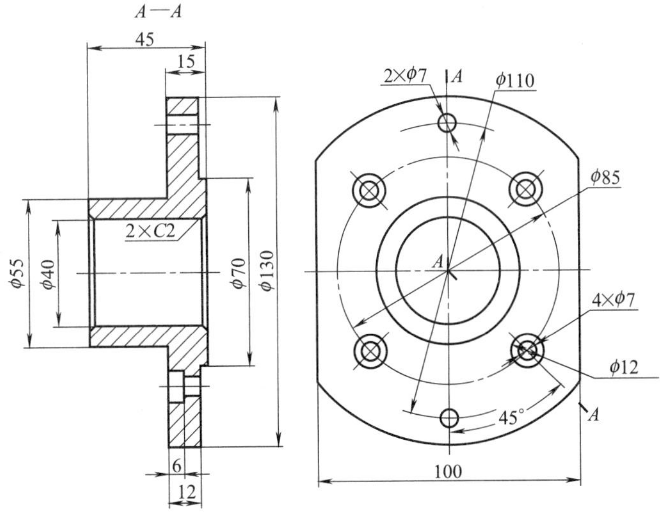

图 6—173　标注倒角和剖视图名称

提示

由于“打断于点”命令不能打断圆、矩形和多边形等封闭图形，所以修剪细点画线圆时，要先用“打断”或“修剪”命令将圆修剪出一个缺口，然后才能用“打断于点”命令修改图形。

整理图形后的结果如图 6—174 所示。

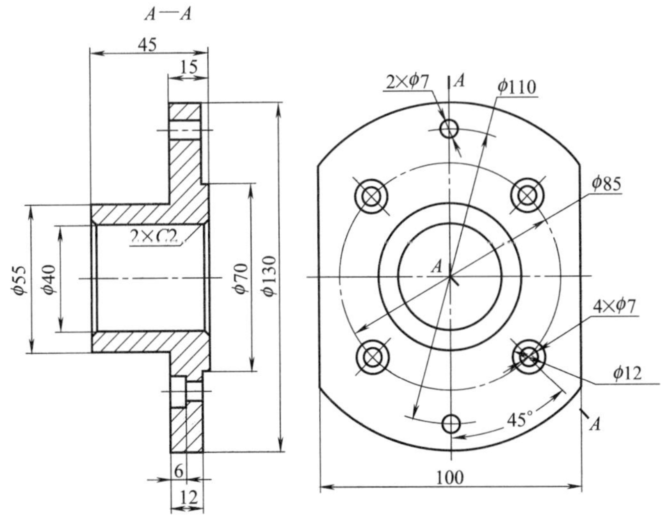

图 6—174　整理图形

巩固练习

综合利用绘图命令，按“1∶1”的绘图比例，绘制如图 6—175 所示齿轮泵端盖，并标注尺寸。

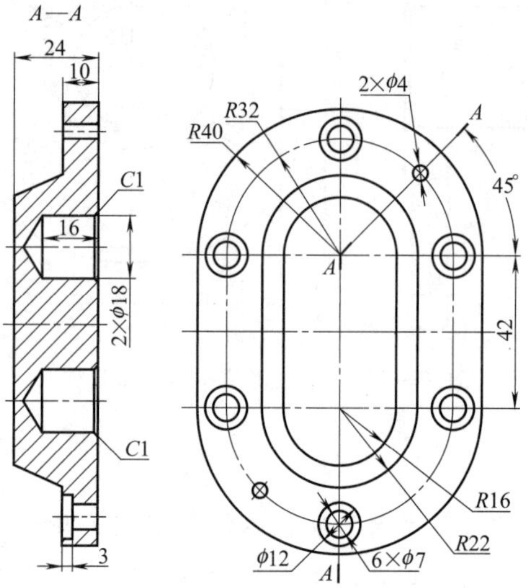

图 6—175　齿轮泵端盖

项目七　绘制三维实体图形

任务 1　三维绘图基本操作

学习目标

1. 了解三维实体的类型。
2. 掌握三维坐标系的基础知识以及用户坐标系的创建方法。
3. 掌握 AutoCAD 2018 中三维实体的观察方法。

任务分析

目前，无论是在机械行业还是在其他行业，工程图样一般采用二维图形来表现产品的形状。但是它不能直观、全面地表现产品的设计效果。AutoCAD 2018 软件除具有强大的二维绘图功能外，还提供了基本的三维造型功能，能够进行三维建模，并可以多种方式来观察三维模型。本任务将具体介绍三维绘图的基本知识，主要包括三维实体的种类、坐标系统以及观察方法，并通过给图 7—1 所示梯形块实体图创建新的用户坐标系和多视角观察图 7—2 所示箱体的三维实体，来掌握三维绘图的基本操作方法。

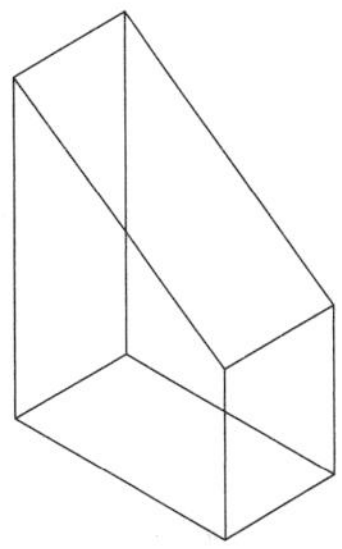
图 7—1　梯形块

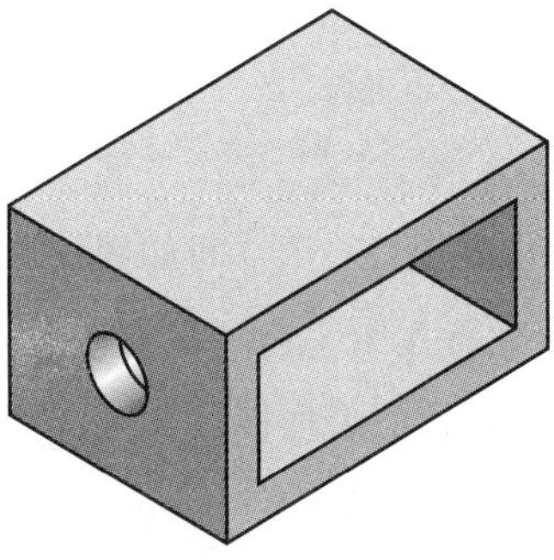
图 7—2　箱体

提示

图 7—1 所示实体的尺寸如图 7—3 所示，图 7—2 所示实体的尺寸如图 7—4 所示，完成本任务后可以此作为创建三维实体的练习。

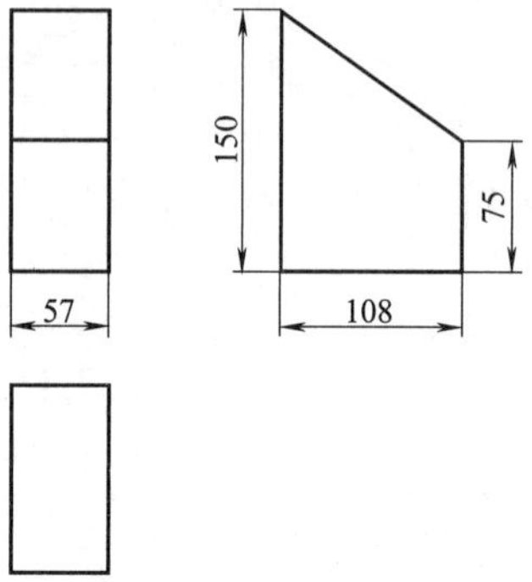

图 7—3　梯形块的尺寸

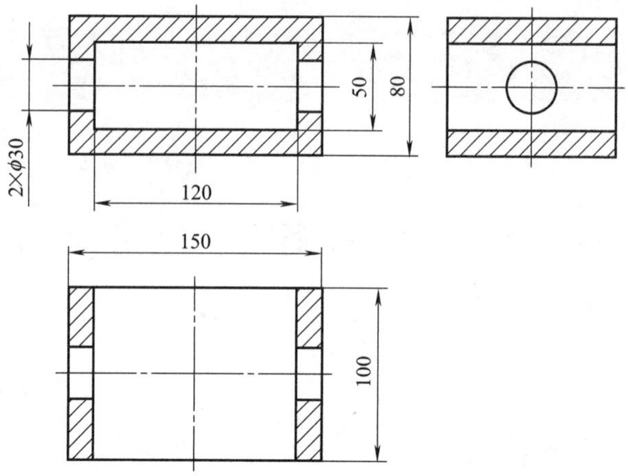

图 7—4　箱体的尺寸

相关知识

1. AutoCAD 2018 绘制三维实体的工作界面

使用“三维基础”和“三维建模”工作空间，可以方便地在三维空间绘制图形。在状态栏上单击“切换工作空间”按钮，可以在各个工作空间之间切换。

（1）“三维基础”工作空间

在“三维基础”工作空间，用户可以非常方便地绘制基本的三维实体，并且可以通过其中的“编辑”面板对图形进行快速修改。“三维基础”工作空间如图 7—5 所示，包含“默认”“可视化”“插入”“视图”“管理”“输出”“附加模块”等功能区。其中，“默认”功能区是最常用的功能区，主要包括“创建”“编辑”“绘图”“修改”“选择”“坐标”“图层和视图”等面板。

（2）“三维建模”工作空间

“三维建模”工作空间如图 7—6 所示，它具有比“三维基础”工作空间更全面的功能区，包含“常用”“实体”“曲面”“网格”“可视化”“参数化”“插入”“注释”“视图”“管理”“输出”“附加模块”“A360”等功能区。

2. 三维实体分类

绘制二维图形，所有操作都局限在一个平面中，点的位置只需用 X、Y 坐标表示。而

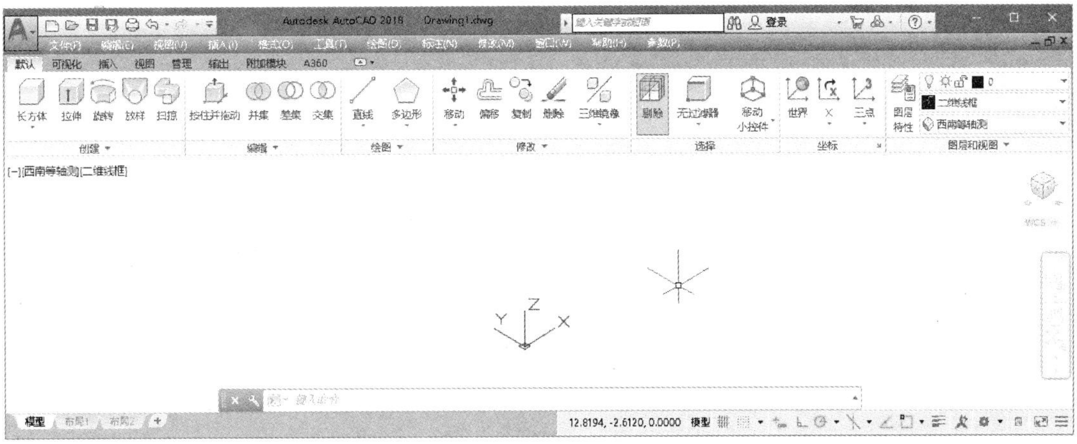

图 7—5　“三维基础”工作空间

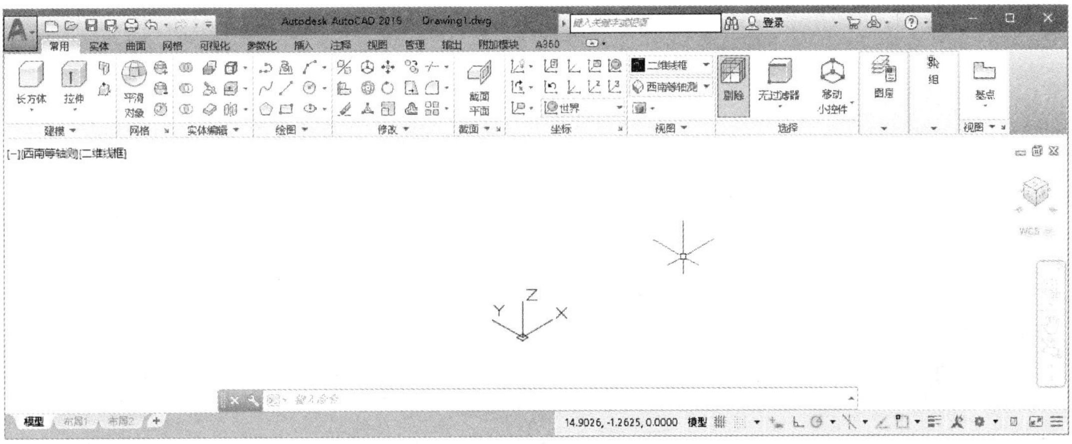

图 7—6　“三维建模”工作空间

在三维空间中，点的位置要用 X、Y、Z 三个坐标来确定。如图 7—7 所示为在 XY 平面内的二维图形和在三维空间的实体图形的对比。

在 AutoCAD 2018 中，如果赋予二维对象一个 Z 轴方向上的值，即可得到一个三维对象，这是创建三维对象最简单的方法。当然创建三维对象的方法有多种，根据创建的方法和结果的不同，可将三维模型分为线框模型、曲面模型和实体模型三种类型。

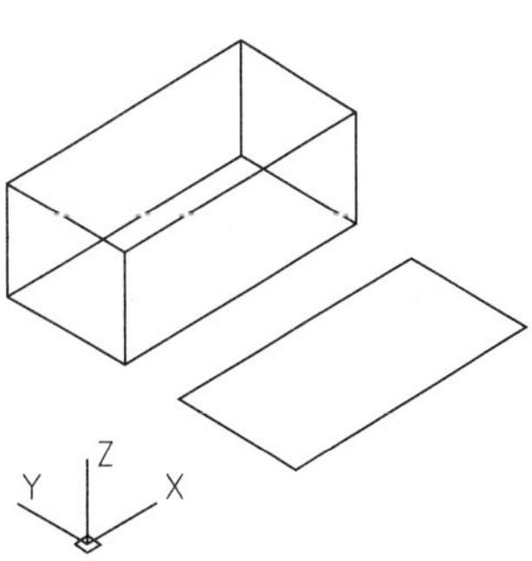

图 7—7　二维图形及三维实体图形

(1) 线框模型

线框模型是通过线对象（直线和曲线）来表达三维形体的模型（图 7—8），它是对三维形体最简单的描述。在创建线框模型时，必须对模型中的每个线对象单独进行定位和绘制，建模过程耗时较大。另外，它包含的信息很少，只有线的信息，不含面和体的信息，实际应用较少。

（2）曲面模型

曲面模型又称为网格模型，它是通过多边形网格来定义小平面，众多小平面组合在一起就近似构成曲面，由曲面构成曲面模型，如图 7—9 所示。模型中含有面的信息，具有一定的立体感。创建曲面模型主要是定义面，有时还定义边线。可以对曲面模型进行着色等外观处理。另外，此模型还可以用线框的形式进行显示，主要应用于服装设计、建筑设计等领域。

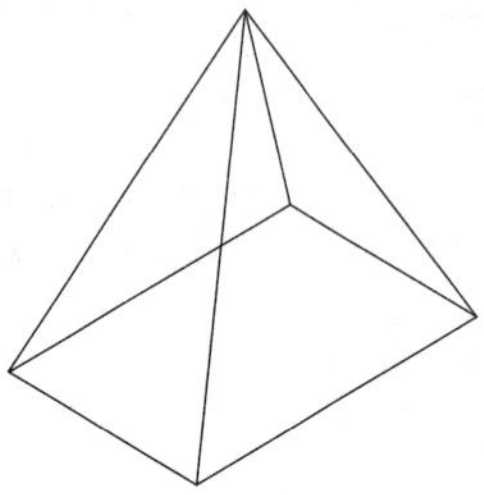

图 7—8　线框模型

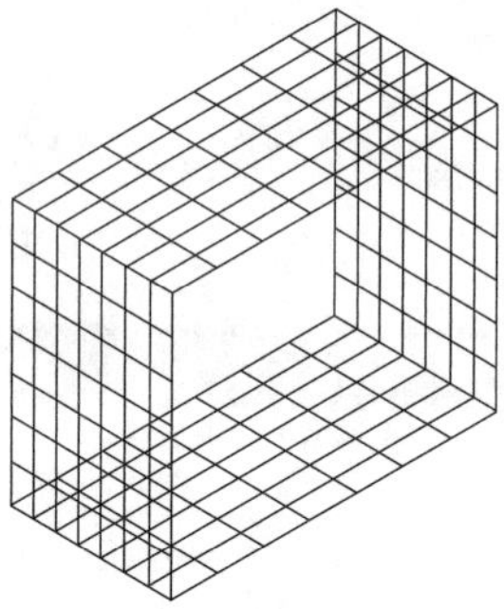

图 7—9　曲面模型

（3）实体模型

实体模型是模型中最高级的一种模型类型。它是由多个面围成的一个密闭的三维形体，可以把实体模型想象为一个充满某种材料的封闭曲面模型，如图 7—10 所示。它不仅具备曲面模型的所有特征，还具有体积和质量等属性特征。它也可以用线框的形式进行显示，在实际应用中非常广泛，本项目将重点介绍该模型的创建方法。

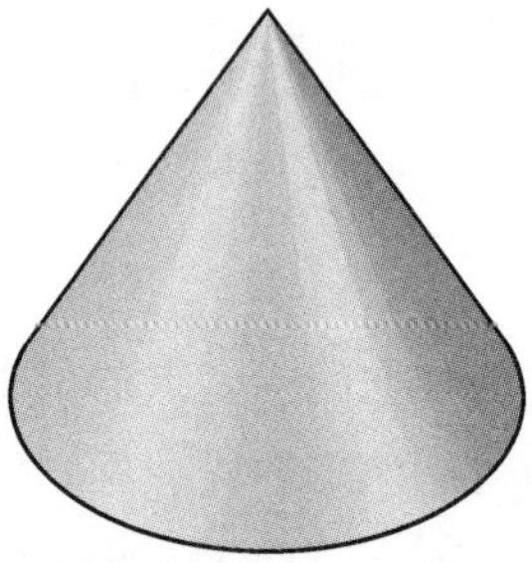

图 7—10　实体模型

3. 三维坐标系

AutoCAD 的三维坐标系是三维笛卡儿坐标系，分为世界坐标系（WCS）和用户坐标系（UCS）。AutoCAD 默认的坐标系是世界坐标系。在绘制二维图形时，一般情况下，世界坐标系就能满足作图需要，但在绘制三维实体时，用户常在不同平面或是沿某个方向上建立新的用户坐标系（UCS）以方便作图。

（1）世界坐标系与用户坐标系

1）世界坐标系（WCS）

在 AutoCAD 系统中，世界坐标系是固定不动的。在世界坐标系中，图形的每个点都由唯一的 *X*、*Y*、*Z* 坐标确定。在系统缺省状态下，屏幕左下角会出现一个表示世界坐标系的图标。世界坐标系的平面图标如图 7—11a 所示，其正 *X* 轴向右，正 *Y* 轴向上，正 Z 轴由屏幕指向操作者，坐标原点位于坐标轴的交汇处。当用户从三维空间观察世界坐标系时，其图标如图 7—11b 所示。世界坐标系（WCS）的坐标轴交汇处显示“□”形标记。

2）用户坐标系（UCS）

AutoCAD 允许用户建立自己的坐标系，即用户坐标系（UCS）。用户坐标系的平面图标如图 7—12a 所示，其三维图标如图 7—12b 所示。用户坐标系没有“□”形标记，图标中附带的字母“X”“Y”“Z”则表示当前坐标系正 X 轴、正 Y 轴和正 Z 轴的方向。

用户坐标系的原点可以放在任意位置上，坐标轴也可以倾斜任意角度。用户坐标系为可移动坐标系，移动 UCS 可以使设计者处理图形的特定部分变得更加容易，旋转 UCS 可以帮助用户在三维或旋转视图中指定点。用户可以任意定义用户坐标系的坐标原点，也可以使 UCS 和 WCS 重合。

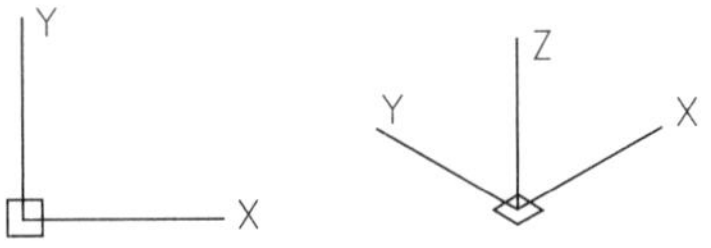

a)　　b)

图 7—11　世界坐标系

a）平面 WCS　b）三维 WCS

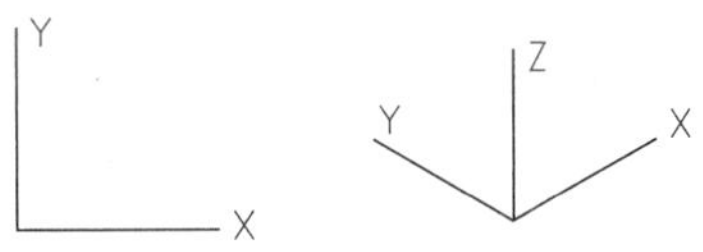

a)　　b)

图 7—12　用户坐标系

a）平面 UCS　b）三维 UCS

（2）建立用户坐标系（UCS）

在“三维建模”工作空间（本书默认为该空间）创建 UCS 的方法如下。

◇ 单击“常用”→“坐标”面板（图 7—13）中的相应按钮。

◇ 选择菜单栏“工具”→“新建 UCS（W）”，在子菜单（图 7—14）中选择相应的命令。

◇ 在命令行输入“UCS”，按回车键。

图 7—13　“坐标”面板

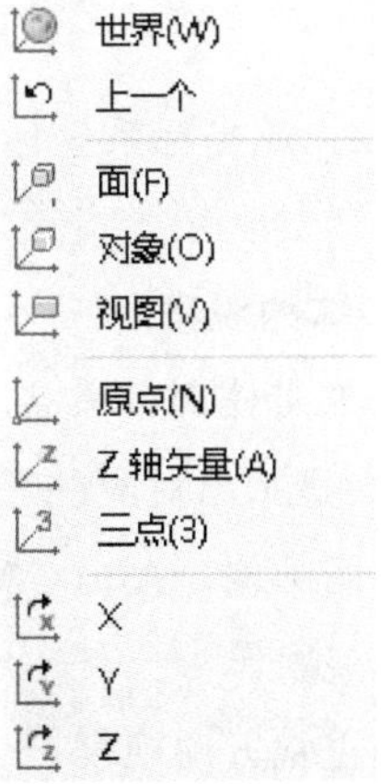

图 7—14　UCS 子菜单

执行“UCS”命令后，系统给出如下提示。

命令：UCS
当前 UCS 名称：* 没有名称 *
指定 UCS 的原点或[面(F)/命名(NA)/对象(OB)/上一个(P)/视图(V)/世界(W)/X/Y/Z/Z 轴(ZA)] <世界>：

在“UCS”命令行或 UCS 子菜单中，常用选项的介绍如下。

◇ 指定 UCS 的原点：用于通过指定三点确定 UCS 坐标系，指定第一点定位新坐标系的原点，指定第二点确定 X 轴的方向，指定第三点确定 Y 轴的方向。

◇ 原点（N）：通过移动原点来定义新的用户坐标系，主要用于转换用户坐标系的原点（0，0，0），以便于输入绝对坐标或在三维空间中设置工作平面。

◇ 面（F）：根据所选实体的表面建立新的 UCS 坐标系，其中坐标系的 XY 平面与实体平面重合，X 轴将与距离选择点最近的一条边对齐，如图 7—15 所示。

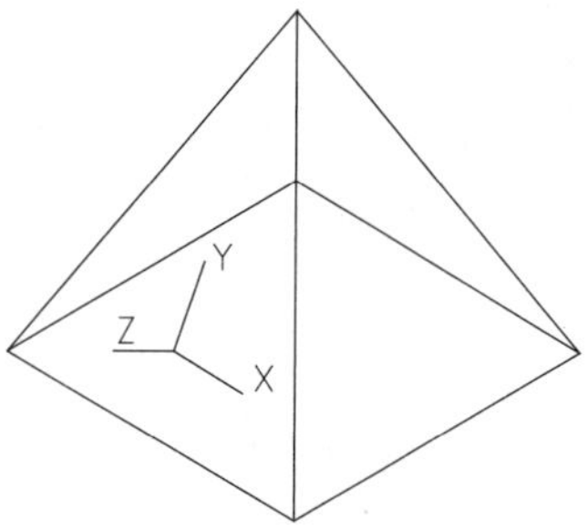

图 7—15　根据所选表面建立 UCS

◇ 命名（NA）：用于恢复其他坐标系为当前坐标系，或将当前坐标系命名保存以及删除不需要的坐标系。

◇ 对象（OB）：通过选定的对象创建 UCS 坐标系。用户只能使用点选法来选择对象，否则无法执行此命令。

◇ 上一个（P）：用于将当前坐标系恢复到前一次所设置的坐标系位置，直到将坐标系恢复到 WCS。

◇ 视图（V）：将新建用户坐标系的 X、Y 轴所在的面设置成与屏幕平行，其原点保持不变，Z 轴与 XY 平面正交。

◇ 世界（W）：用于选择 WCS 坐标系作为当前坐标系，用户可以从任何一种 UCS 返回到 WCS。

◇ X/Y/Z：原坐标系坐标平面分别绕 X、Y、Z 轴旋转而形成新的坐标系。

◇ Z 轴（ZA）：用于指定 Z 轴方向以确定新的 UCS。

4. 三维实体的观察

在绘制三维实体时，常需要在不同方向上观察图形。当用户设定好查看的方向后，AutoCAD 就会显示出对应的三维视图，具有立体感的三维视图会让用户非常清晰地了解三维模型的空间结构。AutoCAD 2018 系统提供了多种观察图形的方式，包括标准视觉方向观察、动态观察等。

（1）标准视觉方向观察

AutoCAD 2018 系统提供了十种视觉方向，分别为六种基本视觉方向（即俯视、仰视、左视、右视、前视、后视）和四种等轴测视觉方向（即西南等轴测、东南等轴测、东北等轴测、西北等轴测）。调用这些视觉方向的方法主要有如下两种。

◇ 单击“常用”→“视图”→“三维导航”列表框，在下拉列表中选择相应的按钮，如图 7—16 所示。

◇ 选择菜单栏“视图”→“三维视图”，在子菜单中选择相应的命令，如图 7—17 所示。

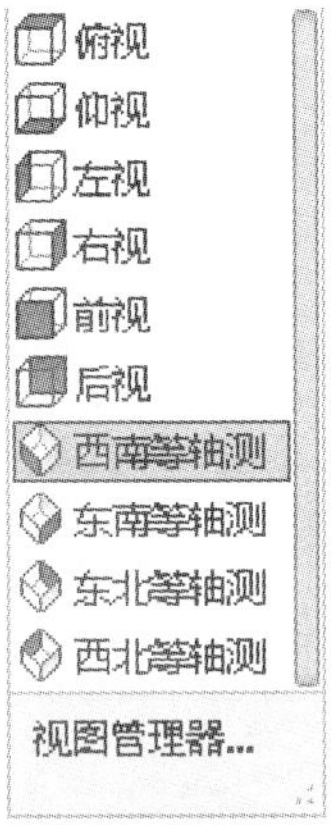

图 7—16 “三维导航”列表框

图 7—17 “三维视图”子菜单

图 7—18 所示为长方体在“西南等轴测”视觉方向的显示图形，从图中可以清楚地看出西南等轴测视图与各基本视图投射方向的关系。图 7—19 所示为长方体在几种不同视觉方向显示的图形。

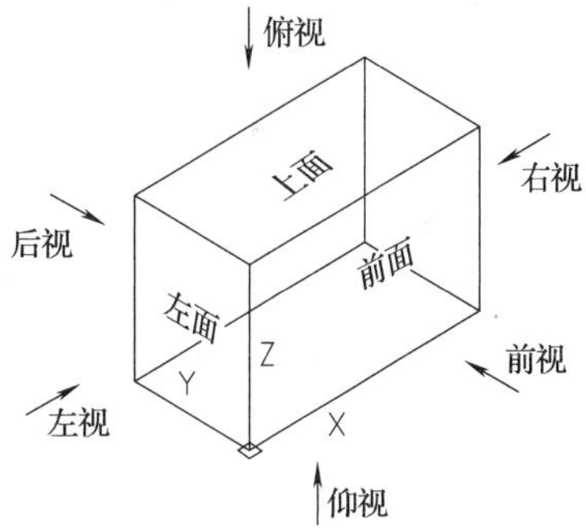

图 7—18 西南等轴测视图与各基本视图投射方向的关系

(2) 自由动态观察

在 AutoCAD 2018 中，动态观察命令有三种，分别是“受约束的动态观察”“自由动态观察”和“连续动态观察”命令。使用“自由动态观察”命令可以使用户在三维空间中动态地观察三维对象。执行“自由动态观察”命令后，系统将会出现如图 7—20 所示的绿色大

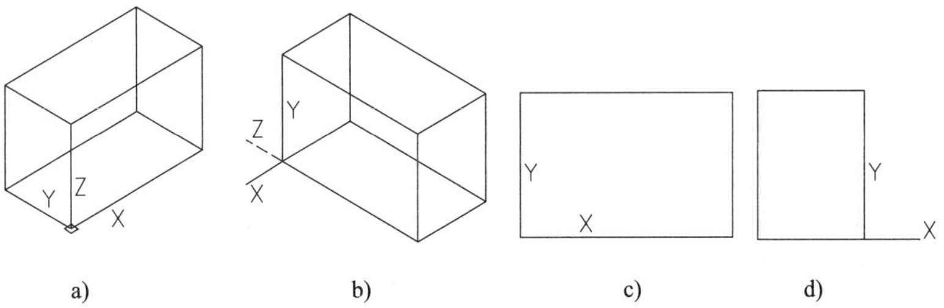

图 7—19 不同视觉方向显示的长方体

a）西南等轴测 b）东南等轴测 c）前视 d）左视

圆，在圆的四个象限点处有四个绿色小圆，这就是三维动态观察器。通过移动鼠标可以从不同的视觉方向动态地观察图像，如图 7—21 所示。

启动“自由动态观察”命令的方法主要有如下三种。

◇ 单击导航栏“自由动态观察”按钮。

◇ 选择菜单栏“视图”→“动态观察”→“自由动态观察”命令。

◇ 在命令行输入“3DFORBIT”，按回车键。

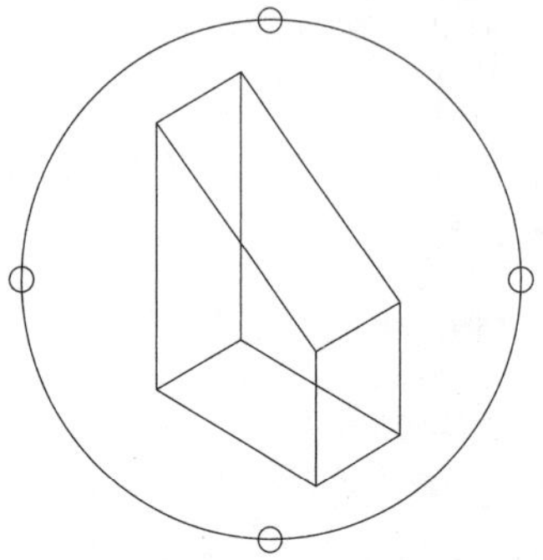

图 7—20　三维动态观察器

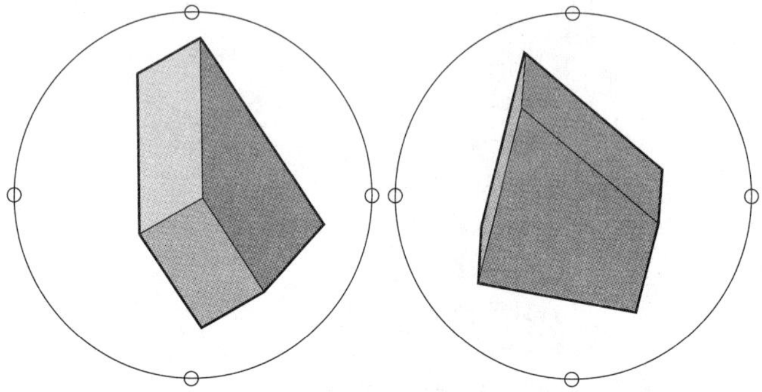

图 7—21　利用三维动态观察器观察实体

5. 三维实体的显示

在默认状态下，系统是以线框方式显示对象的。如果绘制的图形比较复杂，则众多的线条交织在一起，使用户很难清晰地观察对象的结构形状。为了获得较好的显示效果，AutoCAD 2018 系统提供了几种控制模型外观显示效果的视觉样式工具。调用视觉样式工具的方法有如下几种。

◇ 单击“常用”→“视图”→“视觉样式”下拉列表框，在下拉列表（图 7—22）中选择相应的按钮。

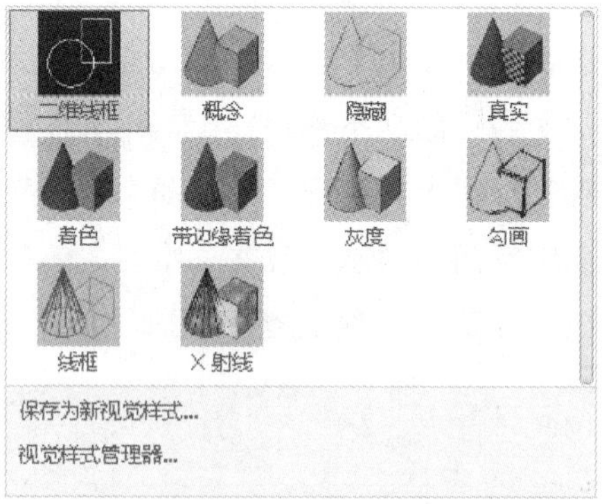

图 7—22　“视觉样式”下拉列表

◇ 选择菜单栏“视图”→“视觉样式”，在子菜单（图 7—23）中选择相应的命令。

◇ 在命令行输入“VSCURRENT”，按回车键，在弹出的快捷菜单中选择相应的选项，如图 7—24 所示。

“视觉样式”快捷菜单中各选项的功能如下。

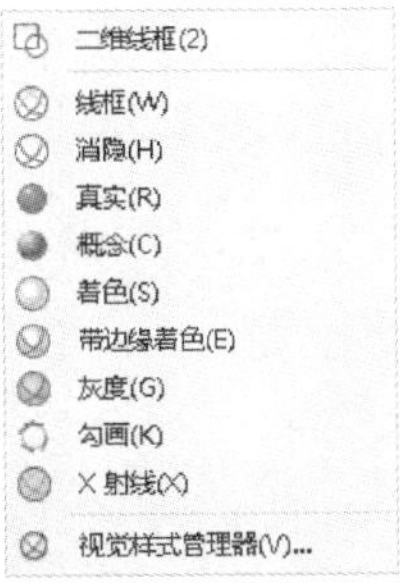

图 7—23　“视觉样式”子菜单

图 7—24　“视觉样式”快捷菜单

◇ 二维线框（2）：用直线和曲线显示对象的边界，对象的线型与线框都是可见的，如图 7—25a 所示。

◇ 线框（W）：用直线和曲线显示对象的边缘轮廓。与二维线框不同的是，表示坐标系的图标会显示成三维着色形式，并且对象的线型和线宽不可见，如图 7—25b 所示。

◇ 隐藏（H）：将三维对象中观察不到的线隐藏起来，只显示前面无遮挡的对象，如图 7—25c 所示。

◇ 真实（R）：可使对象实现平面着色，它只对各多边形的面着色，不对面边界做光滑处理，如图 7—25d 所示。

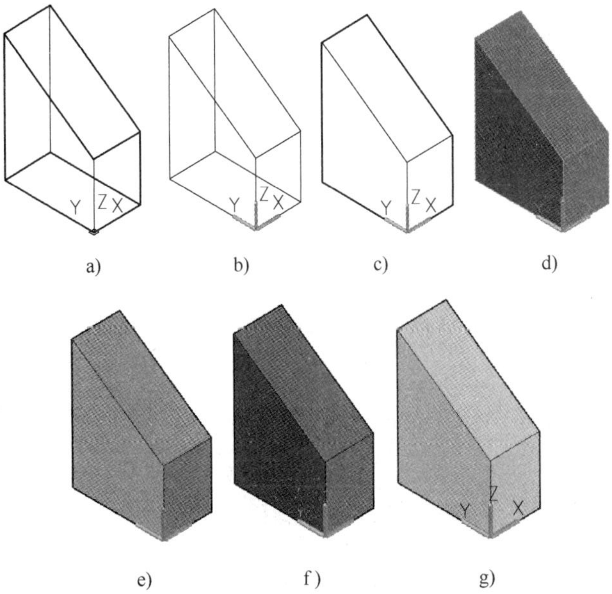

图 7—25　各视觉样式的显示效果

a）二维线框　b）线框　c）隐藏　d）真实　e）概念　f）带边缘着色　g）灰度

◇ 概念（C）：也可以使对象实现平面着色，它不仅可以对各多边形的面着色，还可以对面边界做光滑处理，如图 7—25e 所示。

◇ 带边缘着色（E）：用于将对象的可见边平滑着色，如图 7—25f 所示。

◇ 灰度（G）：用于将对象以单色面颜色模式着色，以产生灰色效果，如图 7—25g 所示。

实践操作

实训 1

实训要求：

针对本任务介绍的知识点，熟练掌握 AutoCAD 2018 中创建用户坐标系的方法。

实训任务：

分别利用“原点”“三点”和“Z 轴矢量”等方式创建如图 7—26 所示用户坐标系。

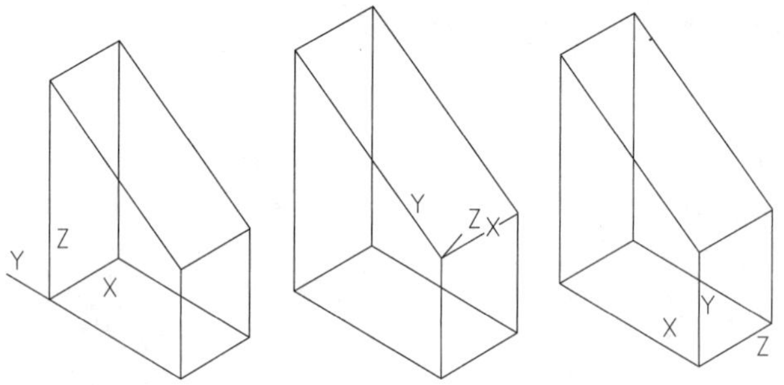

a)　　b)　　c)

图 7—26　创建用户坐标系

a）坐标系 1　b）坐标系 2　c）坐标系 3

※源文件：AutoCAD 源文件 \ 项目七 \ 任务 1 \ 实训 1. dwg

操作演示

1. 打开文件

（1）打开源文件，如图 7—27 所示。

（2）将“动态输入”“极轴追踪”“对象捕捉追踪”“对象捕捉”“显示线宽”等辅助绘图工具设置为开启状态。

（3）将工作空间设置为“三维建模”。

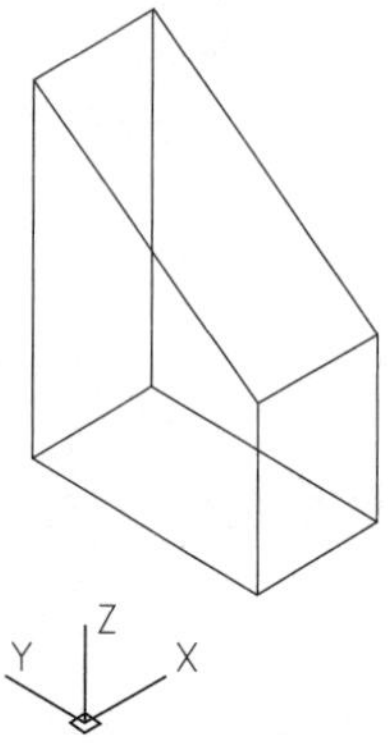

图 7—27　梯形块

2. 创建“坐标系 1”

单击“常用”→“坐标”→“原点”按钮，创建图 7—26a 所示坐标系，系统给出如下提示。

命令：_ucs

当前 UCS 名称：* 没有名称 *

指定 UCS 的原点或[面(F)/命名(NA)/对象(OB)/上一个(P)/视图(V)/世界(W)/X/Y/Z/Z 轴(ZA)] <世界>：_o //启动"原点"命令

指定新原点 <0,0,0>： //捕捉如图 7—28a 所示 A 点，单击鼠标左键

坐标系设置结果如图 7—28b 所示。

单击"常用"→"坐标"→"UCS，命名 UCS"按钮，打开"UCS"对话框，在"命名 UCS"选项卡中将新建的坐标系命名为"坐标系 1"，如图 7—29 所示。

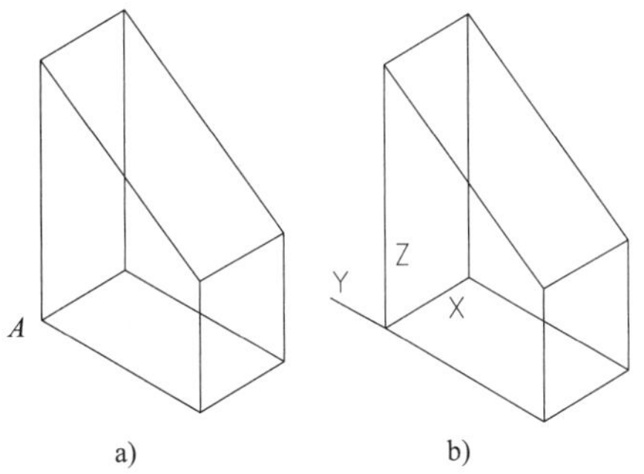

图 7—28 新建"坐标系 1"

a）捕捉新原点 b）创建结果

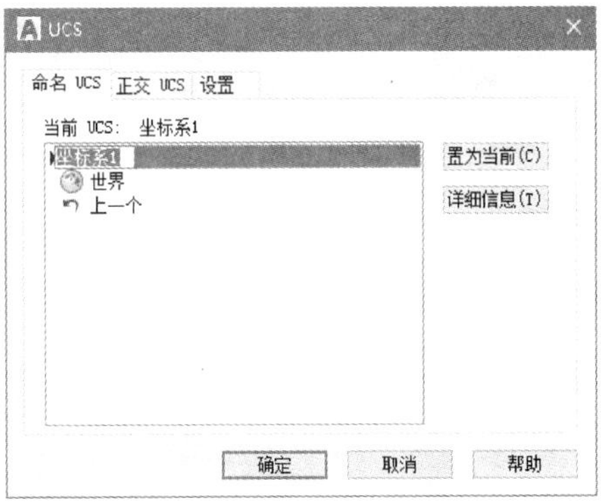

图 7—29 命名"坐标系 1"

3. 创建"坐标系 2"

单击"常用"→"坐标"→"三点"按钮，创建图 7—26b 所示坐标系，系统给出如下提示。

命令：_ucs

当前 UCS 名称：* 世界 *

指定 UCS 的原点或[面(F)/命名(NA)/对象(OB)/上一个(P)/视图(V)/世界(W)/X/Y/Z/Z 轴(ZA)] <世界>：_3 //启动"三点"命令

指定新原点 <0,0,0>：

//捕捉 A 点(图 7—30a)作为新坐标系的原点，单击鼠标左键

在正 X 轴范围上指定点 <199.0722,652.5943,0.0000>：

//捕捉 B 点(图 7—30a)确定正 X 轴的指向，单击鼠标左键

在 UCS XY 平面的正 Y 轴范围上指定点 <197.0722,652.5943,0.0000>：

//捕捉 C 点(图 7—30a)确定正 Y 轴的指向，单击鼠标左键

坐标系设置结果如图 7—30b 所示。

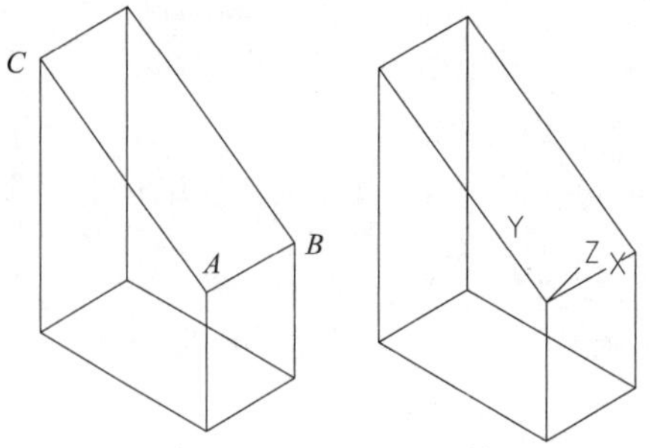

图 7—30 新建“坐标系 2”

a）指定定位点 b）创建结果

单击“常用”→“坐标”→“UCS，命名 UCS”按钮，打开“UCS”对话框，在“命名 UCS”选项卡中将新建的坐标系命名为“坐标系 2”。

4. 创建“坐标系 3”

单击“常用”→“坐标”→“Z 轴矢量”按钮，创建图 7—26c 所示坐标系，系统给出如下提示。

命令：_ucs

当前 UCS 名称：*世界*

指定 UCS 的原点或[面(F)/命名(NA)/对象(OB)/上一个(P)/视图(V)/世界(W)/X/Y/Z/Z 轴(ZA)]＜世界＞：_zaxis //启动“Z 轴矢量”命令

指定新原点或[对象(O)]＜0,0,0＞：

//捕捉 A 点(图 7—31a)作为新坐标系的原点，单击鼠标左键

在正 Z 轴范围上指定点＜1238.5692,589.1892,－149.9870＞：

//捕捉 B 点(图 7—31a)确定正 Z 轴的指向，单击鼠标左键

坐标系设置结果如图 7—31b 所示。

单击“常用”→“坐标”→“UCS，命名 UCS”按钮，打开“UCS”对话框，在“命名 UCS”选项卡中将新建的坐标系命名为“坐标系 3”。再次打开“UCS”对话框时，三个坐标系都显示在“命名 UCS”选项卡中，如图 7—32 所示。绘图时，用户可以在“常用”功能区的“坐标”面板中打开“命令 UCS 组合框控制”下拉列表(图 7—33)，很方便地使用其中任意一个坐标系。

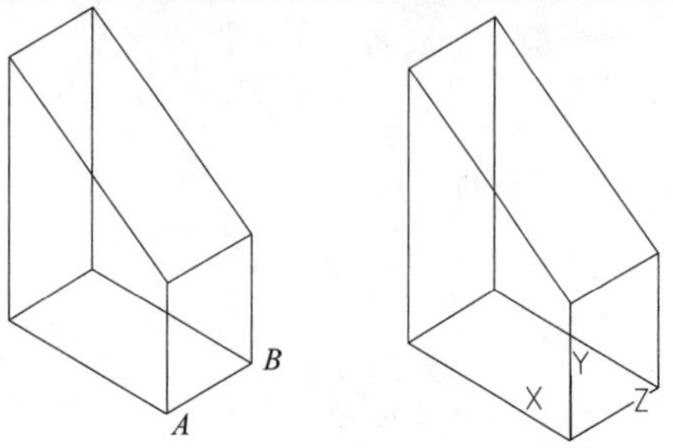

图 7—31 新建坐标系“3”

a）指定定位点 b）创建结果

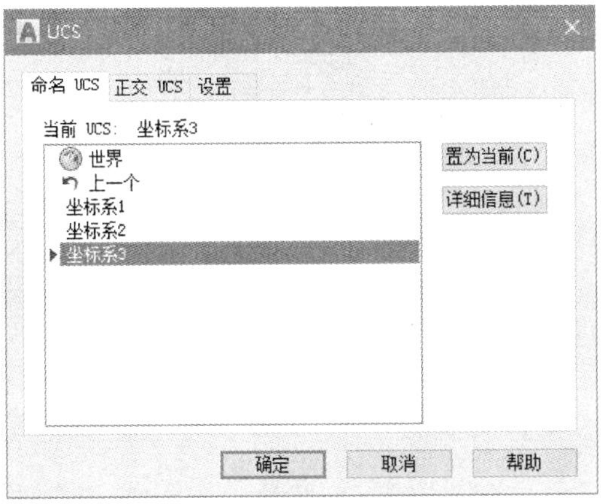

图 7—32　完成三个坐标系的建立

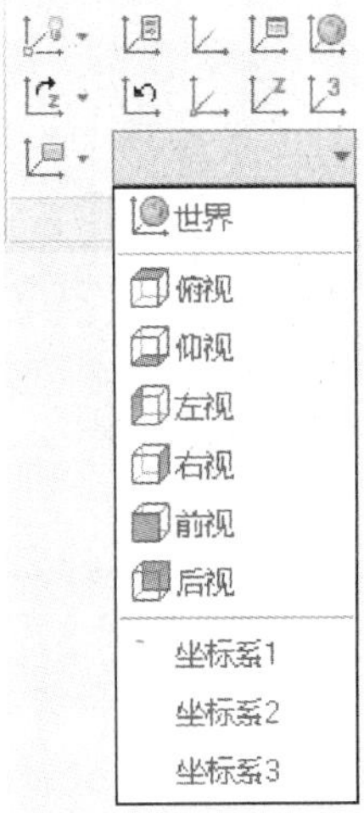

图 7—33　“命令 UCS 组合框控制”下拉列表

实训 2

实训要求：

针对本任务介绍的知识点，熟练掌握 AutoCAD 2018 中三维图像显示和观察的方法。

实训任务：

多视角观察如图 7—2 所示图形的立体结构。

※源文件：AutoCAD 源文件 \ 项目七 \ 任务 1 \ 实训 2. dwg

操作演示

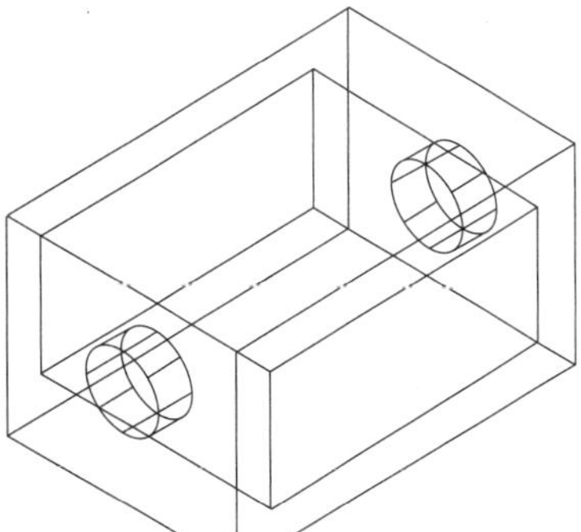

图 7—34　箱体二维线框显示

1. 打开文件

（1）打开源文件，如图 7—34 所示。

（2）将工作空间设置为“三维建模”。

2. 用“真实”和“概念”视觉样式观察图形

（1）图 7—34 所示图形的视觉样式为“二维线框”。单击“常用”→“视图”→“视觉样式”→“真实”按钮，将其视觉样式更改为“真实”，如图 7—35a 所示。

（2）单击“常用”→“视图”→“视觉样式”→“概念”按钮，将图形的视觉样式更改为“概念”，如图 7—35b 所示。

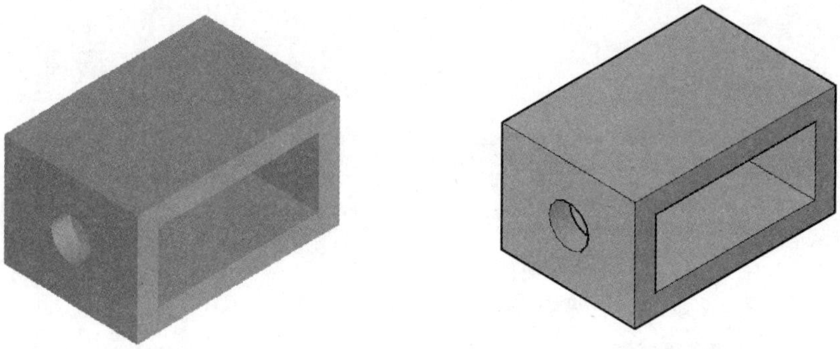

a) b)

图 7—35 “真实”和“概念”视觉样式

a）“真实”视觉样式 b）“概念”视觉样式

3. 用“主视”“左视”和“俯视”视觉方向观察图形

（1）单击“常用”→“视图”→“视觉样式”→“隐藏”按钮，将图形的视觉样式更改为“隐藏”，如图 7—36 所示。

（2）单击“常用”→“视图”→“三维导航”→“前视”按钮，进入主视图视觉方向，如图 7—37 所示。

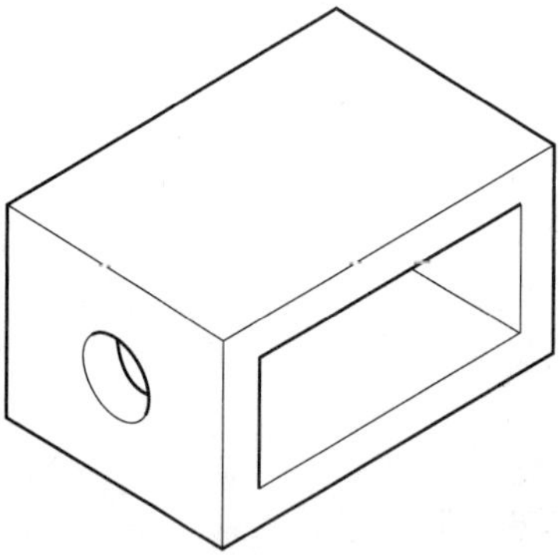

图 7—36 “隐藏”视觉样式

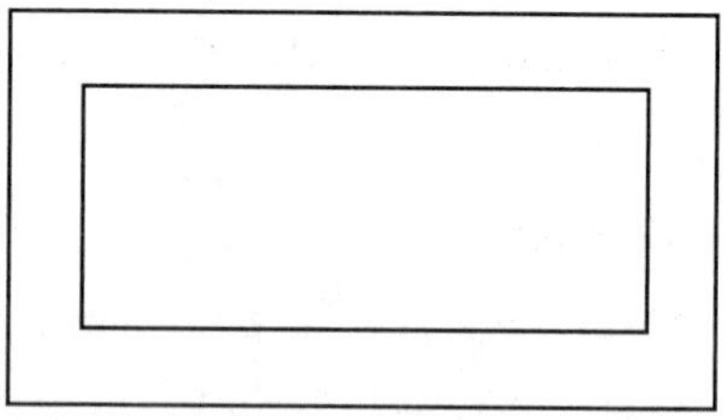

图 7—37 主视图

（3）单击“常用”→“视图”→“三维导航”→“左视”按钮，进入左视图视觉方向，如图 7—38 所示。

（4）单击“常用”→“视图”→“三维导航”→“俯视”按钮，进入俯视图视觉方向，如图 7—39 所示。

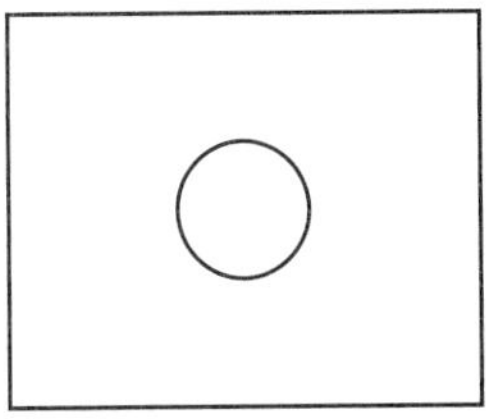

图 7—38　左视图

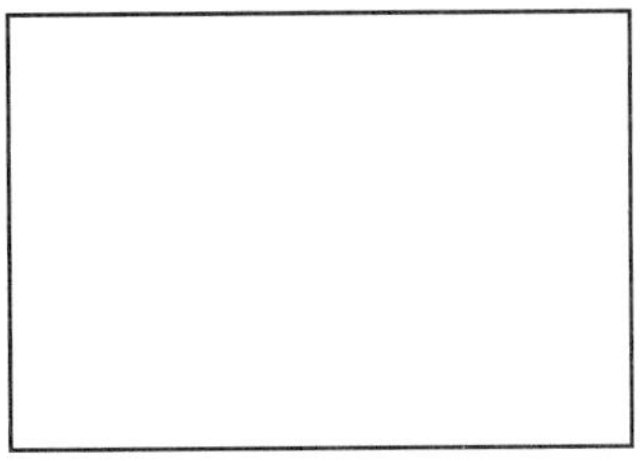

图 7—39　俯视图

4. 用“西南等轴测”视觉方向观察图形

（1）将图形的视觉样式更改为“灰度”。

（2）单击“常用”→“视图”→“三维导航”→“西南等轴测”按钮，进入西南等轴测视觉方向，如图 7—40 所示。

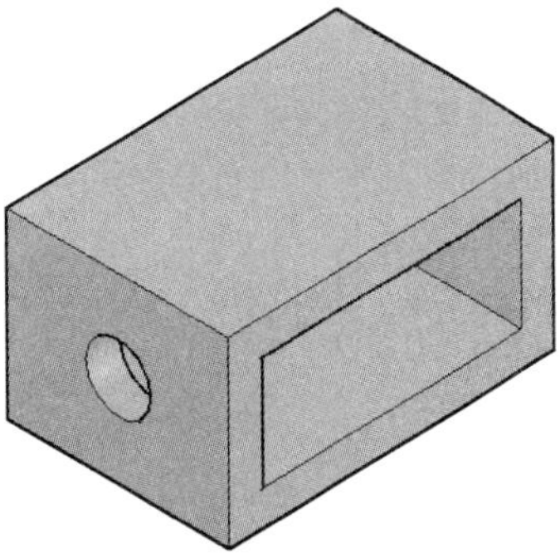

图 7—40　西南等轴测视觉方向

5. 利用三维动态观察器观察图形

（1）单击导航栏“自由动态观察”按钮，打开三维动态观察器，如图 7—41 所示。

（2）在三维动态观察器的圆圈区域内拖动鼠标旋转，将图 7—41 所示图形旋转一定角度进行观察，如图 7—42 所示。

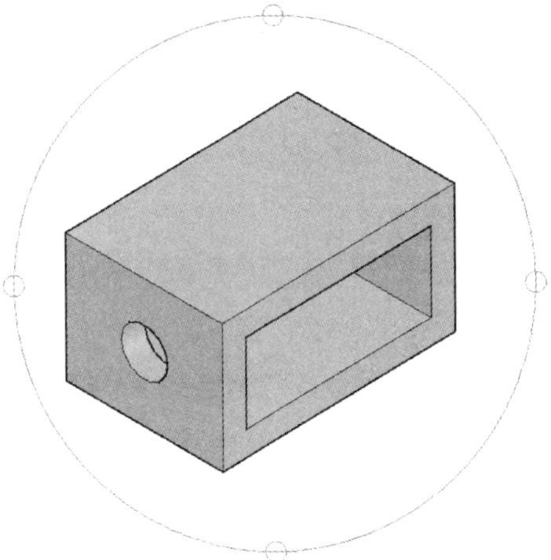

图 7—41　打开三维动态观察器

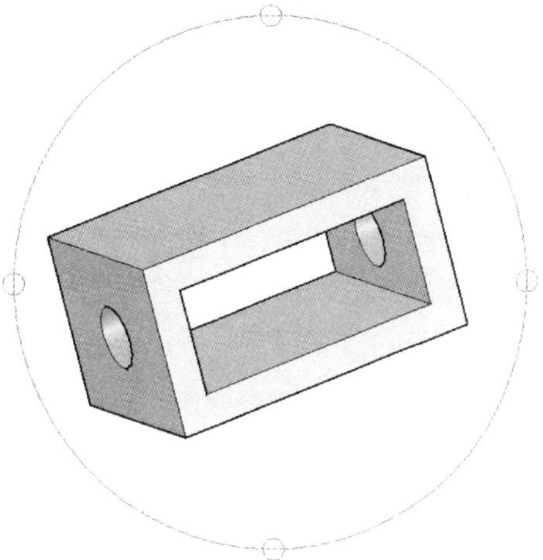

图 7—42　自由动态观察

巩固练习

1. 创建一个新的用户坐标系主要有哪几种方法？
2. 观察三维模型时，标准视觉方向与基准坐标系之间存在着怎样的关系？

3. 三维模型的类型有哪几种？各有什么特点？

4. 在 AutoCAD 2018 中，三维模型的显示方式有哪几种？各有什么特点？

5. 打开源文件“AutoCAD 源文件\项目七\任务 1\实训 1”，用各种视觉方向和动态观察样式观察梯形块。

6. 打开源文件“AutoCAD 源文件\项目七\任务 1\实训 2”，建立如图 7—43 所示用户坐标系。

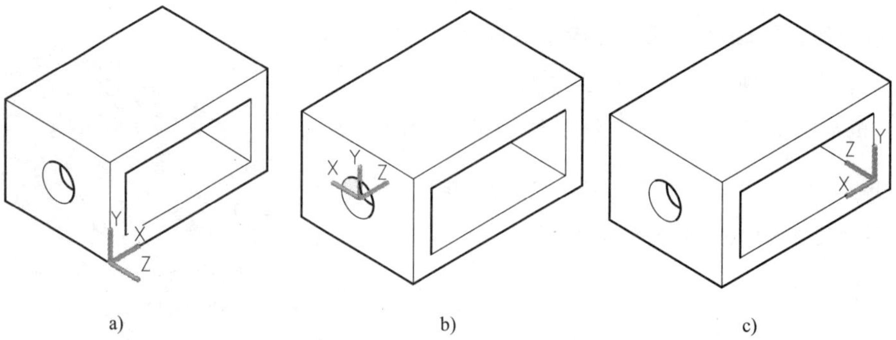

图 7—43　建立用户坐标系练习

【操作提示】

在建立图 7—43 所示用户坐标系时，需要捕捉左侧平面上圆的圆心。捕捉时，可以在按住 Shift 键的同时单击鼠标右键，打开“临时捕捉”快捷菜单，然后选择“圆心”，捕捉所需圆心。

任务 2　绘制简单三维实体

学习目标

1. 掌握长方体、圆柱体、球体等基本几何实体的绘制方法。
2. 掌握三维实体的布尔运算方法。
3. 掌握三维实体的倒圆角方法。

任务分析

长方体、圆柱体、圆锥体、球体、棱锥体、楔体和圆环体等是三维几何体中最基本的实体，很多复杂的形体都是由这些基本实体组合而成的。例如，图 7—44a 所示为由一个大长方体和四个小长方体组成的组合体，图 7—44b 所示为由三个不同直径和高度的圆柱体组成的组合体。AutoCAD 2018 系统不仅提供了直接创建这些基本实体的命令，还提供了修改这些基本实体的命令。本任务将具体介绍常用基本实体的创建方法以及三维实体的布尔运算操作和倒圆角操作等，并通过绘制如图 7—45 所示四腿小桌来掌握上述操作的应用方法。

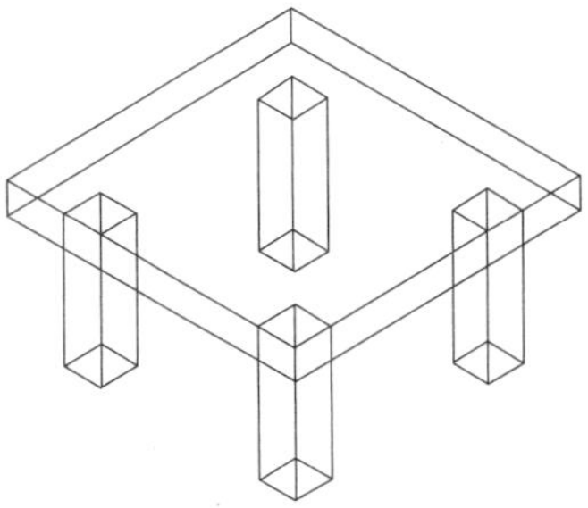

a)

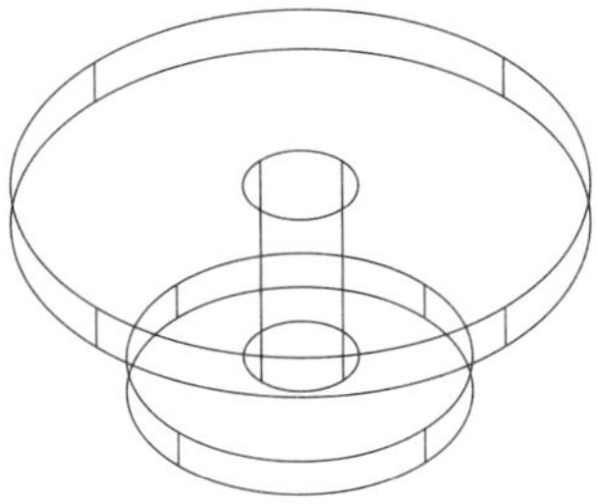

b)

图 7—44　由基本几何体组成的组合体

a）由五个长方体组成的组合体　b）由三个圆柱体组成的组合体

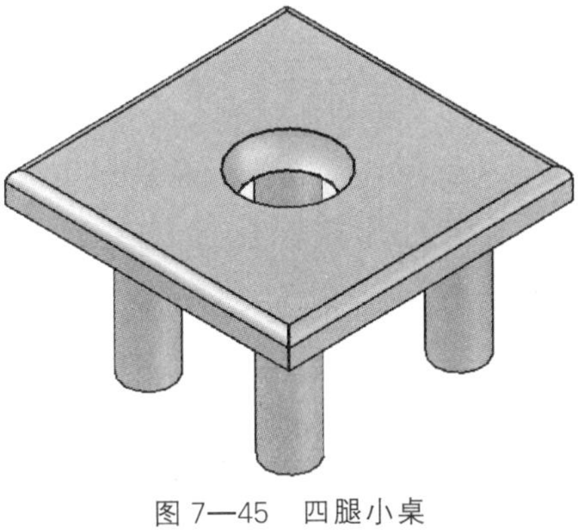

图 7—45　四腿小桌

相关知识

1. 长方体的创建

在 AutoCAD 2018 中，可以利用“长方体”命令创建长方体。启动“长方体”命令的方法主要有以下几种。

◇ 单击“常用”→“建模”→“长方体”按钮。

◇ 选择菜单栏“绘图”→“建模”→“长方体”命令。

◇ 在命令行输入“BOX”，按回车键。

例 1 利用“长方体”命令创建一个长 100 mm（X 轴方向）、宽 50 mm（Y 轴方向）、高 150 mm（Z 轴方向）的长方体，如图 7—46 所示。

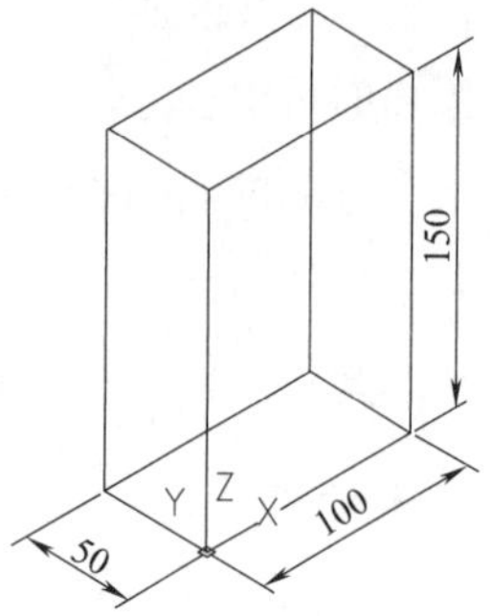

图 7—46 长方体及其尺寸

（1）单击快速访问工具栏上的“新建”按钮，打开“选择样板”对话框，选择名为“acadiso. dwt”的图形样板，新建一个图形文件。

（2）将工作空间切换至“三维建模”。

（3）将视觉样式设置为“二维线框”，坐标系设置为世界坐标系（WCS），视觉方向设置为“西南等轴测”。

（4）单击“常用”→“建模”→“长方体”按钮，启动“长方体”命令，系统给出如下提示。

```
命令:_box                                                //启动“长方体”命令
指定第一个角点或[中心(C)]:0,0,0              //输入原点坐标作为长方体的第一个角点
指定其他角点或[立方体(C)/长度(L)]:100,50,150          //输入另一个角点的坐标
```

长方体创建结果如图 7—47 所示。

“长方体”命令行中常用选项的介绍如下。

◇ 长度（L）：用于直接输入长方体的长度、宽度和高度来创建长方体，其长、宽、高方向均与当前 UCS 坐标系 X、Y、Z 轴的方向一致。长、宽、高的数值可以为正，也可以为负，数值为正时，表示沿坐标轴的正向；否则，表示沿坐标轴的负向。

◇ 立方体（C）：用于创建长、宽、高相等的正立方体。

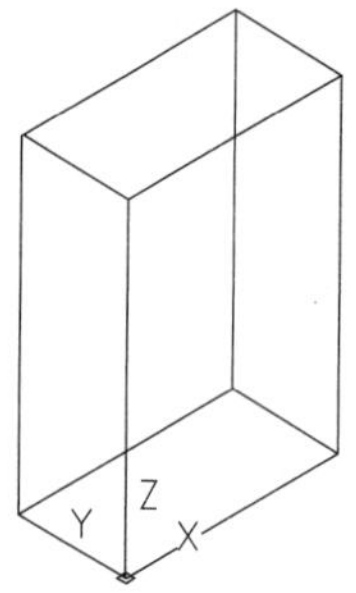

图 7—47 创建长方体

2. 圆柱体的创建

在 AutoCAD 2018 中，可以利用“圆柱体”命令创建圆柱体。启动“圆柱体”命令的方法主要有以下几种。

◇ 单击“常用”→“建模”→“圆柱体”按钮。

◇ 选择菜单栏“绘图”→“建模”→“圆柱体”命令。

◇ 在命令行输入“CYLINDER”，按回车键。

例 2 利用“圆柱体”命令创建一个直径为 100 mm，高度为 150 mm 的圆柱体。

（1）新建图形文件，图形样板选择“acadiso. dwt”，将工作空间切换至“三维建模”，视觉样式设置为“二维线框”，坐标系设置为世界坐标系，视觉方向设置为“西南等轴测”。

（2）单击“常用”→“建模”→“圆柱体”按钮，启动“圆柱体”命令，系统给出如下提示。

```
命令:_cylinder                                                         //启动"圆柱体"命令
指定底面的中心点或[三点(3P)/两点(2P)/切点、切点、半径(T)/椭圆(E)]:0,0,0
                                        //输入原点坐标,将原点作为圆柱体底圆的圆心
指定底面半径或[直径(D)]:50                                          //输入圆柱体底圆半径
指定高度或[两点(2P)/轴端点(A)]:150                                   //输入圆柱体高度
```

圆柱体创建结果如图 7—48 所示。

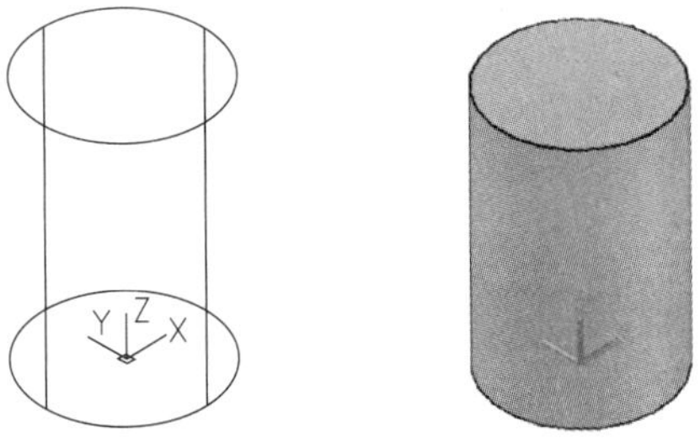

a)　　b)

图 7—48　创建圆柱体

a)“二维线框”显示　b)“灰度”显示

提示　上述“圆柱体”命令行中，“三点（3P）”“两点（2P）”“相切、相切、半径（T）”三个选项均是绘制圆柱体底圆的方法，跟绘制平面圆中的相应命令选项功能相同。

3. 球体的创建

在 AutoCAD 2018 中，可以利用“球体”命令创建球体。启动“球体”命令的方法主要有以下几种。

◇ 单击“常用”→“建模”→“球体”按钮。

◇ 选择菜单栏“绘图”→“建模”→“球体”命令。

◇ 在命令行输入“SPHERE”，按回车键。

例 3　利用“球体”命令创建直径为 100 mm 的球体。

（1）新建图形文件，图形样板选择“acadiso. dwt”，将工作空间切换至“三维建模”，视觉样式设置为“二维线框”，坐标系设置为世界坐标系，视觉方向设置为“西南等轴测”。

（2）单击“常用”→“建模”→“球体”按钮，系统给出如下提示。

```
命令:_sphere                                                           //启动"球体"命令
指定中心点或[三点(3P)/两点(2P)/切点、切点、半径(T)]:0,0,0
```

//输入原点坐标,将原点作为球心

指定半径或[直径(D)]:50 //输入球体的半径

球体的创建结果如图 7—49 所示。

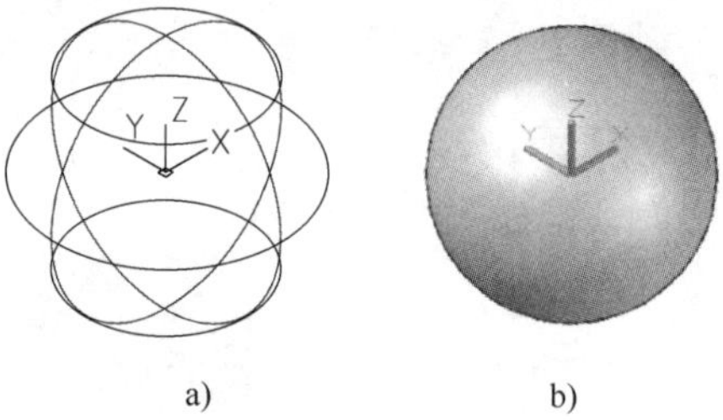

a) b)

图 7—49 球体创建结果

a)“二维线框”显示 b)“灰度”显示

4. 布尔运算

在 AutoCAD 2018 中，布尔运算操作包括差集运算、并集运算和交集运算三种。

(1) 差集运算

差集运算是指从选定的实体中减去一部分实体，从而得到一个新的实体。启动“差集”命令的方法主要有如下几种。

◇ 单击“常用”→“实体编辑”→“差集”按钮。

◇ 选择菜单栏“修改”→“实体编辑”→“差集”命令。

◇ 在命令行输入“SUBTRACT”，按回车键。

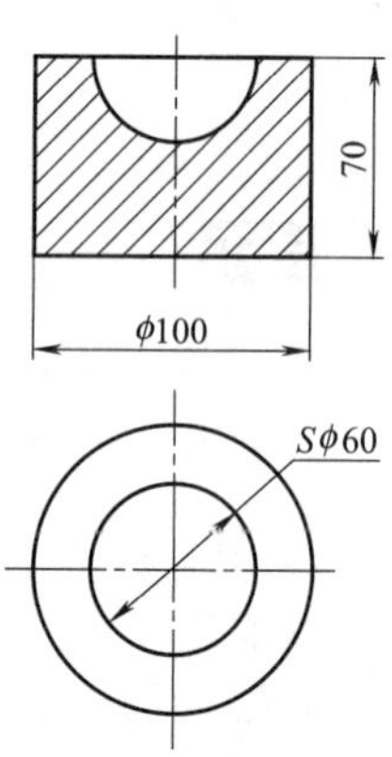

图 7—50 待创建实体的结构及尺寸

例 4 按照图 7—50 所示结构及尺寸先创建圆柱体和球体，然后利用“差集”命令创建实体。

1) 绘制圆柱体

参照前面实例新建图形文件并进行相关设置。然后单击“常用”→“建模”→“圆柱体”按钮，启动“圆柱体”命令，系统给出如下提示。

命令:_cylinder //启动“圆柱体”命令

指定底面的中心点或[三点(3P)/两点(2P)/切点、切点、半径(T)/椭圆(E)]:0,0,0

//输入原点坐标,将原点作为圆柱体底圆的圆心

指定底面半径或[直径(D)]:50 //输入圆柱体底圆半径

指定高度或[两点(2P)/轴端点(A)]:70 //向下拖动光标,输入圆柱体高度

2）绘制球体

单击“常用”→“建模”→“球体”按钮，启动“球体”命令，系统给出如下提示。

命令：_sphere　//启动“球体”命令
指定中心点或 [三点(3P)/两点(2P)/切点、切点、半径(T)]：0,0,0
//输入原点坐标，将原点作为球心
指定半径或 [直径(D)]：30　//输入球体的半径

绘制结果如图 7—51 所示。

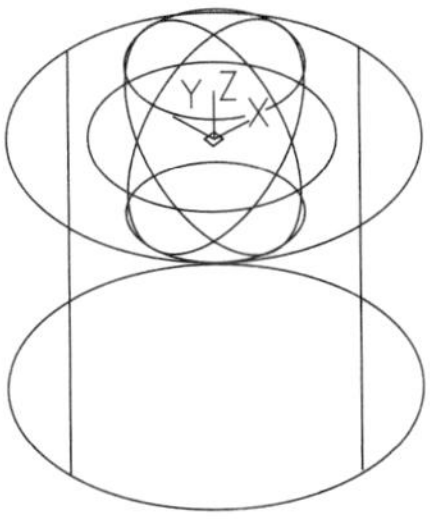

a)

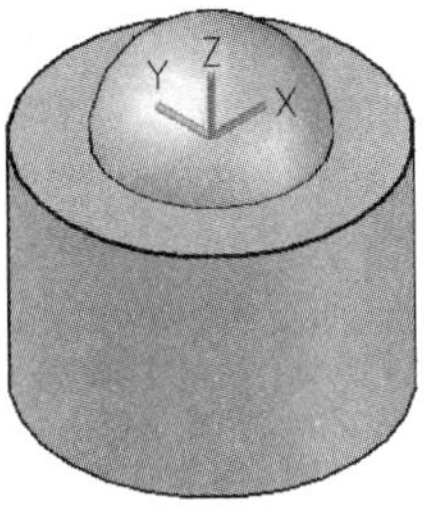

b)

图 7—51　绘制圆柱体和球体

a）“二维线框”显示　b）“灰度”显示

3）对形体进行差集运算

单击“常用”→“实体编辑”→“差集”按钮，启动“差集”命令，系统给出如下提示。

命令：_subtract 选择要从中减去的实体、曲面和面域...
选择对象：找到 1 个　//选择图 7—51 中的圆柱体作为母体
选择对象：　//按回车键，结束母体选择
选择要减去的实体、曲面和面域...
选择对象：找到 1 个　//选择图 7—51 中的球体作为要减去的实体
选择对象：　//按回车键，结束对象选择

差集运算结果如图 7—52 所示。

(2) 并集运算

并集运算是指将两个或多个实体组合成一个新的复合实体。启动“并集”命令的方法主要有如下几种。

◇ 单击“常用”→“实体编辑”→“并集”按钮。

◇ 选择菜单栏“修改”→“实体编辑”→“并集”命令。

◇ 在命令行输入“UNION”，按回车键。

例 5 按照图 7—53 所示图形及尺寸创建两个长方体的实体，然后利用“并集”命令把两个实体编辑成一个实体。

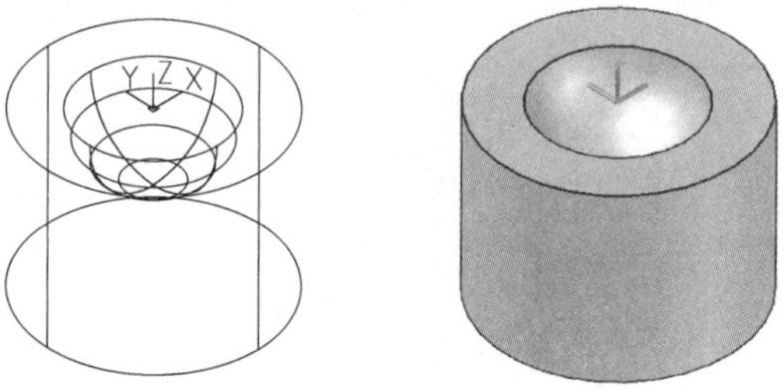

a)　　b)

图 7—52 差集运算结果

a)“二维线框”显示　b)“灰度”显示

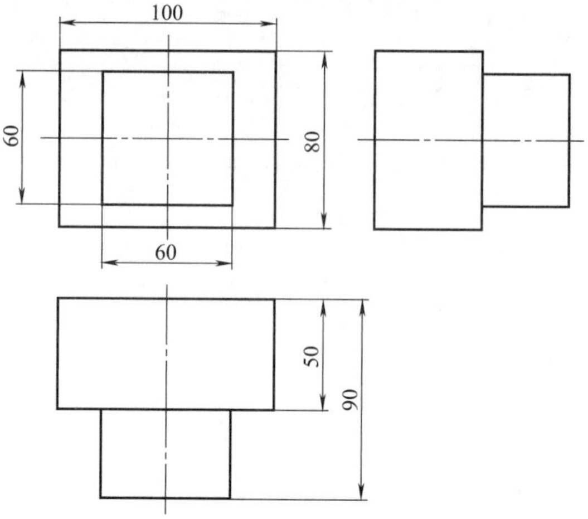

图 7—53 待创建实体的结构及尺寸

1）绘制大长方体

参照前面实例新建图形文件并进行相关设置。然后单击“常用”→“建模”→“长方体”按钮，启动“长方体”命令，系统给出如下提示。

```
命令:_box                                  //启动“长方体”命令
指定第一个角点或[中心(C)]:0,0,0            //输入原点坐标作为长方体的第一个角点
指定其他角点或[立方体(C)/长度(L)]:L        //输入“L”,启动“长度”选项
指定长度:100                  //将光标沿正X轴方向移动,输入长方体的长度“100”
指定宽度:50                   //将光标沿正Y轴方向移动,输入长方体的宽度“50”
指定高度或[两点(2P)]:80       //将光标沿正Z轴方向移动,输入长方体的高度“80”
```

大长方体的绘制结果如图 7—54 所示。

2）绘制小长方体

再次启动“长方体”命令，系统给出如下提示。

```
命令:_box                                  //启动“长方体”命令
指定第一个角点或[中心(C)]:20,0,10          //输入长方体第一个角点的坐标
指定其他角点或[立方体(C)/长度(L)]:L        //输入“L”,启动“长度”选项
指定长度<100.0000>:60         //将光标沿正X轴方向移动,输入长方体的长度“60”
```

指定宽度 ＜50.0000＞:40　　　//将光标沿负 Y 轴方向移动，输入长方体的宽度“40”

指定高度或 [两点(2P)] ＜80.0000＞:60

//将光标沿正 Z 轴方向移动，输入长方体的高度“60”

小长方体的绘制结果如图 7—55 所示。

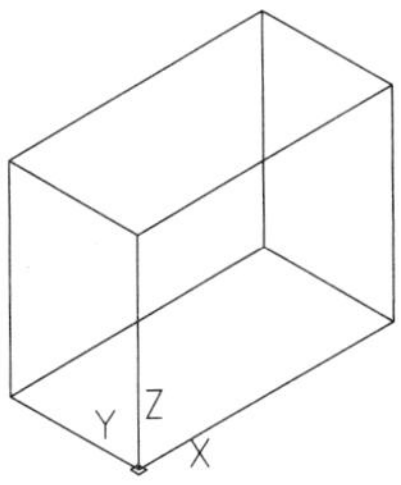

图 7—54　绘制大长方体

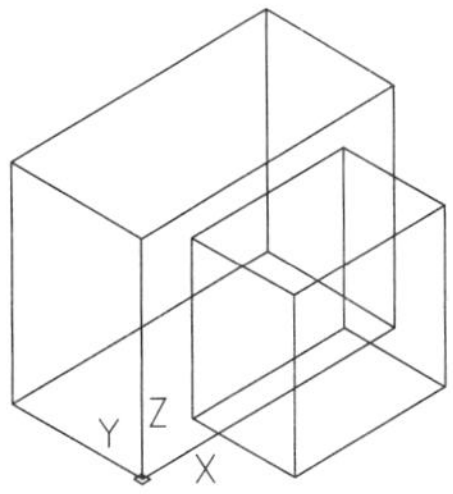

图 7—55　绘制小长方体

3）对形体进行并集运算

单击“常用”→“实体编辑”→“并集”按钮，启动“并集”命令，系统给出如下提示。

命令:_union　　//启动“并集”命令

选择对象:找到 1 个　　//选择大长方体

选择对象:找到 1 个,总计 2 个　　//选择小长方体

选择对象:　　//按回车键,结束操作

此处执行“并集”命令后的图形虽然形状没有改变，但是两部分却成了一个整体，选择时会作为一个整体被选中。即当光标移动到形体的任意一条棱线上单击鼠标左键时，整个组合体会被选中，如图 7—56 所示。

如果对图 7—57a 所示的两个长方体进行并集运算，则两个长方体的上面会合并为一个面，如图 7—57b 所示。

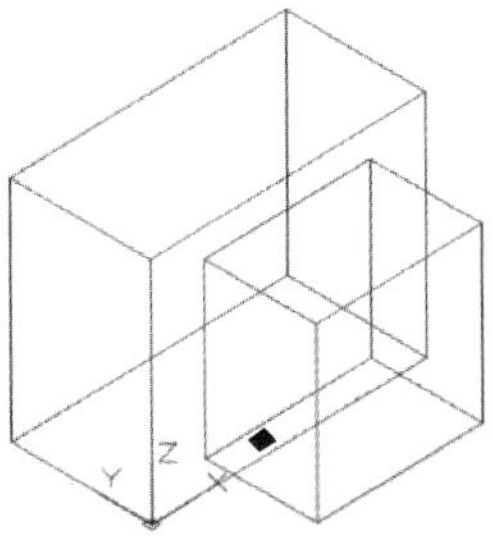

图 7—56　并集运算结果

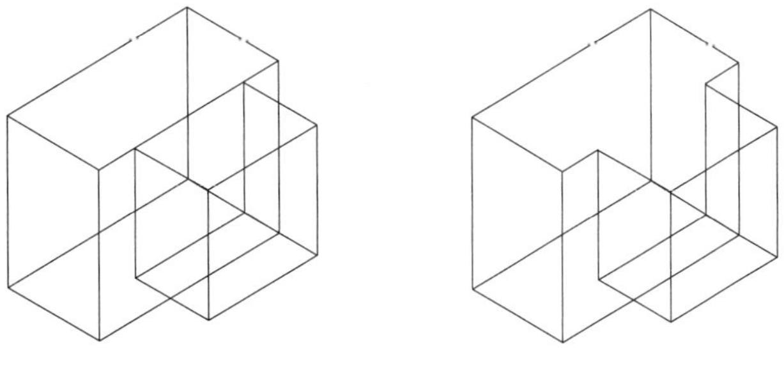

a)　　b)

图 7—57　对形体进行并集运算前后的变化

a）并集运算前　b）并集运算后

5. 三维实体倒圆角

三维实体倒圆角是指为实体的棱边创建倒圆角，使相邻面之间生成一个圆滑过渡的曲面。AutoCAD 2018 系统提供了直接倒圆角的命令，启动三维实体“圆角”命令的方法主要有以下几种。

◇ 单击“常用”→“修改”→“圆角”按钮。

◇ 选择菜单栏“修改”→“圆角”命令。

◇ 在命令行输入“FILLET”，按回车键。

例 6 按照图 7—58 所示尺寸绘制长方体，并利用“圆角”命令对形体进行倒圆角。

(1) 绘制长方体

参照前面实例新建图形文件并进行相关设置。然后启动“长方体”命令绘制长方体，如图 7—59 所示。

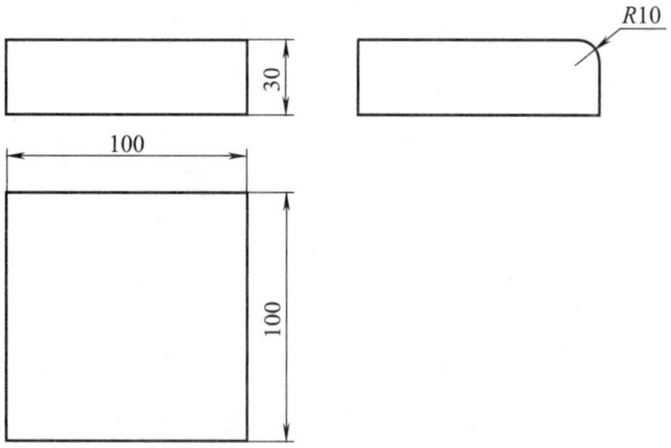

图 7—58 倒圆角长方体的尺寸

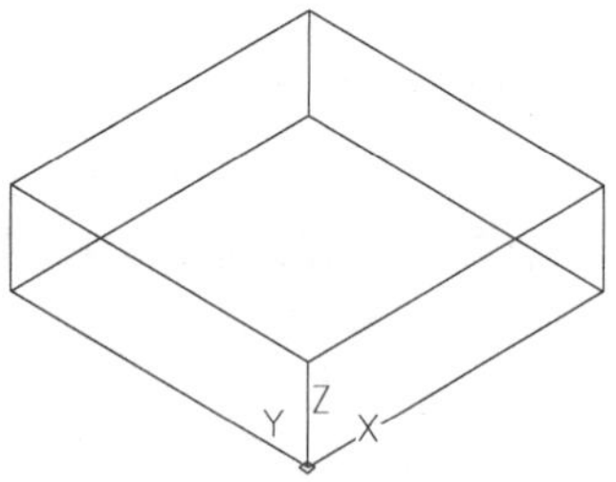

图 7—59 绘制长方体

(2) 倒圆角

单击“常用”→“修改”→“圆角”按钮，启动“圆角”命令，系统给出如下提示。

```
命令:_fillet                                              //启动“圆角”命令
当前设置:模式＝修剪,半径＝0.0000
选择第一个对象或[放弃(U)/多段线(P)/半径(R)/修剪(T)/多个(M)]:
                                 //选择长方体上需要倒圆角的边(图 7—60)
输入圆角半径或[表达式(E)]:10                    //输入半径值“10”,按回车键
选择边或[链(C)/环(L)/半径(R)]:                         //按回车键,结束选择
已选定 1 个边用于圆角。                                  //完成“圆角”命令
```

倒圆角的结果如图 7—61 所示。

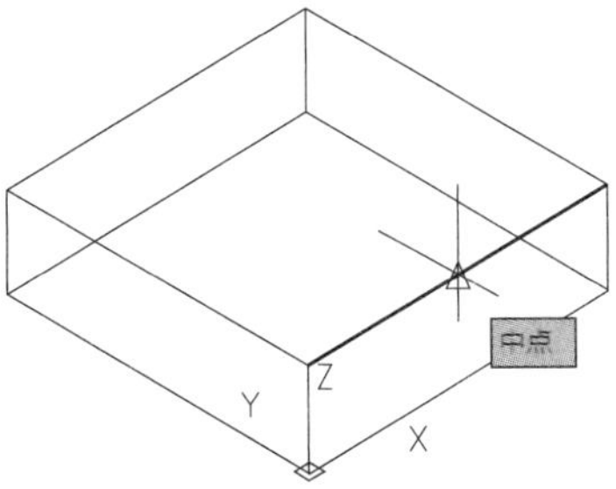

图 7—60 选择倒圆角的边

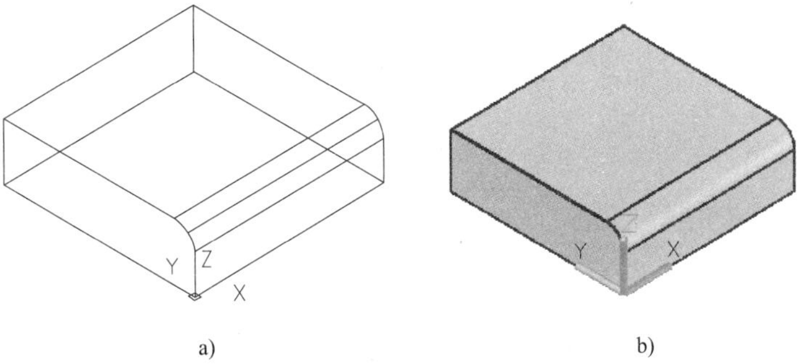

图 7—61 倒圆角的结果

a)“二维线框”显示 b)“灰度”显示

实践操作

实训 3

实训要求：

针对本任务介绍的知识点，熟练掌握 AutoCAD 2018 中创建基本几何体的方法以及相关布尔运算的操作方法。

实训任务：

按照图 7—62 所示结构及尺寸绘制三维实体。

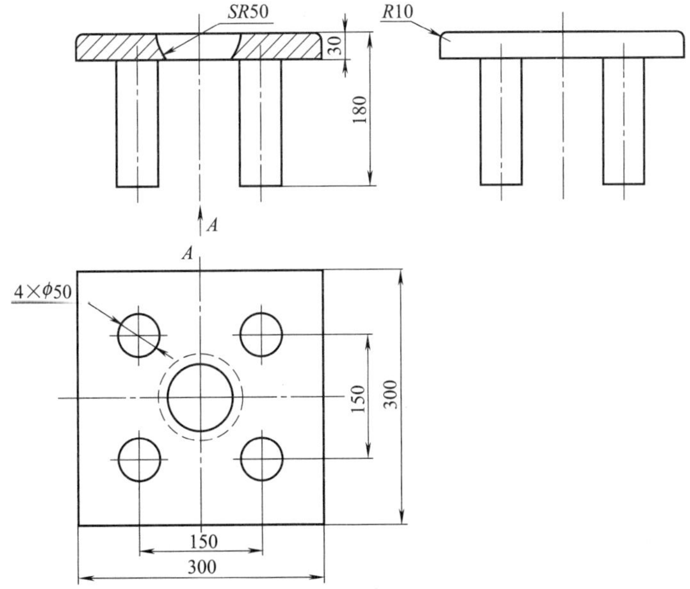

图 7—62 四腿小桌的结构及尺寸

1. **分析形体**

该形体由方形桌面和四条圆形桌腿组成，桌面中间有一个球面孔，四边倒圆角。

操作演示

2. **新建图形文件**

新建图形文件，图形样板选择“acadiso. dwt”，将工作空间切换至“三维建模”，视觉样式设置为“二维线框”，坐标系设置为世界坐标系，视觉方向设置为“西南等轴测”。

3. **绘制长方体**

启动“长方体”命令，绘制长方体，系统给出如下提示。

命令：_box　　//启动“长方体”命令
指定第一个角点或[中心(C)]：　　//在绘图区适当位置拾取一点作为第一个角点
指定其他角点或[立方体(C)/长度(L)]：@300，300，30
　　//输入另一个角点的相对坐标值“@300，300，30”，按回车键

长方体的绘制结果如图 7—63 所示。

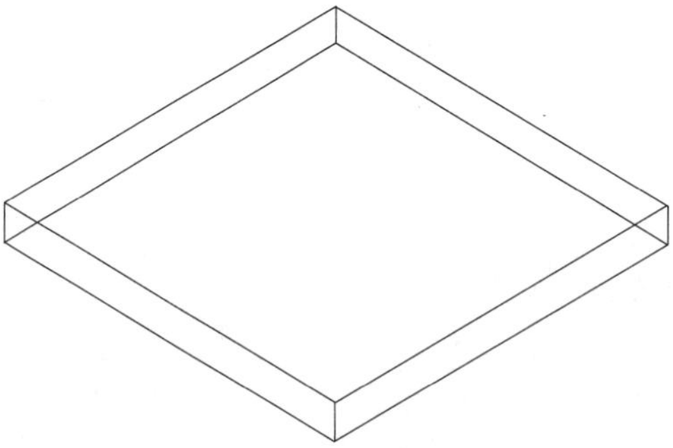

图 7—63　绘制长方体

4. **绘制桌腿**

(1) 新建用户坐标系“桌腿”

为了便于绘制桌腿，需要新建一个用户坐标系。单击“常用”→“坐标”→“原点”按钮，创建一个用户坐标系，系统给出如下提示。

命令：_ucs　　//启动“原点”命令
当前 UCS 名称：*世界*
指定 UCS 的原点或[面(F)/命名(NA)/对象(OB)/上一个(P)/视图(V)/世界(W)/X/Y/Z/Z 轴(ZA)] <世界>：_o
指定新原点 <0，0，0>：　　//捕捉长方体左、下、前顶点作为新坐标原点

新坐标系创建结果如图 7—64 所示。

单击“常用”→“坐标”→“UCS，命名 UCS”按钮，打开“UCS”对话框，在“命

名 UCS”选项卡中将新建的坐标系命名为“桌腿”，如图 7—65 所示。

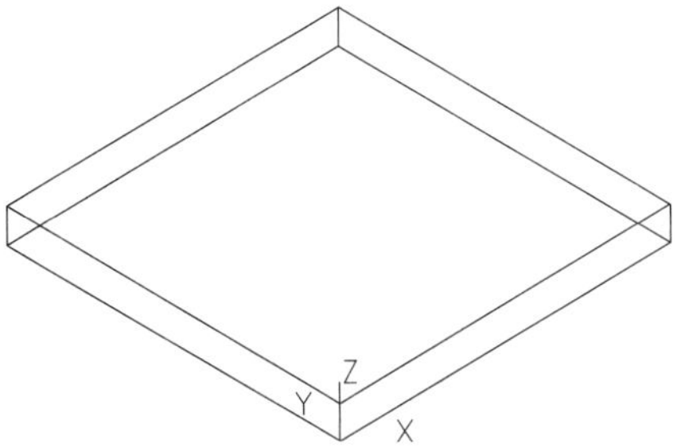

图 7—64　创建新坐标系“桌腿”

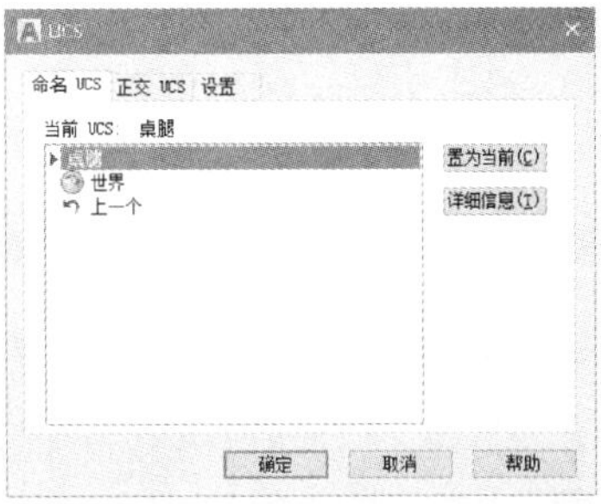

图 7—65　将新坐标系命名为“桌腿”

（2）绘制四个圆柱桌腿

单击“常用”→“建模”→“圆柱体”按钮，启动“圆柱体”命令，系统给出如下提示。

```
命令：_cylinder                                        //启动“圆柱体”命令，绘制左前方圆柱
指定底面的中心点或［三点(3P)/两点(2P)/相切、相切、半径(T)/椭圆(E)］：75,75
                                               //输入底圆的圆心坐标值“75,75”，按回车键
指定底面半径或［直径(D)］：25                          //输入底圆半径值“25”，按回车键
指定高度或［两点(2P)/轴端点(A)］<30.0000>：150
    //向下拖动光标，输入圆柱体高度值“150”，按回车键，绘制结果如图 7—66a 所示
命令：                                       //按回车键，重复“圆柱体”命令，绘制右前方圆柱
CYLINDER
指定底面的中心点或［三点(3P)/两点(2P)/相切、相切、半径(T)/椭圆(E)］：225,75
                                               //输入底圆的圆心坐标值“225,75”，按回车键
指定底面半径或［直径(D)］<25.0000>：                      //按回车键，采用默认半径值
指定高度或［两点(2P)/轴端点(A)］<-150.0000>：
                                   //按回车键，采用默认高度值，绘制结果如图 7—66b 所示
命令：                                       //按回车键，重复“圆柱体”命令，绘制左后方圆柱
CYLINDER
指定底面的中心点或［三点(3P)/两点(2P)/相切、相切、半径(T)/椭圆(E)］：75,225
                                               //输入底圆的圆心坐标值“75,225”，按回车键
指定底面半径或［直径(D)］<25.0000>：                      //按回车键，采用默认半径值
指定高度或［两点(2P)/轴端点(A)］<-150.0000>：
                                   //按回车键，采用默认高度值，绘制结果如图 7—66c 所示
```

命令：　　　　　　　　　　　　//按回车键，重复"圆柱体"命令，绘制右后方圆柱
CYLINDER
指定底面的中心点或[三点(3P)/两点(2P)/相切、相切、半径(T)/椭圆(E)]：225,225
　　　　　　　　　　　　//输入底圆的圆心坐标值"225,225"，按回车键
指定底面半径或[直径(D)]<25.0000>：　　　　//按回车键，采用默认半径值
指定高度或[两点(2P)/轴端点(A)]<-150.0000>：
　　　　　　　　　　　　//按回车键，采用默认高度值，绘制结果如图7—66d所示。

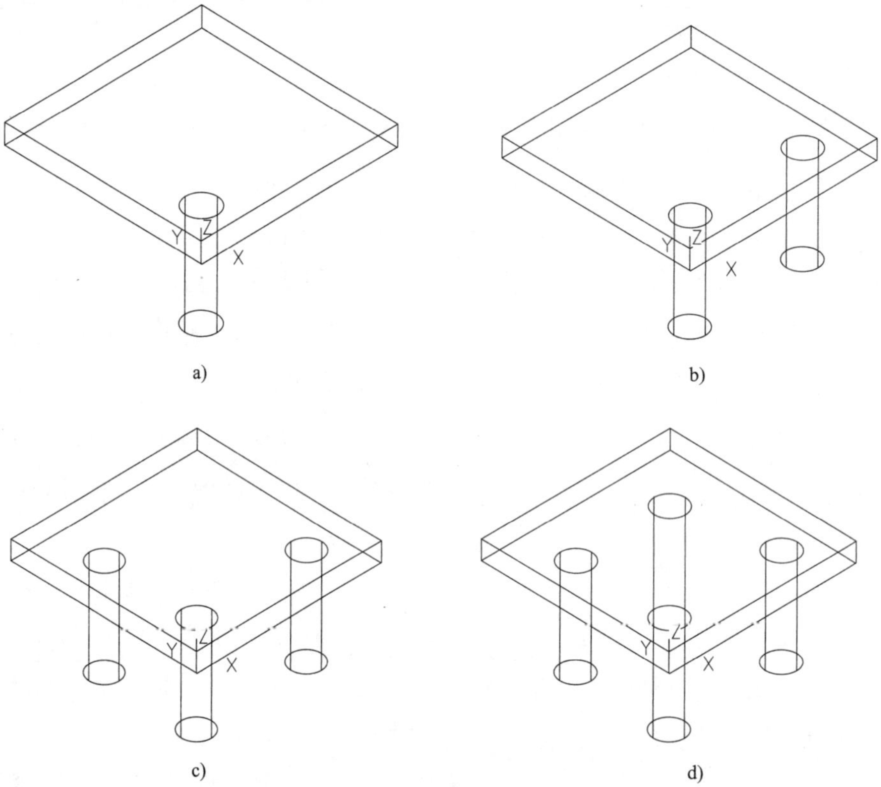

图7—66　绘制桌腿
a）绘制左前方圆柱体　b）绘制右前方圆柱体
c）绘制左后方圆柱体　d）绘制右后方圆柱体

单击"常用"→"视图"→"视觉样式"→"灰度"按钮，再单击导航栏的"自由动态观察"按钮，视图显示结果如图7—67所示。

5. 绘制球体

(1) 新建用户坐标系"球体"

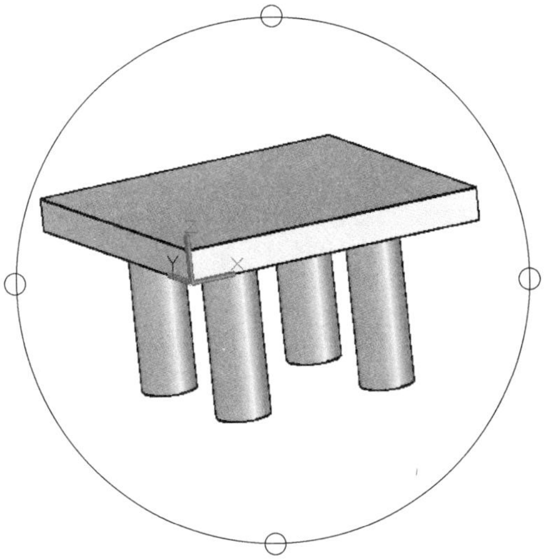

图 7—67　绘制桌腿后的"灰度"显示与自由动态观察

单击"常用"→"坐标"→"原点"按钮，创建一个用户坐标系，系统给出如下提示。

命令:_ucs　//启动"原点"命令
当前 UCS 名称:* 世界 *
指定 UCS 的原点或[面(F)/命名(NA)/对象(OB)/上一个(P)/视图(V)/世界(W)/X/Y/Z/Z 轴(ZA)]<世界>:_o
指定新原点<0,0,0>:　//捕捉长方体左、上、前顶点作为新坐标原点

新坐标系创建结果如图 7—68 所示。

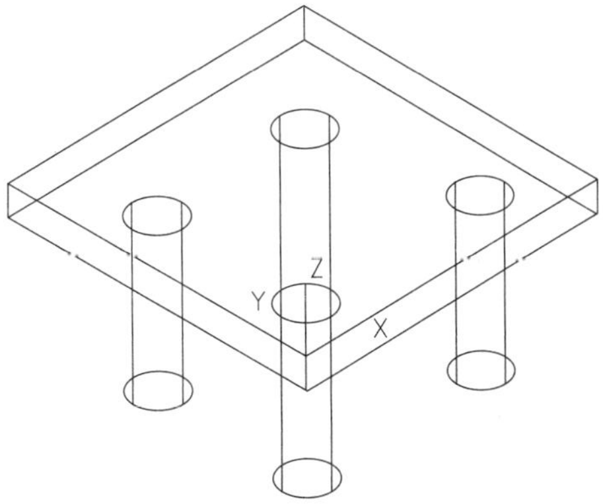

图 7—68　创建新坐标系"球体"

单击"常用"→"坐标"→"UCS，命名 UCS"按钮，打开"UCS"对话框，在"命名 UCS"选项卡中将新建的坐标系命名为"球体"，如图 7—69 所示。

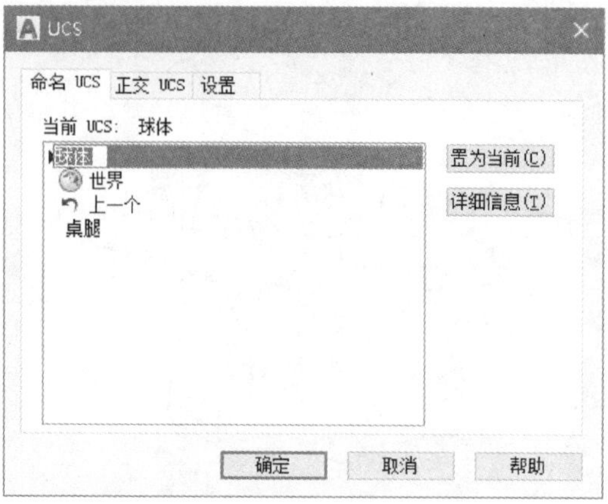

图 7—69　将新坐标系命名为“球体”

（2）绘制球体

单击“常用”→“建模”→“球体”按钮，启动“球体”命令，系统给出如下提示。

命令：_sphere　//启动“球体”命令

指定中心点或［三点(3P)/两点(2P)/切点、切点、半径(T)］：150,150

//输入球体中心点的坐标值“150,150”，并按回车键

指定半径或［直径(D)］<25.0000>：50　//输入球体半径值“50”，按回车键

绘制球体的结果如图 7—70 所示。

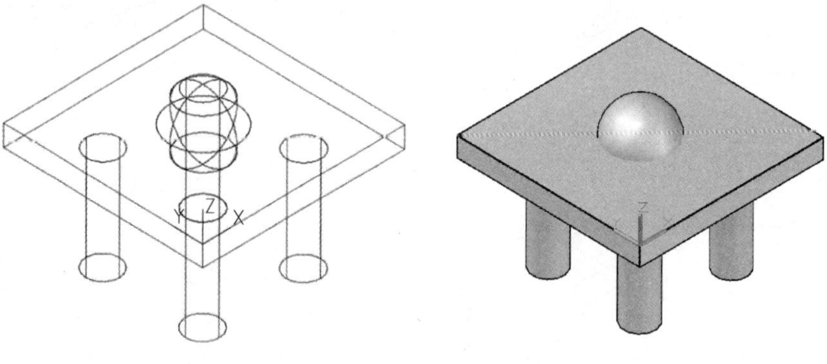

a)　b)

图 7—70　绘制球体

a)“二维线框”显示　b)“灰度”显示

6. 对形体进行布尔运算

（1）对桌腿与桌面进行并集运算

单击“常用”→“实体编辑”→“并集”按钮，将长方体与四个圆柱体合并为一个整

体（桌体）。如图 7—71 所示为桌体被选中后的效果，从图中可以看出，合并后的长方体和四个圆柱体是一个整体。

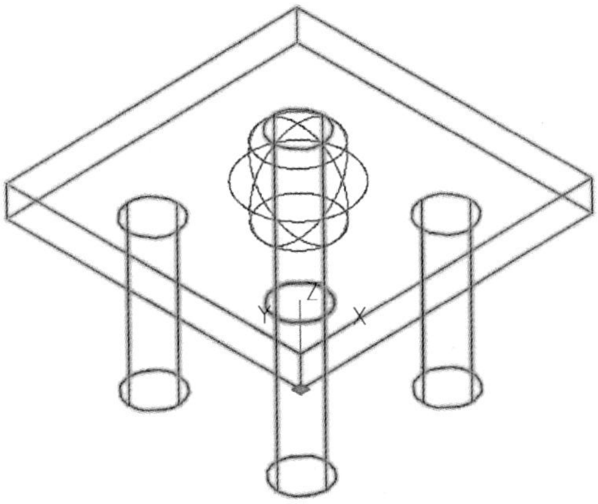

图 7—71　长方体与四个圆柱体作为一个整体被选中

（2）对桌面和球体进行差集运算

单击"常用"→"实体编辑"→"差集"按钮，启动"差集"命令，在长方体上切出球面孔，系统给出如下提示。

命令：_subtract 选择要从中减去的实体、曲面或面域...	//启动"差集"命令
选择对象：找到 1 个	//选择桌体
选择对象：	//按回车键，结束母体的选择
选择要减去的实体、曲面或面域...	
选择对象：找到 1 个	//选择球体
选择对象：	//按回车键，结束差体的选择

差集运算结果如图 7—72 所示。

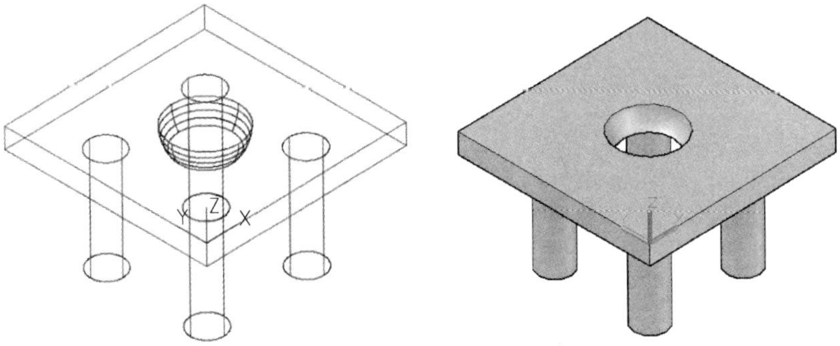

图 7—72　用"差集"命令绘制球面孔

a）"二维线框"显示　b）"灰度"显示

7. 对桌面倒圆角

单击“常用”→“修改”→“圆角”按钮，启动“圆角”命令，系统给出如下提示。

```
命令：_fillet                                                  //启动“圆角”命令
当前设置:模式＝修剪,半径＝0.0000
选择第一个对象或［放弃(U)/多段线(P)/半径(R)/修剪(T)/多个(M)］：
                                                              //选择 a 边(图 7—73)
输入圆角半径或[表达式(E)]:10                          //输入圆角半径值“10”,按回车键
选择边或［链(C)/环(L)/半径(R)］：                             //选择 b 边(图 7—73)
选择边或［链(C)/环(L)/半径(R)］：                             //选择 c 边(图 7—73)
选择边或［链(C)/环(L)/半径(R)］：                             //选择 d 边(图 7—73)
选择边或［链(C)/环(L)/半径(R)］：                             //按回车键,结束操作
```

倒圆角的结果如图 7—74 所示。

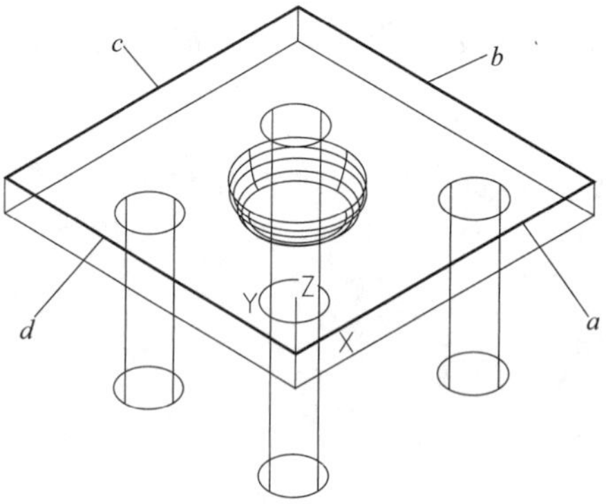

图 7—73 需要倒圆角的边

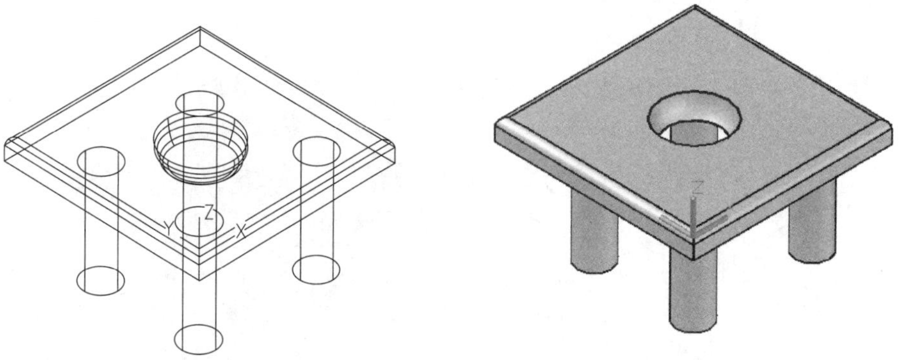

a) b)

图 7—74 倒圆角

a）“二维线框”显示 b）“灰度”显示

巩固练习

1. 按照图 7—75a 所示尺寸绘制图 7—75b 所示实体图。

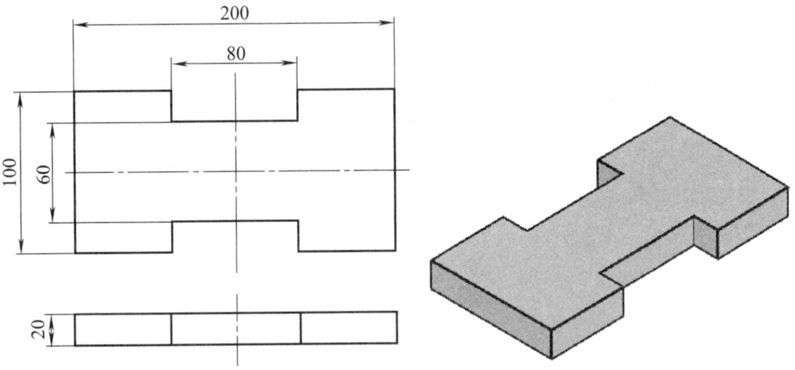

a)　　b)

图 7—75　绘制简单三维实体练习（一）

a）视图和尺寸　b）实体图

2. 按照图 7—76a 所示尺寸绘制图 7—76b 所示实体图。

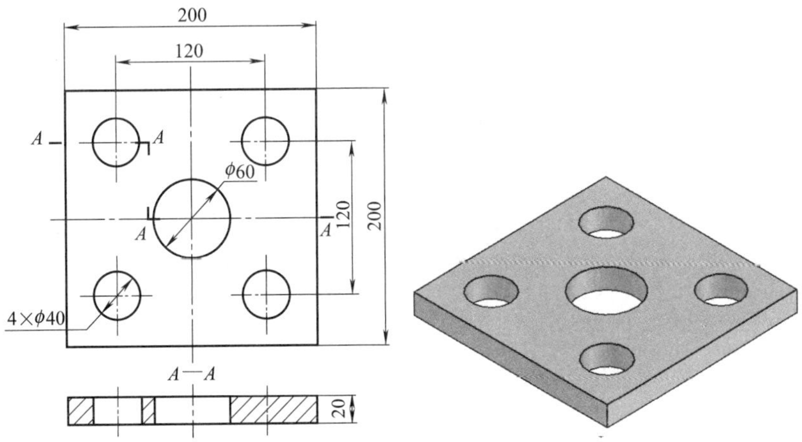

a)　　b)

图 7—76　绘制简单三维实体练习（二）

a）视图和尺寸　b）实体图

任务3　绘制复杂三维实体

学习目标

1. 掌握面域的创建方法。
2. 掌握利用拉伸与旋转操作构造三维实体的方法。
3. 掌握三维实体的倒角方法。
4. 掌握三维实体的阵列操作方法。

任务分析

在上一任务中具体介绍了常见基本几何体的绘制方法以及相关编辑操作命令，通过基本几何体的排列组合可以构造出比较复杂的三维实体。但是对于一些如图7—77所示的更复杂的三维实体，采用上述方法绘制显然非常麻烦，因此，AutoCAD系统提供了另外一种绘制三维实体的方法，即通过对二维封闭图形对象（如圆、矩形等）进行拉伸或旋转操作来构造三维实体。本任务将具体介绍“拉伸”和“旋转”命令的基础知识以及倒角、阵列等实体编辑方法，并通过绘制如图7—78所示实体掌握上述命令的应用方法。

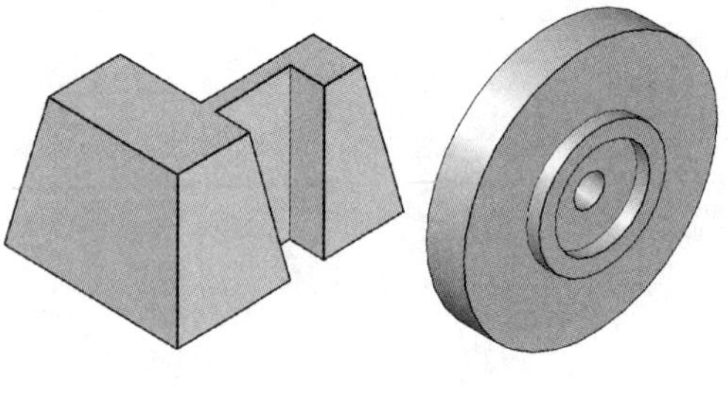

a)　　b)

图7—77　较复杂的三维实体

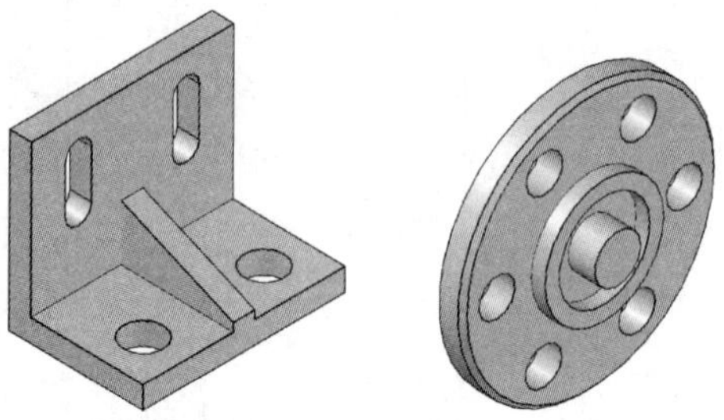

a)　　b)

图7—78　绘制复杂三维实体的实例

a）支架　b）法兰盘

相关知识

1. 面域

面域是用形成闭合环的对象创建的二维闭合区域。其中，闭合环可由多段线、圆、圆弧等对象围成，而且必须保证相邻对象间共享连接的端点。面域是一个单独的实体，具有面积、周长等几何特征，它与由多条线段组合而成的闭合图形有着本质的区别。一个面域可被理解为具有一定面积和形状的平面，而由多条线段组合成的图形只是一个闭合线框，不是一个面。

如果拉伸或旋转一个平面则会形成一个三维实体模型，若拉伸或旋转一个闭合线框则会形成一个三维曲面模型。

AutoCAD 2018 系统提供了在“三维建模”工作空间直接创建面域的命令。启动“面域”命令的方法主要有以下几种。

◇ 单击“常用”→“绘图”→“面域”按钮。

◇ 选择菜单栏“绘图”→“面域”命令。

◇ 在命令行输入“REGION”，按回车键。

例 1　按照图 7—79 所示图形和尺寸绘制平面图形，并利用“面域”命令创建一个面域。

（1）绘制图形

新建图形文件，图形样板选择“acadiso. dwt”，将工作空间设置为“三维建模”，视觉样式设置为“二维线框”，视觉方向设置为“俯视”。运用绘图命令绘制平面图形，如图 7—80 所示。

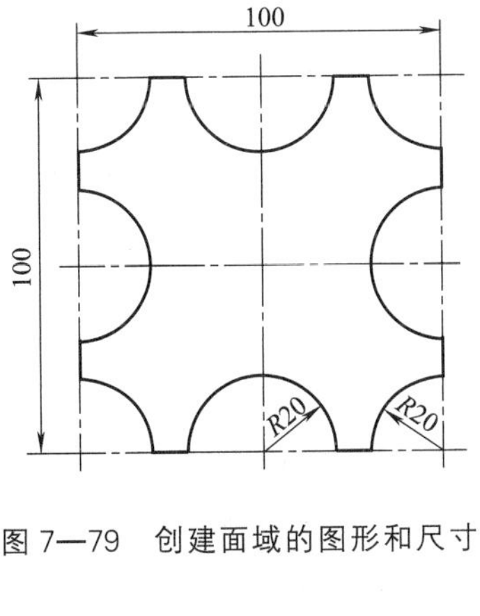

图 7—79　创建面域的图形和尺寸

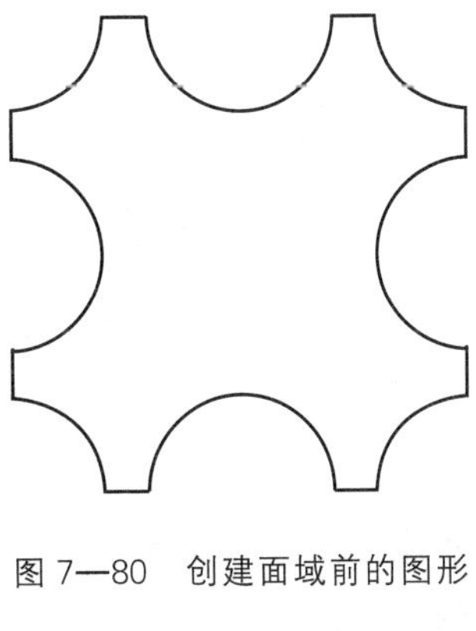

图 7—80　创建面域前的图形

（2）创建面域

单击“常用”→“绘图”→“面域”按钮，启动“面域”命令，系统给出如下提示。

```
命令:_region                                  //启动“面域”命令
选择对象:指定对角点:找到 16 个                //框选如图 7—80 所示图形
选择对象:                                     //按回车键,创建面域
已提取 1 个环。
已创建 1 个面域。                             //面域创建成功
```

此时已形成一个面（一个整体），在图形未被选中时，创建面域前后的显示效果是一样的。但是如果选中图形，则创建面域后的夹点相比创建面域前明显减少，如图 7—81 所示。

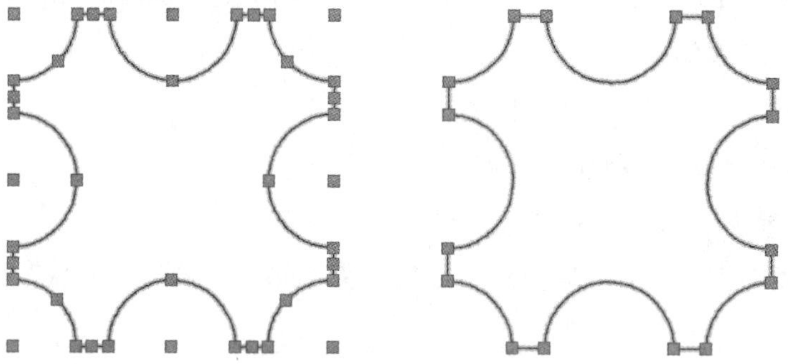

a)　　　　b)

图 7—81　图形创建面域前后的框选效果

a）创建面域前　b）创建面域后

2. 拉伸操作

拉伸操作是指将闭合的二维图形对象沿其所在平面的法线方向按指定的高度或路径进行拉伸。AutoCAD 2018 系统提供了直接进行拉伸操作的“拉伸”命令，它既可以用来拉伸面形成实体，也可以用来拉伸线框形成曲面。启动“拉伸”命令的方法主要有如下几种。

◇ 单击“常用”→“建模”→“拉伸”按钮。

◇ 选择菜单栏“绘图”→“建模”→“拉伸”命令。

◇ 在命令行输入“EXTRUDE”，按回车键。

例 2　按照图 7—82 所示图形，利用“拉伸”命令创建实体。

（1）绘制键底面的二维图形

新建图形文件，图形样板选择“acadiso. dwt”，将工作空间设置为“三维建模”，视觉

样式设置为“二维线框”，视觉方向设置为“俯视”。运用绘图命令绘制键底面的二维图形，如图 7—83 所示。

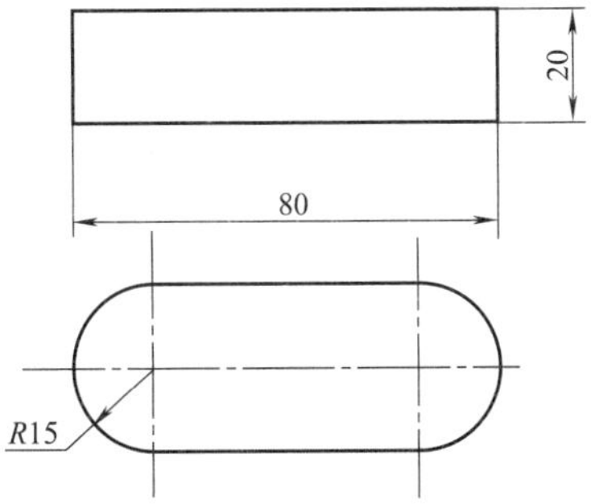

图 7—82　键

图 7—83　键底面的二维图形

（2）创建面域

单击“常用”→“绘图”→“面域”按钮，启动“面域”命令，框选图形，按回车键，完成面域创建。

提示　如果二维图形没有创建成面域，则拉伸出来的是三维曲面（图 7—84），而不是实体。

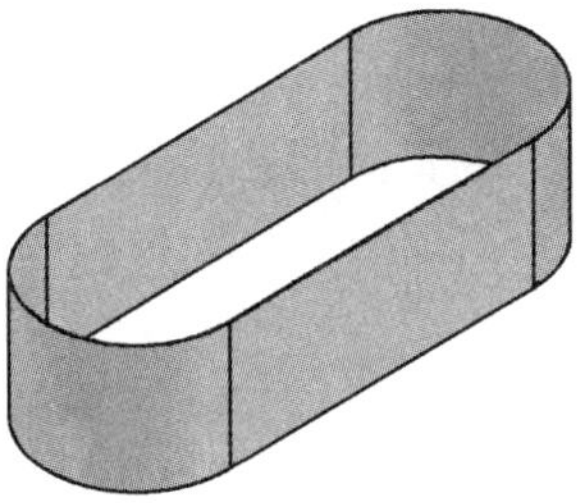

图 7—84　拉伸曲面

（3）切换视觉方向

将视觉方向切换为“西南等轴测”。

（4）拉伸实体

单击“常用”→“建模”→“拉伸”按钮，启动“拉伸”命令，系统给出如下提示。

命令：_extrude　　//启动“拉伸”命令

当前线框密度：ISOLINES=4，闭合轮廓创建模式 = 实体

选择要拉伸的对象或［模式(MO)］：_MO 闭合轮廓创建模式［实体(SO)/曲面(SU)］<实体>：_SO

选择要拉伸的对象或［模式(MO)］:找到 1 个 //选择图形
选择要拉伸的对象或［模式(MO)］: //按回车键，结束对象选择
指定拉伸的高度或［方向(D)/路径(P)/倾斜角(T)/表达式(E)］:20
//输入拉伸高度值“20”，按回车键

拉伸结果如图 7—85 所示。

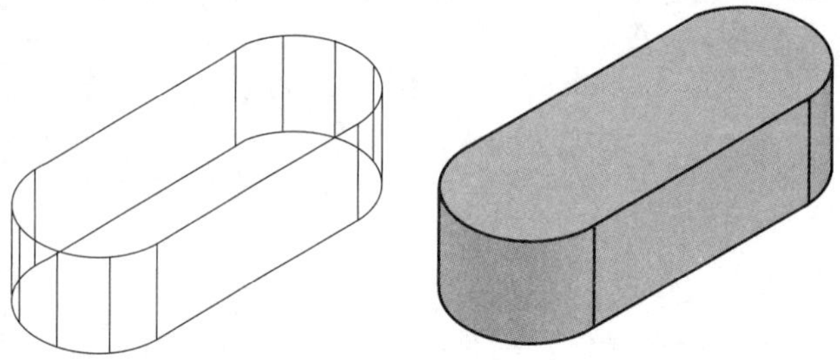

a) b)

图 7—85 拉伸结果

a)“二维线框”显示 b)“灰度”显示

命令行中常用选项的介绍如下。

◇ 指定拉伸的高度：用于输入拉伸高度，当输入正值时，沿拉伸平面法线正方向拉伸；当输入负值时，沿拉伸平面法线负方向拉伸。

◇ 倾斜角（T）：用于输入拉伸后实体的锥角值，当输入正值时，使面向实体内部锥化（图 7—86a）；当输入负值时，使面向实体外部锥化（图 7—86b）。

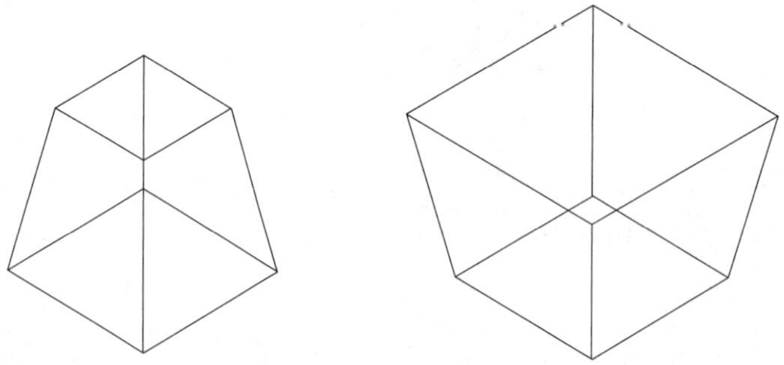

a) b)

图 7—86 倾斜角

a）正锥角 b）负锥角

3. 旋转操作

旋转操作是指将一个闭合的二维图形对象绕着一个轴旋转一定的角度。其中，旋转轴

可以是当前坐标系的 X 轴或 Y 轴，也可以是一个存在的直线对象，或是指定的两点之间的连线。AutoCAD 2018 系统提供了直接进行旋转操作的“旋转”命令，它既可以旋转平面来形成实体，也可以旋转线来形成曲面。启动“旋转”命令的方法主要有如下几种。

◇ 单击“常用”→“建模”→“旋转”按钮。

◇ 选择菜单栏“绘图”→“建模”→“旋转”命令。

◇ 在命令行输入“REVOLVE”，按回车键。

例 3　按照图 7—87 所示图形，利用“旋转”命令创建实体。

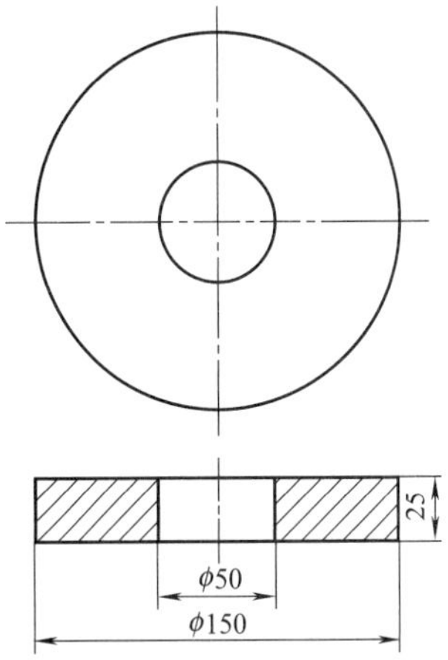

图 7—87　轮盘

（1）绘制矩形及旋转轴

新建图形文件，图形样板选择“acadiso. dwt”，将工作空间设置为“三维建模”，视觉样式设置为“二维线框”，视觉方向设置为“俯视”。绘制矩形及旋转轴，如图 7—88 所示。

（2）创建面域

启动“面域”命令，框选矩形，按回车键，完成面域创建。

（3）切换视觉方向

将视觉方向切换为“西南等轴测”，如图 7—89 所示。

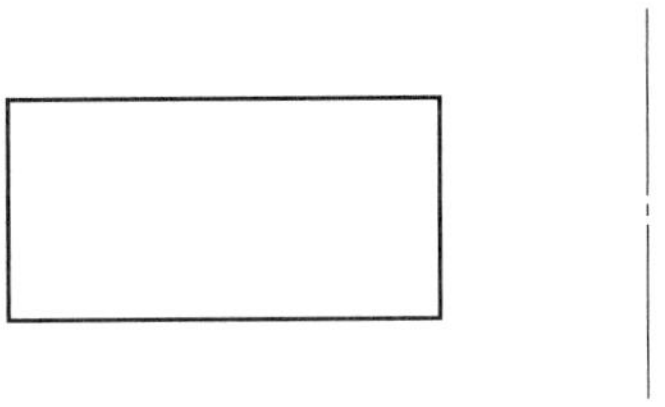
图 7—88　矩形及旋转轴

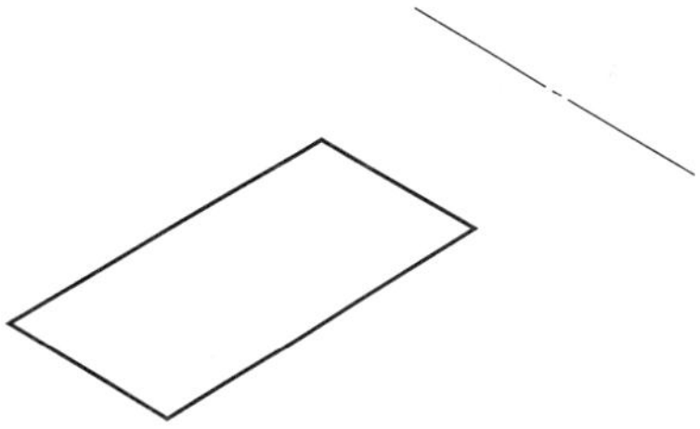
图 7—89　切换矩形及旋转轴的视觉方向

（4）旋转建模

单击“常用”→“建模”→“旋转”按钮，启动“旋转”命令，系统给出如下提示。

命令：_revolve　　//启动“旋转”命令

当前线框密度：ISOLINES=4，闭合轮廓创建模式 = 实体

选择要旋转的对象或［模式（MO）］：_MO 闭合轮廓创建模式［实体（SO）/曲面（SU）］＜实体＞：_SO

选择要旋转的对象或［模式（MO）］：指定对角点：找到 1 个

//选择矩形面域（图 7—89）

选择要旋转的对象或[模式(MO)]：　　//按回车键，结束对象选择
指定轴起点或根据以下选项之一定义轴 [对象(O)/X/Y/Z] <对象>：
　　//捕捉轴线的一个端点(图 7—89)，单击鼠标左键
指定轴端点：　　//捕捉轴线的另一个端点(图 7—89)，单击鼠标左键
指定旋转角度或 [起点角度(ST)/反转(R)/表达式(EX)]<360>：
　　//按回车键，采用默认值

旋转结果如图 7—90 所示。

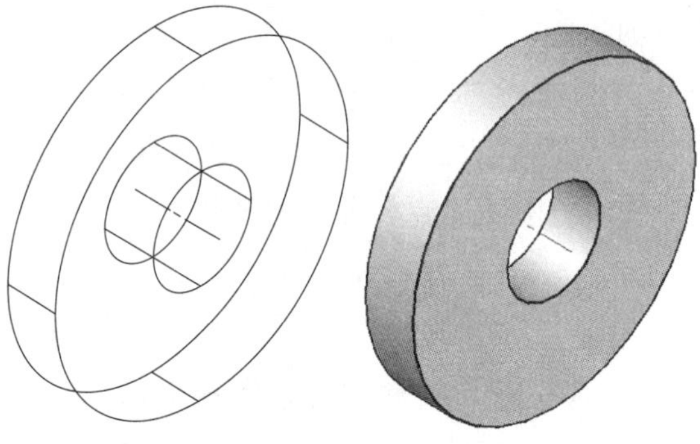

a)　　b)

图 7—90　旋转结果

a)“二维线框”显示　b)“灰度”显示

命令行中的“对象（O）”是系统的默认选项，用于通过指定两个点来确定旋转轴，轴的正方向是由第一个选择点指向第二个选择点。

4. 三维实体倒角

三维实体倒角是指对三维实体的棱边修倒角，使两相邻表面之间生成一个平坦的过渡面。AutoCAD 2018 系统提供了直接进行倒角操作的“倒角”命令。启动三维实体“倒角”命令的方法主要有如下几种。

◇ 单击“常用”→“修改”→“倒角”按钮。

◇ 选择菜单栏“修改”→“倒角”命令。

◇ 在命令行输入“CHAMFER”，按回车键。

例 4　按照图 7—91 所示图形绘制长方体，并利用“倒角”命令对实体进行倒角。

（1）绘制长方体

新建图形文件，图形样板选择“acadiso. dwt”，将工作空间设置为“三维建模”，视觉样式设置为“二维线框”，坐标系设置为世界坐标系，视觉方向设置为“西南等轴测”。启动“长方体”命令绘制长方体，如图 7—92 所示。

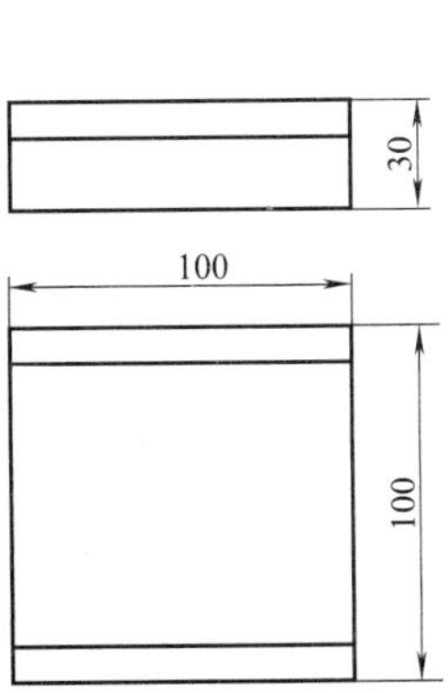

图 7—91　倒角方板

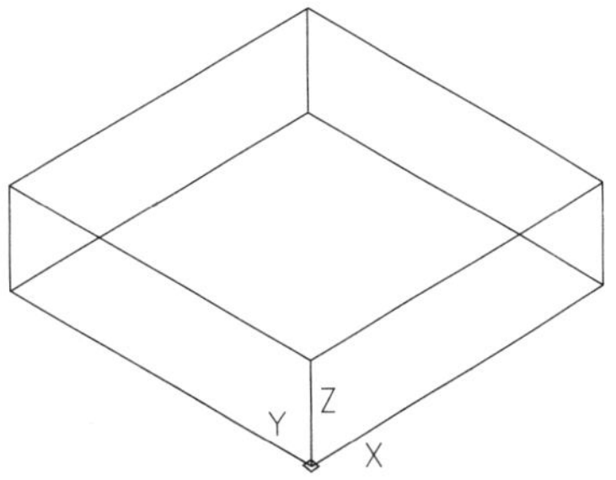

图 7—92　绘制长方体

（2）倒角

单击“常用”→“修改”→“倒角”按钮，启动“倒角”命令，系统给出如下提示。

命令：_chamfer　　//启动“倒角”命令

（“修剪”模式）当前倒角距离 1＝5.0000，距离 2＝5.0000

选择第一条直线或［放弃(U)/多段线(P)/距离(D)/角度(A)/修剪(T)/方式(E)/多个(M)］：　　//单击前上方的棱边，长方体的前面高亮显示(图 7—93a)

基面选择...

输入曲面选择选项［下一个(N)/当前(OK)］＜当前(OK)＞：N

//输入“N”，按回车键，切换到下一个基准面，此时长方体的上面高亮显示(图 7—93b)

输入曲面选择选项［下一个(N)/当前(OK)］＜当前(OK)＞：

//按回车键，确定长方体的上面为基准面

指定基面倒角距离或［表达式(E)］：10　　//输入倒角距离“10”，并按回车键

指定其他曲面倒角距离或［表达式(E)］＜10.0000＞：

//按回车键，采用系统默认值“10”

选择边或［环(L)］：　　//选择前上方的棱边

选择边或［环(L)］：　　//选择后上方的棱边

选择边或［环(L)］：　　//按回车键，结束操作

倒角结果如图 7—94 所示。

提示

实体的棱边是两个面的交线，当第一次选择棱边时，系统会高亮显示其中一个面，这个面代表倒角基准面，用户可通过“下一个（N）”选项使另一个表面为倒角的基准面。此外，当命令行中提示“选择边或［环(L)］：”时，只有基准面内的棱边才能被选择倒角。

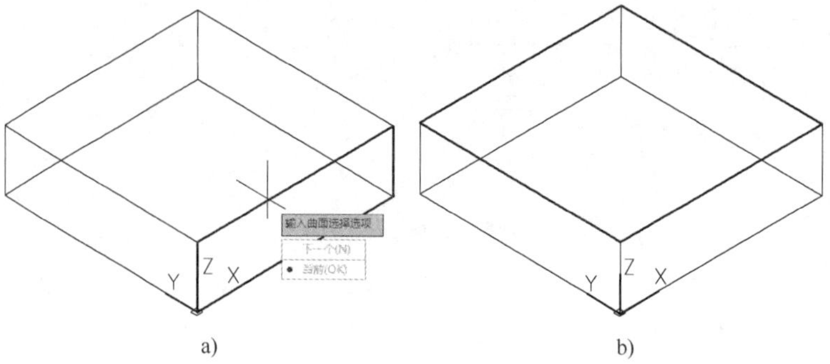

图 7—93　选择基准面

a）长方体的前面作为第一基准面　b）长方体的上面作为第二基准面

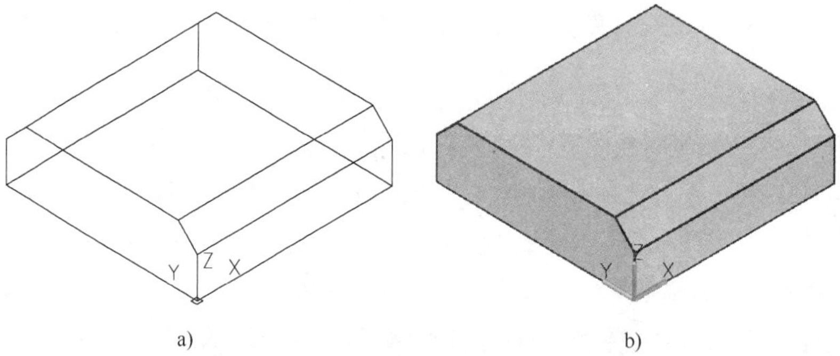

图 7—94　长方体倒角后的结果

a）“二维线框”显示　b）“灰度”显示

5. 三维实体的阵列操作

三维阵列与二维阵列非常相似，三维阵列也包括矩形阵列和环形阵列。对于矩形阵列，需要指定阵列的行数、列数、层数和对象相互之间的距离。对于环形阵列，需要指定阵列对象的旋转轴、要复制对象的数目以及阵列的包角。启动三维“矩形阵列”命令的方法主要有以下几种。

◇ 单击“常用”→“修改”→“矩形阵列”按钮。

◇ 选择菜单栏“修改”→“三维操作”→“三维阵列”命令。

◇ 在命令行输入“ARRAYRECT”，按回车键。

例 5　根据图 7—95 所示图形和尺寸创建实体，其中的小长方体利用“矩形阵列”命令创建。

（1）绘制大长方体

新建图形文件，图形样板选择“acadiso. dwt”，将工作空间设置为“三维建模”，视觉

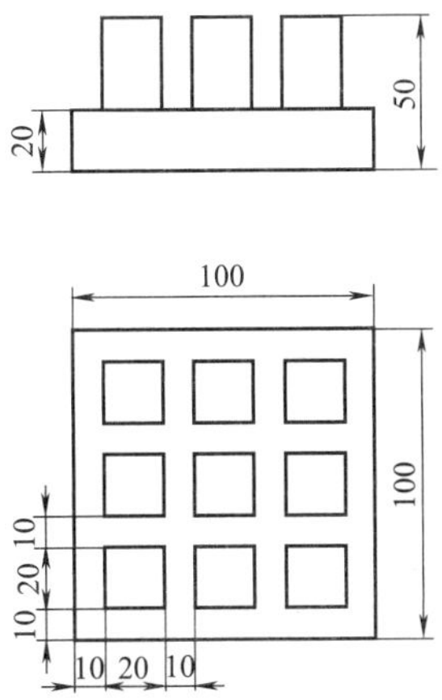

图 7—95　矩形阵列练习

样式设置为“二维线框”，坐标系设置为世界坐标系，视觉方向设置为“西南等轴测”。启动“长方体”命令绘制大长方体，如图 7—96 所示。

(2) 创建用户坐标系

单击“常用”→“坐标”→“原点”按钮，创建用户坐标系，如图 7—97 所示。

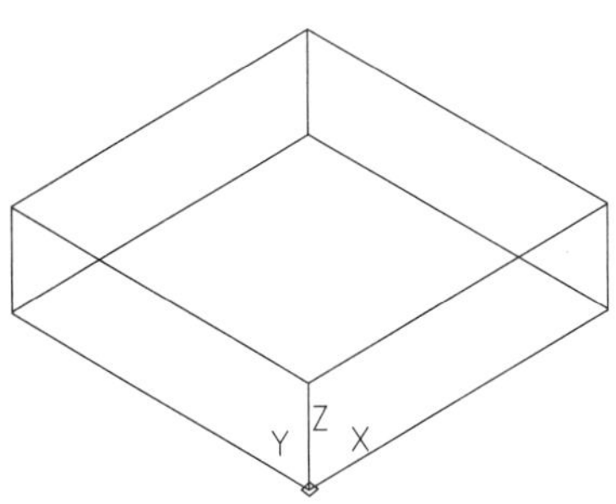

图 7—96　绘制大长方体

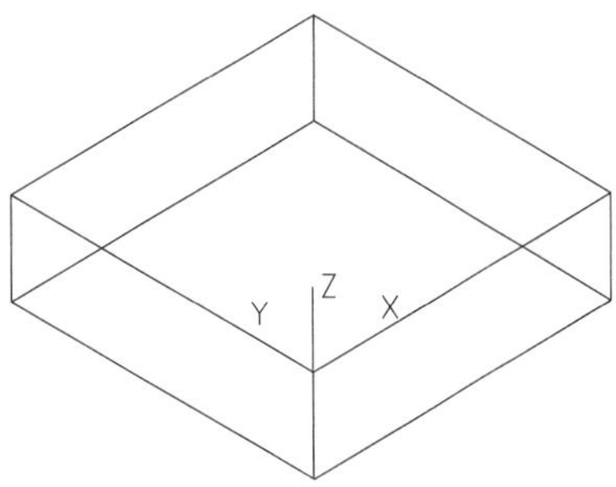

图 7—97　创建用户坐标系

(3) 绘制左前方小长方体

单击“常用”→“建模”→“长方体”按钮，启动“长方体”命令，系统给出如下提示。

```
命令:_box                                        //启动“长方体”命令
指定第一个角点或[中心(C)]:10,10,0                //输入第一个角点的坐标,按回车键
指定其他角点或[立方体(C)/长度(L)]:@20,20,30
                                                 //输入另一个角点的相对坐标,按回车键
```

小长方体的绘制结果如图 7—98 所示。

(4) 阵列其他小长方体

单击“常用”→“修改”→“矩形阵列”按钮，启动“矩形阵列”命令，选择小长方

体，按回车键，图形显示如图 7—99 所示。同时，在功能区弹出“阵列创建”对话框，如图 7—100 所示。在对话框“列”区域的“列数”文本框填写“3”，“介于”文本框填写列间距“30”；在“行”区域的“行数”文本框填写“3”，“介于”文本框填写行间距“30”；“层级”区域的“级别”文本框采用默认值“1”。填写完毕，单击“关闭阵列”按钮，阵列结果如图 7—101 所示。

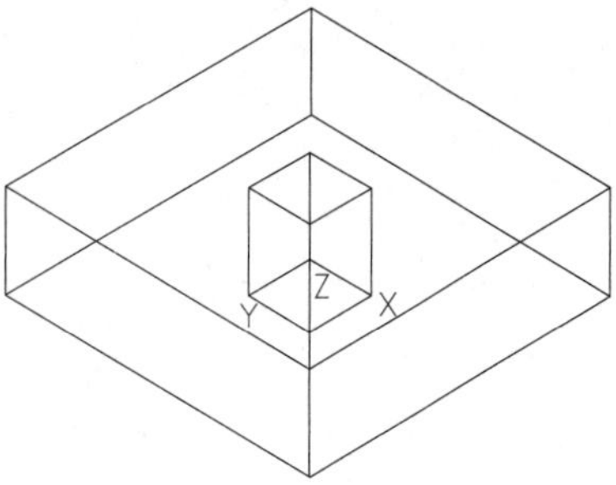

图 7—98　绘制小长方体

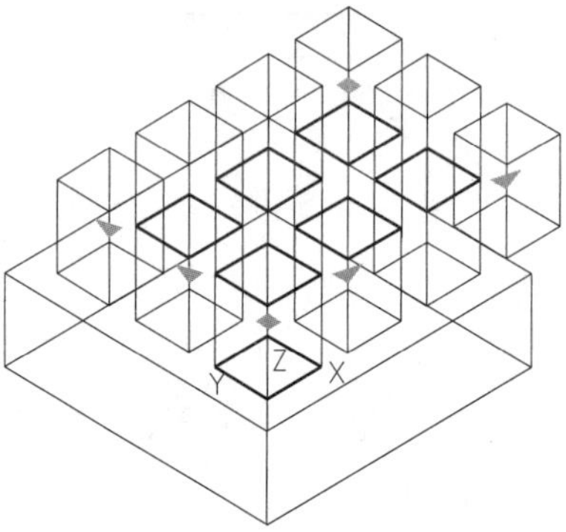

图 7—99　启动“矩形阵列”命令后的显示

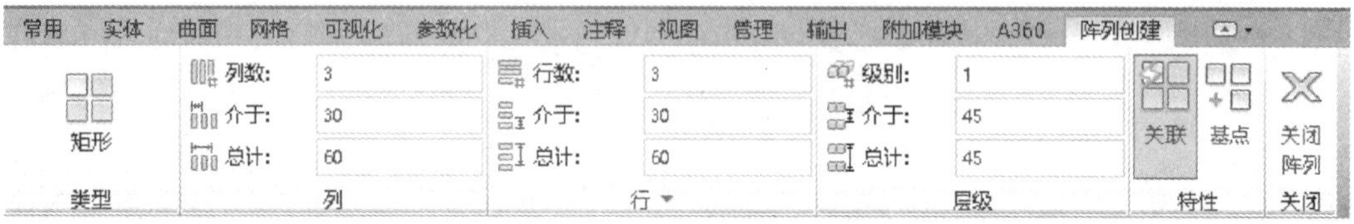

图 7—100　“阵列创建”对话框

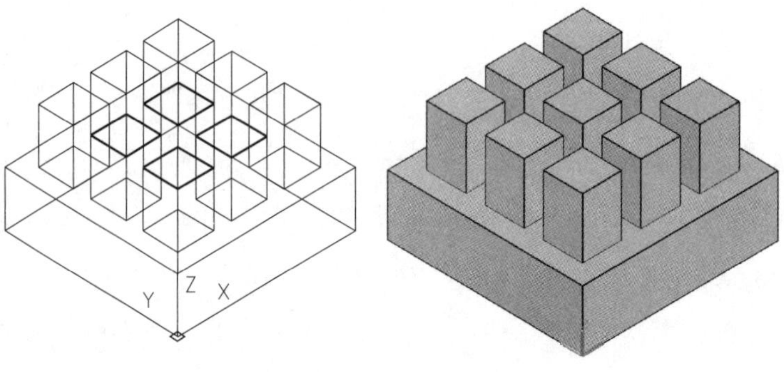

a)　b)

图 7—101　小长方体的矩形阵列结果

a)“二维线框”显示　b)“灰度”显示

提示

在“阵列创建”对话框中的“介于”文本框中输入的列间距或行间距是指实体间对应面之间的距离（如第一个实体的前面和第二个实体的前面之间的距离），不是实体间的间隔距离。

实践操作

实训 4

实训要求：

针对本任务介绍的知识点，熟练掌握 AutoCAD 2018 中面域的创建、拉伸、倒角等操作方法。

实训任务：

根据图 7—102 所示支架的结构及尺寸绘制三维实体。

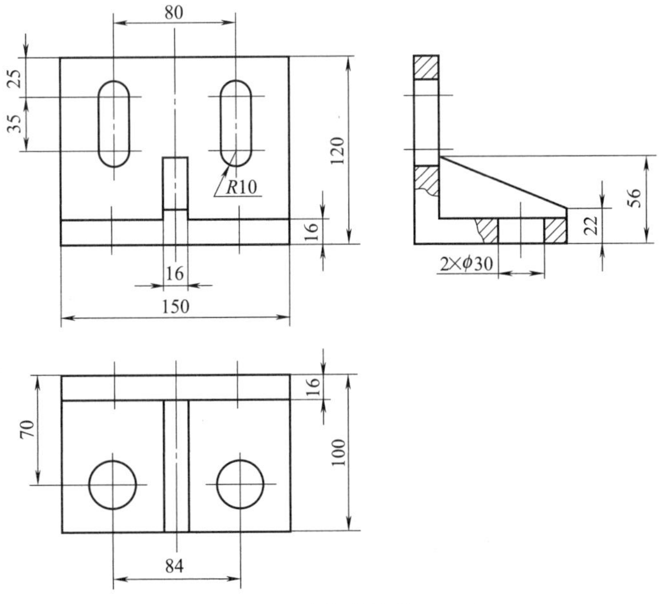

图 7—102 支架的结构及尺寸

1. **分析形体**

该形体由底板、立板和肋板三部分组成，底板上有两个 $\phi 30$ mm 的圆孔，立板上有两个键槽孔，如图 7—103 所示。

操作演示

2. **新建图形文件**

新建图形文件，图形样板选择“acadiso. dwt”，将工作空间设置为“三维建模”，视觉样式设置为“二维线框”。

3. 创建底板实体

（1）绘制二维图形

将视觉方向设置为“俯视”，绘制底板底平面的二维图形，如图 7—104 所示。

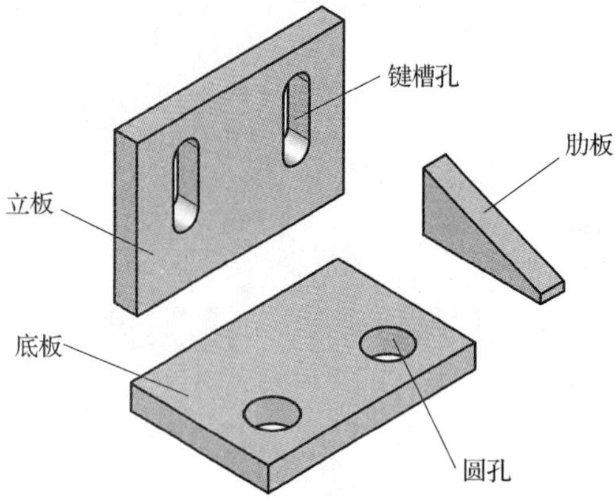

图 7—103　支架的形体分析

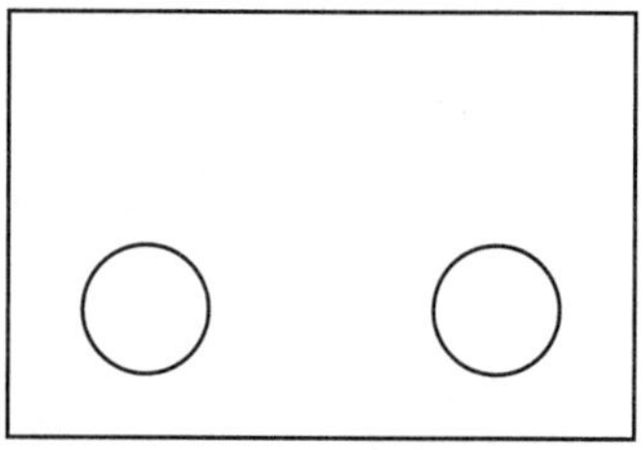

图 7—104　底板底平面

（2）创建面域

单击“常用”→“绘图”→“面域”按钮，启动“面域”命令，系统给出如下提示。

```
命令:_region                                   //启动"面域"命令
选择对象:指定对角点:找到 6 个                   //框选图形(图 7—104)
选择对象:                                      //按回车键,结束操作
已提取 3 个环。
已创建 3 个面域。
```

面域创建结果如图 7—105 所示。

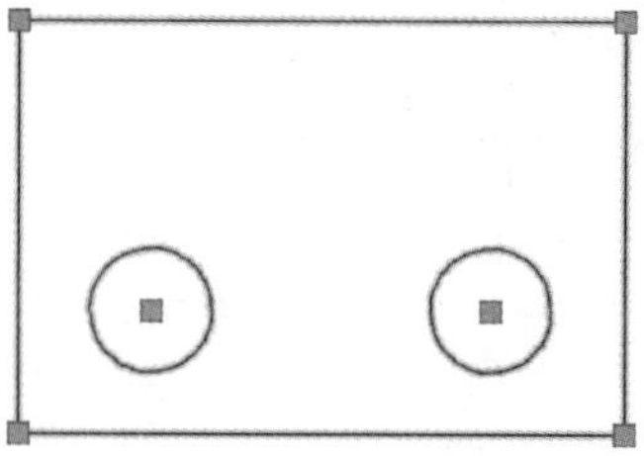

图 7—105　创建面域

（3）拉伸底板

将视觉方向切换为“西南等轴测”，单击“常用”→“建模”→“拉伸”按钮，启动“拉伸”命令，拉伸图 7—105 所示平面，系统给出如下提示。

命令:_extrude　//启动"拉伸"命令
当前线框密度:ISOLINES=4,闭合轮廓创建模式 = 实体
选择要拉伸的对象或 [模式(MO)]:_MO 闭合轮廓创建模式 [实体(SO)/曲面(SU)] <实体>:_SO
选择要拉伸的对象或[模式(MO)]:指定对角点:找到 3 个
//框选 3 个面域(图 7—105)
选择要拉伸的对象或[模式(MO)]:　//按回车键,结束拉伸对象选择
指定拉伸的高度或 [方向(D)/路径(P)/倾斜角(T)/表达式(E)]:16
//输入拉伸高度值"16",按回车键

拉伸底板结果如图 7—106 所示。

提示　此时拉伸出的实体为长方体和两个圆柱体,使用"差集"命令可以得到圆柱孔。

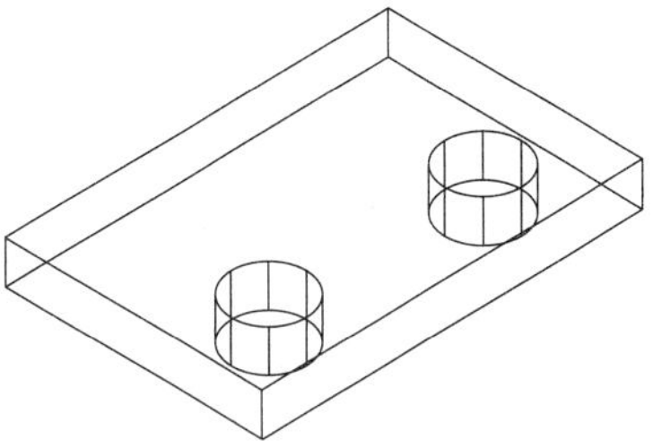

图 7—106　拉伸底板结果

4. 创建立板实体

(1) 切换视觉方向

将视觉方向切换为"前视",如图 7—107 所示。

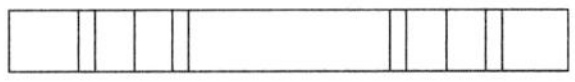

图 7—107　前视方向显示图形

(2) 绘制立板前视图

在适当位置绘制立板前视方向的二维图形,如图 7—108 所示。

(3) 创建面域

启动"面域"命令,将图 7—108 中立板的二维线框创建成面域,结果如图 7—109 所示。

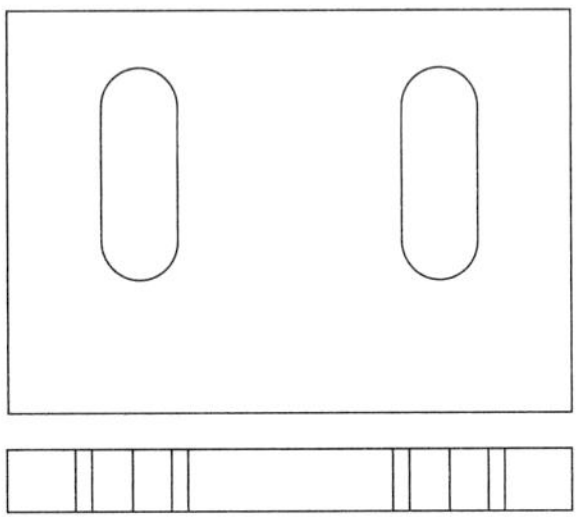

图 7—108　绘制立板前视图

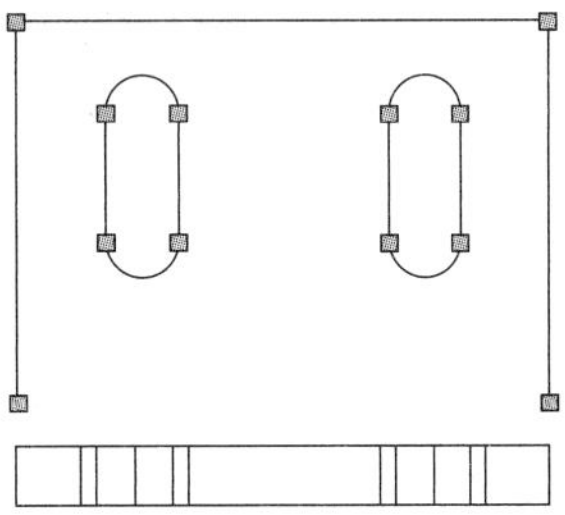

图 7—109　创建立板的面域

(4) 拉伸立板

将视觉方向切换为"西南等轴测",启动"拉伸"命令,拉伸立板平面,系统给出如下提示。

命令:_extrude　//启动"拉伸"命令
当前线框密度:ISOLINES=4,闭合轮廓创建模式 = 实体

选择要拉伸的对象或［模式(MO)］:_MO 闭合轮廓创建模式［实体(SO)/曲面(SU)］<实体>:_SO

选择要拉伸的对象或[模式(MO)]:指定对角点:找到 3 个

//框选立板平面图的面域(图 7—109)

选择要拉伸的对象或[模式(MO)]: //按回车键,结束对象选择

指定拉伸的高度或［方向(D)/路径(P)/倾斜角(T)/表达式(E)］:16

//输入拉伸高度值“16”,并按回车键

拉伸立板结果如图 7—110 所示。此时拉伸出的实体为长方体和两个键形体，使用“差集”命令可以得到键槽孔。

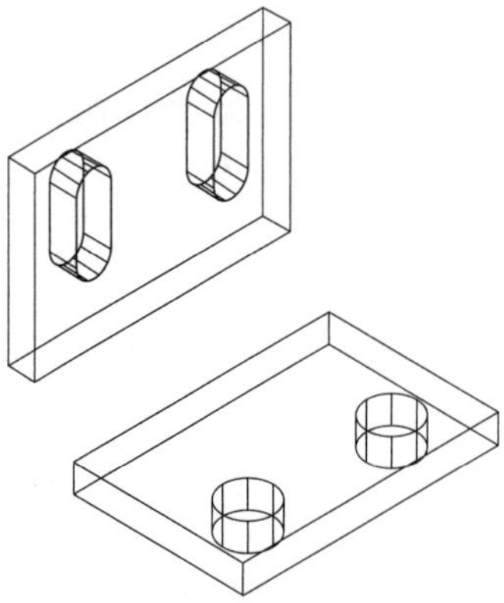

图 7—110 拉伸立板结果

提示 在切换视觉方向时，如发现立板平面图与底板重叠（图 7—111a)，可以使用“移动”命令将立板平面图移开，如图 7—111b 所示。

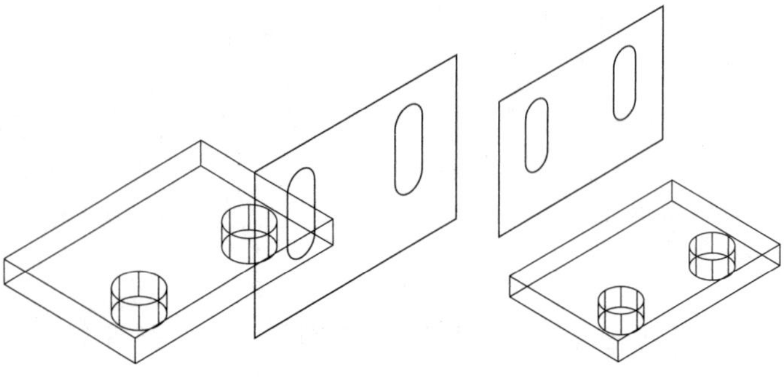

a) b)

图 7—111 移动立板平面图

a) 立板平面图与底板重叠 b) 移动立板平面图结果

5. 移动立板

单击“常用”→“修改”→“移动”按钮，启动“移动”命令，将立板移动到底板上，系统给出如下提示。

```
命令:_move                                              //启动“移动”命令
选择对象:指定对角点:找到 3 个                          //框选立板及其上键形体(图 7—110)
选择对象:                                               //按回车键,结束操作
指定基点或[位移(D)]<位移>:                              //捕捉 A 点(图 7—112)
指定第二个点或<使用第一个点作为位移>:                   //捕捉 B 点(图 7—112)
```

移动立板结果如图 7—113 所示。

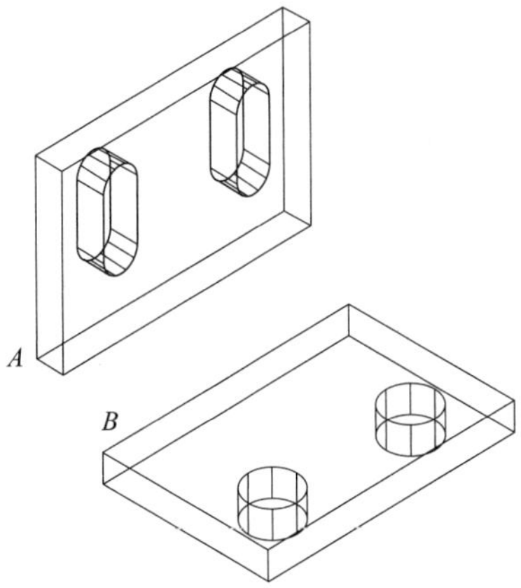

图 7—112　捕捉立板上的基点和底板上的目标点

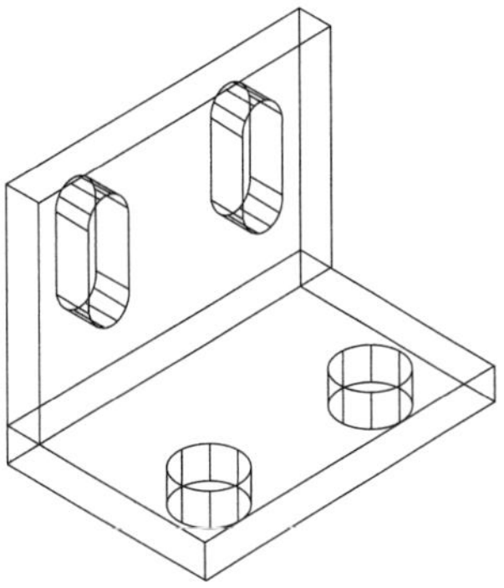

图 7—113　移动立板结果

6. 创建肋板实体

（1）切换视觉方向

将视觉方向切换为“左视”，如图 7—114 所示。

（2）绘制肋板左视图

在适当位置绘制肋板左视方向的二维图形，如图 7—115 所示。

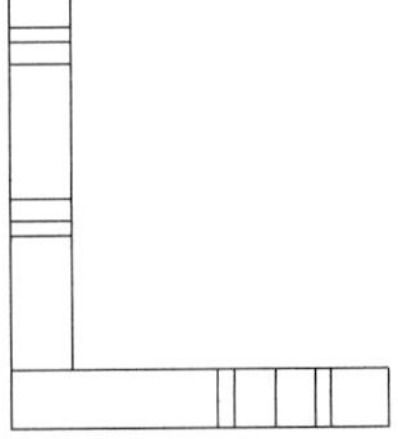

图 7—114　左视方向显示图形

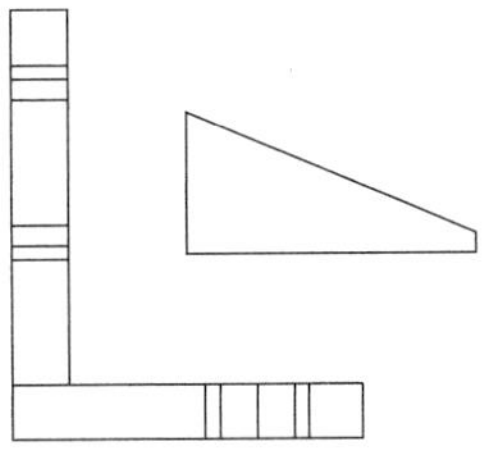

图 7—115　绘制肋板左视图

（3）创建面域

启动“面域”命令，将图 7—115 所示肋板的左视图创建成面域，结果如图 7—116 所示。

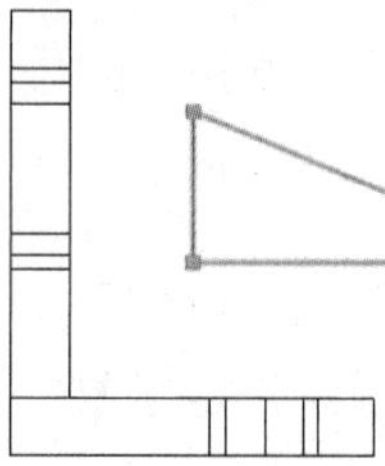

图 7—116 创建肋板面域

（4）切换视觉方向

将视觉方向切换为“西南等轴测”，将肋板面域移动到适当位置，如图 7—117 所示。

（5）拉伸肋板

启动“拉伸”命令，选择肋板面域，拉伸成肋板实体，结果如图 7—118 所示。

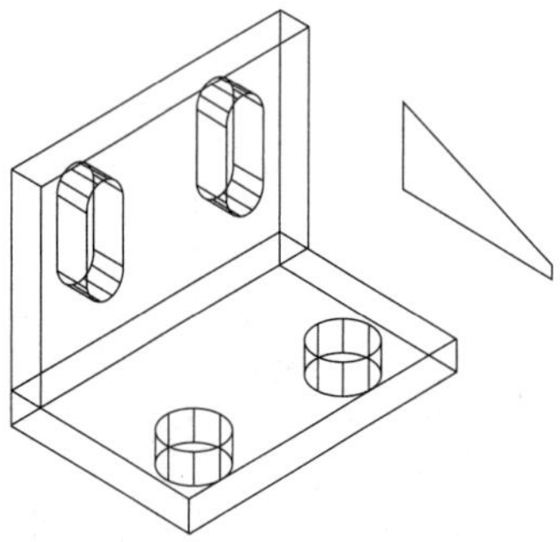

图 7—117 “西南等轴测”显示的肋板面域

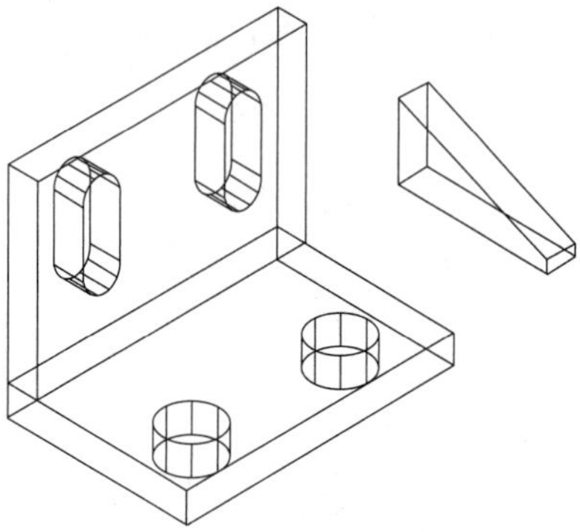

图 7—118 拉伸肋板

7. 移动肋板

单击“常用”→“修改”→“移动”按钮 ✥，启动“移动”命令，将肋板移动到已创建的形体上，系统给出如下提示。

```
命令:_move                                          //启动“移动”命令
选择对象:指定对角点:找到 1 个                          //选择肋板实体
选择对象:                                           //按回车键,结束操作
指定基点或[位移(D)]<位移>:
                  //捕捉肋板下前棱线的中点作为移动的基点(图 7—119a)
指定第二个点或<使用第一个点作为位移>:
        //移动光标,捕捉底板上前棱线的中点作为移动的目标点(图 7—119b),
          单击鼠标左键完成移动
```

移动肋板结果如图 7—120 所示。

8. “差集”孔

单击“常用”→“实体编辑”→“差集”按钮 ⓪，启动“差集”命令，在底板和立板上

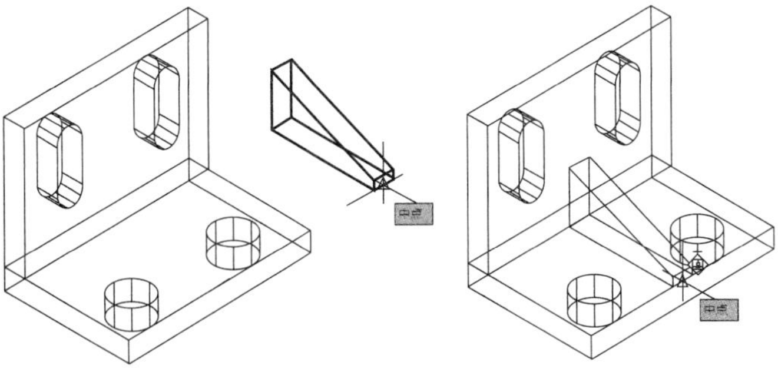

a)　　　　b)

图 7—119　捕捉基点和目标点

a）捕捉基点　b）捕捉目标点

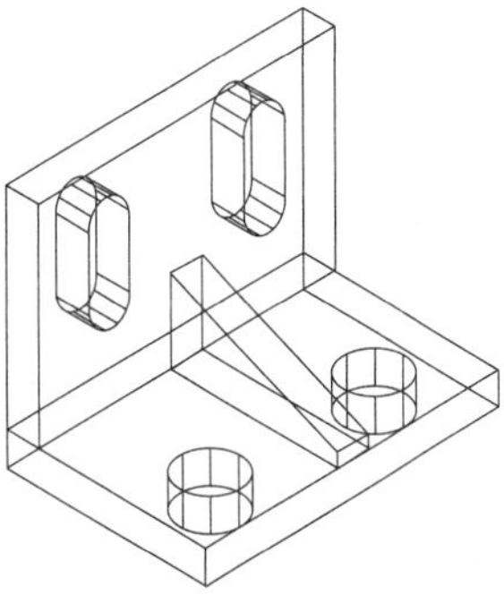

图 7—120　移动肋板结果

分别切出圆柱孔和键槽孔，系统给出如下提示。

```
命令:_subtract 选择要从中减去的实体、曲面和面域...          //启动“差集”命令
选择对象:指定对角点:找到 2 个                               //选择底板和立板
选择对象:                                                   //按回车键,结束母体的选择
选择要减去的实体、曲面和面域...
选择对象:找到 1 个                                          //选择立板上某一侧的键形体
选择对象:找到 1 个,总计 2 个                                //选择立板上另一侧的键形体
选择对象:找到 1 个,总计 3 个                                //选择底板上某一侧的圆柱体
选择对象:找到 1 个,总计 4 个                                //选择底板上另一侧的圆柱体
选择对象:                                                   //按回车键,结束对象的选择
```

差集运算的结果如图 7—121 所示。从图中可以看出，此时底板和立板已经自动“并集”在一起。

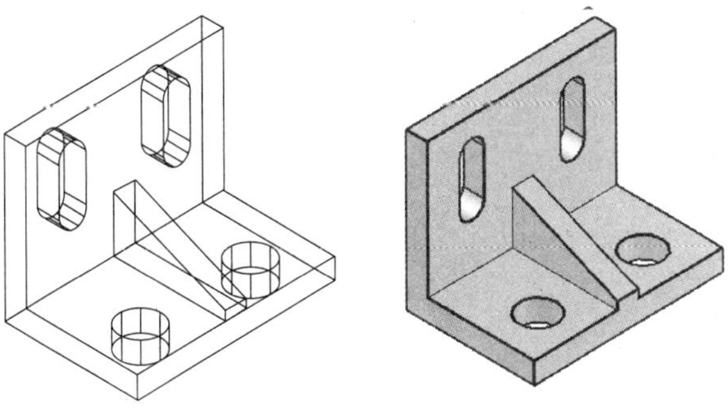

a)　　　　b)

图 7—121　“差集”孔

a）“二维线框”显示　b）“灰度”显示

9. “并集”肋板

单击“常用”→“实体编辑”→“并集”按钮，启动“并集”命令，框选全部形体，按回车键，并集结果如图 7—122 所示。至此，本任务完成。

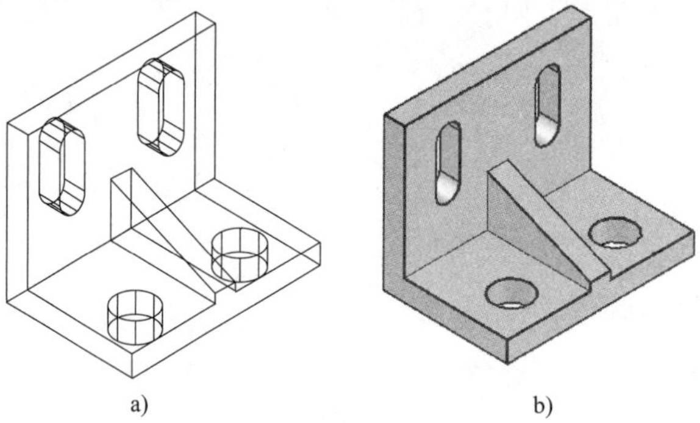

图 7—122　将肋板“并集”到实体上

a）“二维线框”显示　.b）“灰度”显示

提示　本例中，如果进行差集运算时选择底板、立板和肋板作为母体，则执行“差集”命令后，三个实体会自动并集在一起，此时可省略并集操作。

实训 5

实训要求：

针对本任务介绍的知识点，熟练掌握 AutoCAD 2018 中的旋转操作、阵列操作以及倒角操作。

实训任务：

根据图 7—123 所示盘盖的结构及尺寸绘制三维实体。

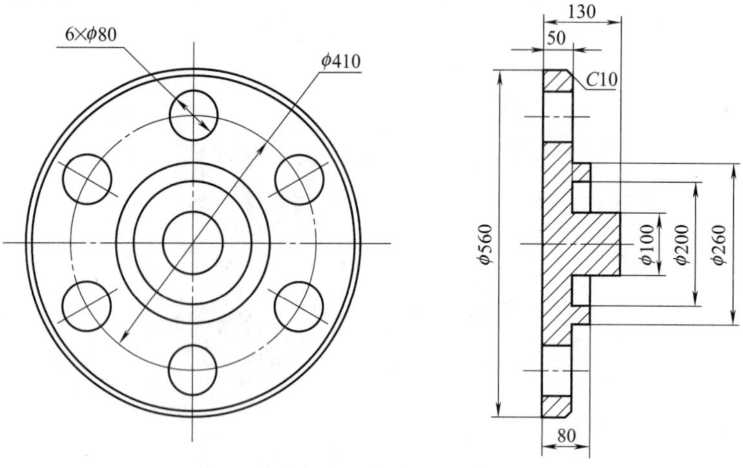

图 7—123　盘盖的结构及尺寸

1. 分析形体

该形体为盘类零件，主要形体为回转体，由 ϕ560 mm 圆盘、环状套和 ϕ100 mm 圆柱组成。在回转体上有 6×ϕ80 mm 孔和 C10 mm 倒角。回转体部分可用“旋转”命令创建实体，然后绘制 6×ϕ80 mm 圆柱孔，最后用“倒角”命令绘制 C10 mm 倒角。

操作演示

2. 新建图形文件

新建图形文件，图形样板选择“acadiso.dwt”，将工作空间设置为“三维建模”，视觉样式设置为“二维线框”。

3. 创建回转体

（1）绘制二维图形

将视觉方向设置为“左视”，绘制回转体的旋转平面，其图形及尺寸如图 7—124 所示。

（2）创建面域

启动“面域”命令，将图 7—124 所示平面创建成一个面域，结果如图 7—125 所示。

（3）切换视觉方向

将视觉方向切换为“西南等轴测”，图形显示如图 7—126 所示。

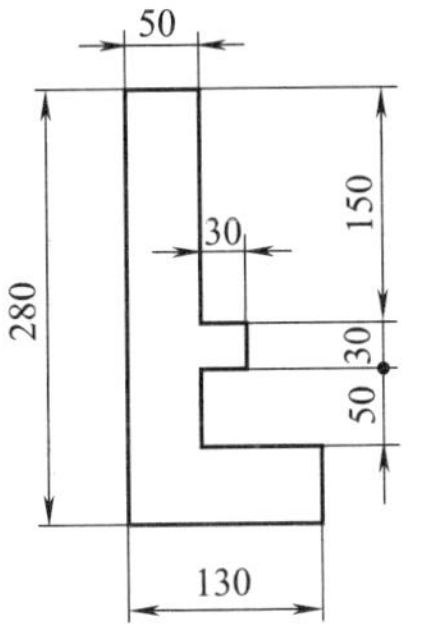

图 7—124　绘制旋转平面

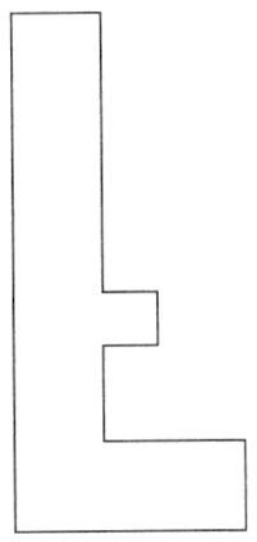
图 7—125　创建面域

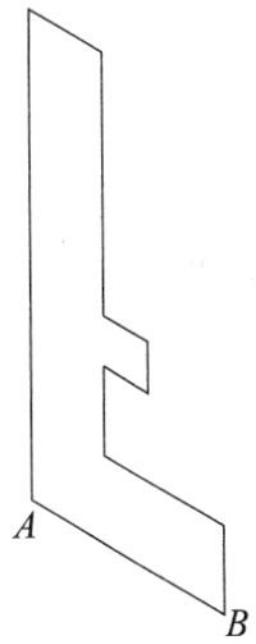

图 7—126　切换视觉方向

（4）绘制回转体

单击“常用”→“建模”→“旋转”按钮，启动“旋转”命令，旋转图 7—125 所示平面，系统给出如下提示。

命令：_revolve　　//启动“旋转”命令

当前线框密度：ISOLINES=4，闭合轮廓创建模式 = 实体

选择要旋转的对象或［模式（MO）］：_MO 闭合轮廓创建模式［实体（SO）/曲面（SU）］<实体>：_SO

选择要旋转的对象或［模式（MO）］：找到 1 个　　//选择图 7—126 所示面域

选择要旋转的对象或[模式(MO)]：　//按回车键,结束对象选择
指定轴起点或根据以下选项之一定义轴 [对象(O)/X/Y/Z] <对象>：
//捕捉 *A* 点(图 7—126)
指定轴端点：　//捕捉 *B* 点(图 7—126)
指定旋转角度或 [起点角度(ST)/反转(R)/表达式(EX)] <360>：
//按回车键,采用默认值

回转体绘制完成，结果如图 7—127 所示。

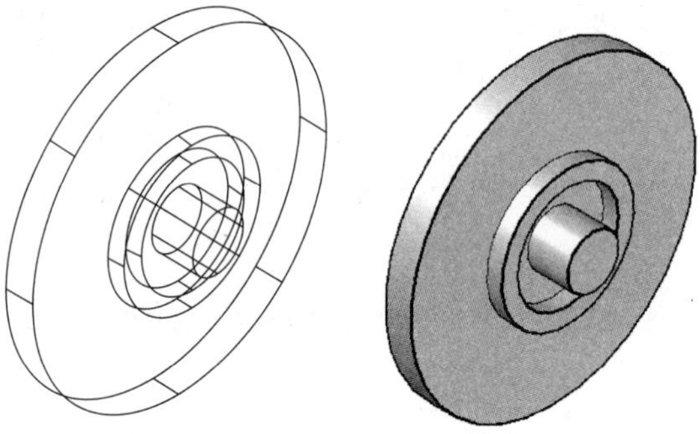

a)　　b)

图 7—127　绘制回转体

a)"二维线框"显示　b)"灰度"显示

4. 绘制单个 ϕ80 mm 圆柱体

(1) 新建用户坐标系

单击"常用"→"坐标"→"面"按钮，在 ϕ560 mm 圆盘前端面上创建一个用户坐标系，系统给出如下提示。

命令:_ucs　//启动"面"命令
当前 UCS 名称: * 世界 *
指定 UCS 的原点或 [面(F)/命名(NA)/对象(OB)/上一个(P)/视图(V)/世界(W)/X/Y/Z/Z 轴(ZA)] <世界>:_fa
选择实体面、曲面或网格：
输入选项 [下一个(N)/X 轴反向(X)/Y 轴反向(Y)] <接受>：
//捕捉圆盘前端面上任意一点作为新坐标原点

新坐标系创建结果如图 7—128 所示。

创建完成后，单击"常用"→"坐标"→"UCS，命名 UCS"按钮，打开"UCS"对话框，将新建的用户坐标系保存为"前端面"，如图 7—129 所示。

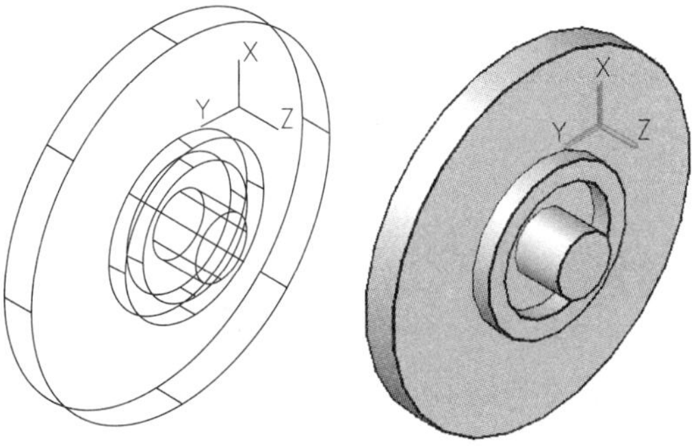

a)　　b)

图 7—128　创建新坐标系

a）“二维线框”显示　b）“灰度”显示

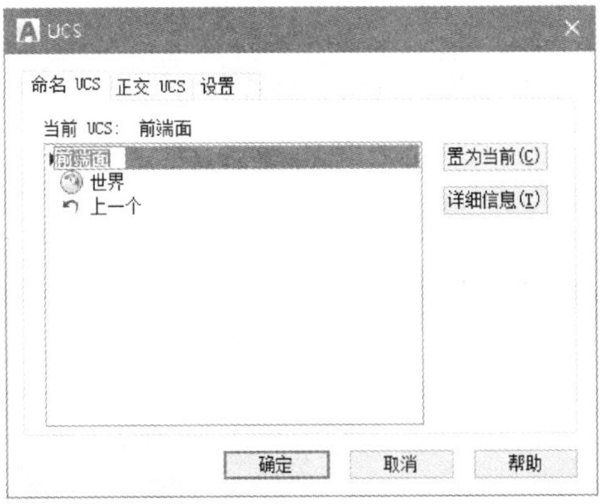

图 7—129　将新坐标系命名为“前端面”

（2）切换视觉方向

将视觉方向切换为“前视”，将坐标系设置为“前端面”，如图 7—130 所示。

（3）绘制作图辅助线

启动“圆”命令，捕捉圆心，绘制 ϕ410 mm 圆，如图 7—131 所示。

（4）绘制 ϕ80 mm 圆

启动“圆”命令，捕捉 ϕ410 mm 圆的上象限点，以其为圆心绘制 ϕ80 mm 圆，如图 7—132 所示。

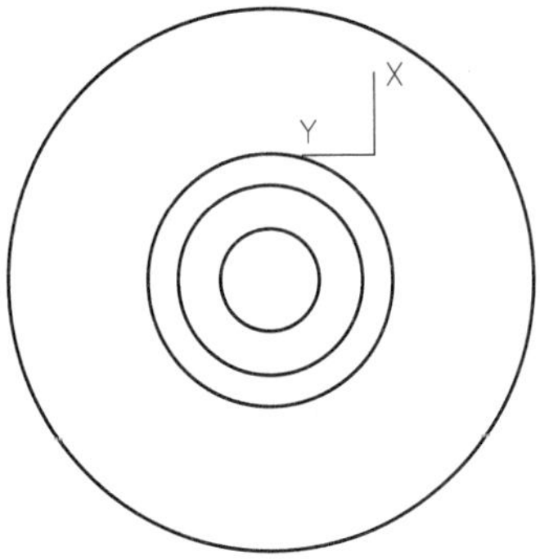

图 7—130　切换视觉方向

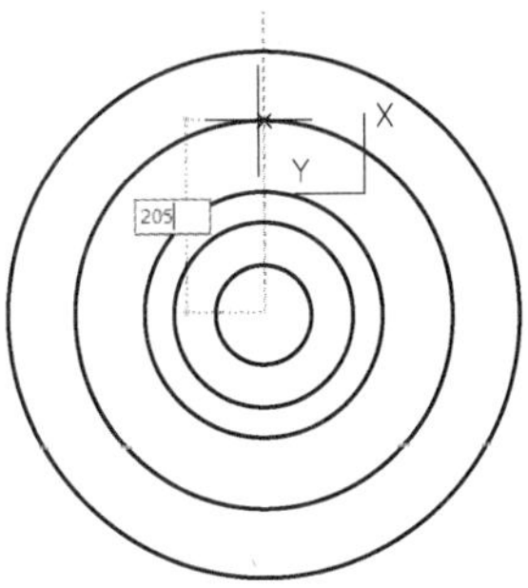

图 7—131　绘制 ϕ410 mm 圆

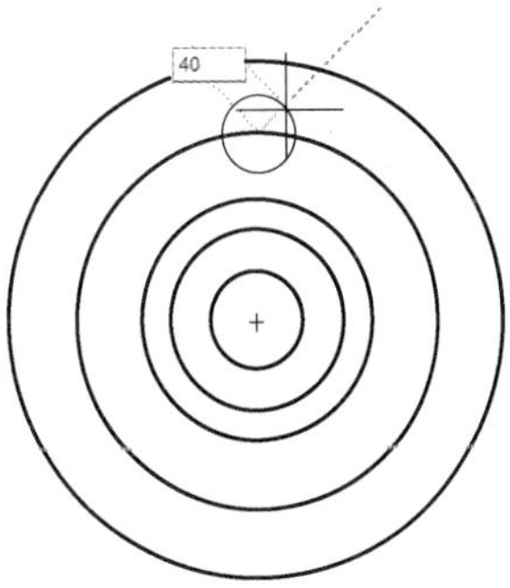

图 7—132　绘制 ϕ80 mm 圆

（5）创建面域

启动“面域”命令，将 ϕ80 mm 圆创建为面域。

（6）拉伸圆柱体

将视觉方向切换为“西南等轴测”，启动“拉伸”命令，选择 ϕ80 mm 圆，拉伸圆柱实体，系统给出如下提示。

命令:_extrude //启动"拉伸"命令
当前线框密度:ISOLINES=8,闭合轮廓创建模式=实体
选择要拉伸的对象或[模式(MO)]:_MO 闭合轮廓创建模式[实体(SO)/曲面(SU)]<实体>:_SO
选择要拉伸的对象或[模式(MO)]:找到 1 个 //选择 ϕ80 mm 圆面域
选择要拉伸的对象或[模式(MO)]: //按回车键,结束对象选择
指定拉伸的高度或[方向(D)/路径(P)/倾斜角(T)/表达式(E)]:50
//输入拉伸高度值"50",按回车键

拉伸圆柱体结果如图 7—133 所示。

5. 阵列 6 个 ϕ80 mm 圆柱体

单击"常用"→"修改"→"环形阵列"按钮，启动"环形阵列"命令，系统给出如下提示。

命令:_arraypolar //启动"环形阵列"命令
选择对象:找到 1 个 //选择上步创建的 ϕ80 mm 圆柱体
选择对象: //按回车键,结束对象选择
类型=极轴 关联=是
指定阵列的中心点或[基点(B)/旋转轴(A)]: //捕捉某一个端面圆的圆心
选择夹点以编辑阵列或[关联(AS)/基点(B)/项目(I)/项目间角度(A)/填充角度(F)/行(ROW)/层(L)/旋转项目(ROT)/退出(X)]<退出 1>:
//在"阵列创建"对话框的"特性"区域中单击"关联"按钮取消关联,其他采用默认设置,按回车键

环形阵列结果如图 7—134 所示。

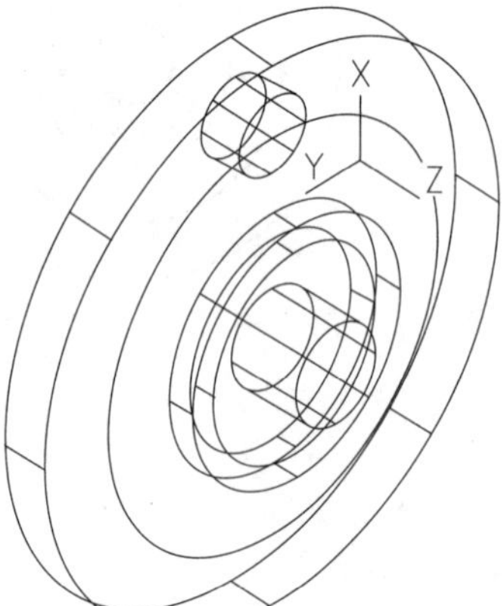

图 7—133 拉伸圆柱体结果

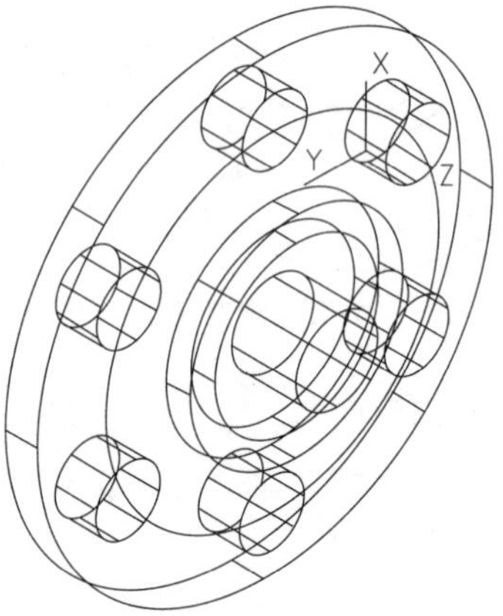

图 7—134 环形阵列 6 个 ϕ80 mm 圆柱体

提示　处于关联状态的阵列实体无法作为差集要减去的对象，如果已经完成的阵列处于关联状态，可以用“分解”命令取消关联。

6. **“差集”圆柱孔**

单击“常用”→“实体编辑”→“差集”按钮，启动“差集”命令，系统给出如下提示。

命令：_subtract 选择要从中减去的实体、曲面和面域...　　//启动“差集”命令
选择对象：指定对角点：找到 2 个　　//选择回转体
选择对象：　　//按回车键，结束母体的选择
选择要减去的实体、曲面和面域...
选择对象：找到 1 个　　//选择一个 φ80 mm 圆柱体
......　　//选择其他五个 φ80 mm 圆柱体
选择对象：　　//按回车键，结束对象的选择

差集运算的结果如图 7—135 所示。

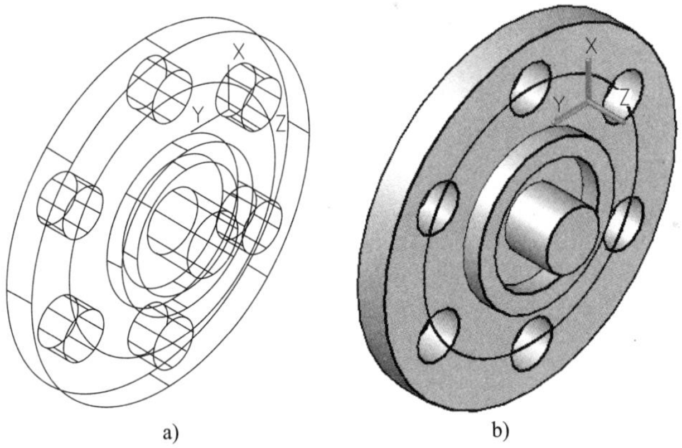

图 7—135　“差集” φ80 mm 圆柱孔

a）“二维线框”显示　b）“灰度”显示

7. **倒角**

启动“倒角”命令，系统给出如下提示。

命令：_chamfer　　//启动“倒角”命令
（“修剪”模式）当前倒角距离 1＝0.0000，距离 2＝0.0000
选择第一条直线或［放弃(U)/多段线(P)/距离(D)/角度(A)/修剪(T)/方式(E)/多个(M)］：　　//选择要倒角的边
基面选择...
输入曲面选择选项［下一个(N)/当前(OK)］＜当前(OK)＞：　　//按回车键
指定基面倒角距离或［表达式(E)］：10　　//输入基面倒角距离“10”，并按回车键

指定其他曲面倒角距离或[表达式(E)] <10.0000>：

//按回车键，采用默认倒角距离

选择边或 [环(L)]： //选择要倒角的边

选择边或 [环(L)]： //按回车键，完成倒角

倒角结果如图 7—136 所示。

8. 删除作图辅助线

删除图上的 ϕ410 mm 圆，完成实体绘制，如图 7—137 所示。至此，本任务完成。

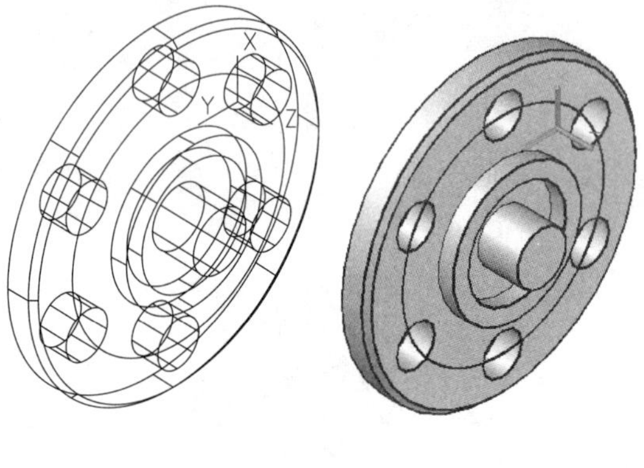

a) b)

图 7—136 倒角结果

a）“二维线框”显示 b）“灰度”显示

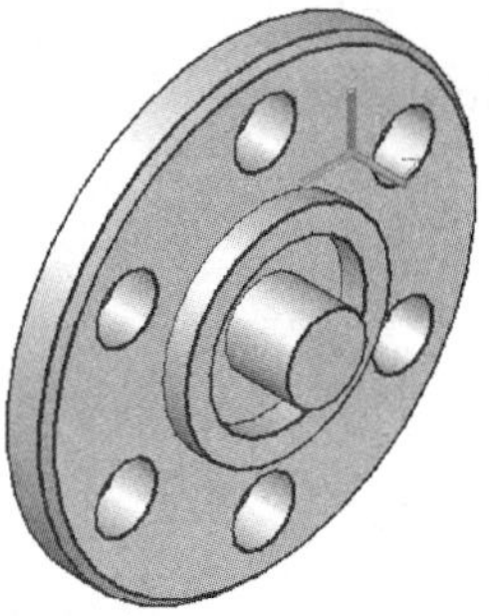

图 7—137 删除作图辅助线

巩固练习

1. 根据图 7—138a 所示结构及尺寸绘制图 7—138b 所示三维实体图。

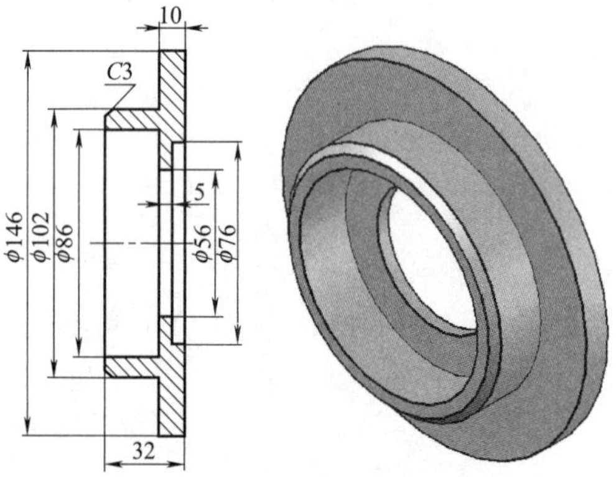

a) b)

图 7—138 绘制复杂三维实体练习（一）

a）结构及尺寸 b）实体图

2. 根据图 7—139a 所示结构及尺寸绘制图 7—139b 所示三维实体图。

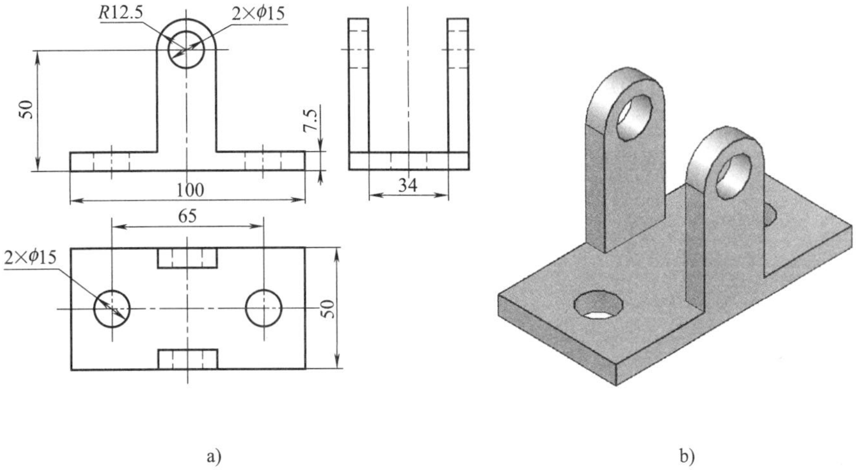

图 7—139　绘制复杂三维实体练习（二）

a）结构及尺寸　b）实体图